线性代数简明教程

杨荫华　编著

U0399189

北京大学出版社
PEKING UNIVERSITY PRESS

图书在版编目(CIP)数据

线性代数简明教程/杨荫华编著.—北京:北京大学出版社,2011.1
(21世纪高等院校经济与管理类继续教育教材)
ISBN 978-7-301-12884-8

Ⅰ.①线… Ⅱ.①杨… Ⅲ.①线性代数-成人教育:高等教育-教材 Ⅳ.①O151.2

中国版本图书馆CIP数据核字(2007)第192237号

书　　　名:线性代数简明教程
著作责任者:杨荫华　编著
责 任 编 辑:何耀琴
标 准 书 号:ISBN 978-7-301-12884-8/O·0734
出 版 发 行:北京大学出版社
地　　　址:北京市海淀区成府路205号　100871
网　　　址:http://www.pup.cn　　电子邮箱:em@pup.pku.edu.cn
电　　　话:邮购部62752015　发行部62750672　编辑部62752926
出版部62754962
印　刷　者:三河市博文印刷有限公司
经　销　者:新华书店
890毫米×1240毫米　A5　11.875印张　348千字
2011年1月第1版　2015年5月第4次印刷
印　　　数:9001—12000册
定　　　价:24.00元

21世纪高等院校经济与管理类继续教育教材
编 委 会

顾　　问：李国斌　侯建军　张文定

主　　任：郑学益

执行主任：崔建华

编　　委（按姓氏笔画为序）：

丁国香　刘广送　朱正直　张玫玫

陈　莉　郑学益　林君秀　崔建华

符　丹　梁鸿飞　熊汉富

内 容 提 要

本书是高等成人教育、网络教育、继续教育经济与管理类本科“线性代数”课程教材。本书参照全国高等教育自学考试指导委员会的《线性代数(经管类)教学大纲》,并结合作者多年从事教学实践的经验编写而成。全书共分七章,内容包括行列式、线性方程组、n维向量空间、矩阵、相似矩阵、实二次型,以及线性空间与线性变换等。每章内容按学习单元编写,每节配有导学提纲、习题、习题分析与参考答案。全书有总复习(选择)题和答案。本书从实际引入概念,尽量借助几何直观,叙述深入浅出、通俗易懂,富有启发性,便于在职读者业余自学,也可作为参加经济与管理类自学考试本科段考生的教材或参考书。

作 者 简 介

杨荫华，副教授，毕业于原北京师范学院数学专业。长期在该院和中央财政金融学院、北京工业大学计算机学院从事基础数学教学工作。

早年在推广线性规划工作中经济效益显著，曾出席全国第一届运筹学现场会。曾与学部委员王湘浩教授合编《线性代数》一书，被多所高校采用。

近年在北京大学成人教育学院、北京大学网络教育学院、北京科技研修学院、中新企业管理学院和吉利大学等高校任教。课堂教学受到学生普遍欢迎。2002 年所授课班参加国家统考，通过率达 100%。2008 年主讲的线性代数被教育部评为精品课。

前　言

应北京大学经济学院和北京大学网络教育学院的要求，笔者曾编写了《线性代数》一书，作为北京大学推荐的“21 世纪高等院校经济与管理类继续教育教材”，由北京大学出版社于 2004 年 3 月出版。编写《线性代数》的初衷是为那些在职学习的成人教育（函授、业余学习、网络学习）等经管类学生提供一本适用的教材。这本教材在北京大学网络教育学院经管类各专业使用的几年里受到了广泛好评。这几年笔者也在北京大学网络教育学院和北京大学其他类成人教育工作中从事线性代数教学工作，在教学过程中发现对于在职学生，教材内容显得过于宽泛、理论性强、阅读起来比较困难。

为了使教材内容更符合这类读者的需要，更切合在职学生的实际，征得北京大学网络教育学院和北京大学经济学院同意，决定对《线性代数》进行改编。改编的指导思想是：根据经管类专业的需要、从实际出发引入并讲清基本概念，使学生理解定理含义和算法原理；掌握基本算法；行文便于自学。

秉持上述想法，笔者在以前《线性代数》一书的基础上，重新编写了《线性代数简明教程》。

1. 根据专业需要，限定在实数域上讨论线性问题。

2. 简化概念。例如，n 阶行列式采用递归法定义；实向量夹角只讲正交。

3. 通过举例分析，说明定理实质含义，略去烦琐证明。

4. 充实了例题和习题分析，以帮助学生在理解的基础上掌握基础知识和算法。

5. 教材按学习单元编写。每节增加了导学提纲和习题。书后附有习题分析与参考答案。

6. 增写了全书总复习（选择）题和答案。

7. 最后加了附录：本教程知识系统与关联图，以便读者从整体上掌握线性代数。

笔者在修改过程中参考了全国高等教育自学考试指导委员会《线性代数(经管类)教学大纲》。

本教程的出版是一种尝试，恳请读者和同行提出宝贵意见。

本书在出版过程中得到了崔建华、熊汉富、沈旭东、林君秀、王国义、何耀琴等同志的鼎力相助，在此深表谢意！

杨荫华

2010 年 6 月于畅春园

目　录

预备知识

“代数”用初等数学的话说，就是用字母代表数参加运算.

直线方程 $y=kx+b$ 是一次方程，其中有加法和数 k 与变量 x 的乘法(简称数量乘法). 因此，这两种运算统称为线性运算或一次运算，只有线性运算的代数称为线性代数.

1. 实数域 R

数学讨论问题首先要明确所用数的范围. 唯此，问题才有确切的结论. 例如方程 $x^2+1=0$ 在实数范围内无解，在复数范围内就有解 $x=\pm\sqrt{-1}=\pm \mathrm{i}$.

全体实数 $\mathbf{R}$ 包括：① 有理数(分数)，即无限循环小数，例如 $0.\dot{3}$，$0.5\dot{0}$；② 无理数，即无限不循环小数，例如 π，$\sqrt{2}$，e. 把规定了原点、方向和单位的直线称为实数轴，如下图所示：

实数与实数轴上的点一一对应. 这就不难理解实数具有有序性(任意两个实数都可以比较大小)，稠密性(任意两个实数之间有无穷多实数)和连续性.

由于 $\mathbf{R}$ 中包含数“0”和“1”，且对四则运算封闭(即任意 $a,b\in\mathbf{R}$，恒有 $a\pm b\in\mathbf{R}$，$ab\in\mathbf{R}$，当 $b\neq 0$ 时，$\frac{a}{b}\in\mathbf{R}$)，所以称全体实数构

成的集合 **R** 为**实数域**.

本教程第一至六章在实数域 **R** 上讨论.

2. 和号"$\sum$"(读作西格玛)

定义 1 $a_1+a_2+\cdots+a_n=\sum_{i=1}^{n}a_i.$

性质 1 $\sum_{i=1}^{n}(a_i+b_i)=\sum_{i=1}^{n}a_i+\sum_{i=1}^{n}b_i.$

性质 2 $\sum_{i=1}^{n}ka_i=k\sum_{i=1}^{n}a_i.$

性质 3 $\sum_{i=1}^{n}a_i=\sum_{i=1}^{k}a_i+\sum_{i=k+1}^{n}a_i \quad (1\leqslant k<n).$

性质 4 $\sum_{i=1}^{s}\left(\sum_{j=1}^{n}a_{ij}\right)=\sum_{j=1}^{n}\left(\sum_{i=1}^{s}a_{ij}\right).$

3. 充分条件,必要条件

能充分保证结论成立的条件称为充分条件.

例 1 两个实数 x_1 和 x_2,当它们的绝对值相等($|x_1|=|x_2|$)且符号相同时,则(充分保证)$x_1=x_2$.

这里"绝对值相等且符号相同"是使"$x_1=x_2$"成立的充分条件.

必要条件是指结论成立必不可少的条件.换句话说,缺了这个条件结论就不成立.

例 2 两个实数 x_1 与 x_2 相等的必要条件是它们的绝对值相等($|x_1|=|x_2|$).

例 3 两个实数 x_1 与 x_2 相等的必要条件是它们的符号相同.

4. 逆否命题

逆否命题是对原命题而言.例如,

原命题:如果实数 x_1 与 x_2 相等,则它们的符号相同.

逆否命题:如果实数 x_1 与 x_2 符号相反,则 x_1 与 x_2 不相等.

逆否命题与原命题是等价的.

5. 数学归纳法

对于自然数 n 成立的命题,一般用数学归纳法证明.

例 4 对于任意自然数 n,恒有等式

$$1+2+3+\cdots+n=\frac{(1+n)n}{2}$$

成立.

证 当 $n=1$ 时,上式左边 $=1$,右边 $=\frac{(1+1)\times 1}{2}=1$,因此等式成立.

假设 $n=k$ 时等式成立,即

$$1+2+3+\cdots+k=\frac{(1+k)k}{2}.$$

当 $n=k+1$ 时,

$$\begin{aligned}&1+2+3+\cdots+k+(k+1)\\&=\frac{(1+k)k}{2}+(k+1)\\&=\frac{(1+k)k+2(k+1)}{2}\\&=\frac{(k+2)(k+1)}{2}\\&=\frac{[1+(k+1)](k+1)}{2}.\end{aligned}$$

因此,当 $n=k+1$ 时,等式也成立.这就证明了等式对任意自然数 n 都成立.

6. 反证法

有些命题由已知条件推证结论比较麻烦,这时可以考虑用反证法,即否定命题结论,引出与已知条件或理论的矛盾.这就从反面证明了命题成立.

例 5 已知 $a_1,a_2,\cdots,a_n$ 都是实数,则 $a_1^2+a_2^2+\cdots+a_n^2\geqslant 0$.

证 假设 $a_1^2+a_2^2+\cdots+a_n^2<0$,则至少有一项 $a_k^2<0\ (1\leqslant k\leqslant n)$. 此时

$$a_k=\pm|a_k|\sqrt{-1}=\pm|a_k|\,\mathrm{i},$$

此与已知 a_k 是实数矛盾.

第一章

行　列　式

行列式是一种特定的算式,学习线性代数要先学会计算行列式.本章要告诉你什么是行列式?它有什么性质?怎么计算出一个行列式的值?最后把中学解二元一次方程组和三元一次方程组的公式推广到 n 元一次方程组情形.

§1.1　n 阶行列式定义

导学提纲

1. 何谓 2 阶行列式?怎么计算 2 阶行列式的值?
2. 二元一次方程组解的公式?
3. 何谓 3 阶行列式?怎么计算 3 阶行列式的值?
4. 三元一次方程组解的公式?
5. 何谓元素 a_{ij} 的余子式 M_{ij}?何谓 a_{ij} 的代数余子式 A_{ij}?
6. 何谓 n 阶行列式?

为便于记忆二元一次方程组解的公式,引入

定义 1.1.1 记号

$$\begin{vmatrix} a_{11} & a_{12} \\ a_{21} & a_{22} \end{vmatrix}$$

称为 2 阶行列式，它表示代数和 $a_{11}a_{22}-a_{12}a_{21}$，即

$$\begin{vmatrix} a_{11} & a_{12} \\ a_{21} & a_{22} \end{vmatrix} = a_{11}a_{22}-a_{12}a_{21}.$$

2 阶行列式中，横排称为**行**，竖排称为**列**. 位于第 i 行第 j 列的元素 a_{ij} 称为(i,j)元$(i,j=1,2)$. a_{11}，a_{22} 称为主对角线上的元素；a_{12}，a_{21} 称为次对角线上的元素. 2 阶行列式的算法是：主对角线上的两个元素的乘积减去次对角线上两个元素的乘积. 例如，

$$\begin{vmatrix} 1 & -3 \\ 2 & 4 \end{vmatrix} = 1\times 4-(-3)\times 2 = 10,$$

$$\begin{vmatrix} 5 & -3 \\ 0 & 4 \end{vmatrix} = 5\times 4-(-3)\times 0 = 20,$$

$$\begin{vmatrix} 1 & 5 \\ 2 & 0 \end{vmatrix} = 1\times 0-5\times 2 = -10.$$

定理 1.1.1 二元一次方程组

$$\begin{cases} a_{11}x_1+a_{12}x_2=b_1, & \text{①} \\ a_{21}x_1+a_{22}x_2=b_2. & \text{②} \end{cases}$$

当系数行列式

$$\begin{vmatrix} a_{11} & a_{12} \\ a_{21} & a_{22} \end{vmatrix} \neq 0$$

时，有唯一解：

$$x_1=\frac{\begin{vmatrix} b_1 & a_{12} \\ b_2 & a_{22} \end{vmatrix}}{\begin{vmatrix} a_{11} & a_{12} \\ a_{21} & a_{22} \end{vmatrix}},\quad x_2=\frac{\begin{vmatrix} a_{11} & b_1 \\ a_{21} & b_2 \end{vmatrix}}{\begin{vmatrix} a_{11} & a_{12} \\ a_{21} & a_{22} \end{vmatrix}}.$$

证 ①$\times a_{22}$ − ②$\times a_{12}$ 得

$$(a_{11}a_{22}-a_{12}a_{21})x_1 = b_1a_{22}-b_2a_{12},$$

如果 $a_{11}a_{22}-a_{12}a_{21}\neq 0$,那么

$$x_1=\frac{b_1a_{22}-b_2a_{12}}{a_{11}a_{22}-a_{12}a_{21}}=\frac{\begin{vmatrix} b_1 & a_{12} \\ b_2 & a_{22}\end{vmatrix}}{\begin{vmatrix} a_{11} & a_{12} \\ a_{21} & a_{22}\end{vmatrix}};$$

②$\times a_{11}$ − ①$\times a_{21}$ 得

$$(a_{11}a_{22}-a_{12}a_{21})x_2 = a_{11}b_2-a_{21}b_1,$$

如果 $a_{11}a_{22}-a_{12}a_{21}\neq 0$,那么

$$x_2=\frac{a_{11}b_2-a_{21}b_1}{a_{11}a_{22}-a_{12}a_{21}}=\frac{\begin{vmatrix} a_{11} & b_1 \\ a_{21} & b_2\end{vmatrix}}{\begin{vmatrix} a_{11} & a_{12} \\ a_{21} & a_{22}\end{vmatrix}}.$$

例 1.1.1 解方程组

$$\begin{cases} x_1-3x_2=5, \\ 2x_1+4x_2=0. \end{cases}$$

解 因为系数行列式

$$\begin{vmatrix} 1 & -3 \\ 2 & 4\end{vmatrix}=10\neq 0,$$

所以有唯一解:

$$x_1=\frac{\begin{vmatrix} 5 & -3 \\ 0 & 4\end{vmatrix}}{\begin{vmatrix} 1 & -3 \\ 2 & 4\end{vmatrix}}=\frac{20}{10}=2,\quad x_2=\frac{\begin{vmatrix} 1 & 5 \\ 2 & 0\end{vmatrix}}{\begin{vmatrix} 1 & -3 \\ 2 & 4\end{vmatrix}}=\frac{-10}{10}=-1.$$

(读者可将解代入方程组验算之).

用加减消元法解三元一次方程组

$$\begin{cases} a_{11}x_1 + a_{12}x_2 + a_{13}x_3 = b_1, \\ a_{21}x_1 + a_{22}x_2 + a_{23}x_3 = b_2, \\ a_{31}x_1 + a_{32}x_2 + a_{33}x_3 = b_3. \end{cases} \tag{1}$$

得

定理 1.1.2 三元一次方程组(1),当系数行列式

$$D = \begin{vmatrix} a_{11} & a_{12} & a_{13} \\ a_{21} & a_{22} & a_{23} \\ a_{31} & a_{32} & a_{33} \end{vmatrix} \neq 0$$

时,有唯一解:

$$x_1 = \frac{1}{D}\begin{vmatrix} b_1 & a_{12} & a_{13} \\ b_2 & a_{22} & a_{23} \\ b_3 & a_{32} & a_{33} \end{vmatrix},$$

$$x_2 = \frac{1}{D}\begin{vmatrix} a_{11} & b_1 & a_{13} \\ a_{21} & b_2 & a_{23} \\ a_{31} & b_3 & a_{33} \end{vmatrix},$$

$$x_3 = \frac{1}{D}\begin{vmatrix} a_{11} & a_{12} & b_1 \\ a_{21} & a_{22} & b_2 \\ a_{31} & a_{32} & b_3 \end{vmatrix}.$$

为此引入

定义 1.1.2 记号

$$\begin{vmatrix} a_{11} & a_{12} & a_{13} \\ a_{21} & a_{22} & a_{23} \\ a_{31} & a_{32} & a_{33} \end{vmatrix}$$

称为 3 阶行列式. 它表示代数和

$$a_{11}a_{22}a_{33}+a_{12}a_{23}a_{31}+a_{13}a_{21}a_{32}$$
$$-a_{11}a_{23}a_{32}-a_{12}a_{21}a_{33}-a_{13}a_{22}a_{31}.$$

即

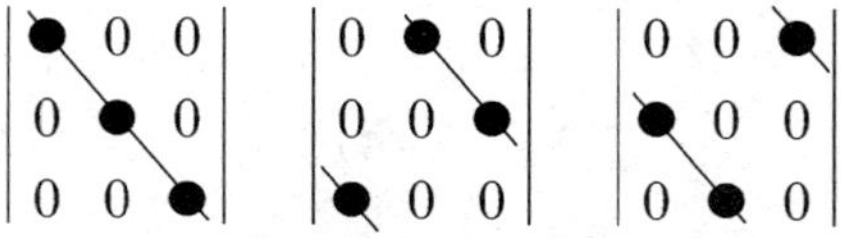

$$\begin{vmatrix} a_{11} & a_{12} & a_{13} \\ a_{21} & a_{22} & a_{23} \\ a_{31} & a_{32} & a_{33} \end{vmatrix} = a_{11}a_{22}a_{33}+a_{12}a_{23}a_{31}+a_{13}a_{21}a_{32} - a_{11}a_{23}a_{32}-a_{12}a_{21}a_{33}-a_{13}a_{22}a_{31}$$

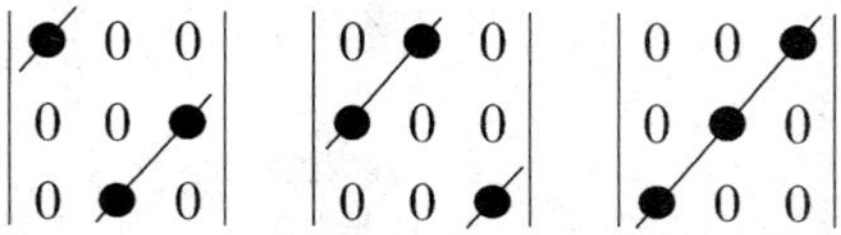

3 阶行列式等于 $3!=6$ 项代数和. 每一项都是取自不同行不同列的 3 个元素相乘,主对角线方向三项前面带正号,次对角线方向三项前面带负号. 3 阶行列式算法如下图:

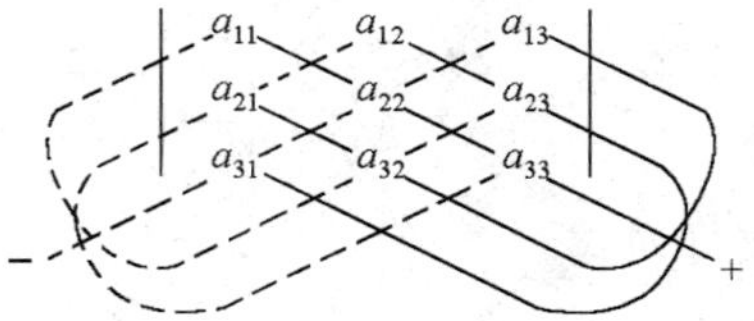

例如,

$$\begin{vmatrix} 4 & 5 & -3 \\ 1 & 2 & -1 \\ 3 & 0 & -2 \end{vmatrix} = 4\times2\times(-2)+5\times(-1)\times3+(-3)\times1\times0$$
$$-4\times(-1)\times0-5\times1\times(-2)-(-3)\times2\times3$$
$$=-3;$$

$$\begin{vmatrix} -6 & 5 & -3 \\ -3 & 2 & -1 \\ 0 & 0 & -2 \end{vmatrix} = (-6)\times2\times(-2)+5\times(-1)\times0$$
$$+(-3)\times(-3)\times0-(-6)\times(-1)\times0$$
$$-5\times(-3)\times(-2)-(-3)\times2\times0$$

$$=-6;$$

$$\begin{vmatrix}4 & -6 & -3\\1 & -3 & -1\\3 & 0 & -2\end{vmatrix}=4\times(-3)\times(-2)+(-6)\times(-1)\times 3$$

$$+(-3)\times 1\times 0-4\times(-1)\times 0$$

$$-(-6)\times 1\times(-2)-(-3)\times(-3)\times 3$$

$$=3;$$

$$\begin{vmatrix}4 & 5 & -6\\1 & 2 & -3\\3 & 0 & 0\end{vmatrix}=4\times 2\times 0+5\times(-3)\times 3+(-6)\times 1\times 0$$

$$-4\times(-3)\times 0-5\times 1\times 0-(-6)\times 2\times 3$$

$$=-9.$$

例 1.1.2 解方程组

$$\begin{cases}4x_1+5x_2-3x_3=-6,\\ x_1+2x_2-x_3=-3,\\ 3x_1\qquad -2x_3=0.\end{cases}$$

解 因为系数行列式

$$D=\begin{vmatrix}4 & 5 & -3\\1 & 2 & -1\\3 & 0 & -2\end{vmatrix}=-3\neq 0,$$

所以有唯一解：

$$x_1=\frac{1}{D}\begin{vmatrix}-6 & 5 & -3\\-3 & 2 & -1\\0 & 0 & -2\end{vmatrix}=\frac{-6}{-3}=2,$$

$$x_2=\frac{1}{D}\begin{vmatrix}4 & -6 & -3\\1 & -3 & -1\\3 & 0 & -2\end{vmatrix}=\frac{3}{-3}=-1,$$

$$x_3=\frac{1}{D}\begin{vmatrix}4 & 5 & -6\\ 1 & 2 & -3\\ 3 & 0 & 0\end{vmatrix}=\frac{-9}{-3}=3.$$

(读者可以将解代入方程组验算之).

例 1.1.3 解方程

(1) $\begin{vmatrix}\lambda-3 & -1\\ -5 & \lambda+1\end{vmatrix}=0$;

(2) $\begin{vmatrix}\lambda+1 & -1 & 0\\ 4 & \lambda-3 & 0\\ -1 & 0 & \lambda-2\end{vmatrix}=0$.

解 (1) 左边 $=(\lambda-3)(\lambda+1)-5$

$=\lambda^2-2\lambda-8$

$=(\lambda+2)(\lambda-4)$

$=0$,

所以方程有两个根：$\lambda_1=-2,\lambda_2=4$.

(2) 左边 $=(\lambda+1)(\lambda-3)(\lambda-2)-(-1)\times4\times(\lambda-2)$

$=(\lambda-2)(\lambda^2-2\lambda+1)$

$=(\lambda-2)(\lambda-1)^2$

$=0$,

所以方程有根：$\lambda_1=2,\lambda_2=1$(2 重).

定理 1.1.1 和定理 1.1.2 可以推广到 n 个方程 n 个未知量的一次方程组情形(见 §1.4). 为此需要引入 n 阶行列式定义，先分析 3 阶行列式与 2 阶行列式的关系.

$$\begin{vmatrix}a_{11} & a_{12} & a_{13}\\ a_{21} & a_{22} & a_{23}\\ a_{31} & a_{32} & a_{33}\end{vmatrix}=\underline{a_{11}a_{22}a_{33}}+\underline{a_{12}a_{23}a_{31}}+\underline{\underline{a_{13}a_{21}a_{32}}}$$

$$-\underline{a_{11}a_{23}a_{32}}-\underline{a_{12}a_{21}a_{33}}-\underline{\underline{a_{13}a_{22}a_{31}}}$$

$$=a_{11}(a_{22}a_{33}-a_{23}a_{32})-a_{12}(a_{21}a_{33}-a_{23}a_{31})$$

$$+a_{13}(a_{21}a_{32}-a_{22}a_{31})$$

$$= a_{11}\begin{vmatrix} a_{22} & a_{23} \\ a_{32} & a_{33} \end{vmatrix} - a_{12}\begin{vmatrix} a_{21} & a_{23} \\ a_{31} & a_{33} \end{vmatrix} + a_{13}\begin{vmatrix} a_{21} & a_{22} \\ a_{31} & a_{32} \end{vmatrix}$$

$$= a_{11}\,(-1)^{1+1}\,M_{11} + a_{12}\,(-1)^{1+2}\,M_{12} + a_{13}\,(-1)^{1+3}\,M_{13}$$

$$= a_{11}\,A_{11} + a_{12}\,A_{12} + a_{13}\,A_{13}.$$

定义 1.1.3 行列式中元素 a_{ij} 的**余子式** M_{ij} 是指去掉 a_{ij} 所在第 i 行和第 j 列元素后余下的行列式. a_{ij} 的**代数余子式** $A_{ij} = (-1)^{i+j}M_{ij}$.

例如,3 阶行列式

$$\begin{vmatrix} 4 & 5 & -3 \\ 1 & 2 & -1 \\ 3 & 0 & -2 \end{vmatrix}$$

中,元素

$$a_{11} = 4 \text{ 的余子式 } M_{11} = \begin{vmatrix} 2 & -1 \\ 0 & -2 \end{vmatrix} = -4,$$

$$\text{代数余子式 } A_{11} = (-1)^{1+1}M_{11} = -4;$$

$$a_{12} = 5 \text{ 的余子式 } M_{12} = \begin{vmatrix} 1 & -1 \\ 3 & -2 \end{vmatrix} = 1,$$

$$\text{代数余子式 } A_{12} = (-1)^{1+2}M_{12} = -1;$$

$$a_{13} = -3 \text{ 的余子式 } M_{13} = \begin{vmatrix} 1 & 2 \\ 3 & 0 \end{vmatrix} = -6,$$

$$\text{代数余子式 } A_{13} = (-1)^{1+3}M_{13} = -6.$$

所以 3 阶行列式还可以定义为

$$\begin{vmatrix} a_{11} & a_{12} & a_{13} \\ a_{21} & a_{22} & a_{23} \\ a_{31} & a_{32} & a_{33} \end{vmatrix} = a_{11}A_{11} + a_{12}A_{12} + a_{13}A_{13}.$$

即 3 阶行列式的值等于第 1 行每个元素与其代数余子式乘积之和.

例如，

$$\begin{vmatrix} 4 & 5 & -3 \\ 1 & 2 & -1 \\ 3 & 0 & -2 \end{vmatrix} = 4 \times (-1)^{1+1} \begin{vmatrix} 2 & -1 \\ 0 & -2 \end{vmatrix} + 5 \times (-1)^{1+2} \begin{vmatrix} 1 & -1 \\ 3 & -2 \end{vmatrix} + (-3) \times (-1)^{1+3} \begin{vmatrix} 1 & 2 \\ 3 & 0 \end{vmatrix} = -3;$$

$$\begin{vmatrix} -6 & 5 & -3 \\ -3 & 2 & -1 \\ 0 & 0 & -2 \end{vmatrix} = (-6) \times (-1)^{1+1} \begin{vmatrix} 2 & -1 \\ 0 & -2 \end{vmatrix} + 5 \times (-1)^{1+2} \begin{vmatrix} -3 & -1 \\ 0 & -2 \end{vmatrix} + (-3) \times (-1)^{1+3} \begin{vmatrix} -3 & 2 \\ 0 & 0 \end{vmatrix} = -6;$$

$$\begin{vmatrix} 4 & -6 & -3 \\ 1 & -3 & -1 \\ 3 & 0 & -2 \end{vmatrix} = 4 \times (-1)^{1+1} \begin{vmatrix} -3 & -1 \\ 0 & -2 \end{vmatrix} + (-6) \times (-1)^{1+2} \begin{vmatrix} 1 & -1 \\ 3 & -2 \end{vmatrix} + (-3) \times (-1)^{1+3} \begin{vmatrix} 1 & -3 \\ 3 & 0 \end{vmatrix} = 3;$$

$$\begin{vmatrix} 4 & 5 & -6 \\ 1 & 2 & -3 \\ 3 & 0 & 0 \end{vmatrix} = 4 \times (-1)^{1+1} \begin{vmatrix} 2 & -3 \\ 0 & 0 \end{vmatrix} + 5 \times (-1)^{1+2} \begin{vmatrix} 1 & -3 \\ 3 & 0 \end{vmatrix} + (-6) \times (-1)^{1+3} \begin{vmatrix} 1 & 2 \\ 3 & 0 \end{vmatrix} = -9.$$

现在我们归纳出 n 阶行列式定义.

定义 1.1.4 $n=2$ 阶行列式已经定义(定义 1.1.1),假设 $n-1$ 阶行列式已经定义,那么 n 阶行列式

$$\begin{vmatrix} a_{11} & a_{12} & \cdots & a_{1n} \\ a_{21} & a_{22} & \cdots & a_{2n} \\ \vdots & \vdots & & \vdots \\ a_{n1} & a_{n2} & \cdots & a_{nn} \end{vmatrix} = a_{11}A_{11} + a_{12}A_{12} + \cdots + a_{1n}A_{1n},$$

其中 $A_{1j} = (-1)^{1+j}M_{1j}$,

$$M_{1j} = \begin{vmatrix} a_{21} & a_{22} & \cdots & a_{2j-1} & a_{2j+1} & \cdots & a_{2n} \\ a_{31} & a_{32} & \cdots & a_{3j-1} & a_{3j+1} & \cdots & a_{3n} \\ \vdots & \vdots & & \vdots & \vdots & & \vdots \\ a_{n1} & a_{n2} & \cdots & a_{n\,j-1} & a_{n\,j+1} & \cdots & a_{nn} \end{vmatrix}, \quad j = 1,2,\cdots,n.$$

或简单记作 $|a_{ij}|_{nn}$.

例 1.1.4 按定义计算下列行列式.

(1) $\begin{vmatrix} a & b & c & d \\ 1 & -1 & 0 & 1 \\ -1 & 0 & 1 & -1 \\ 1 & 1 & 0 & -1 \end{vmatrix}$;

(2) $\begin{vmatrix} a_{11} & 0 & 0 & 0 & 0 \\ a_{21} & a_{22} & 0 & 0 & 0 \\ a_{31} & a_{32} & a_{33} & 0 & 0 \\ a_{41} & a_{42} & a_{43} & a_{44} & 0 \\ a_{51} & a_{52} & a_{53} & a_{54} & a_{55} \end{vmatrix}$;

(3) $\begin{vmatrix} 0 & 0 & 0 & a \\ 0 & 0 & b & 0 \\ 0 & c & 0 & 0 \\ d & 0 & 0 & 0 \end{vmatrix}$;

(4) $\begin{vmatrix} a_{11} & a_{12} & 0 & 0 \\ a_{21} & a_{22} & 0 & 0 \\ * & * & b_{11} & b_{12} \\ * & * & b_{21} & b_{22} \end{vmatrix}$（* 为任意数）.

解

(1) 原式 $= a \times (-1)^{1+1} \begin{vmatrix} -1 & 0 & 1 \\ 0 & 1 & -1 \\ 1 & 0 & -1 \end{vmatrix}$

$$+ b \times (-1)^{1+2} \begin{vmatrix} 1 & 0 & 1 \\ -1 & 1 & -1 \\ 1 & 0 & -1 \end{vmatrix}$$

$$+ c \times (-1)^{1+3} \begin{vmatrix} 1 & -1 & 1 \\ -1 & 0 & -1 \\ 1 & 1 & -1 \end{vmatrix}$$

$$+ d \times (-1)^{1+4} \begin{vmatrix} 1 & -1 & 0 \\ -1 & 0 & 1 \\ 1 & 1 & 0 \end{vmatrix}$$

$$= 2(b + c + d).$$

(2) 原式 $= a_{11} \times (-1)^{1+1} \begin{vmatrix} a_{22} & 0 & 0 & 0 \\ a_{32} & a_{33} & 0 & 0 \\ a_{42} & a_{43} & a_{44} & 0 \\ a_{52} & a_{53} & a_{54} & a_{55} \end{vmatrix}$

$$= a_{11} a_{22} \times (-1)^{1+1} \begin{vmatrix} a_{33} & 0 & 0 \\ a_{43} & a_{44} & 0 \\ a_{53} & a_{54} & a_{55} \end{vmatrix}$$

$$= a_{11} a_{22} a_{33} a_{44} a_{55}.$$

一般地，n 阶下三角行列式

$$\begin{vmatrix} a_{11} & 0 & \cdots & 0 \\ a_{21} & a_{22} & \cdots & 0 \\ \vdots & \vdots & \ddots & \vdots \\ a_{n1} & a_{n2} & \cdots & a_{nn} \end{vmatrix} = a_{11} a_{22} \cdots a_{nn}.$$

(3) 原式$=a\times(-1)^{1+4}\begin{vmatrix}0&0&b\\0&c&0\\d&0&0\end{vmatrix}=(-a)\times(-bcd)$

$=abcd.$

第(3)题答案说明 4 阶行列式中次对角线上 4 个元素的乘积前面带正号.

可见,对于 $n\geqslant 4$ 阶行列式,2、3 阶行列式的对角线算法已不适用!

(4) 原式$=a_{11}\times(-1)^{1+1}\begin{vmatrix}a_{22}&0&0\\ *&b_{11}&b_{12}\\ *&b_{21}&b_{22}\end{vmatrix}$

$+a_{12}\times(-1)^{1+2}\begin{vmatrix}a_{21}&0&0\\ *&b_{11}&b_{12}\\ *&b_{21}&b_{22}\end{vmatrix}$

$=a_{11}a_{22}\times(-1)^{1+1}\begin{vmatrix}b_{11}&b_{12}\\b_{21}&b_{22}\end{vmatrix}$

$-a_{12}a_{21}\times(-1)^{1+1}\begin{vmatrix}b_{11}&b_{12}\\b_{21}&b_{22}\end{vmatrix}$

$=(a_{11}a_{22}-a_{12}a_{21})\begin{vmatrix}b_{11}&b_{12}\\b_{21}&b_{22}\end{vmatrix}$

$=\begin{vmatrix}a_{11}&a_{12}\\a_{21}&a_{22}\end{vmatrix}\cdot\begin{vmatrix}b_{11}&b_{12}\\b_{21}&b_{22}\end{vmatrix}.$

第(4)题可以作为公式用.例如,

$$\begin{vmatrix}1&2&0&0\\3&4&0&0\\\mathrm{e}&\sqrt{2}&2&-1\\\pi&9&0&5\end{vmatrix}=\begin{vmatrix}1&2\\3&4\end{vmatrix}\cdot\begin{vmatrix}2&-1\\0&5\end{vmatrix}=(-2)\times 10=-20.$$

一般地,设 $|\boldsymbol{A}|=|a_{ij}|_{rr}$, $|\boldsymbol{B}|=|b_{ij}|_{ss}$,那么有公式

$$\begin{vmatrix}\boldsymbol{A}&0\\ *&\boldsymbol{B}\end{vmatrix}=|\boldsymbol{A}|\cdot|\boldsymbol{B}|.$$

习 题 1.1

1. 填空题：

(1) $\begin{vmatrix} 1 & 2 \\ 3 & 6 \end{vmatrix} =$ ______；

(2) $\begin{vmatrix} a & b & c \\ ka & kb & kc \\ \mathrm{e} & \pi & \sqrt{2} \end{vmatrix} =$ ______；

(3) $\begin{vmatrix} 0 & a & b \\ -a & 0 & c \\ -b & -c & 0 \end{vmatrix} =$ ______.

2. 解方程：

(1) $\begin{vmatrix} \lambda-5 & 3 \\ 3 & \lambda-5 \end{vmatrix} = 0$；

(2) $\begin{vmatrix} \lambda-4 & -6 & 0 \\ 3 & \lambda+5 & 0 \\ 3 & 6 & \lambda-1 \end{vmatrix} = 0$；

(3) $\begin{vmatrix} \lambda-1 & -2 & 2 \\ -2 & \lambda-3 & 0 \\ 2 & 0 & \lambda-3 \end{vmatrix} = 0$.

3. 解方程组：

(1) $\begin{cases} 2x+y=1, \\ 3x-2y=12. \end{cases}$

(2) $\begin{cases} 3x+2y-z=1, \\ x+5y+z=0, \\ 2x+3y-2z=-5. \end{cases}$

(3) $\begin{cases} 2x_1+2x_2+3x_3=0, \\ x_1-x_2=0, \\ x_1-2x_2-x_3=0. \end{cases}$

4. 按定义计算行列式：

(1) $\begin{vmatrix} 0 & a & 0 & 0 \\ 0 & 0 & 0 & b \\ 0 & 0 & c & 0 \\ d & 0 & 0 & 0 \end{vmatrix}$；

(2) $\begin{vmatrix} 0 & 1 & 0 & 1 \\ 1 & 0 & 1 & 0 \\ 0 & 1 & 1 & 0 \\ 0 & 0 & 1 & 0 \end{vmatrix}$；

(3) $\begin{vmatrix} a_1 & a_2 & a_3 & a_4 \\ b_1 & b_2 & b_3 & b_4 \\ c_1 & c_2 & c_3 & c_4 \\ 0 & 0 & 0 & 0 \end{vmatrix}$；

(4) $\begin{vmatrix} 0 & 2 & -1 & 3 \\ 4 & -1 & 2 & 0 \\ 1 & 3 & -4 & 2 \\ 5 & 4 & -3 & 5 \end{vmatrix}$.

5. 按定义计算行列式：

(1) $\begin{vmatrix} 0 & 0 & \cdots & 0 & 1 \\ 0 & 0 & \cdots & 2 & 0 \\ \vdots & \vdots & ⋰ & \vdots & \vdots \\ 0 & n-1 & \cdots & 0 & 0 \\ n & 0 & \cdots & 0 & 0 \end{vmatrix}$；

(2) $\begin{vmatrix} 0 & 1 & 0 & \cdots & 0 \\ 0 & 0 & 2 & \cdots & 0 \\ \vdots & \vdots & \vdots & \ddots & \vdots \\ 0 & 0 & 0 & \cdots & n-1 \\ n & 0 & 0 & \cdots & 0 \end{vmatrix}$；

(3) $\begin{vmatrix} 0 & \cdots & 0 & 1 & 0 \\ 0 & \cdots & 2 & 0 & 0 \\ \vdots & ⋰ & \vdots & \vdots & \vdots \\ n-1 & \cdots & 0 & 0 & 0 \\ 0 & \cdots & 0 & 0 & n \end{vmatrix}$.

6. 计算行列式$\begin{vmatrix} 0 & -1 & 1 & 0 & 0 \\ 3 & 1 & 2 & 0 & 0 \\ 1 & -2 & 4 & 0 & 0 \\ 0 & 0 & 0 & 1 & 2 \\ 0 & 0 & 0 & -1 & 3 \end{vmatrix}$.

§1.2 行列式按一行(列)展开公式

导学提纲

1. n 阶行列式按第 $i(1 \leqslant i \leqslant n)$ 行展开公式是什么?
2. n 阶行列式按第 $j(1 \leqslant j \leqslant n)$ 列展开公式是什么?
3. 怎么用行列式按一行(列)展开公式计算行列式值?

定义 1.1.4 告诉我们,n 阶行列式值等于第 1 行元素分别与其代数余子式乘积之和,实际上 n 阶行列式值等于任一行(列)元素分别与其代数余子式乘积之和. 这就是

定理 1.2.1 n 阶行列式

$$\begin{vmatrix} a_{11} & a_{12} & \cdots & a_{1n} \\ a_{21} & a_{22} & \cdots & a_{2n} \\ \vdots & \vdots & \ddots & \vdots \\ a_{n1} & a_{n2} & \cdots & a_{nn} \end{vmatrix}$$

$$= a_{i1}A_{i1} + a_{i2}A_{i2} + \cdots + a_{in}A_{in} \quad (1 \leqslant i \leqslant n)$$

$$= a_{1j}A_{1j} + a_{2j}A_{2j} + \cdots + a_{nj}A_{nj} \quad (1 \leqslant j \leqslant n).$$

(证明略)

例如,计算行列式

$$|\boldsymbol{A}| = \begin{vmatrix} 4 & 5 & -3 \\ 1 & 2 & -1 \\ 3 & 0 & -2 \end{vmatrix}.$$

解法 1 按定义 1.1.4,

$$|\boldsymbol{A}|=4\times(-1)^{1+1}\begin{vmatrix}2&-1\\0&-2\end{vmatrix}+5\times(-1)^{1+2}\begin{vmatrix}1&-1\\3&-2\end{vmatrix}$$
$$+(-3)\times(-1)^{1+3}\begin{vmatrix}1&2\\3&0\end{vmatrix}=-3;$$

解法 2 按第 3 行展开,

$$|\boldsymbol{A}|=3\times(-1)^{3+1}\begin{vmatrix}5&-3\\2&-1\end{vmatrix}+0\times(-1)^{3+2}\begin{vmatrix}4&-3\\1&-1\end{vmatrix}$$
$$+(-2)\times(-1)^{3+3}\begin{vmatrix}4&5\\1&2\end{vmatrix}=-3;$$

解法 3 按第 2 列展开,

$$|\boldsymbol{A}|=5\times(-1)^{1+2}\begin{vmatrix}1&-1\\3&-2\end{vmatrix}+2\times(-1)^{2+2}\begin{vmatrix}4&-3\\3&-2\end{vmatrix}$$
$$+0\times(-1)^{3+2}\begin{vmatrix}4&-3\\1&-1\end{vmatrix}=-3.$$

例 1.2.1 计算行列式 $\begin{vmatrix}1&-1&0&1\\a&b&c&d\\-1&0&1&-1\\1&1&0&-1\end{vmatrix}$.

分析 因为第 2 行元素都是字母,为便于数字计算,宜按第 2 行展开.

解 原式 $=a\times(-1)^{2+1}\begin{vmatrix}-1&0&1\\0&1&-1\\1&0&-1\end{vmatrix}$

$$+b\times(-1)^{2+2}\begin{vmatrix}1&0&1\\-1&1&-1\\1&0&-1\end{vmatrix}$$
$$+c\times(-1)^{2+3}\begin{vmatrix}1&-1&1\\-1&0&-1\\1&1&-1\end{vmatrix}$$

$$+d\times(-1)^{2+4}\begin{vmatrix}1 & -1 & 0\\ -1 & 0 & 1\\ 1 & 1 & 0\end{vmatrix}$$

$$=-2(b+c+d).$$

例 1.2.2 计算行列式

$$\begin{vmatrix}1 & 3 & 4 & 4\\ 1 & -1 & 0 & 3\\ -1 & 1 & 2 & 1\\ 2 & 5 & 0 & 1\end{vmatrix}.$$

分析 因为第 3 列含“0”最多,所以按第 3 列展开,这样可以省去两个“0”的代数余子式计算.

解 按第 3 列展开,

$$\text{原式}=4\times(-1)^{1+3}\begin{vmatrix}1 & -1 & 3\\ -1 & 1 & 1\\ 2 & 5 & 1\end{vmatrix}+2\times(-1)^{3+3}\begin{vmatrix}1 & 3 & 4\\ 1 & -1 & 3\\ 2 & 5 & 1\end{vmatrix}$$

$$=-58.$$

例 1.2.3 计算上三角行列式 $\begin{vmatrix}a_{11} & a_{12} & a_{13} & a_{14}\\ 0 & a_{22} & a_{23} & a_{24}\\ 0 & 0 & a_{33} & a_{34}\\ 0 & 0 & 0 & a_{44}\end{vmatrix}$.

分析 因为第 1 列“0”最多,故按第 1 列展开.

解 $\text{原式}=a_{11}\times(-1)^{1+1}\begin{vmatrix}a_{22} & a_{23} & a_{24}\\ 0 & a_{33} & a_{34}\\ 0 & 0 & a_{44}\end{vmatrix}$

$$=a_{11}\times(-1)^{1+1}\times a_{22}\times(-1)^{1+1}\begin{vmatrix}a_{33} & a_{34}\\ 0 & a_{44}\end{vmatrix}$$

$$=a_{11}a_{22}a_{33}a_{44}.$$

一般地,n 阶上三角行列式

$$\begin{vmatrix} a_{11} & a_{12} & \cdots & a_{1n} \\ 0 & a_{22} & \cdots & a_{2n} \\ \vdots & \vdots & \ddots & \vdots \\ 0 & 0 & \cdots & a_{nn} \end{vmatrix} = a_{11}a_{22}\cdots a_{nn}.$$

例 1.2.4 计算行列式

$$\begin{vmatrix} a & b & 0 & 0 & 0 \\ 0 & a & b & 0 & 0 \\ 0 & 0 & a & b & 0 \\ 0 & 0 & 0 & a & b \\ b & 0 & 0 & 0 & a \end{vmatrix}.$$

解 按第 5 行展开.

$$\begin{aligned} \text{原式} &= b\times(-1)^{5+1}\begin{vmatrix} b & 0 & 0 & 0 \\ a & b & 0 & 0 \\ 0 & a & b & 0 \\ 0 & 0 & a & b \end{vmatrix} \\ &\quad + a\times(-1)^{5+5}\begin{vmatrix} a & b & 0 & 0 \\ 0 & a & b & 0 \\ 0 & 0 & a & b \\ 0 & 0 & 0 & a \end{vmatrix} \\ &= b\times b^4 + a\times a^4 \\ &= a^5 + b^5. \end{aligned}$$

(读者不妨按第 1 列展开计算之).

一般地,n 阶行列式

$$\begin{vmatrix} a & b & 0 & \cdots & 0 & 0 \\ 0 & a & b & \cdots & 0 & 0 \\ 0 & 0 & a & \cdots & 0 & 0 \\ \vdots & \vdots & \vdots & \ddots & \vdots & \vdots \\ 0 & 0 & 0 & \cdots & a & b \\ b & 0 & 0 & \cdots & 0 & a \end{vmatrix} = a^n + (-1)^{n+1}b^n.$$

习 题 1.2

1. 用行列式按一行(列)展开公式计算下列各行列式值:

(1) $\begin{vmatrix} 3 & -4 & 6 & -2 \\ 4 & -1 & 2 & 0 \\ 1 & 3 & -4 & 2 \\ 5 & 4 & -3 & 5 \end{vmatrix}$;

(2) $\begin{vmatrix} 1 & 2 & 3 & -2 \\ 2 & -1 & 2 & -3 \\ 3 & 2 & -1 & 2 \\ -2 & -3 & 2 & -1 \end{vmatrix}$;

(3) $\begin{vmatrix} 1 & 1 & -2 & 3 & 1 \\ 3 & 0 & -1 & 2 & 1 \\ 2 & 3 & 0 & -1 & 2 \\ 1 & 0 & 0 & 3 & 0 \\ -1 & 3 & 0 & 2 & 3 \end{vmatrix}$.

2. 证明

$$\begin{vmatrix} a_{11} & a_{12} & a_{13} & a_{14} & a_{15} \\ a_{21} & a_{22} & a_{23} & a_{24} & a_{25} \\ a_{31} & a_{32} & 0 & 0 & 0 \\ a_{41} & a_{42} & 0 & 0 & 0 \\ a_{51} & a_{52} & 0 & 0 & 0 \end{vmatrix} = 0.$$

§1.3 行列式性质与计算

导学提纲

1. 行列式有哪些性质?

2. 怎么用行列式性质,将行列式化成上(下)三角形?

按 n 阶行列式定义(定义 1.1.4) 或展开公式(定理 1.2.1) 计算 $n \geqslant 5$ 阶行列式是很复杂的. 本节介绍行列式的性质,用这些性质可以将行列式化简成上(下) 三角形后求值.

将行列式

$$|\boldsymbol{A}| = \begin{vmatrix} a_{11} & a_{12} & \cdots & a_{1n} \\ a_{21} & a_{22} & \cdots & a_{2n} \\ \vdots & \vdots & \ddots & \vdots \\ a_{n1} & a_{n2} & \cdots & a_{nn} \end{vmatrix}$$

的行与列对换(即以主对角线为轴翻转;亦即把第 i 行改成第 i 列,$i = 1,2,\cdots,n$),得行列式

$$\begin{vmatrix} a_{11} & a_{21} & \cdots & a_{n1} \\ a_{12} & a_{22} & \cdots & a_{n2} \\ \vdots & \vdots & \ddots & \vdots \\ a_{1n} & a_{2n} & \cdots & a_{nn} \end{vmatrix}.$$

称后者为 $|\boldsymbol{A}|$ 的**转置**行列式,记作 $|\boldsymbol{A}^{\mathrm{T}}|$. 例如,

$$|\boldsymbol{A}| = \begin{vmatrix} 1 & -1 & 5 \\ 2 & 0 & 3 \\ 4 & -2 & 1 \end{vmatrix} \text{的转置行列式 } |\boldsymbol{A}^{\mathrm{T}}| = \begin{vmatrix} 1 & 2 & 4 \\ -1 & 0 & -2 \\ 5 & 3 & 1 \end{vmatrix}.$$

读者可以动手算一下,这两个行列式的值都等于 -24. 其实 $|\boldsymbol{A}| = |\boldsymbol{A}^{\mathrm{T}}|$ 是一个普遍事实.

性质 1 n 阶行列式 $|\boldsymbol{A}| = |\boldsymbol{A}^{\mathrm{T}}|$.

性质 1 表明行列式的行有什么性质,列也有什么性质.

性质 2 用数 k 乘以行列式 $|\boldsymbol{A}| = |a_{ij}|_{nn}$ 某一行(列) 的每一个元素后,所得行列式值等于 $k|\boldsymbol{A}|$. 即

$$\begin{vmatrix} a_{11} & a_{12} & \cdots & a_{1n} \\ a_{21} & a_{22} & \cdots & a_{2n} \\ \vdots & \vdots & & \vdots \\ ka_{i1} & ka_{i2} & \cdots & ka_{in} \\ \vdots & \vdots & & \vdots \\ a_{n1} & a_{n2} & \cdots & a_{nn} \end{vmatrix} = k \begin{vmatrix} a_{11} & a_{12} & \cdots & a_{1n} \\ a_{21} & a_{22} & \cdots & a_{2n} \\ \vdots & \vdots & & \vdots \\ a_{i1} & a_{i2} & \cdots & a_{in} \\ \vdots & \vdots & & \vdots \\ a_{n1} & a_{n2} & \cdots & a_{nn} \end{vmatrix},$$

或

$$\begin{vmatrix} a_{11} & a_{12} & \cdots & ka_{1j} & \cdots & a_{1n} \\ a_{21} & a_{22} & \cdots & ka_{2j} & \cdots & a_{2n} \\ \vdots & \vdots & & \vdots & & \vdots \\ a_{n1} & a_{n2} & \cdots & ka_{nj} & \cdots & a_{nn} \end{vmatrix}$$

$$= k \begin{vmatrix} a_{11} & a_{12} & \cdots & a_{1j} & \cdots & a_{1n} \\ a_{21} & a_{22} & \cdots & a_{2j} & \cdots & a_{2n} \\ \vdots & \vdots & & \vdots & & \vdots \\ a_{n1} & a_{n2} & \cdots & a_{nj} & \cdots & a_{nn} \end{vmatrix}.$$

或者说，如果行列式某一行(列)所有元素有公因子 k，可以将 k 提到行列式前面.

例如，

$$|\boldsymbol{A}| = \begin{vmatrix} 1 & 0 & 1 \\ 1 & 2 & 3 \\ 1 & -1 & 1 \end{vmatrix} = 2.$$

用 3 乘以 $|\boldsymbol{A}|$ 的第 2 行每一个元素，得

$$\begin{vmatrix} 1 & 0 & 1 \\ 1\times 3 & 2\times 3 & 3\times 3 \\ 1 & -1 & 1 \end{vmatrix} = \begin{vmatrix} 1 & 0 & 1 \\ 3 & 6 & 9 \\ 1 & -1 & 1 \end{vmatrix} = 6 = 3|\boldsymbol{A}|.$$

又例如，行列式

$$\begin{vmatrix} 1 & 0 & 4 \\ 1 & 2 & 12 \\ 1 & -1 & 4 \end{vmatrix} = 8$$

的第 3 列有公因子 4，可将 4 提到行列式前面，从而简化计算.

$$\begin{vmatrix} 1 & 0 & 4 \\ 1 & 2 & 12 \\ 1 & -1 & 4 \end{vmatrix} = 4 \cdot \begin{vmatrix} 1 & 0 & 1 \\ 1 & 2 & 3 \\ 1 & -1 & 1 \end{vmatrix} = 4 \times 2 = 8.$$

再例如，欲计算行列式

$$|\boldsymbol{A}| = \begin{vmatrix} 1 & 0 & \frac{1}{2} \\ 0 & 4 & 0 \\ 1 & \frac{1}{3} & 1 \end{vmatrix}.$$

为避免分数运算，又要保持 $|\boldsymbol{A}|$ 值不变，可以将 $|\boldsymbol{A}|$ 的第 1 行乘以 2，前面乘以 $\frac{1}{2}$；第 3 行乘以 3，前面乘以 $\frac{1}{3}$，得

$$|\boldsymbol{A}| = \frac{1}{2} \cdot \frac{1}{3} \begin{vmatrix} 2 & 0 & 1 \\ 0 & \textcircled{4} & 0 \\ 3 & 1 & 3 \end{vmatrix} = \frac{1}{6} \cdot 4 \times (-1)^{2+2} \begin{vmatrix} 2 & 1 \\ 3 & 3 \end{vmatrix} = 2.$$

注意

$$\begin{vmatrix} ka_{11} & ka_{12} & \cdots & ka_{1n} \\ ka_{21} & ka_{22} & \cdots & ka_{2n} \\ \vdots & \vdots & \ddots & \vdots \\ ka_{n1} & ka_{n2} & \cdots & ka_{nn} \end{vmatrix} = k^n \begin{vmatrix} a_{11} & a_{12} & \cdots & a_{1n} \\ a_{21} & a_{22} & \cdots & a_{2n} \\ \vdots & \vdots & \ddots & \vdots \\ a_{n1} & a_{n2} & \cdots & a_{nn} \end{vmatrix}.$$

推论 1.3.1 如果行列式中有一行(列) 元素全为“0”，则行列式值等于零.

性质 3 行列式可以按某一行(列)“拆” 成两个行列式之和. 即

$$\begin{vmatrix} a_{11} & a_{12} & \cdots & a_{1n} \\ \vdots & \vdots & & \vdots \\ c_{i1}+d_{i1} & c_{i2}+d_{i2} & \cdots & c_{in}+d_{in} \\ \vdots & \vdots & & \vdots \\ a_{n1} & a_{n2} & \cdots & a_{nn} \end{vmatrix}$$

$$= \begin{vmatrix} a_{11} & a_{12} & \cdots & a_{1n} \\ \vdots & \vdots & & \vdots \\ c_{i1} & c_{i2} & \cdots & c_{in} \\ \vdots & \vdots & & \vdots \\ a_{n1} & a_{n2} & \cdots & a_{nn} \end{vmatrix} + \begin{vmatrix} a_{11} & a_{12} & \cdots & a_{1n} \\ \vdots & \vdots & & \vdots \\ d_{i1} & d_{i2} & \cdots & d_{in} \\ \vdots & \vdots & & \vdots \\ a_{n1} & a_{n2} & \cdots & a_{nn} \end{vmatrix},$$

或

$$\begin{vmatrix} a_{11} & \cdots & c_{1j}+d_{1j} & \cdots & a_{1n} \\ a_{21} & \cdots & c_{2j}+d_{2j} & \cdots & a_{2n} \\ \vdots & & \vdots & & \vdots \\ a_{n1} & \cdots & c_{nj}+d_{nj} & \cdots & a_{nn} \end{vmatrix}$$

$$= \begin{vmatrix} a_{11} & a_{12} & \cdots & c_{1j} & \cdots & a_{1n} \\ a_{21} & a_{22} & \cdots & c_{2j} & \cdots & a_{2n} \\ \vdots & \vdots & & \vdots & & \vdots \\ a_{n1} & a_{n2} & \cdots & c_{nj} & \cdots & a_{nn} \end{vmatrix}$$

$$+ \begin{vmatrix} a_{11} & a_{12} & \cdots & d_{1j} & \cdots & a_{1n} \\ a_{21} & a_{22} & \cdots & d_{2j} & \cdots & a_{2n} \\ \vdots & \vdots & & \vdots & & \vdots \\ a_{n1} & a_{n2} & \cdots & d_{nj} & \cdots & a_{nn} \end{vmatrix}.$$

例如，

$$6 = \begin{vmatrix} 1 & 0 & 1 \\ 3 & 6 & 9 \\ 1 & -1 & 1 \end{vmatrix} = \begin{vmatrix} 1 & 0 & 1 \\ 1+2 & 2+4 & 3+6 \\ 1 & -1 & 1 \end{vmatrix}$$

$$=\begin{vmatrix}1&0&1\\1&2&3\\1&-1&1\end{vmatrix}+\begin{vmatrix}1&0&1\\2&4&6\\1&-1&1\end{vmatrix}=2+4.$$

注意 下面的拆法是错误的.

$$-2=\begin{vmatrix}1&2\\3&4\end{vmatrix}=\begin{vmatrix}1+0&1+1\\1+2&2+2\end{vmatrix}$$

$$\neq\begin{vmatrix}1&1\\1&2\end{vmatrix}+\begin{vmatrix}0&1\\2&2\end{vmatrix}=1+(-2)=-1.$$

例 1.3.1

$$\begin{vmatrix}a_{11}&a_{12}&a_{13}\\a_{21}&a_{22}&a_{23}\\a_{31}&a_{32}&a_{33}\end{vmatrix}=\begin{vmatrix}a_{11}+0+0&0+a_{12}+0&0+0+a_{13}\\a_{21}&a_{22}&a_{23}\\a_{31}&a_{32}&a_{33}\end{vmatrix}$$

$$=\begin{vmatrix}a_{11}&0&0\\a_{21}&a_{22}&a_{23}\\a_{31}&a_{32}&a_{33}\end{vmatrix}+\begin{vmatrix}0&a_{12}&0\\a_{21}&a_{22}&a_{23}\\a_{31}&a_{32}&a_{33}\end{vmatrix}$$

$$+\begin{vmatrix}0&0&a_{13}\\a_{21}&a_{22}&a_{23}\\a_{31}&a_{32}&a_{33}\end{vmatrix}.$$

性质 4 对换行列式的两行(列),行列式值反号,即

$$\begin{matrix}\\ \\ \text{第 } i \text{ 行}\\ \\ \text{第 } j \text{ 行}\\ \\ \\ \end{matrix}\begin{vmatrix}a_{11}&a_{12}&\cdots&a_{1n}\\\vdots&\vdots&&\vdots\\a_{i1}&a_{i2}&\cdots&a_{in}\\\vdots&\vdots&&\vdots\\a_{j1}&a_{j2}&\cdots&a_{jn}\\\vdots&\vdots&&\vdots\\a_{n1}&a_{n2}&\cdots&a_{nn}\end{vmatrix}=-\begin{vmatrix}a_{11}&a_{12}&\cdots&a_{1n}\\\vdots&\vdots&&\vdots\\a_{j1}&a_{j2}&\cdots&a_{jn}\\\vdots&\vdots&&\vdots\\a_{i1}&a_{i2}&\cdots&a_{in}\\\vdots&\vdots&&\vdots\\a_{n1}&a_{n2}&\cdots&a_{nn}\end{vmatrix}\begin{matrix}\\ \\ \text{第 } i \text{ 行}\\ \\ \text{第 } j \text{ 行}\\ \\ \\ \end{matrix}$$

或

$$\begin{vmatrix} a_{11} & \cdots & a_{1i} & \cdots & a_{1j} & \cdots & a_{1n} \\ a_{21} & \cdots & a_{2i} & \cdots & a_{2j} & \cdots & a_{2n} \\ \vdots & & \vdots & & \vdots & & \vdots \\ a_{n1} & \cdots & a_{ni} & \cdots & a_{nj} & \cdots & a_{nn} \end{vmatrix}$$

（第 i 列） （第 j 列）

$$=-\begin{vmatrix} a_{11} & \cdots & a_{1j} & \cdots & a_{1i} & \cdots & a_{1n} \\ a_{21} & \cdots & a_{2j} & \cdots & a_{2i} & \cdots & a_{2n} \\ \vdots & & \vdots & & \vdots & & \vdots \\ a_{n1} & \cdots & a_{nj} & \cdots & a_{ni} & \cdots & a_{nn} \end{vmatrix}.$$

（第 i 列） （第 j 列）

例如，

$$|\boldsymbol{A}|=\begin{vmatrix} 1 & 0 & 1 \\ 1 & 2 & 3 \\ 1 & -1 & 1 \end{vmatrix}=2.$$

对换 $|\boldsymbol{A}|$ 的第 1 行与第 3 行，得

$$\begin{vmatrix} 1 & -1 & 1 \\ 1 & 2 & 3 \\ 1 & 0 & 1 \end{vmatrix}=-2.$$

对换 $|\boldsymbol{A}|$ 的第 2 列与第 3 列，得

$$\begin{vmatrix} 1 & 1 & 0 \\ 1 & 3 & 2 \\ 1 & 1 & -1 \end{vmatrix}=-2.$$

推论 1.3.2 行列式中若有两行(列)元素对应相同，则行列式值等于零.

例如，

$$\begin{vmatrix} 1 & -2 & 3 \\ \mathrm{e} & \pi & \sqrt{2} \\ 1 & -2 & 3 \end{vmatrix}=0.$$

证 设 $|\boldsymbol{A}|=|a_{ij}|_{nn}$ 的第 i 行与第 j 行相同，对换 $|\boldsymbol{A}|$ 的第 i 行与第 j 行，得 $-|\boldsymbol{A}|$. 由 $|\boldsymbol{A}|=-|\boldsymbol{A}|$，推出 $2|\boldsymbol{A}|=0$，所以 $|\boldsymbol{A}|=0$.

推论 1.3.3 若行列式中有两行(列)元素对应成比例，则行列式值等于零.

证 不失一般性，以 3 阶行列式为例.

$$\begin{vmatrix} a_{11} & a_{12} & a_{13} \\ a_{21} & a_{22} & a_{23} \\ ka_{11} & ka_{12} & ka_{13} \end{vmatrix} = k\begin{vmatrix} a_{11} & a_{12} & a_{13} \\ a_{21} & a_{22} & a_{23} \\ a_{11} & a_{12} & a_{13} \end{vmatrix} = k \times 0 = 0.$$

性质 5 将行列式某一行(列)的 k 倍加到另一行(列)上去，行列式值不变.

证 不失一般性，以 3 阶行列式 $|\boldsymbol{A}|=|a_{ij}|$ 为例，将 $|\boldsymbol{A}|$ 的第 1 行的 k 倍加到第 3 行上去(第 1 行不变，第 3 行变了)，得

$$\begin{aligned}&\begin{vmatrix} a_{11} & a_{12} & a_{13} \\ a_{21} & a_{22} & a_{23} \\ a_{31}+ka_{11} & a_{32}+ka_{12} & a_{33}+ka_{13} \end{vmatrix} \\ &= \begin{vmatrix} a_{11} & a_{12} & a_{13} \\ a_{21} & a_{22} & a_{23} \\ a_{31} & a_{32} & a_{33} \end{vmatrix} + \begin{vmatrix} a_{11} & a_{12} & a_{13} \\ a_{21} & a_{22} & a_{23} \\ ka_{11} & ka_{12} & ka_{13} \end{vmatrix} \\ &= |\boldsymbol{A}| + 0 = |\boldsymbol{A}|.\end{aligned}$$

例如，

$$4 = \begin{vmatrix} 1 & 3 & -2 \\ 0 & 2 & 1 \\ 2 & 4 & -3 \end{vmatrix} \xlongequal{\text{第 1 行}(-2)\text{ 倍加到第 3 行}} \begin{vmatrix} 1 & 3 & -2 \\ 0 & 2 & 1 \\ 0 & -2 & 1 \end{vmatrix}$$

$$\xlongequal{\text{第 2 行加到第 3 行}} \begin{vmatrix} \textcircled{1} & 3 & -2 \\ 0 & \textcircled{2} & 1 \\ 0 & 0 & \textcircled{2} \end{vmatrix} = 4.$$

例 1.3.2 计算行列式

$$\begin{vmatrix} 2 & 1 & 3 & 5 \\ 1 & 0 & -1 & 2 \\ -6 & 2 & -2 & 4 \\ 1 & 1 & 3 & 1 \end{vmatrix}.$$

分析 目标是用行列式性质将行列式化成上三角形，然后求值.

解[注]

$$\text{原式} \xlongequal{\frac{1}{2}\text{③}} 2\begin{vmatrix} 2 & 1 & 3 & 5 \\ 1 & 0 & -1 & 2 \\ -3 & 1 & -1 & 2 \\ 1 & 1 & 3 & 1 \end{vmatrix}$$

$$\xlongequal[\text{①②}]{} -2\begin{vmatrix} 1 & 2 & 3 & 5 \\ 0 & 1 & -1 & 2 \\ 1 & -3 & -1 & 2 \\ 1 & 1 & 3 & 1 \end{vmatrix}$$

$$\xlongequal{\substack{\text{③}-\text{①} \\ \text{④}-\text{①}}} -2\begin{vmatrix} 1 & 2 & 3 & 5 \\ 0 & 1 & -1 & 2 \\ 0 & -5 & -4 & -3 \\ 0 & -1 & 0 & -4 \end{vmatrix}$$

$$\xlongequal{\substack{\text{③}+5\text{②} \\ \text{④}+\text{②}}} -2\begin{vmatrix} 1 & 2 & 3 & 5 \\ 0 & 1 & -1 & 2 \\ 0 & 0 & -9 & 7 \\ 0 & 0 & -1 & -2 \end{vmatrix}$$

[注] 当 $c \neq 0$ 时，$\frac{1}{c}\textcircled{i}$ 表示提出第 i 行(列)公因子 c；$\textcircled{i}\textcircled{j}$ 表示对换第 i 行(列)与第 j 行(列)；$\textcircled{j}+k\textcircled{i}$ 表示把第 i 行(列)的 k 倍加到第 j 行(列)上去；以上记号写在等号上(下)面，表示对行(列)运算.

$$\xlongequal{③④}(-2)(-1)\begin{vmatrix}1&2&5&3\\0&1&2&-1\\0&0&7&-9\\0&0&-2&-1\end{vmatrix}$$

$$\xlongequal{③-2④}2\begin{vmatrix}1&2&-1&3\\0&1&4&-1\\0&0&25&-9\\0&0&0&-1\end{vmatrix}=-50.$$

例 1.3.3　计算行列式

$$\begin{vmatrix}1&0&-1&-\frac{1}{2}\\2&1&0&1\\1&-\frac{1}{3}&0&\frac{1}{2}\\0&-1&1&0\end{vmatrix}.$$

分析　行列式中元素有分数，为便于计算，第 2 列乘以 3，前面除以 3；第 4 列乘以 2，前面除以 2.

解法 1

$$原式\xlongequal[2④]{3②}\frac{1}{3}\cdot\frac{1}{2}\begin{vmatrix}1&0&-1&-1\\2&3&0&2\\1&-1&0&1\\0&-3&1&0\end{vmatrix}$$

$$\xlongequal[④+①]{③+①}\frac{1}{6}\begin{vmatrix}1&0&0&0\\2&3&2&4\\1&-1&1&2\\0&-3&1&0\end{vmatrix}\xlongequal{②③}-\frac{1}{6}\begin{vmatrix}1&0&0&0\\1&-1&1&2\\2&3&2&4\\0&-3&1&0\end{vmatrix}$$

$$\xlongequal[\text{④}+2\text{②}]{\text{③}+\text{②}} -\frac{1}{6}\begin{vmatrix}1&0&0&0\\1&-1&0&0\\2&3&5&10\\0&-3&-2&-6\end{vmatrix}$$

$$\xlongequal{\text{④}-2\text{③}} -\frac{1}{6}\begin{vmatrix}1&0&0&0\\1&-1&0&0\\2&3&5&0\\0&-3&-2&-2\end{vmatrix}=-\frac{5}{3}.$$

解法 2 继解法 1 第 4 步结果：

$$\text{原式}=-\frac{1}{6}\begin{vmatrix}1&0&0&0\\1&-1&0&0\\2&3&5&10\\0&-3&-2&-6\end{vmatrix}=-\frac{1}{6}\begin{vmatrix}1&0\\1&-1\end{vmatrix}\begin{vmatrix}5&10\\-2&-6\end{vmatrix}$$

$$=-\frac{1}{6}\times(-1)\times5\times(-2)\begin{vmatrix}1&2\\1&3\end{vmatrix}=-\frac{5}{3}.$$

解法 3 按第 3 列展开.

$$\text{原式}=(-1)\times(-1)^{1+3}\begin{vmatrix}2&1&1\\1&-\frac{1}{3}&\frac{1}{2}\\0&-1&0\end{vmatrix}$$

$$+1\times(-1)^{4+3}\begin{vmatrix}1&0&-\frac{1}{2}\\2&1&1\\1&-\frac{1}{3}&\frac{1}{2}\end{vmatrix}$$

$$=-\frac{1}{6}\begin{vmatrix}2&1&1\\6&-2&3\\0&-1&0\end{vmatrix}-\frac{1}{3}\cdot\frac{1}{2}\begin{vmatrix}1&0&-1\\2&3&2\\1&-1&1\end{vmatrix}$$

$$=-\frac{1}{6}\times(-1)\times(-1)^{3+2}\begin{vmatrix}2&1\\6&3\end{vmatrix}-\frac{1}{6}\begin{vmatrix}\textcircled{1}&0&0\\2&3&4\\1&-1&2\end{vmatrix}$$

$$=0-\frac{1}{6}\times1\times(-1)^{1+1}\begin{vmatrix}3&4\\-1&2\end{vmatrix}$$

$$=-\frac{5}{3}.$$

解法 4

$$\text{原式}\xlongequal{\text{①}+\text{④}}\begin{vmatrix}1&-1&0&-\frac{1}{2}\\2&1&0&1\\1&-\frac{1}{3}&0&\frac{1}{2}\\0&-1&\textcircled{1}&0\end{vmatrix}$$

$$=1\times(-1)^{4+3}\begin{vmatrix}1&-1&-\frac{1}{2}\\2&1&1\\1&-\frac{1}{3}&\frac{1}{2}\end{vmatrix}=\cdots=-\frac{5}{3}.$$

例 1.3.4 计算行列式

$$\begin{vmatrix}a&1&1&1\\1&a&1&1\\1&1&a&1\\1&1&1&a\end{vmatrix}.$$

分析 欲直接将行列式化成上(下)三角形,需讨论 $a\neq0$,$a=0$. 此方法不可取. 另观察原式每一行元素之和相同,因此可将第 2、3、4 列都加到第 1 列,提出新的第 1 列公因子 $a+3$,从而得到一个特殊的第 1 列.

解

$$\text{原式}\xlongequal[\substack{①+③\\①+④}]{①+②}\begin{vmatrix} a+3 & 1 & 1 & 1 \\ a+3 & a & 1 & 1 \\ a+3 & 1 & a & 1 \\ a+3 & 1 & 1 & a \end{vmatrix}=(a+3)\begin{vmatrix} 1 & 1 & 1 & 1 \\ 1 & a & 1 & 1 \\ 1 & 1 & a & 1 \\ 1 & 1 & 1 & a \end{vmatrix}$$

$$\xlongequal{\substack{②-①\\③-①\\④-①}}(a+3)\begin{vmatrix} 1 & 1 & 1 & 1 \\ 0 & a-1 & 0 & 0 \\ 0 & 0 & a-1 & 0 \\ 0 & 0 & 0 & a-1 \end{vmatrix}$$

$$=(a+3)(a-1)^3.$$

请读者计算 n 阶行列式

$$\begin{vmatrix} a & 1 & 1 & \cdots & 1 \\ 1 & a & 1 & \cdots & 1 \\ 1 & 1 & a & \cdots & 1 \\ \vdots & \vdots & \vdots & \ddots & \vdots \\ 1 & 1 & 1 & \cdots & a \end{vmatrix}.$$

例 1.3.5　计算行列式

$$\begin{vmatrix} a_1 & -a_1 & 0 & 0 & 0 \\ 0 & a_2 & -a_2 & 0 & 0 \\ 0 & 0 & a_3 & -a_3 & 0 \\ 0 & 0 & 0 & a_4 & -a_4 \\ 1 & 1 & 1 & 1 & 1 \end{vmatrix}.$$

分析　原式是 5 阶行列式，主对角元 a_1,a_2,a_3,a_4 分别与右邻元素反号，所以将原式化成下三角形为宜.

解　$$\text{原式}\xlongequal[②+①]{}\begin{vmatrix} a_1 & 0 & 0 & 0 & 0 \\ 0 & a_2 & -a_2 & 0 & 0 \\ 0 & 0 & a_3 & -a_3 & 0 \\ 0 & 0 & 0 & a_4 & -a_4 \\ 1 & 2 & 1 & 1 & 1 \end{vmatrix}$$

$$\xlongequal{③+②}\begin{vmatrix} a_1 & 0 & 0 & 0 & 0 \\ 0 & a_2 & 0 & 0 & 0 \\ 0 & 0 & a_3 & -a_3 & 0 \\ 0 & 0 & 0 & a_4 & -a_4 \\ 1 & 2 & 3 & 1 & 1 \end{vmatrix}$$

$$\xlongequal{④+③}\begin{vmatrix} a_1 & 0 & 0 & 0 & 0 \\ 0 & a_2 & 0 & 0 & 0 \\ 0 & 0 & a_3 & 0 & 0 \\ 0 & 0 & 0 & a_4 & -a_4 \\ 1 & 2 & 3 & 4 & 1 \end{vmatrix}$$

$$\xlongequal{⑤+④}\begin{vmatrix} a_1 & 0 & 0 & 0 & 0 \\ 0 & a_2 & 0 & 0 & 0 \\ 0 & 0 & a_3 & 0 & 0 \\ 0 & 0 & 0 & a_4 & 0 \\ 1 & 2 & 3 & 4 & 5 \end{vmatrix}$$

$$= 5a_1a_2a_3a_4.$$

请读者计算 $n+1$ 阶行列式

$$\begin{vmatrix} a_1 & -a_1 & 0 & \cdots & 0 & 0 \\ 0 & a_2 & -a_2 & \cdots & 0 & 0 \\ 0 & 0 & a_3 & \cdots & 0 & 0 \\ \vdots & \vdots & \vdots & \ddots & \vdots & \vdots \\ 0 & 0 & 0 & \cdots & a_n & -a_n \\ 1 & 1 & 1 & \cdots & 1 & 1 \end{vmatrix}.$$

例 1.3.6 证明

$$\begin{vmatrix} 0 & a_{12} & a_{13} & a_{14} & a_{15} \\ -a_{12} & 0 & a_{23} & a_{24} & a_{25} \\ -a_{13} & -a_{23} & 0 & a_{34} & a_{35} \\ -a_{14} & -a_{24} & -a_{34} & 0 & a_{45} \\ -a_{15} & -a_{25} & -a_{35} & -a_{45} & 0 \end{vmatrix} = 0.$$

证　记等式左边为 $|\boldsymbol{A}|$,将 $|\boldsymbol{A}|$ 的每一行提出公因子(-1),得

$$|\boldsymbol{A}|=(-1)^5\begin{vmatrix}0 & -a_{12} & -a_{13} & -a_{14} & -a_{15}\\ a_{12} & 0 & -a_{23} & -a_{24} & -a_{25}\\ a_{13} & a_{23} & 0 & -a_{34} & -a_{35}\\ a_{14} & a_{24} & a_{34} & 0 & -a_{45}\\ a_{15} & a_{25} & a_{35} & a_{45} & 0\end{vmatrix}$$

$$=-|\boldsymbol{A}^{\mathrm{T}}|=-|\boldsymbol{A}|,$$

移项,$2|\boldsymbol{A}|=0$,所以 $|\boldsymbol{A}|=0$.

n 阶行列式 $|\boldsymbol{A}|=|a_{ij}|_{nn}$ 中,如果 $a_{ij}=-a_{ji}$,则称 $|\boldsymbol{A}|$ **为反对称行列式**.请读者证明:**奇数阶反对称行列式值等于零.**

例 1.3.7　计算 4 阶范德蒙(Vandermonde)行列式

$$\begin{vmatrix}1 & 1 & 1 & 1\\ a_1 & a_2 & a_3 & a_4\\ a_1^2 & a_2^2 & a_3^2 & a_4^2\\ a_1^3 & a_2^3 & a_3^3 & a_4^3\end{vmatrix}.$$

解

$$\text{原式}\xlongequal[\text{②}-a_1\text{①}]{\substack{\text{④}-a_1\text{③}\\ \text{③}-a_1\text{②}}}\begin{vmatrix}1 & 1 & 1 & 1\\ 0 & a_2-a_1 & a_3-a_1 & a_4-a_1\\ 0 & a_2^2-a_1a_2 & a_3^2-a_1a_3 & a_4^2-a_1a_4\\ 0 & a_2^3-a_1a_2^2 & a_3^3-a_1a_3^2 & a_4^3-a_1a_4^2\end{vmatrix}$$

$$=\begin{vmatrix}a_2-a_1 & a_3-a_1 & a_4-a_1\\ a_2^2-a_1a_2 & a_3^2-a_1a_3 & a_4^2-a_1a_4\\ a_2^3-a_1a_2^2 & a_3^3-a_1a_3^2 & a_4^3-a_1a_4^2\end{vmatrix}$$

$$=(a_2-a_1)(a_3-a_1)(a_4-a_1)\begin{vmatrix}1 & 1 & 1\\ a_2 & a_3 & a_4\\ a_2^2 & a_3^2 & a_4^2\end{vmatrix}$$

$$\xlongequal[\textcircled{2}-a_2\textcircled{1}]{\textcircled{3}-a_2\textcircled{2}}(a_2-a_1)(a_3-a_1)(a_4-a_1)\cdot\begin{vmatrix}1 & 1 & 1\\0 & a_3-a_2 & a_4-a_2\\0 & a_3^2-a_2a_3 & a_4^2-a_2a_4\end{vmatrix}$$

$$=(a_2-a_1)(a_3-a_1)(a_4-a_1)\begin{vmatrix}a_3-a_2 & a_4-a_2\\a_3^2-a_2a_3 & a_4^2-a_2a_4\end{vmatrix}$$

$$=(a_2-a_1)(a_3-a_1)(a_4-a_1)\cdot(a_3-a_2)(a_4-a_2)\begin{vmatrix}1 & 1\\a_3 & a_4\end{vmatrix}$$

$$=(a_2-a_1)(a_3-a_1)(a_4-a_1)\cdot(a_3-a_2)\cdot(a_4-a_2)\cdot(a_4-a_3).$$

用数学归纳法可以证明 n 阶范德蒙行列式

$$|\boldsymbol{V}|=\begin{vmatrix}1 & 1 & \cdots & 1\\a_1 & a_2 & \cdots & a_n\\a_1^2 & a_2^2 & \cdots & a_n^2\\\vdots & \vdots & & \vdots\\a_1^{n-1} & a_2^{n-1} & \cdots & a_n^{n-1}\end{vmatrix}$$

$$=(a_2-a_1)(a_3-a_1)\cdots(a_n-a_1)\cdot(a_3-a_2)\cdots(a_n-a_2)\cdots\cdots(a_n-a_{n-1})$$

$$=\prod_{1\leqslant j<i\leqslant n}(a_i-a_j).$$

例如,

$$\begin{vmatrix}1 & 1 & 1 & 1\\1 & 2 & 3 & 4\\1 & 4 & 9 & 16\\1 & 8 & 27 & 64\end{vmatrix}=(2-1)(3-1)(4-1)\cdot(3-2)(4-2)\cdot(4-3)=12.$$

习 题 1.3

1. 利用行列式性质证明下列等式：

(1) $$\begin{vmatrix} a_1+b_1 & b_1+c_1 & c_1+a_1 \\ a_2+b_2 & b_2+c_2 & c_2+a_2 \\ a_3+b_3 & b_3+c_3 & c_3+a_3 \end{vmatrix} = 2\begin{vmatrix} a_1 & b_1 & c_1 \\ a_2 & b_2 & c_2 \\ a_3 & b_3 & c_3 \end{vmatrix};$$

(2) $$\begin{vmatrix} a_1+kb_1 & b_1+c_1 & c_1 \\ a_2+kb_2 & b_2+c_2 & c_2 \\ a_3+kb_3 & b_3+c_3 & c_3 \end{vmatrix} = \begin{vmatrix} a_1 & b_1 & c_1 \\ a_2 & b_2 & c_2 \\ a_3 & b_3 & c_3 \end{vmatrix}.$$

2. 设 3 阶行列式 $|a_{ij}|=a$，求下列行列式值.

$$\begin{vmatrix} a_{13} & a_{11}-a_{12} & 2a_{11}-a_{13} \\ a_{23} & a_{21}-a_{22} & 2a_{21}-a_{23} \\ a_{33} & a_{31}-a_{32} & 2a_{31}-a_{33} \end{vmatrix}.$$

3. 设 5 阶行列式 $|a_{ij}|=12$，依下列次序运算：对换第 1 列与第 4 列；然后转置；用 2 乘以所有元素；将第 5 行的 (-3) 倍加到第 2 行上去；再用 $\frac{1}{4}$ 乘以第 3 列每一个元素，求最后一个行列式的值.

4. 填空：设

$$\begin{vmatrix} a_{11} & a_{12} & \cdots & a_{1n} \\ a_{21} & a_{22} & \cdots & a_{2n} \\ \vdots & \vdots & \ddots & \vdots \\ a_{n1} & a_{n2} & \cdots & a_{nn} \end{vmatrix} = m.$$

那么

$$\begin{vmatrix} a_{21} & a_{22} & \cdots & a_{2n} \\ a_{31} & a_{32} & \cdots & a_{3n} \\ \vdots & \vdots & & \vdots \\ a_{n1} & a_{n2} & \cdots & a_{nn} \\ a_{11} & a_{12} & \cdots & a_{1n} \end{vmatrix} = \underline{\qquad\qquad};$$

$$\begin{vmatrix} a_{n1} & a_{n2} & \cdots & a_{nn} \\ a_{n-1\,1} & a_{n-1\,2} & \cdots & a_{n-1\,n} \\ \vdots & \vdots & & \vdots \\ a_{21} & a_{22} & \cdots & a_{2n} \\ a_{11} & a_{12} & \cdots & a_{1n} \end{vmatrix} = \underline{\qquad}.$$

5. 填空：

$$\begin{vmatrix} 0 & 0 & \cdots & 0 & a_{11} & a_{12} & \cdots & a_{1r} \\ 0 & 0 & \cdots & 0 & a_{21} & a_{22} & \cdots & a_{2r} \\ \vdots & \vdots & & \vdots & \vdots & \vdots & & \vdots \\ 0 & 0 & \cdots & 0 & a_{r1} & a_{r2} & \cdots & a_{rr} \\ b_{11} & b_{12} & \cdots & b_{1s} & 0 & 0 & \cdots & 0 \\ b_{21} & b_{22} & \cdots & b_{2s} & 0 & 0 & \cdots & 0 \\ \vdots & \vdots & & \vdots & \vdots & \vdots & & \vdots \\ b_{s1} & b_{s2} & \cdots & b_{ss} & 0 & 0 & \cdots & 0 \end{vmatrix}$$

$$= \underline{\qquad} \begin{vmatrix} a_{11} & a_{12} & \cdots & a_{1r} & 0 & 0 & \cdots & 0 \\ a_{21} & a_{22} & \cdots & a_{2r} & 0 & 0 & \cdots & 0 \\ \vdots & \vdots & & \vdots & \vdots & \vdots & & \vdots \\ a_{r1} & a_{r2} & \cdots & a_{rr} & 0 & 0 & \cdots & 0 \\ 0 & 0 & \cdots & 0 & b_{11} & b_{12} & \cdots & b_{1s} \\ 0 & 0 & \cdots & 0 & b_{21} & b_{22} & \cdots & b_{2s} \\ \vdots & \vdots & & \vdots & \vdots & \vdots & & \vdots \\ 0 & 0 & \cdots & 0 & b_{s1} & b_{s2} & \cdots & b_{ss} \end{vmatrix}.$$

6. 计算下列行列式：

(1) $\begin{vmatrix} 1 & 1 & -1 & 3 \\ -1 & -1 & 2 & 1 \\ 2 & 5 & 2 & 1 \\ 1 & 2 & 3 & 2 \end{vmatrix}$；

(2) $\begin{vmatrix} \frac{1}{2} & 0 & 1 & -1 \\ 0 & -1 & 1 & 1 \\ 2 & 1 & \frac{1}{2} & -\frac{1}{2} \\ 0 & 1 & -1 & 1 \end{vmatrix}$;

(3) $\begin{vmatrix} 3 & 0 & -2 & 1 \\ 2 & \frac{1}{2} & 1 & -\frac{1}{3} \\ 1 & 0 & 2 & -1 \\ 4 & \frac{1}{3} & 2 & 0 \end{vmatrix}$;

(4) $\begin{vmatrix} 1 & 2 & 3 & 4 \\ 2 & 3 & 4 & 1 \\ 3 & 4 & 1 & 2 \\ 4 & 1 & 2 & 3 \end{vmatrix}$;

(5) $\begin{vmatrix} 1 & 2 & 2 & 2 \\ 2 & 2 & 2 & 2 \\ 2 & 2 & 3 & 2 \\ 2 & 2 & 2 & 4 \end{vmatrix}$;

(6) $\begin{vmatrix} -4 & \frac{1}{2} & 0 & 1 \\ -1 & 3 & -\frac{1}{3} & 2 \\ 0 & 1 & 0 & 1 \\ 2 & -1 & \frac{1}{2} & 3 \end{vmatrix}$;

(7) $\begin{vmatrix} a & b & a+b \\ b & a+b & a \\ a+b & a & b \end{vmatrix}$;

(8) $\begin{vmatrix} 1+a & 1 & 1 & 1 \\ 1 & 1+a & 1 & 1 \\ 1 & 1 & 1+a & 1 \\ 1 & 1 & 1 & 1+a \end{vmatrix}$;

(9) $\begin{vmatrix} 1 & a_1 & a_2 & a_3 \\ 1 & a_1+b_1 & a_2 & a_3 \\ 1 & a_1 & a_2+b_2 & a_3 \\ 1 & a_1 & a_2 & a_3+b_3 \end{vmatrix}$;

(10) $\begin{vmatrix} x & -1 & 0 & 0 & 0 \\ 0 & x & -1 & 0 & 0 \\ 0 & 0 & x & -1 & 0 \\ 0 & 0 & 0 & x & -1 \\ a_0 & a_1 & a_2 & a_3 & a_4+x \end{vmatrix}$;

(11) $\begin{vmatrix} 1+a & 1 & 1 & 1 \\ 1 & 1-a & 1 & 1 \\ 1 & 1 & 1+b & 1 \\ 1 & 1 & 1 & 1-b \end{vmatrix}$;

(12) $\begin{vmatrix} 0 & 0 & 0 & -1 & 1 \\ 0 & 0 & 3 & 1 & 2 \\ 0 & 0 & 1 & -2 & 4 \\ 1 & 2 & 0 & 0 & 0 \\ -1 & 3 & 0 & 0 & 0 \end{vmatrix}$;

(13) $\begin{vmatrix} a_1 & a_1^2 & \cdots & a_1^n \\ a_2 & a_2^2 & \cdots & a_2^n \\ \vdots & \vdots & & \vdots \\ a_n & a_n^2 & \cdots & a_n^n \end{vmatrix}$;

(14) $\begin{vmatrix} a & 0 & 0 & 0 & 0 & b \\ 0 & a & 0 & 0 & b & 0 \\ 0 & 0 & a & b & 0 & 0 \\ 0 & 0 & b & a & 0 & 0 \\ 0 & b & 0 & 0 & a & 0 \\ b & 0 & 0 & 0 & 0 & a \end{vmatrix}$.

7. 计算行列式：

(1) $\begin{vmatrix} 1 & 2 & 3 & \cdots & n-1 & n \\ 2 & 3 & 4 & \cdots & n & 1 \\ 3 & 4 & 5 & \cdots & 1 & 2 \\ \vdots & \vdots & \vdots & & \vdots & \vdots \\ n & 1 & 2 & \cdots & n-2 & n-1 \end{vmatrix}$；

(2) $\begin{vmatrix} 1 & 2 & 2 & \cdots & 2 \\ 2 & 2 & 2 & \cdots & 2 \\ 2 & 2 & 3 & \cdots & 2 \\ \vdots & \vdots & \vdots & \ddots & \vdots \\ 2 & 2 & 2 & \cdots & n \end{vmatrix}$；

(3) $\begin{vmatrix} 1+a & 1 & \cdots & 1 & 1 \\ 1 & 1+a & \cdots & 1 & 1 \\ \vdots & \vdots & \ddots & \vdots & \vdots \\ 1 & 1 & \cdots & 1+a & 1 \\ 1 & 1 & \cdots & 1 & 1+a \end{vmatrix}_n$；

(4) $\begin{vmatrix} 1 & a_1 & a_2 & \cdots & a_n \\ 1 & a_1+b_1 & a_2 & \cdots & a_n \\ 1 & a_1 & a_2+b_2 & \cdots & a_n \\ \vdots & \vdots & \vdots & & \vdots \\ 1 & a_1 & a_2 & \cdots & a_n+b_n \end{vmatrix}$；

(5) $\begin{vmatrix} x & -1 & 0 & \cdots & 0 & 0 \\ 0 & x & -1 & \cdots & 0 & 0 \\ 0 & 0 & x & \cdots & 0 & 0 \\ \vdots & \vdots & \vdots & & \vdots & \vdots \\ 0 & 0 & 0 & \cdots & x & -1 \\ a_0 & a_1 & a_2 & \cdots & a_{n-2} & a_{n-1}+x \end{vmatrix}$；

(6) $\begin{vmatrix} a & 0 & \cdots & 0 & 0 & \cdots & 0 & b \\ 0 & a & \cdots & 0 & 0 & \cdots & b & 0 \\ \vdots & \vdots & \ddots & \vdots & \vdots & & \vdots & \vdots \\ 0 & 0 & \cdots & a & b & \cdots & 0 & 0 \\ 0 & 0 & \cdots & b & a & \cdots & 0 & 0 \\ \vdots & \vdots & \iddots & \vdots & \vdots & & \vdots & \vdots \\ 0 & b & \cdots & 0 & 0 & \cdots & a & 0 \\ b & 0 & \cdots & 0 & 0 & \cdots & 0 & a \end{vmatrix}_{2n}$;

(7) $\begin{vmatrix} 1 & 2 & 3 & \cdots & n-1 & n \\ -1 & 0 & 3 & \cdots & n-1 & n \\ -1 & -2 & 0 & \cdots & n-1 & n \\ \vdots & \vdots & \vdots & \ddots & \vdots & \vdots \\ -1 & -2 & -3 & \cdots & 0 & n \\ -1 & -2 & -3 & \cdots & -(n-1) & 0 \end{vmatrix}$;

(8) $\begin{vmatrix} a_1-b & a_2 & \cdots & a_n \\ a_1 & a_2-b & \cdots & a_n \\ \vdots & \vdots & \ddots & \vdots \\ a_1 & a_2 & \cdots & a_n-b \end{vmatrix}$;

(9) $\begin{vmatrix} a_0 & 1 & 1 & \cdots & 1 & 1 \\ 1 & a_1 & 0 & \cdots & 0 & 0 \\ 1 & 0 & a_2 & \cdots & 0 & 0 \\ \vdots & \vdots & \vdots & \ddots & \vdots & \vdots \\ 1 & 0 & 0 & \cdots & a_{n-1} & 0 \\ 1 & 0 & 0 & \cdots & 0 & a_n \end{vmatrix}$ $(a_0a_1\cdots a_n \neq 0)$.

8. 解方程:

(1) $\begin{vmatrix} 1 & 3 & -2 & 3 \\ 1 & x^2-1 & -2 & 3 \\ 2 & 5 & x^2-3 & 8 \\ -1 & 7 & 3 & -2 \end{vmatrix} = 0$;

(2) $$\begin{vmatrix} 1 & 1 & 1 & \cdots & 1 \\ 1 & 1-x & 1 & \cdots & 1 \\ 1 & 1 & 2-x & \cdots & 1 \\ \vdots & \vdots & \vdots & \ddots & \vdots \\ 1 & 1 & 1 & \cdots & (n-1)-x \end{vmatrix} = 0;$$

(3) $$\begin{vmatrix} x & a_1 & a_2 & \cdots & a_{n-1} & 1 \\ a_1 & x & a_2 & \cdots & a_{n-1} & 1 \\ a_1 & a_2 & x & \cdots & a_{n-1} & 1 \\ \vdots & \vdots & \vdots & \ddots & \vdots & \vdots \\ a_1 & a_2 & a_3 & \cdots & x & 1 \\ a_1 & a_2 & a_3 & \cdots & a_n & 1 \end{vmatrix} = 0.$$

§1.4 克莱姆(Cramer)法则

导学提纲

1. 克莱姆法则的条件、结论?

2. 何谓“齐次线性方程组”?为什么说“齐次线性方程组恒有解”?

3. 将克莱姆法则用于齐次线性方程组,得哪些结论?

本节将定理1.1.1和定理1.1.2推广到n个方程n个未知量的一次(线性)方程组情形.

定理1.4.1 (Cramer法则) 含有n个方程n个未知量的线性方程组

$$\begin{cases} a_{11}x_1 + a_{12}x_2 + \cdots + a_{1n}x_n = b_1, \\ a_{21}x_1 + a_{22}x_2 + \cdots + a_{2n}x_n = b_2, \\ \cdots\cdots\cdots\cdots\cdots\cdots\cdots\cdots\cdots\cdots \\ a_{n1}x_1 + a_{n2}x_2 + \cdots + a_{nn}x_n = b_n. \end{cases} \quad (1)$$

当其系数行列式

$$D=\begin{vmatrix} a_{11} & a_{12} & \cdots & a_{1n} \\ a_{21} & a_{22} & \cdots & a_{2n} \\ \vdots & \vdots & \ddots & \vdots \\ a_{n1} & a_{n2} & \cdots & a_{nn} \end{vmatrix} \neq 0$$

时，有唯一解：$x_j=\dfrac{D_j}{D}\ (j=1,2,\cdots,n)$，其中

$$D_j=\begin{vmatrix} a_{11} & a_{12} & \cdots & a_{1\,j-1} & b_1 & a_{1\,j+1} & \cdots & a_{1n} \\ a_{21} & a_{22} & \cdots & a_{2\,j-1} & b_2 & a_{2\,j+1} & \cdots & a_{2n} \\ \vdots & \vdots & & \vdots & \vdots & \vdots & & \vdots \\ a_{n1} & a_{n2} & \cdots & a_{n\,j-1} & b_n & a_{n\,j+1} & \cdots & a_{nn} \end{vmatrix}.$$

分析证法 已知线性方程组(1) 的系数行列式 $D\neq 0$. 要证明 ① 方程组有解；② 只有一个解；③ 解是 $x_j=\dfrac{D_j}{D}(j=1,2,\cdots,n)$. 先将 $x_1=\dfrac{D_1}{D},x_2=\dfrac{D_2}{D},\cdots,x_n=\dfrac{D_n}{D}$ 代入方程组(1) 的每一个方程的左边. 如果都等于右边的常数项，这就证明了 ① 和 ③. 然后假设 $x_1=c_1,x_2=c_2,\cdots,x_n=c_n$ 是(1) 的一个解. 推出 $c_1=\dfrac{D_1}{D},c_2=\dfrac{D_2}{D},\cdots,c_n=\dfrac{D_n}{D}$，这就证明了 ②.（证明略）

例 1.4.1 解线性方程组

$$\begin{cases} -x_1+x_2+x_3+x_4=4, \\ x_1-x_2+x_3+x_4=2, \\ x_1+x_2-x_3+x_4=10, \\ x_1+x_2+x_3-x_4=0. \end{cases}$$

解 系数行列式

$$D=\begin{vmatrix} -1 & 1 & 1 & 1 \\ 1 & -1 & 1 & 1 \\ 1 & 1 & -1 & 1 \\ 1 & 1 & 1 & -1 \end{vmatrix}=-16\neq 0.$$

方程组有唯一解.

$$D_1=\begin{vmatrix} 4 & 1 & 1 & 1 \\ 2 & -1 & 1 & 1 \\ 10 & 1 & -1 & 1 \\ 0 & 1 & 1 & -1 \end{vmatrix}=-32;$$

$$D_2=\begin{vmatrix} -1 & 4 & 1 & 1 \\ 1 & 2 & 1 & 1 \\ 1 & 10 & -1 & 1 \\ 1 & 0 & 1 & -1 \end{vmatrix}=-48;$$

$$D_3=\begin{vmatrix} -1 & 1 & 4 & 1 \\ 1 & -1 & 2 & 1 \\ 1 & 1 & 10 & 1 \\ 1 & 1 & 0 & -1 \end{vmatrix}=16;$$

$$D_4=\begin{vmatrix} -1 & 1 & 1 & 4 \\ 1 & -1 & 1 & 2 \\ 1 & 1 & -1 & 10 \\ 1 & 1 & 1 & 0 \end{vmatrix}=-64.$$

解是

$$x_1=\frac{D_1}{D}=\frac{-32}{-16}=2,$$

$$x_2=\frac{D_2}{D}=\frac{-48}{-16}=3,$$

$$x_3=\frac{D_3}{D}=\frac{16}{-16}=-1,$$

$$x_4=\frac{D_4}{D}=\frac{-64}{-16}=4.$$

(读者可将解代入方程组验算之).

如果线性方程组(1) 的常数项全为零,即

$$\begin{cases} a_{11}x_1 + a_{12}x_2 + \cdots + a_{1n}x_n = 0, \\ a_{21}x_1 + a_{22}x_2 + \cdots + a_{2n}x_n = 0, \\ \cdots\cdots\cdots\cdots\cdots\cdots\cdots\cdots \\ a_{n1}x_1 + a_{n2}x_2 + \cdots + a_{nn}x_n = 0. \end{cases} \tag{2}$$

称为**齐次线性方程组**. 齐次线性方程组一定有解,因为至少有解 $x_1 = 0, x_2 = 0, \cdots, x_n = 0$,称为**零解**. 如果除零解外还有其他解 $x_1 = c_1, x_2 = c_2, \cdots, x_n = c_n$,即 $c_1, c_2, \cdots, c_n$ 不全为零,称为非零解.

推论 1.4.1 方程个数等于未知量个数的齐次线性方程组,如果它的系数行列式不等于零,则只有零解.

推论 1.4.1 的**逆否命题**是:方程个数等于未知量个数的齐次线性方程组,如果有非零解,则它的系数行列式等于零.

以后,定理 2.3.3 将证明:如果齐次线性方程组(2)的系数行列式等于零,则有非零解.

例 1.4.2 判定齐次线性方程组

$$\begin{cases} x_1 + x_2 - 2x_3 = 0, \\ x_2 - x_3 + 2x_4 = 0, \\ 2x_1 + 3x_2 + x_3 + 4x_4 = 0, \\ 3x_1 + 4x_3 + 2x_4 = 0 \end{cases}$$

是否只有零解?

解 系数行列式

$$\begin{vmatrix} 1 & 1 & -2 & 0 \\ 0 & 1 & -1 & 2 \\ 2 & 3 & 1 & 4 \\ 3 & 0 & 4 & 2 \end{vmatrix} = 34 \neq 0.$$

所以齐次线性方程组只有零解.

例 1.4.3 下列齐次线性方程组有非零解,求 λ 值.

$$\begin{cases} (\lambda - 1)x_1 + x_2 - x_3 = 0, \\ x_1 + \lambda x_2 - x_3 = 0, \\ -x_1 - x_2 + \lambda x_3 = 0. \end{cases}$$

分析 该齐次线性方程有非零解，据推论 1.4.1 的逆否命题，其系数行列式应该等于零.

解 解方程

$$\begin{vmatrix} \lambda-1 & 1 & -1 \\ 1 & \lambda & -1 \\ -1 & -1 & \lambda \end{vmatrix} = 0.$$

$$\text{左边} \xlongequal{③+②} \begin{vmatrix} \lambda-1 & 1 & 0 \\ 1 & \lambda & \lambda-1 \\ -1 & -1 & \lambda-1 \end{vmatrix}$$

$$= (\lambda-1)\begin{vmatrix} \lambda-1 & 1 & 0 \\ 1 & \lambda & 1 \\ -1 & -1 & 1 \end{vmatrix}$$

$$\xlongequal{②-③} (\lambda-1)\begin{vmatrix} \lambda-1 & 1 & 0 \\ 2 & \lambda+1 & 0 \\ -1 & -1 & \textcircled{1} \end{vmatrix}$$

$$= (\lambda-1)\begin{vmatrix} \lambda-1 & 1 \\ 2 & \lambda+1 \end{vmatrix} = (\lambda-1)(\lambda^2-3) = 0.$$

所以 $\lambda_1 = 1, \lambda_2 = \sqrt{3}, \lambda_3 = -\sqrt{3}$.

习 题 1.4

1. 解线性方程组

$$\begin{cases} x_1 - x_2 + x_3 = 0, \\ 2x_2 - x_3 + x_4 = 5, \\ x_1 + 2x_3 - x_4 = 3, \\ x_1 + x_2 - 2x_4 = 11. \end{cases}$$

2. 证明下列齐次线性方程组只有零解.

$$\begin{cases} \qquad\quad x_2 + 2x_3 + 3x_4 = 0, \\ x_1 \qquad\quad + x_3 + 2x_4 = 0, \\ 2x_1 + x_2 \qquad\quad + x_4 = 0, \\ 3x_1 + 2x_2 + x_3 \qquad\quad = 0. \end{cases}$$

3. 下列齐次线性方程组有非零解,问 λ 取何值?

$$\begin{cases} (\lambda - 1)x_1 - 2x_2 = 0, \\ x_1 + (\lambda + 2)x_2 = 0, \\ 2x_1 + x_2 + \lambda x_3 + 3x_4 = 0, \\ 3x_1 + 4x_2 - 2x_3 + (\lambda - 5)x_4 = 0. \end{cases}$$

本章复习提纲

1. 2 阶行列式

$$\begin{vmatrix} a_{11} & a_{12} \\ a_{21} & a_{22} \end{vmatrix} = a_{11}a_{22} - a_{12}a_{21}.$$

3 阶行列式

$$\begin{vmatrix} a_{11} & a_{12} & a_{13} \\ a_{21} & a_{22} & a_{23} \\ a_{31} & a_{32} & a_{33} \end{vmatrix} = a_{11}a_{22}a_{33} + a_{12}a_{23}a_{31} + a_{13}a_{21}a_{32}$$

$$- a_{11}a_{23}a_{32} - a_{12}a_{21}a_{33} - a_{13}a_{22}a_{31}.$$

n 阶行列式

$$\begin{vmatrix} a_{11} & a_{12} & \cdots & a_{1n} \\ a_{21} & a_{22} & \cdots & a_{2n} \\ \vdots & \vdots & & \vdots \\ a_{n1} & a_{n2} & \cdots & a_{nn} \end{vmatrix} = a_{11}A_{11} + a_{12}A_{12} + \cdots + a_{1n}A_{1n},$$

其中 $A_{1j} = (-1)^{1+j}M_{1j}$,

$$M_{1j}=\begin{vmatrix} a_{21} & \cdots & a_{2\,j-1} & a_{2\,j+1} & \cdots & a_{2n} \\ a_{31} & \cdots & a_{3\,j-1} & a_{3\,j+1} & \cdots & a_{3n} \\ \vdots & & \vdots & \vdots & & \vdots \\ a_{n1} & \cdots & a_{n\,j-1} & a_{n\,j+1} & \cdots & a_{nn} \end{vmatrix},\quad j=1,2,\cdots,n.$$

2. 行列式按一行(列)展开公式:

$$|a_{ij}|_{nn}=a_{i1}A_{i1}+a_{i2}A_{i2}+\cdots+a_{in}A_{in}\quad(1\leqslant i\leqslant n),$$

或

$$|a_{ij}|_{nn}=a_{1j}A_{1j}+a_{2j}A_{2j}+\cdots+a_{nj}A_{nj}\quad(1\leqslant j\leqslant n).$$

其中$A_{ij}=(-1)^{i+j}M_{ij}$为元素a_{ij}的代数余子式,M_{ij}为a_{ij}的余子式,即

$$M_{ij}=\begin{vmatrix} a_{11} & \cdots & a_{1\,j-1} & a_{1\,j+1} & \cdots & a_{1n} \\ \vdots & & \vdots & \vdots & & \vdots \\ a_{i-1\,1} & \cdots & a_{i-1\,j-1} & a_{i-1\,j+1} & \cdots & a_{i-1\,n} \\ a_{i+1\,1} & \cdots & a_{i+1\,j-1} & a_{i+1\,j+1} & \cdots & a_{i+1\,n} \\ \vdots & & \vdots & \vdots & & \vdots \\ a_{n1} & \cdots & a_{n\,j-1} & a_{n\,j+1} & \cdots & a_{nn} \end{vmatrix}.$$

3. 行列式性质

(1) 行列式$|\mathbf{A}|$与其转置行列式$|\mathbf{A}^{\mathrm{T}}|$的值相等.

(2) 用数k乘以行列式$|\mathbf{A}|$的某一行(列)的各元素,等于$k|\mathbf{A}|$.

(3) 如果行列式中有一行(列)元素全为“0”,则行列式值等于零.

(4) 行列式可按某一行(列)拆成两个或多个行列式之和.

(5) 对换行列式的两行(列),行列式值反号.

(6) 如果行列式中有两行(列)元素对应相等,则行列式值等于零.

(7) 如果行列式中有两行(列)元素对应成比例,则行列式值等于零.

(8) 将行列式某一行(列)的若干倍加到另一行(列)上去,行列式值不变.

4. 行列式的计算

(1) 用行列式定义.

(2) 按一行(列)展开.

(3) 用行列式性质将行列式化成上(下)三角形.

(4) 用下列公式计算($*$ 为任意数)

① $\begin{vmatrix} A_{rr} & 0 \\ * & B_{ss} \end{vmatrix} = |\boldsymbol{A}|\cdot|\boldsymbol{B}|$; $\begin{vmatrix} A_{rr} & * \\ 0 & B_{ss} \end{vmatrix} = |\boldsymbol{A}|\cdot|\boldsymbol{B}|$;

② $\begin{vmatrix} 0 & A_{rr} \\ B_{ss} & * \end{vmatrix} = (-1)^{rs}\begin{vmatrix} A_{rr} & 0 \\ * & B_{ss} \end{vmatrix}$;

$\begin{vmatrix} * & A_{rr} \\ B_{ss} & 0 \end{vmatrix} = (-1)^{rs}\begin{vmatrix} A_{rr} & * \\ 0 & B_{ss} \end{vmatrix}$.

③ $\begin{vmatrix} \boldsymbol{A}_1 & & & * \\ & \boldsymbol{A}_2 & & \\ & & \ddots & \\ 0 & & & \boldsymbol{A}_s \end{vmatrix} = |\boldsymbol{A}_1|\cdot|\boldsymbol{A}_2|\cdot\cdots\cdot|\boldsymbol{A}_s|$,其中 $\boldsymbol{A}_i$ 为 n_i 阶行列式,$i = 1,2,\cdots,s$.

$\begin{vmatrix} \boldsymbol{A}_1 & & & 0 \\ & \boldsymbol{A}_2 & & \\ & & \ddots & \\ * & & & \boldsymbol{A}_s \end{vmatrix} = |\boldsymbol{A}_1|\cdot|\boldsymbol{A}_2|\cdot\cdots\cdot|\boldsymbol{A}_s|$,其中 $\boldsymbol{A}_i$ 为 n_i 阶行列式,$i = 1,2,\cdots,s$.

④ 范德蒙行列式.

⑤ 奇数阶反对称行列式值等于零.

(5) 对于 n 阶行列式,先计算 $n=4$ 或 5 阶行列式,找出算法或答案的规律,从而推出 n 阶行列式答案.

(6) 解方程

$$\begin{vmatrix} \lambda - a_{11} & -a_{12} & -a_{13} \\ -a_{21} & \lambda - a_{22} & -a_{23} \\ -a_{31} & -a_{32} & \lambda - a_{33} \end{vmatrix} = 0.$$

5. 克莱姆(Cramer) 法则

(1) 推论,方程个数等于未知量个数的齐次线性方程组

$$\begin{cases} a_{11}x_1 + a_{12}x_2 + \cdots + a_{1n}x_n = 0, \\ a_{21}x_1 + a_{22}x_2 + \cdots + a_{2n}x_n = 0, \\ \cdots\cdots\cdots\cdots\cdots\cdots\cdots\cdots\cdots\cdots \\ a_{n1}x_1 + a_{n2}x_2 + \cdots + a_{nn}x_n = 0. \end{cases}$$

当其系数行列式

$$D = \begin{vmatrix} a_{11} & a_{12} & \cdots & a_{1n} \\ a_{21} & a_{22} & \cdots & a_{2n} \\ \vdots & \vdots & & \vdots \\ a_{n1} & a_{n2} & \cdots & a_{nn} \end{vmatrix} \neq 0$$

时,只有零解.

(2) 推论逆否命题:方程个数等于未知量个数的齐次线性方程组,如果有非零解,则其系数行列式等于零.

第二章

线性方程组

线性方程组就是一次方程组.在实践中遇到的线性方程组,方程个数未必等于未知量个数.即使方程个数等于未知量个数的线性方程组,其系数行列式也可能等于零,方程组可能无解也可能有无穷多解.

例 1 在平面直角坐标系中,讨论两条直线

$$l_1:a_1x+b_1y=c_1,$$

与

$$l_2:a_2x+b_2y=c_2$$

的位置关系时,需要解二元一次方程组

$$\begin{cases}a_1x+b_1y=c_1,\\a_2x+b_2y=c_2.\end{cases}$$

例如,方程组

$$\begin{cases}x+y=3,\\x-y=-1,\end{cases}$$

有唯一解：$x=1, y=2$，表明两条直线交于一点(1,2). 方程组

$$\begin{cases} x+y=3, \\ 2x+2y=6, \end{cases}$$

有无穷多解：$x=c, y=3-c$，c 为任意数，这表明两条直线重合. 方程组

$$\begin{cases} x+y=3, \\ 2x+2y=5, \end{cases}$$

无解，这表明两条直线平行，无交点.

例 2　用 3 台机床生产两种零件，已知第 $i(i=1,2,3)$ 台机床在一个工作日里能生产第 $j(j=1,2)$ 种零件 a_{ij} 件. 两种零件各一件组成一套成品，试安排各机床生产两种零件的时间，使一个工作日制成的成品套数最多.

分析　已知

日产量(件)	零件 Ⅰ	零件 Ⅱ
机床 1	a_{11}	a_{12}
机床 2	a_{21}	a_{22}
机床 3	a_{31}	a_{32}

设安排第 i 台机床生产第 j 种零件的时间为 x_{ij}（工作日）$(i=1,2,3;j=1,2)$，则问题归结为求 $x_{ij}\ (i=1,2,3;j=1,2)$ 满足约束方程组

$$\begin{cases} x_{11}+x_{12}=1, \\ x_{21}+x_{22}=1, \\ x_{31}+x_{32}=1, \\ a_{11}x_{11}+a_{21}x_{21}+a_{31}x_{31}=a_{12}x_{12}+a_{22}x_{22}+a_{32}x_{32}. \end{cases}$$

使目标函数 $S(x_{11},x_{21},x_{31})=a_{11}x_{11}+a_{21}x_{21}+a_{31}x_{31}$ 值最大.

例 2 是一个很小的线性规划问题，就有 6 个未知量，4 个方程. 因此，我们有必要讨论一般线性方程组的解法.

§2.1 消元法原理

导学提纲

1. 线性方程组的一般形式是什么?

2. 何谓线性方程组的一个解?解方程组的目的是什么?

3. 何谓两个线性方程组同解?

4. 对线性方程组可以施行哪些同解变换?

5. 观察例题、动手做习题,体会消元法步骤;怎么判定线性方程组有唯一解、无解以及有无穷多解?

本章讨论一般线性方程组

$$\begin{cases} a_{11}x_1+a_{12}x_2+\cdots+a_{1n}x_n=b_1, \\ a_{21}x_1+a_{22}x_2+\cdots+a_{2n}x_n=b_2, \\ \cdots\cdots\cdots\cdots\cdots\cdots\cdots\cdots \\ a_{s1}x_1+a_{s2}x_2+\cdots+a_{sn}x_n=b_s. \end{cases} \tag{1}$$

其中 $x_1,x_2,\cdots,x_n$ 是未知量;$a_{ij}\ (i=1,2,\cdots,s;j=1,2,\cdots,n)$ 表示第 i 个方程 x_j 的系数;$b_i\ (i=1,2,\cdots,s)$ 表示第 i 个方程的常数项.

定义 2.1.1 分别用数 $c_1,c_2,\cdots,c_n$ 代替 $x_1,x_2,\cdots,x_n$,如果使方程组(1) 中每一个方程都变成恒等式,则称 n 元有序数组$(c_1,c_2,\cdots,c_n)$ 是方程组(1) 的一个**解**. 解方程组就是判断(1) 是否有解?若有解,求出全部解.

定义 2.1.2 设线性方程组

$$\begin{cases} c_{11}x_1+c_{12}x_2+\cdots+c_{1n}x_n=d_1, \\ c_{21}x_1+c_{22}x_2+\cdots+c_{2n}x_n=d_2, \\ \cdots\cdots\cdots\cdots\cdots\cdots\cdots\cdots \\ c_{t1}x_1+c_{t2}x_2+\cdots+c_{tn}x_n=d_t. \end{cases} \tag{2}$$

如果线性方程组(1) 的解都是(2) 的解;并且(2) 的解也都是(1) 的

解，则称这两个方程组**同解**或**等价**.

定理 2.1.1　对线性方程组(1)施行以下三种变换，所得方程组与(1)同解.

(1) 对换两个方程(换法变换)；

(2) 用非零数 c 乘以某一个方程(倍法变换)；

(3) 将某一个方程的 k 倍加到另一个方程上去(消法变换).

证　不失一般性，设方程组

$$\begin{cases} a_{11}x_1 + a_{12}x_2 + a_{13}x_3 = b_1, \\ a_{21}x_1 + a_{22}x_2 + a_{23}x_3 = b_2. \end{cases} \tag{3}$$

对换(3)中两个方程，得方程组

$$\begin{cases} a_{21}x_1 + a_{22}x_2 + a_{23}x_3 = b_2, \\ a_{11}x_1 + a_{12}x_2 + a_{13}x_3 = b_1. \end{cases} \tag{4}$$

设(c_1, c_2, c_3)是(3)的解，则有恒等式组

$$\begin{cases} a_{11}c_1 + a_{12}c_2 + a_{13}c_3 = b_1, \\ a_{21}c_1 + a_{22}c_2 + a_{23}c_3 = b_2 \end{cases}$$

成立. 即有恒等式组

$$\begin{cases} a_{21}c_1 + a_{22}c_2 + a_{23}c_3 = b_2, \\ a_{11}c_1 + a_{12}c_2 + a_{13}c_3 = b_1 \end{cases}$$

成立. 所以(c_1, c_2, c_3)是方程组(4)的解，同理可证，如果(d_1, d_2, d_3)是(4)的解，那么也是(3)的解，这就证明了(3)与(4)同解.

用非零数 c 乘以(3)中第 1 个方程，得方程组

$$\begin{cases} ca_{11}x_1 + ca_{12}x_2 + ca_{13}x_3 = cb_1, \\ a_{21}x_1 + a_{22}x_2 + a_{23}x_3 = b_2. \end{cases} \tag{5}$$

设(e_1, e_2, e_3)是(3)的解，则有恒等式组

$$\begin{cases} a_{11}e_1 + a_{12}e_2 + a_{13}e_3 = b_1, \\ a_{21}e_1 + a_{22}e_2 + a_{23}e_3 = b_2 \end{cases}$$

成立. 当 $c \neq 0$ 时,也有恒等式组

$$\begin{cases} ca_{11}e_1+ca_{12}e_2+ca_{13}e_3 = cb_1, \\ a_{21}e_1+ a_{22}e_2+ a_{23}e_3 = b_2 \end{cases}$$

成立,这表明(3) 的解(e_1,e_2,e_3) 也是(5) 的解. 反之,设(d_1,d_2,d_3) 是(5) 的解,则有恒等式组

$$\begin{cases} ca_{11}d_1+ca_{12}d_2+ca_{13}d_3 = cb_1, \\ a_{21}d_1+ a_{22}d_2+ a_{23}d_3 = b_2 \end{cases}$$

成立,因为 $c \neq 0$,用$\dfrac{1}{c}$ 乘以第 1 个恒等式,得恒等式组

$$\begin{cases} a_{11}d_1 + a_{12}d_2 + a_{13}d_3 = b_1, \\ a_{21}d_1 + a_{22}d_2 + a_{23}d_3 = b_2. \end{cases}$$

这表明(d_1,d_2,d_3) 也是(3) 的解,因此(3) 与(5) 同解.

将(3) 中第 1 个方程的 k 倍加到第 2 个方程上去,得方程组

$$\begin{cases} a_{11}x_1+ a_{12}x_2+ a_{13}x_3 = b_1, \\ (a_{21}+ka_{11})x_1+(a_{22}+ka_{12})x_2+(a_{23}+ka_{13})x_3 = b_2+kb_1. \end{cases} \tag{6}$$

设(c_1,c_2,c_3) 是(3) 的解,则有恒等式组

$$\begin{cases} a_{11}c_1 + a_{12}c_2 + a_{13}c_3 = b_1, \\ a_{21}c_1 + a_{22}c_2 + a_{23}c_3 = b_2 \end{cases}$$

成立. 将第 1 个恒等式两边乘以 k 加到第 2 个恒等式两边,得恒等式组

$$\begin{cases} a_{11}c_1+ a_{12}c_2+ a_{13}c_3 = b_1, \\ (a_{21}+ka_{11})c_1+(a_{22}+ka_{12})c_2+(a_{23}+ka_{13})c_3 = b_2+kb_1. \end{cases}$$

这表明(3) 的解(c_1,c_2,c_3) 是(6) 的解. 反之,设(d_1,d_2,d_3) 是(6) 的解,则有恒等式组

$$\begin{cases} a_{11}d_1 + \quad a_{12}d_2 + \quad a_{13}d_3 = b_1, \\ (a_{21}+ka_{11})d_1+(a_{22}+ka_{12})d_2+(a_{23}+ka_{13})d_3 = b_2+kb_1 \end{cases}$$

成立. 将第 1 个恒等式两边乘以 $(-k)$, 加到第 2 个恒等式两边, 得恒等式组

$$\begin{cases} a_{11}d_1 + a_{12}d_2 + a_{13}d_3 = b_1, \\ a_{21}d_1 + a_{22}d_2 + a_{23}d_3 = b_2. \end{cases}$$

这表明(6) 的解 (d_1, d_2, d_3) 也是(3) 的解, 所以(3) 与(6) 同解.

今后称定理 2.1.1 中的三种变换为线性方程组的**同解变换**.

用消元法解线性方程组, 就是对方程组施行一系列同解变换, 使每一个方程保留一个未知量, 消去其余方程中这个未知量, 直到能判断出解的情况为止.

例 2.1.1　解线性方程组

$$\begin{cases} 4x_1+5x_2-3x_3=-6, & ① \\ x_1+2x_2-x_3=-3, & ② \\ 3x_1 \quad -2x_3=0. & ③ \end{cases}$$

解　对换 ①②, 得

$$\begin{cases} x_1+2x_2-x_3=-3, & ①' \\ 4x_1+5x_2-3x_3=-6, & ②' \\ 3x_1 \quad -2x_3=0. & ③' \end{cases}$$

②′ − 4①′, ③′ − 3①′, 得

$$\begin{cases} x_1+2x_2-x_3=-3, & ①'' \\ \quad -3x_2+x_3=6, & ②'' \\ \quad -6x_2+x_3=9. & ③'' \end{cases}$$

③″ − 2②″, 得

$$\begin{cases} x_1+2x_2-x_3=-3, & ①''' \\ \quad -3x_2+x_3=6, & ②''' \\ \quad\quad -x_3=-3. & ③''' \end{cases}$$

由此可知方程组有唯一解，由 ③‴ 得 $x_3=3$；将 $x_3=3$ 代入 ②‴，得 $x_2=-1$；将 $x_2=-1,x_3=3$ 代入 ①‴，得 $x_1=2$，唯一解是$(2,-1,3)$.

例 2.1.2 解线性方程组

$$\begin{cases} x_1+2x_2-x_3=-3, & ① \\ 4x_1+5x_2-3x_3=-6, & ② \\ 3x_1+3x_2-2x_3=3. & ③ \end{cases}$$

解 ② − 4①，③ − 3①，得

$$\begin{cases} x_1+2x_2-x_3=-3, & ①' \\ -3x_2+x_3=6, & ②' \\ -3x_2+x_3=12. & ③' \end{cases}$$

③′ − ②′，得

$$\begin{cases} x_1+2x_2-x_3=-3, & ①'' \\ -3x_2+x_3=6, & ②'' \\ 0=6. & ③'' \end{cases}$$

③″ 是矛盾方程，无解. 因而方程组无解.

例 2.1.3 解线性方程组

$$\begin{cases} x_1+2x_2-x_3=3, & ① \\ 3x_1+7x_2-4x_3=10, & ② \\ 4x_1+9x_2-5x_3=13. & ③ \end{cases}$$

解 ② − 3①，③ − 4①，得

$$\begin{cases} x_1+2x_2-x_3=3, & ①' \\ x_2-x_3=1, & ②' \\ x_2-x_3=1. & ③' \end{cases}$$

③′ − ②′，得

$$\begin{cases} x_1+2x_2-x_3=3, & ①'' \\ x_2-x_3=1, & ②'' \\ 0=0. & ③'' \end{cases}$$

③″是多余方程，只需解方程组

$$\begin{cases} x_1+2x_2-x_3=3, & ①'' \\ x_2-x_3=1. & ②'' \end{cases}$$

易见方程组有无穷多解，①″－2②″，得

$$\begin{cases} x_1 \quad +x_3=1, \\ x_2-x_3=1. \end{cases}$$

移项

$$\begin{cases} x_1=1-x_3, \\ x_2=1+x_3. \end{cases}$$

x_3 是自由未知量，全部解为

$$\begin{cases} x_1=1-c, \\ x_2=1+c, \\ x_3=c. \end{cases}$$

其中 c 为任意数.

习　题　2.1

用消元法解下列线性方程组：

1. $\begin{cases} 7x_1+3x_2=2, \\ x_1-2x_2=-3, \\ 4x_1+9x_2=11. \end{cases}$

2. $\begin{cases} x_1+x_2+x_3=4, \\ 2x_1+x_2-x_3=2, \\ 3x_1+2x_2 \quad =1. \end{cases}$

3. $\begin{cases} x_1-2x_2+x_3+x_4=2, \\ -2x_1+4x_2-2x_3+3x_4=1, \\ 5x_1-10x_2+5x_3+2x_4=7. \end{cases}$

§2.2 用分离系数消元法解线性方程组

§2.1 用消元法解线性方程组，当未知量个数、方程个数较多时，总带着未知量 $x_1,x_2,\cdots,x_n$ 是很麻烦的. 实际上消元过程只是对未知量的系数进行运算，本节介绍分离系数消元法.

导学提纲

1. 何谓“矩阵”？它与行列式在本质和形式上有什么区别？

2. 写出习题 1.1 中各线性方程组的“系数矩阵”和“增广矩阵”.

3. 对矩阵可以施行哪三种初等行(列)变换？它与行列式的性质有什么区别？

4. 分离系数消元法就是对增广矩阵施行一系列初等行变换，将其化成阶梯形，在有解时，进一步化成约化阶梯形，从而直接写出全部解.

5. 为什么对增广矩阵不能施行初等列变换？

6. 何谓矩阵的“秩数”？为什么矩阵经过初等行(列)变换，秩数不变？

7. 线性方程组在什么条件下有解？当有解时，在什么情况下有唯一解？在什么情况下有无穷多解？怎样写出全部解？

定义 2.2.1 由 $s\times n$ 个数 $a_{ij}\,(i=1,2,\cdots,s;j=1,2,\cdots,n)$ 排成的矩形表

$$\begin{bmatrix} a_{11} & a_{12} & \cdots & a_{1n} \\ a_{21} & a_{22} & \cdots & a_{2n} \\ \vdots & \vdots & & \vdots \\ a_{s1} & a_{s2} & \cdots & a_{sn} \end{bmatrix}$$

称为 s 行 n 列**矩阵**. a_{ij} 称为矩阵的 (i,j) 元. 矩阵通常用大写字母 $\boldsymbol{A}$, $\boldsymbol{B}$, $\cdots$ 或 $\boldsymbol{A}_{sn}$, $\boldsymbol{B}_{sn}$, $\cdots$ 或 $(a_{ij})_{sn}$, $(b_{ij})_{sn}$, $\cdots$ 表示. 元素全为"0"的矩阵称为零矩阵, 记作 $\boldsymbol{0}_{sn}$. 当 $s=n$ 时, 称为 n 阶矩阵或 n 阶方阵.

例如, 一般线性方程组

$$\begin{cases} a_{11}x_1+a_{12}x_2+\cdots+a_{1n}x_n=b_1, \\ a_{21}x_1+a_{22}x_2+\cdots+a_{2n}x_n=b_2, \\ \cdots\cdots\cdots\cdots\cdots\cdots\cdots\cdots\cdots\cdots \\ a_{s1}x_1+a_{s2}x_2+\cdots+a_{sn}x_n=b_s. \end{cases} \tag{1}$$

称

$$\boldsymbol{A}=\begin{bmatrix} a_{11} & a_{12} & \cdots & a_{1n} \\ a_{21} & a_{22} & \cdots & a_{2n} \\ \vdots & \vdots & & \vdots \\ a_{s1} & a_{s2} & \cdots & a_{sn} \end{bmatrix}$$

是方程组(1)的**系数矩阵**; 称

$$\bar{\boldsymbol{A}}=\begin{bmatrix} a_{11} & a_{12} & \cdots & a_{1n} & b_1 \\ a_{21} & a_{22} & \cdots & a_{2n} & b_2 \\ \vdots & \vdots & & \vdots & \vdots \\ a_{s1} & a_{s2} & \cdots & a_{sn} & b_s \end{bmatrix}$$

是方程组(1)的**增广矩阵**.

定义 2.2.2　对矩阵施行以下三种变换, 称为矩阵的**初等变换**.

(1) 对换矩阵的两行(列), 称为**换法变换**;

(2) 用非零数 c 乘以矩阵的某一行(列), 称为**倍法变换**;

(3) 将矩阵某一行(列)的 k 倍加到另一行(列)上去, 称为**消法变换**.

增广矩阵可以看成线性方程组的简便记法. 用消元法解线性方程组就是对增广矩阵施行一系列初等行变换. 以下用分离系数消元法重解例 2.1.1、例 2.1.2、例 2.1.3(即例 2.1.1′、例 2.1.2′、例 2.1.3′).

例 2.1.1′

解[注]

$$
\left[\begin{array}{ccc:c} 4 & 5 & -3 & -6 \\ 1 & 2 & -1 & -3 \\ 3 & 0 & -2 & 0 \end{array}\right] \xrightarrow{\text{①②}} \left[\begin{array}{ccc:c} 1 & 2 & -1 & -3 \\ 4 & 5 & -3 & -6 \\ 3 & 0 & -2 & 0 \end{array}\right]
$$

$$
\xrightarrow[\text{③}-3\text{①}]{\text{②}-4\text{①}} \left[\begin{array}{ccc:c} 1 & 2 & -1 & -3 \\ 0 & -3 & 1 & 6 \\ 0 & -6 & 1 & 9 \end{array}\right]
$$

$$
\xrightarrow{\text{③}-2\text{②}} \left[\begin{array}{ccc:c} 1 & 2 & -1 & -3 \\ 0 & -3 & 1 & 6 \\ 0 & 0 & -1 & -3 \end{array}\right] \text{（阶梯形）}
$$

$$
\xrightarrow{(-1)\text{③}} \left[\begin{array}{ccc:c} 1 & 2 & -1 & -3 \\ 0 & -3 & 1 & 6 \\ 0 & 0 & 1 & 3 \end{array}\right]
$$

$$
\xrightarrow[\text{②}-\text{③}]{\text{①}+\text{③}} \left[\begin{array}{ccc:c} 1 & 2 & 0 & 0 \\ 0 & -3 & 0 & 3 \\ 0 & 0 & 1 & 3 \end{array}\right]
$$

$$
\xrightarrow{-\frac{1}{3}\text{②}} \left[\begin{array}{ccc:c} 1 & 2 & 0 & 0 \\ 0 & 1 & 0 & -1 \\ 0 & 0 & 1 & 3 \end{array}\right]
$$

$$
\xrightarrow{\text{①}-2\text{②}} \left[\begin{array}{ccc:c} 1 & 0 & 0 & 2 \\ 0 & 1 & 0 & -1 \\ 0 & 0 & 1 & 3 \end{array}\right] \text{（约化阶梯形）}.
$$

最后一个增广矩阵表示与原方程组同解的方程组，得唯一解：

$$
\begin{cases} x_1 = 2, \\ x_2 = -1, \\ x_3 = 3. \end{cases}
$$

[注]　$\textcircled{i}\textcircled{j}$表示对换矩阵的 i,j 行（列）；$c\textcircled{i}$表示用非零数 c 乘以矩阵的第 i 行（列）；$\textcircled{j}+k\textcircled{i}$表示将矩阵第 i 行（列）的 k 倍加到第 j 行（列）上去，以上记号写在"⟶"的上（下）面，表示行（列）变换.

例 2.1.2′

解 $$\begin{bmatrix} 1 & 2 & -1 & \vdots & -3 \\ 4 & 5 & -3 & \vdots & -6 \\ 3 & 3 & -2 & \vdots & 3 \end{bmatrix} \xrightarrow[③-3①]{②-4①} \begin{bmatrix} 1 & 2 & -1 & \vdots & -3 \\ 0 & -3 & 1 & \vdots & 6 \\ 0 & -3 & 1 & \vdots & 12 \end{bmatrix}$$

$$\xrightarrow{③-②} \begin{bmatrix} 1 & 2 & -1 & \vdots & -3 \\ 0 & -3 & 1 & \vdots & 6 \\ 0 & 0 & 0 & \vdots & 6 \end{bmatrix}$$（阶梯形）.

最后一个增广矩阵第 3 行表示矛盾方程 $0x_1+0x_2+0x_3=6$，无解，所以方程组无解.

例 2.1.3′

解 $$\begin{bmatrix} 1 & 2 & -1 & \vdots & 3 \\ 3 & 7 & -4 & \vdots & 10 \\ 4 & 9 & -5 & \vdots & 13 \end{bmatrix} \xrightarrow[③-4①]{②-3①} \begin{bmatrix} 1 & 2 & -1 & \vdots & 3 \\ 0 & 1 & -1 & \vdots & 1 \\ 0 & 1 & -1 & \vdots & 1 \end{bmatrix}$$

$$\xrightarrow{③-②} \begin{bmatrix} 1 & 2 & -1 & \vdots & 3 \\ 0 & 1 & -1 & \vdots & 1 \\ 0 & 0 & 0 & \vdots & 0 \end{bmatrix}$$（阶梯形）

$$\xrightarrow{①-2②} \begin{bmatrix} 1 & 0 & 1 & \vdots & 1 \\ 0 & 1 & -1 & \vdots & 1 \\ 0 & 0 & 0 & \vdots & 0 \end{bmatrix}$$（约化阶梯形）.

最后一个增广矩阵表示与原方程组同解的方程组

$$\begin{cases} x_1 \quad +x_3 = 1, \\ \quad x_2 - x_3 = 1. \end{cases}$$

它有无穷多解，移项

$$\begin{cases} x_1 = 1 - x_3, \\ x_2 = 1 + x_3. \end{cases}$$

x_3 是自由未知量，全部解为

$$\begin{cases} x_1 = 1 - c, \\ x_2 = 1 + c, \\ x_3 = c. \end{cases}$$

其中 c 为任意数.

为了总结出线性方程组有解判别定理,我们给出

定义 2.2.3 在矩阵 $\boldsymbol{A}=(a_{ij})_{sn}$ 中任取 k 行、k 列,位于行列交叉点的 k^2 个元素构成的行列式,称为 $\boldsymbol{A}$ 的一个 k 阶子式,$1\leqslant k\leqslant \min(s,n)$.

定义 2.2.4 如果矩阵 $\boldsymbol{A}=(a_{ij})_{sn}$ 中有一个 r 阶子式不等于零,而所有 $r+1$ 阶子式(如果还有的话)都等于零,则称矩阵 $\boldsymbol{A}$ 的**秩数**等于 r,记作秩$(\boldsymbol{A})=r$. 换句话说,矩阵 $\boldsymbol{A}$ 中不等于零的子式最高阶数就是 $\boldsymbol{A}$ 的秩数. 零矩阵的秩数等于零.

例如,例 2.1.1′ 最后一个系数矩阵

$$\boldsymbol{B}=\begin{bmatrix}1&0&0\\0&1&0\\0&0&1\end{bmatrix}$$

中有一个 3 阶子式

$$\begin{vmatrix}1&0&0\\0&1&0\\0&0&1\end{vmatrix}=1\neq 0,$$

$\boldsymbol{A}$ 中没有 4 阶子式,就说秩$(\boldsymbol{B})=3$,增广矩阵

$$\overline{\boldsymbol{B}}=\begin{bmatrix}1&0&0&2\\0&1&0&-1\\0&0&1&3\end{bmatrix}$$

中有一个 3 阶子式

$$\begin{vmatrix}1&0&0\\0&1&0\\0&0&1\end{vmatrix}=1\neq 0,$$

$\overline{\boldsymbol{A}}$ 中没有 4 阶子式,就说秩$(\overline{\boldsymbol{B}})=3$.

例 2.1.2′ 最后一个系数矩阵

$$\boldsymbol{B}=\begin{bmatrix}1 & 2 & -1\\0 & -3 & 1\\0 & 0 & 0\end{bmatrix}$$

中有一个 2 阶子式

$$\begin{vmatrix}1 & 2\\0 & -3\end{vmatrix}=-3\neq 0,$$

而 $\boldsymbol{B}$ 中所有(只有一个)3 阶子式

$$\begin{vmatrix}1 & 2 & -1\\0 & -3 & 1\\0 & 0 & 0\end{vmatrix}=0.$$

就说秩($\boldsymbol{B}$) = 2.增广矩阵

$$\overline{\boldsymbol{B}}=\begin{bmatrix}\textcircled{1} & 2 & -1 & -3\\0 & \textcircled{-3} & 1 & 6\\0 & 0 & 0 & \textcircled{6}\end{bmatrix}$$

中有一个 3 阶子式

$$\begin{vmatrix}1 & 2 & -3\\0 & -3 & 6\\0 & 0 & 6\end{vmatrix}=-18\neq 0,$$

$\overline{\boldsymbol{B}}$ 中没有 4 阶子式,就说秩($\overline{\boldsymbol{B}}$) = 3.

例 2.1.3′最后一个系数矩阵

$$\boldsymbol{B}=\begin{bmatrix}1 & 0 & 1\\0 & 1 & -1\\0 & 0 & 0\end{bmatrix}$$

中有一个 2 阶子式

$$\begin{vmatrix}1 & 0\\0 & 1\end{vmatrix}=1\neq 0,$$

而所有(只有一个)3 阶子式

$$\begin{vmatrix}1 & 0 & 1\\0 & 1 & -1\\0 & 0 & 0\end{vmatrix}=0.$$

就说秩($\boldsymbol{B}$) $=2$,增广矩阵

$$\bar{\boldsymbol{B}}=\begin{bmatrix}1 & 0 & 1 & 1\\0 & 1 & -1 & 1\\0 & 0 & 0 & 0\end{bmatrix}$$

中有一个 2 阶子式

$$\begin{vmatrix}1 & 0\\0 & 1\end{vmatrix}=1\neq 0.$$

而所有(共 4 个)3 阶子式

$$\begin{vmatrix}1 & 0 & 1\\0 & 1 & -1\\0 & 0 & 0\end{vmatrix},\quad \begin{vmatrix}1 & 0 & 1\\0 & 1 & 1\\0 & 0 & 0\end{vmatrix},\quad \begin{vmatrix}1 & 1 & 1\\0 & -1 & 1\\0 & 0 & 0\end{vmatrix},\quad \begin{vmatrix}0 & 1 & 1\\1 & -1 & 1\\0 & 0 & 0\end{vmatrix}$$

全等于零,所以秩($\bar{\boldsymbol{B}}$) $=2$.

定理 2.2.1 矩阵经过初等变换,秩数不变.

分析证明 如果 $\boldsymbol{A}$ 是 1 阶矩阵,定理显然成立. 以下设 $\boldsymbol{A}=(a_{ij})_{sn}$,$s\geqslant 2$,$n\geqslant 2$. 从求证入手,设矩阵 $\boldsymbol{A}$ 经过初等变换得到 $\boldsymbol{B}$,并设 $\boldsymbol{A}$ 中有一个 r 阶子式不等于零,而所有 $r+1$ 阶子式(如果还有的话) 全等于零. 欲证 $\boldsymbol{B}$ 中也有一个 r 阶子式不等于零,而所有 $r+1$ 阶子式(如果还有的话) 全等于零,那就要看初等变换对 $\boldsymbol{A}$ 中各阶子式的值有什么影响?回顾行列式性质,对换 $\boldsymbol{A}$ 中两行(列),含这两行(列) 的子式反号;用非零数 c 乘以 $\boldsymbol{A}$ 中某一行(列),$\boldsymbol{A}$ 中含这一行(列) 的子式值乘以 $c\neq 0$;将 $\boldsymbol{A}$ 的某一行(列) 的 k 倍加到另一行(列) 上去,含这两行(列) 的子式值不变. 因此,$\boldsymbol{A}$ 中有一个 r 阶子式不等于零,$\boldsymbol{B}$ 中也有一个 r 阶子式不等于零;$\boldsymbol{A}$ 中所有 $r+1$ 阶子式(如果还有的话) 全等于零,那么 $\boldsymbol{B}$ 中所有 $r+1$ 阶子式(如果还有的话) 也全

等于零.

由定理 2.2.1 知道,例 2.1.1′,例 2.1.2′,例 2.1.3′,最后系数矩阵 $\boldsymbol{B}$ 的秩数就是原方程组系数矩阵 $\boldsymbol{A}$ 的秩数;最后增广矩阵 $\overline{\boldsymbol{B}}$ 的秩数就是原方程组增广矩阵 $\overline{\boldsymbol{A}}$ 的秩数.

定理 2.2.2　n 元线性方程组(1) 的系数矩阵记作 $\boldsymbol{A}$,增广矩阵记作 $\overline{\boldsymbol{A}}$.

(1) 当秩$(\boldsymbol{A}) \neq$ 秩$(\overline{\boldsymbol{A}})$ 时,方程组(1) 无解;

(2) 当秩$(\boldsymbol{A}) =$ 秩$(\overline{\boldsymbol{A}}) = r$ 时,方程组(1) 有解:

① 当 $r = n$ 时,有唯一解;

② 当 $r < n$ 时,有无穷多解,解中有 $n - r$ 个自由未知量.

例 2.1.1′ 系数矩阵秩数 3 = 增广矩阵秩数 3 = 未知量个数 3,有唯一解.

例 2.1.2′ 系数矩阵秩数 2 ≠ 增广矩阵秩数 3,无解.

例 2.1.3′ 系数矩阵秩数 2 = 增广矩阵秩数 2 < 未知量个数 3,有无穷多解,解中有 3 − 2 = 1 个自由未知量.

用分离系数消元法解线性方程组的步骤是:对增广矩阵施行初等行变换,将其化成阶梯形(由此计算系数矩阵秩和增广矩阵秩).在有解的情况下,将阶梯形进一步化成约化阶梯形,由此写出全部解,如果在化阶梯形过程中出现矛盾方程,立即可知方程组无解,如果增广矩阵出现一行全为"0",这表示多余方程,可以去掉.

例 2.2.1　解线性方程组

$$\begin{cases} x_2+x_3-x_4=4, \\ x_1+2x_2+3x_4=2, \\ 2x_1-x_2+x_3+x_4=0, \\ -3x_1-x_3+2x_4=-6. \end{cases}$$

解[注]

$$\left[\begin{array}{cccc|c} 0 & 1 & 1 & -1 & 4 \\ 1 & 2 & 0 & 3 & 2 \\ 2 & -1 & 1 & 1 & 0 \\ -3 & 0 & -1 & 2 & -6 \end{array}\right]$$

注　◯中数称为该行首非零元.

$$\xrightarrow{①②}\left[\begin{array}{cccc:c} 1 & 2 & 0 & 3 & 2 \\ 0 & 1 & 1 & -1 & 4 \\ 2 & -1 & 1 & 1 & 0 \\ -3 & 0 & -1 & 2 & -6 \end{array}\right]$$

$$\xrightarrow[④+3①]{③-2①}\left[\begin{array}{cccc:c} 1 & 2 & 0 & 3 & 2 \\ 0 & 1 & 1 & -1 & 4 \\ 0 & -5 & 1 & -5 & -4 \\ 0 & 6 & -1 & 11 & 0 \end{array}\right]$$

$$\xrightarrow[④-6②]{③+5②}\left[\begin{array}{cccc:c} 1 & 2 & 0 & 3 & 2 \\ 0 & 1 & 1 & -1 & 4 \\ 0 & 0 & 6 & -10 & 16 \\ 0 & 0 & -7 & 17 & -24 \end{array}\right]$$

$$\xrightarrow{③+④}\left[\begin{array}{cccc:c} 1 & 2 & 0 & 3 & 2 \\ 0 & 1 & 1 & -1 & 4 \\ 0 & 0 & -1 & 7 & -8 \\ 0 & 0 & -7 & 17 & -24 \end{array}\right]$$

$$\xrightarrow{(-1)③}\left[\begin{array}{cccc:c} 1 & 2 & 0 & 3 & 2 \\ 0 & 1 & 1 & -1 & 4 \\ 0 & 0 & 1 & -7 & 8 \\ 0 & 0 & -7 & 17 & -24 \end{array}\right]$$

$$\xrightarrow{④+7③}\left[\begin{array}{cccc:c} 1 & 2 & 0 & 3 & 2 \\ 0 & 1 & 1 & -1 & 4 \\ 0 & 0 & 1 & -7 & 8 \\ 0 & 0 & 0 & -32 & 32 \end{array}\right] \text{(阶梯形)}.$$

观察阶梯形知系数矩阵秩数 $4=$ 增广矩阵秩数 $4=$ 未知量个数 4,方程组有解,且有唯一解.下面将阶梯形化成约化阶梯形.

$$\left[\begin{array}{cccc:c} 1 & 2 & 0 & 3 & 2 \\ 0 & 1 & 1 & -1 & 4 \\ 0 & 0 & 1 & -7 & 8 \\ 0 & 0 & 0 & -32 & 32 \end{array}\right] \xrightarrow{①-2②} \left[\begin{array}{cccc:c} 1 & 0 & -2 & 5 & -6 \\ 0 & 1 & 1 & -1 & 4 \\ 0 & 0 & 1 & -7 & 8 \\ 0 & 0 & 0 & -32 & 32 \end{array}\right]$$

$$\xrightarrow[\text{②}-\text{③}]{\text{①}+2\text{③}}\left[\begin{array}{cccc|c}1&0&0&-9&10\\0&1&0&6&-4\\0&0&1&-7&8\\0&0&0&-32&32\end{array}\right]$$

$$\xrightarrow{-\frac{1}{32}\text{④}}\left[\begin{array}{cccc|c}1&0&0&-9&10\\0&1&0&6&-4\\0&0&1&-7&8\\0&0&0&1&-1\end{array}\right]$$

$$\xrightarrow[\substack{\text{②}-6\text{④}\\\text{③}+7\text{④}}]{\text{①}+9\text{④}}\left[\begin{array}{cccc|c}1&0&0&0&1\\0&1&0&0&2\\0&0&1&0&1\\0&0&0&1&-1\end{array}\right]\text{(约化阶梯形)}.$$

唯一解(1,2,1,−1),读者可将解代入原方程组验算之.

例 2.2.2　解线性方程组

$$\begin{cases}3x_1+2x_2-x_3+2x_4=1,\\x_1-3x_2+2x_3-4x_4=-2,\\5x_1-4x_3+3x_3-6x_4=3.\end{cases}$$

解

$$\left[\begin{array}{cccc|c}3&2&-1&2&1\\1&-3&2&-4&-2\\5&-4&3&-6&3\end{array}\right]\xrightarrow{\text{①②}}\left[\begin{array}{cccc|c}1&-3&2&-4&-2\\3&2&-1&2&1\\5&-4&3&-6&3\end{array}\right]$$

$$\xrightarrow[\text{③}-5\text{①}]{\text{②}-3\text{①}}\left[\begin{array}{cccc|c}1&-3&2&-4&-2\\0&11&-7&14&7\\0&11&-7&14&13\end{array}\right]$$

$$\xrightarrow{\text{③}-\text{②}}\left[\begin{array}{cccc|c}1&-3&2&-4&-2\\0&11&-7&14&7\\0&0&0&0&6\end{array}\right].$$

此时,系数矩阵阶梯形以下全为"0",消元法结束,最后一个系数矩阵

中,有一个 2 阶子式

$$\begin{vmatrix} 1 & -3 \\ 0 & 11 \end{vmatrix} = 11 \neq 0,$$

而所有(共 4 个)3 阶子式全等于零(因为第 3 行全为"0"),所以系数矩阵秩数为 2;增广矩阵中有一个 3 阶子式

$$\begin{vmatrix} 1 & -3 & -2 \\ 0 & 11 & 7 \\ 0 & 0 & 6 \end{vmatrix} = 66 \neq 0,$$

没有 4 阶子式,所以增广矩阵秩数为 3. $2 \neq 3$,所以方程组无解,或从最后一个增广矩阵发现矛盾方程 $0x_1 + 0x_2 + 0x_3 + 0x_4 = 6$,直接判定无解.

例 2.2.3 解线性方程组

$$\begin{cases} x_1 + x_2 + x_3 + x_4 = 1, \\ 2x_1 + 2x_2 + 3x_3 + x_4 + x_5 = 4, \\ 3x_1 + 3x_2 + 4x_3 + 4x_4 + x_5 = 5, \\ -x_1 - x_2 + x_3 - 3x_4 + 2x_5 = 3. \end{cases}$$

解
$$\left[\begin{array}{ccccc|c} \textcircled{1} & 1 & 1 & 1 & 0 & 1 \\ 2 & 2 & 3 & 1 & 1 & 4 \\ 3 & 3 & 4 & 4 & 1 & 5 \\ -1 & -1 & 1 & -3 & 2 & 3 \end{array}\right]$$

$$\xrightarrow[\textcircled{4}+\textcircled{1}]{\textcircled{2}-2\textcircled{1},\ \textcircled{3}-3\textcircled{1}} \left[\begin{array}{ccccc|c} 1 & 1 & 1 & 1 & 0 & 1 \\ 0 & 0 & \textcircled{1} & -1 & 1 & 2 \\ 0 & 0 & 1 & 1 & 1 & 2 \\ 0 & 0 & 2 & -2 & 2 & 4 \end{array}\right]$$

$$\xrightarrow[\textcircled{4}-2\textcircled{2}]{\textcircled{3}-\textcircled{2}} \left[\begin{array}{ccccc|c} \textcircled{1} & 1 & 1 & 1 & 0 & 1 \\ 0 & 0 & \textcircled{1} & -1 & 1 & 2 \\ 0 & 0 & 0 & \textcircled{2} & 0 & 0 \\ 0 & 0 & 0 & 0 & 0 & 0 \end{array}\right] \text{(阶梯形)}.$$

此时系数矩阵阶梯形以下全为“0”，消元法结束，最后一个系数矩阵中，有一个 3 阶子式

$$\begin{vmatrix} 1 & 1 & 1 \\ 0 & 1 & -1 \\ 0 & 0 & 2 \end{vmatrix} = 2 \neq 0,$$

而所有 4 阶子式全等于零（因为第 4 行全为“0”），所以系数矩阵秩数等于 3. 同理，增广矩阵秩数也等于 3，方程组有解，因为秩数 3 小于未知量个数 5，所以方程组有无穷多解，解中有 $5-3=2$ 个自由未知量，下面将阶梯形化成约化阶梯形.

$$\left[\begin{array}{ccccc|c} 1 & 1 & 1 & 1 & 0 & 1 \\ 0 & 0 & 1 & -1 & 1 & 2 \\ 0 & 0 & 0 & 2 & 0 & 0 \end{array}\right]$$

$$\xrightarrow{\textcircled{1}-\textcircled{2}} \left[\begin{array}{ccccc|c} 1 & 1 & 0 & 2 & -1 & -1 \\ 0 & 0 & 1 & -1 & 1 & 2 \\ 0 & 0 & 0 & 2 & 0 & 0 \end{array}\right]$$

$$\xrightarrow{\frac{1}{2}\textcircled{3}} \left[\begin{array}{ccccc|c} 1 & 1 & 0 & 2 & -1 & -1 \\ 0 & 0 & 1 & -1 & 1 & 2 \\ 0 & 0 & 0 & 1 & 0 & 0 \end{array}\right]$$

$$\begin{array}{c} \\ \xrightarrow[\textcircled{2}+\textcircled{3}]{\textcircled{1}-2\textcircled{3}} \end{array} \begin{array}{c} \begin{array}{cccccc} & x_2 & & & x_5 & \end{array} \\ \left[\begin{array}{ccccc|c} 1 & 1 & 0 & 0 & -1 & -1 \\ 0 & 0 & 1 & 0 & 1 & 2 \\ 0 & 0 & 0 & 1 & 0 & 0 \end{array}\right] \end{array} \text{（约化阶梯形）}.$$

从最后一个增广矩阵可以看出 x_2, x_5 是自由未知量，移项，得

$$\begin{cases} x_1 = -1 - x_2 + x_5, \\ x_3 = 2 - x_5, \\ x_4 = 0. \end{cases}$$

令 $x_2 = c_1, x_5 = c_2$，全部解为

$$\begin{cases} x_1 = -1 - c_1 + c_2, \\ x_2 = c_1, \\ x_3 = 2 - c_2, \\ x_4 = 0, \\ x_5 = c_2. \end{cases}$$

其中 c_1,c_2 为任意数.

习 题 2.2

1. 用分离系数消元法解线性方程组:

(1) $\begin{cases} 2x_1 - x_2 + x_3 - x_4 = 1, \\ 2x_1 - x_2 - 3x_4 = 2, \\ 3x_1 - x_3 + x_4 = -3, \\ 2x_1 + 2x_2 - 2x_3 + 5x_4 = -6; \end{cases}$

(2) $\begin{cases} x_1 - x_2 + 2x_3 + 3x_4 = 5, \\ -x_1 + x_2 - x_3 + 2x_4 = 1, \\ 2x_1 - x_2 + x_3 - x_4 = 1, \\ 3x_1 + 2x_2 - x_3 + x_4 = 5; \end{cases}$

(3) $\begin{cases} x_1 + x_2 - 3x_4 - x_5 = -2, \\ x_1 - x_2 + 2x_3 - x_4 = 1, \\ 4x_1 - 2x_2 + 6x_3 + 3x_4 - 4x_5 = 7, \\ 2x_1 + 4x_2 - 2x_3 + 4x_4 - 7x_5 = 0; \end{cases}$

(4) $\begin{cases} x_1 + x_2 + x_3 + 2x_4 + 3x_5 = 2, \\ 2x_1 + 2x_2 + 2x_3 + 5x_4 + 7x_5 + x_6 = 5, \\ 3x_1 + 3x_2 + 3x_3 + 5x_4 + 8x_5 - 2x_6 = 2, \\ 4x_1 + 4x_2 + 4x_3 + 9x_4 + 13x_5 + x_6 = 9; \end{cases}$

(5) $\begin{cases} x_1 + 2x_2 + 3x_3 - x_4 = 0, \\ 2x_1 + x_2 - x_3 + 3x_4 = 1, \\ 3x_1 + 3x_2 + 2x_3 + 2x_4 = 4; \end{cases}$

(6) $\begin{cases} 5x_1+5x_2+3x_3+2x_4=1, \\ 2x_1-x_2+3x_3=6, \\ 2x_1+3x_2+x_3+2x_4=-2, \\ x_1+2x_2-3x_3+x_4=-5, \\ x_2+2x_3-x_4=2; \end{cases}$

(7) $\begin{cases} x_1+2x_2-x_3+2x_4+x_5=1, \\ 2x_1+4x_2+x_4+4x_5=-1, \\ -x_1-2x_2+3x_3-x_4+x_5=0, \\ 3x_1+6x_2+2x_3+x_4+8x_5=-2. \end{cases}$

2. 讨论 a,b 为何值时,线性方程组

$$\begin{cases} x_1-x_2+2x_3=-3, \\ 2x_1+ax_2+x_3=b, \\ 3x_1+x_2-2x_3=7, \end{cases}$$

有唯一解?无穷多解?无解?在有解时,求出全部解.

3. 方程个数等于未知量个数的线性方程组一定有唯一解吗?方程个数少于未知量个数的线性方程组一定有无穷多解吗?方程个数多于未知量个数的线性方程组一定无解吗?试举二元一次方程组为例说明之.

§2.3　齐次线性方程组

§1.4 曾讨论过 n 个方程 n 个未知量的齐次线性方程组,本节讨论一般 s 个方程 n 个未知量的齐次线性方程组.

导学提纲

1. 一般齐次线性方程组在什么条件下有非零解?在什么条件下只有零解?

2. 为什么"方程个数少于未知量个数的齐次线性方程组必有非零解"?

3. 方程个数等于未知量个数的齐次线性方程组有非零解的充分必要条件是什么?

常数项全为零的线性方程组

$$\begin{cases} a_{11}x_1 + a_{12}x_2 + \cdots + a_{1n}x_n = 0, \\ a_{21}x_1 + a_{22}x_2 + \cdots + a_{2n}x_n = 0, \\ \cdots\cdots\cdots\cdots\cdots\cdots\cdots\cdots \\ a_{s1}x_1 + a_{s2}x_2 + \cdots + a_{sn}x_n = 0. \end{cases} \tag{1}$$

称为**齐次线性方程组**. 齐次线性方程组恒有解 $x_1 = 0, x_2 = 0, \cdots, x_n = 0$,称为**零解或平凡解**,如果还有其他解 $x_1 = c_1, x_2 = c_2, \cdots, x_n = c_n$,即 $c_1, c_2, \cdots, c_n$ 不全为零,称为**非零解**.

因为恒有

$$秩\begin{bmatrix} a_{11} & a_{12} & \cdots & a_{1n} \\ a_{21} & a_{22} & \cdots & a_{2n} \\ \vdots & \vdots & & \vdots \\ a_{s1} & a_{s2} & \cdots & a_{sn} \end{bmatrix} = 秩\begin{bmatrix} a_{11} & a_{12} & \cdots & a_{1n} & 0 \\ a_{21} & a_{22} & \cdots & a_{2n} & 0 \\ \vdots & \vdots & & \vdots & \vdots \\ a_{s1} & a_{s2} & \cdots & a_{sn} & 0 \end{bmatrix}.$$

所以齐次线性方程组(1) 恒有解,由定理 2.2.2 得

定理 2.3.1 设 n 元齐次线性方程组(1) 的系数矩阵秩数为 r,则

(1) 当 $r = n$ 时,齐次线性方程组(1) 只有零解;

(2) 当 $r < n$ 时,齐次线性方程组(1) 有非零解,解中有 $n - r$ 个自由未知量.

s 行 n 列矩阵秩数 r 满足 $0 \leqslant r \leqslant \min(s, n)$,当 $s < n$ 时,必有 $r < n$. 因此有

定理 2.3.2 方程个数少于未知量个数的齐次线性方程组必有非零解.

定理 2.3.3 n 个方程 n 个未知量的齐次线性方程组

$$\begin{cases} a_{11}x_1 + a_{12}x_2 + \cdots + a_{1n}x_n = 0, \\ a_{21}x_1 + a_{22}x_2 + \cdots + a_{2n}x_n = 0, \\ \cdots\cdots\cdots\cdots\cdots\cdots\cdots\cdots \\ a_{n1}x_1 + a_{n2}x_2 + \cdots + a_{nn}x_n = 0 \end{cases} \tag{2}$$

有非零解的充分必要条件是其系数行列式

$$\begin{vmatrix} a_{11} & a_{12} & \cdots & a_{1n} \\ a_{21} & a_{22} & \cdots & a_{2n} \\ \vdots & \vdots & \ddots & \vdots \\ a_{n1} & a_{n2} & \cdots & a_{nn} \end{vmatrix} = 0.$$

证　定理的必要性就是推论 1.4.1 的逆否命题，以下证明充分性.

因为(2) 的系数行列式等于零，所以系数矩阵秩数 $r < n$，据定理 2.3.1，齐次线性方程组(2) 有非零解.

解齐次线性方程组也用分离系数消元法，不过因为它的常数项全为零，所以只需对它的系数矩阵施行初等行变换.

例 2.3.1　解齐次线性方程组

$$\begin{cases} x_1 + 2x_2 - x_3 + x_4 = 0, \\ x_2 + x_4 = 0, \\ 2x_1 + x_2 + 2x_4 = 0, \\ x_1 + 3x_3 + x_4 = 0, \\ 4x_1 + 4x_2 + 2x_3 + 5x_4 = 0. \end{cases}$$

解
$$\left[\begin{array}{cccc:c} \textcircled{1} & 2 & -1 & 1 & 0 \\ 0 & 1 & 0 & 1 & 0 \\ 2 & 1 & 0 & 2 & 0 \\ 1 & 0 & 3 & 1 & 0 \\ 4 & 4 & 2 & 5 & 0 \end{array}\right]$$

$$
\xrightarrow[\text{⑤}-4\text{①}]{\text{③}-2\text{①},\ \text{④}-\text{①}}
\left[\begin{array}{cccc|c}
1 & 2 & -1 & 1 & 0\\
0 & 1 & 0 & 1 & 0\\
0 & -3 & 2 & 0 & 0\\
0 & -2 & 4 & 0 & 0\\
0 & -4 & 6 & 1 & 0
\end{array}\right]
$$

$$
\xrightarrow[\text{⑤}+4\text{②}]{\text{③}+3\text{②},\ \text{④}+2\text{②}}
\left[\begin{array}{cccc|c}
1 & 2 & -1 & 1 & 0\\
0 & 1 & 0 & 1 & 0\\
0 & 0 & 2 & 3 & 0\\
0 & 0 & 4 & 2 & 0\\
0 & 0 & 6 & 5 & 0
\end{array}\right]
$$

$$
\xrightarrow[\text{⑤}-3\text{③}]{\text{④}-2\text{③}}
\left[\begin{array}{cccc|c}
1 & 2 & -1 & 1 & 0\\
0 & 1 & 0 & 1 & 0\\
0 & 0 & 2 & 3 & 0\\
0 & 0 & 0 & -4 & 0\\
0 & 0 & 0 & -4 & 0
\end{array}\right]
$$

$$
\xrightarrow{\text{⑤}-\text{④}}
\left[\begin{array}{cccc|c}
1 & 2 & -1 & 1 & 0\\
0 & 1 & 0 & 1 & 0\\
0 & 0 & 2 & 3 & 0\\
0 & 0 & 0 & -4 & 0\\
0 & 0 & 0 & 0 & 0
\end{array}\right].
$$

从最后一个增广矩阵看出系数矩阵秩数 4 等于未知量个数 4，所以齐次线性方程组只有零解.

例 2.3.2 解齐次线性方程组

$$
\begin{cases}
x_1+x_2+x_3+2x_5=0,\\
x_1+2x_2+2x_3+x_4+3x_5=0,\\
3x_1+4x_2+4x_3+2x_4+7x_5=0,\\
2x_1+x_2+x_3+x_4+4x_5=0.
\end{cases}
$$

解 因为这个齐次线性方程组的方程个数 4 小于未知量个数 5，

必有非零解. 故可以将增广矩阵直接化成约化阶梯形.

$$\left[\begin{array}{ccccc|c} 1 & 1 & 1 & 0 & 2 & 0 \\ 1 & 2 & 2 & 1 & 3 & 0 \\ 3 & 4 & 4 & 2 & 7 & 0 \\ 2 & 1 & 1 & 1 & 4 & 0 \end{array}\right] \xrightarrow[\text{④}-2\text{①}]{\text{②}-\text{①},\ \text{③}-3\text{①}} \left[\begin{array}{ccccc|c} 1 & 1 & 1 & 0 & 2 & 0 \\ 0 & 1 & 1 & 1 & 1 & 0 \\ 0 & 1 & 1 & 2 & 1 & 0 \\ 0 & -1 & -1 & 1 & 0 & 0 \end{array}\right]$$

$$\xrightarrow[\text{④}+\text{②}]{\text{①}-\text{②},\ \text{③}-\text{②}} \left[\begin{array}{ccccc|c} 1 & 0 & 0 & -1 & 1 & 0 \\ 0 & 1 & 1 & 1 & 1 & 0 \\ 0 & 0 & 0 & 1 & 0 & 0 \\ 0 & 0 & 0 & 2 & 1 & 0 \end{array}\right]$$

$$\xrightarrow[\text{④}-2\text{③}]{\text{①}+\text{③},\ \text{②}-\text{③}} \left[\begin{array}{ccccc|c} 1 & 0 & 0 & 0 & 1 & 0 \\ 0 & 1 & 1 & 0 & 1 & 0 \\ 0 & 0 & 0 & 1 & 0 & 0 \\ 0 & 0 & 0 & 0 & 1 & 0 \end{array}\right]$$

x_3

$$\xrightarrow{\text{①}-\text{④},\ \text{②}-\text{④}} \left[\begin{array}{ccccc|c} 1 & 0 & 0 & 0 & 0 & 0 \\ 0 & 1 & 1 & 0 & 0 & 0 \\ 0 & 0 & 0 & 1 & 0 & 0 \\ 0 & 0 & 0 & 0 & 1 & 0 \end{array}\right].$$

从最后一个矩阵看出,系数矩阵秩数 4 小于未知量个数 5,有非零解,解中有 $5-4=1$ 个自由未知量,令 $x_3=c$,得全部解

$$\begin{cases} x_1 = 0, \\ x_2 = -c, \\ x_3 = c, \\ x_4 = 0, \\ x_5 = 0. \end{cases}$$

其中 c 为任意数.

例 2.3.3　讨论 λ 为何值时,齐次线性方程组

$$\begin{cases}(\lambda-2)x_1 - x_2 - x_3 = 0, \\ -x_1 + (\lambda-2)x_2 - x_3 = 0, \\ -x_1 - x_2 + (\lambda-2)x_3 = 0\end{cases}$$

有非零解?并求出全部解.

分析 因为这个齐次线性方程组的方程个数等于未知量个数，所以系数行列式等于零时有非零解，故令系数行列式等于零，解方程求 λ 值.

解

$$\begin{vmatrix}\lambda-2 & -1 & -1 \\ -1 & \lambda-2 & -1 \\ -1 & -1 & \lambda-2\end{vmatrix} \xlongequal[\text{①}+\text{③}]{\text{①}+\text{②}} \begin{vmatrix}\lambda-4 & -1 & -1 \\ \lambda-4 & \lambda-2 & -1 \\ \lambda-4 & -1 & \lambda-2\end{vmatrix}$$

$$= (\lambda-4)\begin{vmatrix}1 & -1 & -1 \\ 1 & \lambda-2 & -1 \\ 1 & -1 & \lambda-2\end{vmatrix}$$

$$\xlongequal[\text{③}+\text{①}]{\text{②}+\text{①}} (\lambda-4)\begin{vmatrix}1 & 0 & 0 \\ 1 & \lambda-1 & 0 \\ 1 & 0 & \lambda-1\end{vmatrix}$$

$$= (\lambda-4)(\lambda-1)^2 = 0.$$

当 $\lambda = 4$ 或 $\lambda = 1$ 时，齐次线性方程组有非零解.

当 $\lambda = 4$ 时，原方程组为

$$\begin{cases}2x_1 - x_2 - x_3 = 0, \\ -x_1 + 2x_2 - x_3 = 0, \\ -x_1 - x_2 + 2x_3 = 0.\end{cases}$$

全部解为 (c,c,c)，其中 c 为任意数.

当 $\lambda = 1$ 时，原方程组为

$$\begin{cases}-x_1 - x_2 - x_3 = 0, \\ -x_1 - x_2 - x_3 = 0, \\ -x_1 - x_2 - x_3 = 0.\end{cases}$$

全部解为$(-c_1-c_2,c_1,c_2)$，其中c_1,c_2为任意数.

习　题　2.3

1. 判断下列齐次线性方程组是否有非零解？为什么？

(1) $\begin{cases} x_1+x_2+x_3+x_4=0, \\ x_1+2x_2+3x_3+4x_4=0, \\ x_1+4x_2+9x_3+16x_4=0, \\ x_1+8x_2+27x_3+64x_4=0; \end{cases}$

(2) $\begin{cases} x_2+2x_3+3x_4+4x_5=0, \\ -x_1+x_3+2x_4+3x_5=0, \\ -2x_1-x_2+x_4+2x_5=0, \\ -3x_1-2x_2-x_3+x_5=0, \\ -4x_1-3x_2-2x_3-x_4=0; \end{cases}$

(3) $\begin{cases} x_1-x_2+2x_3+3x_4+x_5=0, \\ 2x_1-2x_2+5x_3+7x_4+3x_5=0, \\ -3x_1+3x_2-5x_3-8x_4-2x_5=0, \\ -x_1+x_2-3x_3-4x_4-2x_5=0; \end{cases}$

(4) $\begin{cases} x_1+x_2+x_3+x_4=0, \\ x_1+x_2+x_3-x_4=0, \\ x_1+x_2-x_3+x_4=0, \\ x_1-x_2+x_3+x_4=0, \\ -x_1+x_2+x_3+x_4=0. \end{cases}$

2. 解下列齐次线性方程组：

(1) $\begin{cases} 2x_2+x_3+3x_4=0, \\ 2x_1-x_2+3x_3+2x_4=0, \\ 3x_1+x_2-x_4=0, \\ 4x_1+3x_2-x_3+4x_4=0; \end{cases}$

(2) $\begin{cases} x_2+2x_3+x_4+x_5=0, \\ 2x_1+2x_2+3x_3+3x_4+x_5=0, \\ 3x_1+3x_2+4x_3+4x_4+x_5=0, \\ 4x_1+x_2-x_3+2x_4-2x_5=0; \end{cases}$

(3) $\begin{cases} x_1+2x_2+3x_3-x_4=0, \\ 2x_1-x_2+3x_3+x_4=0, \\ 3x_1+x_2+6x_3=0, \\ x_1-3x_2+2x_4=0. \end{cases}$

3. λ 为何值时,齐次线性方程组

$$\begin{cases} \lambda x_1+x_2=0, \\ x_1+\lambda x_2=0, \\ 2x_1+2x_2+(\lambda+1)x_3=0 \end{cases}$$

有非零解?并求出全部解.

本章复习提纲

1. 一般线性方程组

$$\begin{cases} a_{11}x_1+a_{12}x_2+\cdots+a_{1n}x_{1n}=b_1, \\ a_{21}x_1+a_{22}x_2+\cdots+a_{2n}x_n=b_2, \\ \cdots\cdots\cdots\cdots\cdots\cdots \\ a_{s1}x_1+a_{s2}x_2+\cdots+a_{sn}x_n=b_s. \end{cases} \tag{1}$$

其中 $x_1,x_2,\cdots,x_n$ 是未知量;$a_{ij}(i=1,2,\cdots,s;j=1,2,\cdots,n)$ 是第 i 个方程 x_j 的系数;$b_i(i=1,2,\cdots,s)$ 是第 i 个方程的常数项.

如果将 $x_1=c_1,x_2=c_2,\cdots,x_n=c_n$ 代入方程组(1),使(1)的每个方程都变成恒等式,则称 n 元有序数组 $(c_1,c_2,\cdots,c_n)$ 是(1)的一个解.

2. 设线性方程组

$$\begin{cases} c_{11}x_1 + c_{12}x_2 + \cdots + c_{1n}x_n = d_1, \\ c_{21}x_1 + c_{22}x_2 + \cdots + c_{2n}x_n = d_2, \\ \cdots\cdots\cdots\cdots\cdots\cdots\cdots\cdots\cdots\cdots \\ c_{t1}x_1 + c_{t2}x_2 + \cdots + c_{tn}x_n = d_t. \end{cases} \tag{2}$$

如果(1) 的解都是(2) 的解,(2) 的解也都是(1) 的解,则称(1) 与(2) 同解.

3. 由 $s\times n$ 个数 $a_{ij}(i=1,2,\cdots,s;j=1,2,\cdots,n)$ 排成的矩形表

$$\begin{bmatrix} a_{11} & a_{12} & \cdots & a_{1n} \\ a_{21} & a_{22} & \cdots & a_{2n} \\ \vdots & \vdots & & \vdots \\ a_{s1} & a_{s2} & \cdots & a_{sn} \end{bmatrix}$$

称为矩阵,简记作 $\boldsymbol{A}=(a_{ij})_{sn}$. 如果 $s=n$,称 $\boldsymbol{A}$ 是 n 阶矩阵或 n 阶方阵.

4. 对矩阵 $\boldsymbol{A}=(a_{ij})_{sn}$ 施行以下三种变换,称为矩阵的初等变换.

(1) 对换 $\boldsymbol{A}$ 的两行(列),称为换法变换;

(2) 用非零数 c 乘以 $\boldsymbol{A}$ 的某一行(列),称为倍法变换;

(3) 将 $\boldsymbol{A}$ 某一行(列) 的 k 倍加到另一行(列) 上去,称为消法变换.

5. 称

$$\boldsymbol{A}=\begin{bmatrix} a_{11} & a_{12} & \cdots & a_{1n} \\ a_{21} & a_{22} & \cdots & a_{2n} \\ \vdots & \vdots & & \vdots \\ a_{s1} & a_{s2} & \cdots & a_{sn} \end{bmatrix}$$

是线性方程组(1) 的系数矩阵;称

$$\overline{\mathbf{A}}=\begin{bmatrix} a_{11} & a_{12} & \cdots & a_{1n} & b_1 \\ a_{21} & a_{22} & \cdots & a_{2n} & b_2 \\ \vdots & \vdots & & \vdots & \vdots \\ a_{s1} & a_{s2} & \cdots & a_{sn} & b_s \end{bmatrix}$$

是(1) 的增广矩阵.

对增广矩阵施行初等行变换,就是对线性方程组施行同解变换.

6. 若矩阵 $\mathbf{A}=(a_{ij})_{sn}$ 中有一个 r 阶子式不等于零,而所有 $r+1$ 阶子式(如果还有的话) 全等于零,则称矩阵 $\mathbf{A}$ 的秩数为 r. 记作秩($\mathbf{A}$) $= r$. 换句话说: $\mathbf{A}$ 中不等于零的子式最高阶数就是 $\mathbf{A}$ 的秩数.

矩阵经过初等变换,秩数不变.

7. n 元线性方程组(1) 有解判别法:

(1) 系数矩阵秩数 $\neq$ 增广矩阵秩数,则无解;

(2) 系数矩阵秩数 $=$ 增广矩阵秩数 $= r$,则有解:

① 秩数 $r=$ 未知量个数 n 时,有唯一解;

② 秩数 $r<$ 未知量个数 n 时,有无穷多解,解中有 $n-r$ 个自由未知量.

8. 常数项全为零的线性方程组

$$\begin{cases} a_{11}x_1+a_{12}x_2+\cdots+a_{1n}x_n=0, \\ a_{21}x_1+a_{22}x_2+\cdots+a_{2n}x_n=0, \\ \cdots\cdots\cdots\cdots\cdots\cdots\cdots\cdots \\ a_{s1}x_1+a_{s2}x_2+\cdots+a_{sn}x_n=0, \end{cases} \tag{3}$$

称为齐次线性方程组.

(1) 齐次线性方程组(3) 恒有解: $x_1=0, x_2=0, \cdots, x_n=0$,称为零解或平凡解.

(2) 当齐次线性方程组(3) 系数矩阵秩数 r 小于(等于) 未知量个数 n 时,有非零解(只有零解).

(3) 方程个数 s 小于未知量个数 n 的齐次线性方程组(3) 必有非零解.

(4) 方程个数 s 等于未知量个数 n 的齐次线性方程组(3) 有非零解(只有零解) 的充分必要条件是其系数行列式等于零(不等于零).

9. 分离系数消元法.

(1) 解非齐次线性方程组,先对增广矩阵施行初等行变换,将其化成阶梯形,当有解时,再进一步化成约化阶梯形,由此写出全部解.

(2) 解齐次线性方程组,先对系数矩阵施行初等行变换,将其化成阶梯形,当有非零解时,再进一步化成约化阶梯形,由此写出全部解.

第三章

n 维向量空间

给定一个线性方程组. 它有没有解? 若有解,是有唯一解? 还是有无穷多解? 全部解的集合是怎么构造的? 这些问题的答案,在用消元法解方程组之前已经客观存在. 换句话说,答案已由增广矩阵完全确定. 本章以"向量"为工具研究线性方程组解集合的构造. 同时为今后深入学习线性代数打下理论基础.

§3.1　n 元向量及其线性运算

导学提纲

1. 何谓"n 元向量"?"零向量"?"$\boldsymbol{\alpha}$ 的负向量"?怎么判断两个 n 元向量是否相等?

2. 两个 n 元向量怎么相加?一个数 k 与一个向量 $\boldsymbol{\alpha}$ 怎么乘?向量的线性运算满足哪些运算律?

3. 何谓"n 维向量空间 $\mathbf{R}^n$"?给出 $\mathbf{R}^2$ 和 $\mathbf{R}^3$ 的几何模型.

4. 设 $\boldsymbol{\alpha}_1,\boldsymbol{\alpha}_2,\cdots,\boldsymbol{\alpha}_s,\mathbf{0},\boldsymbol{\beta}$ 都是 n 元列向量,怎么用分离系数消元法解下列两个向量方程

$$x_1\boldsymbol{\alpha}_1+x_2\boldsymbol{\alpha}_2+\cdots+x_s\boldsymbol{\alpha}_s=\mathbf{0},$$
$$x_1\boldsymbol{\alpha}_1+x_2\boldsymbol{\alpha}_2+\cdots+x_s\boldsymbol{\alpha}_s=\boldsymbol{\beta}.$$

物理学称具有大小和方向的量为向量. 例如，力、速度、加速度. 几何学用有向线段表示向量. 在平面直角坐标系中，以原点为起点，所有向量都与终点坐标(x,y)一一对应. 例如，向量 $\boldsymbol{\alpha}=(3,1)$，$\boldsymbol{\beta}=(1,2)$，那么

$$\boldsymbol{\alpha}+\boldsymbol{\beta}=(3+1,1+2)=(4,3),$$
$$2\boldsymbol{\alpha}=(2\times 3,2\times 1)=(6,2),$$
$$-\boldsymbol{\alpha}=(-3,-1).$$

如下图：

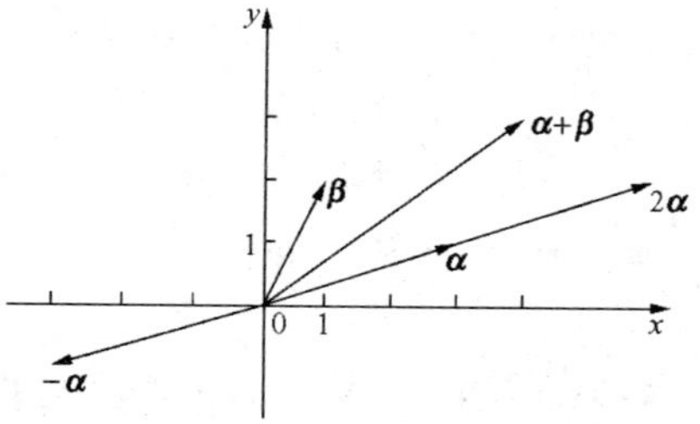

对应坐标相加，反映了平行四边形法则；数乘每一个坐标反映了数与向量的乘法. 在空间直角坐标系中，用 3 元有序数组(x,y,z)表示向量. 要描述空间点在不同时刻 t 的位置，则需要用 4 元有序数组(x,y,z,t). n 个未知量的线性方程

$$a_1x_1+a_2x_2+\cdots+a_nx_n=b,$$

可用 $n+1$ 元有序数组$(a_1,a_2,\cdots,a_n,b)$表示. n 元线性方程组的一个解可用 n 元有序数组$(c_1,c_2,\cdots,c_n)$表示. 再看下面的物流配置表：

供给量＼销地 产地	$\boldsymbol{B}_1$	$\boldsymbol{B}_2$	…	$\boldsymbol{B}_n$
$\boldsymbol{A}_1$	a_{11}	a_{12}	…	a_{1n}
$\boldsymbol{A}_2$	a_{21}	a_{22}	…	a_{2n}
⋮	⋮	⋮		⋮
$\boldsymbol{A}_s$	a_{s1}	a_{s2}	…	a_{sn}

n 元有序数组 $(a_{i1},a_{i2},\cdots,a_{in})(i=1,2,\cdots,s)$ 表示第 i 个产地 $\boldsymbol{A}_i$ 向各销地的供给量. s 元有序数组 $(a_{1j},a_{2j},\cdots,a_{sj})^{\mathrm{T}}(j=1,2,\cdots,n)$ 表示第 j 个销地 $\boldsymbol{B}_j$ 从各地的进货量. 总之"用 n 元有序数组表示研究对象"的方法已在各领域被广泛地应用着. 一般地,我们有

定义 3.1.1　n 元有序数组 $(a_1,a_2,\cdots,a_n)$ 或 $(a_1,a_2,\cdots,a_n)^{\mathrm{T}}$ 称为 **n 元向量**. 前者称为**行向量**,后者称为**列向量**. 一般用希腊字母 $\boldsymbol{\alpha}$, $\boldsymbol{\beta}$, $\boldsymbol{\gamma}$, $\cdots$ 表示向量. $a_i(i=1,2,\cdots,n)$ 称为向量的第 i 个分量.

分量全为零的向量称为**零向量**. 记作 $\mathbf{0}$, $(0,0,\cdots,0)$ 或 $(0,0,\cdots,0)^{\mathrm{T}}$. 如果 $\boldsymbol{\alpha}=(a_1,a_2,\cdots,a_n)$,称 $(-a_1,-a_2,\cdots,-a_n)$ 为 $\boldsymbol{\alpha}$ 的**负向量**,记作 $-\boldsymbol{\alpha}$.

定义 3.1.2　如果向量 $\boldsymbol{\alpha}=(a_1,a_2,\cdots,a_n)$ 与 $\boldsymbol{\beta}=(b_1,b_2,\cdots,b_n)$ 对应分量都相等,即 $a_i=b_i(i=1,2,\cdots,n)$,则称这两个向量**相等**. 记作 $\boldsymbol{\alpha}=\boldsymbol{\beta}$.

定义 3.1.3　n 元向量 $\boldsymbol{\alpha}=(a_1,a_2,\cdots,a_n)$ 与 $\boldsymbol{\beta}=(b_1,b_2,\cdots,b_n)$ 的和

$$(a_1+b_1,a_2+b_2,\cdots,a_n+b_n)$$

记作 $\boldsymbol{\alpha}+\boldsymbol{\beta}$. 称这种运算为向量的**加法**.

利用负向量可以定义向量的**减法**: $\boldsymbol{\alpha}-\boldsymbol{\beta}=\boldsymbol{\alpha}+(-\boldsymbol{\beta})$.

定义 3.1.4　数 k 与向量 $\boldsymbol{\alpha}=(a_1,a_2,\cdots,a_n)$ 相乘,等于向量

$$(ka_1,ka_2,\cdots,ka_n).$$

记作 $k\boldsymbol{\alpha}$. 这种运算称为数与向量的乘法. 简称**数量乘法**.

向量的加法和数量乘法统称为**线性运算**. 我们把所有 n 元实向

量作成的集合记作 $\mathbf{R}^n$. 下面考察 $\mathbf{R}^n$ 中向量的线性运算有哪些规律.

由定义可以推出向量的加法满足以下运算律:

交换律

$$\boldsymbol{\alpha}+\boldsymbol{\beta}=\boldsymbol{\beta}+\boldsymbol{\alpha}. \tag{1}$$

结合律

$$\boldsymbol{\alpha}+(\boldsymbol{\beta}+\boldsymbol{\gamma})=(\boldsymbol{\alpha}+\boldsymbol{\beta})+\boldsymbol{\gamma}. \tag{2}$$

对于任意向量 $\boldsymbol{\alpha}$ 与零向量 $\mathbf{0}$,恒有

$$\boldsymbol{\alpha}+\mathbf{0}=\boldsymbol{\alpha}, \tag{3}$$

$$\boldsymbol{\alpha}+(-\boldsymbol{\alpha})=\mathbf{0}. \tag{4}$$

数量乘法满足

$$1\boldsymbol{\alpha}=\boldsymbol{\alpha}, \tag{5}$$

$$k(l\boldsymbol{\alpha})=(kl)\boldsymbol{\alpha}. \tag{6}$$

数量乘法和加法满足

$$k(\boldsymbol{\alpha}+\boldsymbol{\beta})=k\boldsymbol{\alpha}+k\boldsymbol{\beta}, \tag{7}$$

$$(k+l)\boldsymbol{\alpha}=k\boldsymbol{\alpha}+l\boldsymbol{\alpha}. \tag{8}$$

其中 $\boldsymbol{\alpha},\boldsymbol{\beta},\boldsymbol{\gamma}\in\mathbf{R}^n, k,l\in\mathbf{R}$.

定义 3.1.5　实数域上 n 元向量的集合 $\mathbf{V}$,如果对于加法和数量乘法封闭(即任意 $\boldsymbol{\alpha},\boldsymbol{\beta}\in\mathbf{V}, k\in\mathbf{R}$,恒有 $\boldsymbol{\alpha}+\boldsymbol{\beta}\in\mathbf{V}, k\boldsymbol{\alpha}\in\mathbf{V}$),且这两种线性运算满足运算律(1) ~ (8). 称 $\mathbf{V}$ 是 n 元向量空间(或线性空间). 当 $\mathbf{V}$ 包含全体实 n 元向量时,记作 $\mathbf{V}=\mathbf{R}^n$. 称 $\mathbf{R}^n$ 是 n 维向量空间. 称 n 元向量为 n 维向量.

例如,平面上所有 2 元向量构成 $\mathbf{R}^2$. 空间解析几何是在 $\mathbf{R}^3$ 中,用解析的方法即代数的方法研究几何. 本章是在 $\mathbf{R}^n$ 中研究线性方程组解集合的构造.

习　题　3.1

1. 在平面直角坐标系中表示出下列向量:

$$\boldsymbol{\alpha} = (1,2),\quad \boldsymbol{\beta} = (3,-1),\quad \boldsymbol{\alpha}+\boldsymbol{\beta},\quad 2\boldsymbol{\alpha},\quad -\boldsymbol{\beta},\quad 2\boldsymbol{\alpha}-\boldsymbol{\beta}.$$

2. 已知向量 $\boldsymbol{\alpha} = (1,2,-1,0)^{\mathrm{T}}, \boldsymbol{\beta} = (3,0,1,2)^{\mathrm{T}}, \boldsymbol{\gamma} = (5,4,-1,2)^{\mathrm{T}}$. 求向量 $\boldsymbol{\alpha}+\boldsymbol{\beta}+\boldsymbol{\gamma}, 2\boldsymbol{\alpha}+\boldsymbol{\beta}-\boldsymbol{\gamma}$.

3. 已知

$$\boldsymbol{\alpha}_1 = \begin{bmatrix}1\\2\\1\end{bmatrix},\quad \boldsymbol{\alpha}_2 = \begin{bmatrix}-1\\0\\2\end{bmatrix},\quad \boldsymbol{\alpha}_3 = \begin{bmatrix}2\\-3\\1\end{bmatrix},$$

$$\mathbf{0} = \begin{bmatrix}0\\0\\0\end{bmatrix},\quad \boldsymbol{\beta} = \begin{bmatrix}9\\-5\\3\end{bmatrix}.$$

解向量方程

(1) $x_1\boldsymbol{\alpha}_1 + x_2\boldsymbol{\alpha}_2 + x_3\boldsymbol{\alpha}_3 = \mathbf{0}$;

(2) $x_1\boldsymbol{\alpha}_1 + x_2\boldsymbol{\alpha}_2 + x_3\boldsymbol{\alpha}_3 = \boldsymbol{\beta}$.

4. 设

$$\boldsymbol{\varepsilon}_1 = \begin{bmatrix}1\\0\\0\\0\end{bmatrix},\quad \boldsymbol{\varepsilon}_2 = \begin{bmatrix}0\\1\\0\\0\end{bmatrix},\quad \boldsymbol{\varepsilon}_3 = \begin{bmatrix}0\\0\\1\\0\end{bmatrix},\quad \boldsymbol{\varepsilon}_4 = \begin{bmatrix}0\\0\\0\\1\end{bmatrix}.$$

求 $a_1\boldsymbol{\varepsilon}_1 + a_2\boldsymbol{\varepsilon}_2 + a_3\boldsymbol{\varepsilon}_3 + a_4\boldsymbol{\varepsilon}_4$.

5. 证明 $\mathbf{R}^n$ 中向量的线性运算满足运算律(1) ~ (8).

6. 在 $\mathbf{R}^n$ 中用定义证明

(1) $0\boldsymbol{\alpha} = \mathbf{0}$;

(2) $(-1)\boldsymbol{\alpha} = -\boldsymbol{\alpha}$;

(3) $k\boldsymbol{\alpha} = \mathbf{0}$,则 $k = 0$ 或 $\boldsymbol{\alpha} = \mathbf{0}$.

§3.2 线性组合(线性表出)

§3.2, §3.3, §3.4 专门讨论 n 维向量空间 $\mathbf{R}^n$ 中向量的线性运

算关系.

导学提纲

1. 何谓"向量$\boldsymbol{\beta}$可由向量组$\boldsymbol{\alpha}_1,\boldsymbol{\alpha}_2,\cdots,\boldsymbol{\alpha}_s$线性表出"?

2. 对于给定的列向量$\boldsymbol{\beta}$和列向量组$\boldsymbol{\alpha}_1,\boldsymbol{\alpha}_2,\cdots,\boldsymbol{\alpha}_s$,怎么判断$\boldsymbol{\beta}$能否由$\boldsymbol{\alpha}_1,\boldsymbol{\alpha}_2,\cdots,\boldsymbol{\alpha}_s$线性表出?

3. 何谓"向量组$\boldsymbol{\alpha}_1,\boldsymbol{\alpha}_2,\cdots,\boldsymbol{\alpha}_s$可由向量组$\boldsymbol{\beta}_1,\boldsymbol{\beta}_2,\cdots,\boldsymbol{\beta}_t$线性表出"?

4. 何谓"向量组$\boldsymbol{\alpha}_1,\boldsymbol{\alpha}_2,\cdots,\boldsymbol{\alpha}_s$与向量组$\boldsymbol{\beta}_1,\boldsymbol{\beta}_2,\cdots,\boldsymbol{\beta}_t$等价"?

定义 3.2.1 设$\boldsymbol{\alpha}_1,\boldsymbol{\alpha}_2,\cdots,\boldsymbol{\alpha}_s$是一组向量,$k_1,k_2,\cdots,k_s$是一组数.称向量

$$k_1\boldsymbol{\alpha}_1+k_2\boldsymbol{\alpha}_2+\cdots+k_s\boldsymbol{\alpha}_s$$

是向量组$\boldsymbol{\alpha}_1,\boldsymbol{\alpha}_2,\cdots,\boldsymbol{\alpha}_s$的一个**线性组合**.如果向量

$$\boldsymbol{\beta}=k_1\boldsymbol{\alpha}_1+k_2\boldsymbol{\alpha}_2+\cdots+k_s\boldsymbol{\alpha}_s,$$

则称$\boldsymbol{\beta}$可由向量组$\boldsymbol{\alpha}_1,\boldsymbol{\alpha}_2,\cdots,\boldsymbol{\alpha}_s$**线性表出**.

例如,习题 3.1 第 3 题(1),由于$0\boldsymbol{\alpha}_1+0\boldsymbol{\alpha}_2+0\boldsymbol{\alpha}_3=\mathbf{0}$,就说零向量$\mathbf{0}$可由向量组$\boldsymbol{\alpha}_1,\boldsymbol{\alpha}_2,\boldsymbol{\alpha}_3$线性表出,或说零向量$\mathbf{0}$是向量组$\boldsymbol{\alpha}_1,\boldsymbol{\alpha}_2,\boldsymbol{\alpha}_3$的一个线性组合.(2) 由于$2\boldsymbol{\alpha}_1-\boldsymbol{\alpha}_2+3\boldsymbol{\alpha}_3=\boldsymbol{\beta}$,就说向量$\boldsymbol{\beta}$可由向量组$\boldsymbol{\alpha}_1,\boldsymbol{\alpha}_2,\boldsymbol{\alpha}_3$线性表出,或说$\boldsymbol{\beta}$是$\boldsymbol{\alpha}_1,\boldsymbol{\alpha}_2,\boldsymbol{\alpha}_3$的一个线性组合.

例 3.2.1 零向量$\mathbf{0}$是任一向量组$\boldsymbol{\alpha}_1,\boldsymbol{\alpha}_2,\cdots,\boldsymbol{\alpha}_s$的线性组合.因为

$$\mathbf{0}=0\boldsymbol{\alpha}_1+0\boldsymbol{\alpha}_2+\cdots+0\boldsymbol{\alpha}_s.$$

例 3.2.2 向量组$\boldsymbol{\alpha}_1,\boldsymbol{\alpha}_2,\cdots,\boldsymbol{\alpha}_s$中每一个向量$\boldsymbol{\alpha}_i(i=1,2,\cdots,s)$都可由向量组$\boldsymbol{\alpha}_1,\boldsymbol{\alpha}_2,\cdots,\boldsymbol{\alpha}_s$本身线性表出.因为

$$\boldsymbol{\alpha}_i=0\boldsymbol{\alpha}_1+0\boldsymbol{\alpha}_2+\cdots+0\boldsymbol{\alpha}_{i-1}+1\cdot\boldsymbol{\alpha}_i+0\boldsymbol{\alpha}_{i+1}+\cdots+0\boldsymbol{\alpha}_s.$$
$$(i=1,2,\cdots,s)$$

例 3.2.3 任一 n 元向量 $\boldsymbol{\alpha}=(a_1,a_2,\cdots,a_n)^{\mathrm{T}}$ 都可由向量组

$$\begin{gathered}\boldsymbol{\varepsilon}_1=(1,0,\cdots,0)^{\mathrm{T}},\\ \boldsymbol{\varepsilon}_2=(0,1,\cdots,0)^{\mathrm{T}},\\ \cdots\cdots\cdots\cdots\\ \boldsymbol{\varepsilon}_n=(0,0,\cdots,1)^{\mathrm{T}}\end{gathered}$$

线性表出. 因为

$$\boldsymbol{\alpha}=a_1\boldsymbol{\varepsilon}_1+a_2\boldsymbol{\varepsilon}_2+\cdots+a_n\boldsymbol{\varepsilon}_n.$$

$\boldsymbol{\varepsilon}_1,\boldsymbol{\varepsilon}_2,\cdots,\boldsymbol{\varepsilon}_n$ 称为基本向量组.

判断向量 $\boldsymbol{\beta}$ 能否由向量组 $\boldsymbol{\alpha}_1,\boldsymbol{\alpha}_2,\cdots,\boldsymbol{\alpha}_s$ 线性表出的方法是解向量方程

$$x_1\boldsymbol{\alpha}_1+x_2\boldsymbol{\alpha}_2+\cdots+x_s\boldsymbol{\alpha}_s=\boldsymbol{\beta}.$$

具体地,设

$$\begin{gathered}\boldsymbol{\alpha}_1=(a_{11},a_{21},\cdots,a_{n1})^{\mathrm{T}},\\ \boldsymbol{\alpha}_2=(a_{12},a_{22},\cdots,a_{n2})^{\mathrm{T}},\\ \cdots\cdots\cdots\cdots\\ \boldsymbol{\alpha}_s=(a_{1s},a_{2s},\cdots,a_{ns})^{\mathrm{T}},\\ \boldsymbol{\beta}=(b_1,b_2,\cdots,b_n)^{\mathrm{T}}.\end{gathered}$$

解向量方程

$$x_1\begin{bmatrix}a_{11}\\a_{21}\\\vdots\\a_{n1}\end{bmatrix}+x_2\begin{bmatrix}a_{12}\\a_{22}\\\vdots\\a_{n2}\end{bmatrix}+\cdots+x_s\begin{bmatrix}a_{1s}\\a_{2s}\\\vdots\\a_{ns}\end{bmatrix}=\begin{bmatrix}b_1\\b_2\\\vdots\\b_n\end{bmatrix}.$$

亦即解线性方程组

$$\begin{cases} a_{11}x_1 + a_{12}x_2 + \cdots + a_{1s}x_s = b_1, \\ a_{21}x_1 + a_{22}x_2 + \cdots + a_{2s}x_s = b_2, \\ \cdots\cdots\cdots\cdots\cdots\cdots\cdots\cdots\cdots\cdots\cdots\cdots \\ a_{n1}x_1 + a_{n2}x_2 + \cdots + a_{ns}x_s = b_n. \end{cases}$$

如果线性方程组有解,则$\boldsymbol{\beta}$可由$\boldsymbol{\alpha}_1,\boldsymbol{\alpha}_2,\cdots,\boldsymbol{\alpha}_s$线性表出. 有唯一解,表示法唯一;有无穷多解,则表示法不唯一. 如果线性方程组无解,则$\boldsymbol{\beta}$不能由$\boldsymbol{\alpha}_1,\boldsymbol{\alpha}_2,\cdots,\boldsymbol{\alpha}_s$线性表出.

例 3.2.4　已知向量$\boldsymbol{\beta}=(-2,4,4)$和向量组$\boldsymbol{\alpha}_1=(1,0,1)$,$\boldsymbol{\alpha}_2=(1,-1,1)$,$\boldsymbol{\alpha}_3=(-1,1,1)$. 试判断向量$\boldsymbol{\beta}$能否由向量组$\boldsymbol{\alpha}_1,\boldsymbol{\alpha}_2,\boldsymbol{\alpha}_3$线性表出?若能,试写出表达式.

解　设

$$x_1\boldsymbol{\alpha}_1^{\mathrm{T}} + x_2\boldsymbol{\alpha}_2^{\mathrm{T}} + x_3\boldsymbol{\alpha}_3^{\mathrm{T}} = \boldsymbol{\beta}^{\mathrm{T}}.$$

即

$$x_1\begin{bmatrix}1\\0\\1\end{bmatrix} + x_2\begin{bmatrix}1\\-1\\1\end{bmatrix} + x_3\begin{bmatrix}-1\\1\\1\end{bmatrix} = \begin{bmatrix}-2\\4\\4\end{bmatrix},$$

亦即

$$\begin{cases} x_1 + x_2 - x_3 = -2, \\ \quad\ -x_2 + x_3 = 4, \\ x_1 + x_2 + x_3 = 4. \end{cases}$$

因为系数行列式

$$\begin{vmatrix} 1 & 1 & -1 \\ 0 & -1 & 1 \\ 1 & 1 & 1 \end{vmatrix} = -2 \neq 0,$$

据克莱姆法则(或分离系数消元法)有唯一解$(2,-1,3)$. 故$\boldsymbol{\beta}$可由$\boldsymbol{\alpha}_1,\boldsymbol{\alpha}_2,\boldsymbol{\alpha}_3$线性表出,表出式为

$$\boldsymbol{\beta} = 2\boldsymbol{\alpha}_1 - \boldsymbol{\alpha}_2 + 3\boldsymbol{\alpha}_3.$$

例 3.2.5　判断向量 $\boldsymbol{\beta}=(4,2,3)^{\mathrm{T}}$ 能否由向量组 $\boldsymbol{\alpha}_1=(1,0,1)^{\mathrm{T}}, \boldsymbol{\alpha}_2=(1,1,1)^{\mathrm{T}}, \boldsymbol{\alpha}_3=(2,1,2)^{\mathrm{T}}$ 线性表出？

解　设

$$x_1\boldsymbol{\alpha}_1+x_2\boldsymbol{\alpha}_2+x_3\boldsymbol{\alpha}_3=\boldsymbol{\beta}.$$

用分离系数消元法解方程组

$$\left[\begin{array}{ccc:c} 1 & 1 & 2 & 4 \\ 0 & 1 & 1 & 2 \\ 1 & 1 & 2 & 3 \end{array}\right] \xrightarrow{③-①} \left[\begin{array}{ccc:c} 1 & 1 & 2 & 4 \\ 0 & 1 & 1 & 2 \\ 0 & 0 & 0 & -1 \end{array}\right].$$

无解. $\boldsymbol{\beta}$ 不能由 $\boldsymbol{\alpha}_1, \boldsymbol{\alpha}_2, \boldsymbol{\alpha}_3$ 线性表出.

例 3.2.6　判断向量 $\boldsymbol{\beta}=(4,2,6)^{\mathrm{T}}$ 能否由向量组 $\boldsymbol{\alpha}_1=(1,0,1)^{\mathrm{T}}, \boldsymbol{\alpha}_2=(1,1,2)^{\mathrm{T}}, \boldsymbol{\alpha}_3=(2,1,3)^{\mathrm{T}}$ 线性表出?若能,表示法是否唯一?

解　设

$$x_1\boldsymbol{\alpha}_1+x_2\boldsymbol{\alpha}_2+x_3\boldsymbol{\alpha}_3=\boldsymbol{\beta}.$$

用分离系数消元法解方程组

$$\left[\begin{array}{ccc:c} 1 & 1 & 2 & 4 \\ 0 & 1 & 1 & 2 \\ 1 & 2 & 3 & 6 \end{array}\right] \xrightarrow{③-①} \left[\begin{array}{ccc:c} 1 & 1 & 2 & 4 \\ 0 & 1 & 1 & 2 \\ 0 & 1 & 1 & 2 \end{array}\right] \xrightarrow[③-②]{①-②} \left[\begin{array}{ccc:c} 1 & 0 & 1 & 2 \\ 0 & 1 & 1 & 2 \\ 0 & 0 & 0 & 0 \end{array}\right].$$

因为线性方程组有解,且有无穷多解,所以 $\boldsymbol{\beta}$ 可由 $\boldsymbol{\alpha}_1, \boldsymbol{\alpha}_2, \boldsymbol{\alpha}_3$ 线性表出,且表示法不唯一.

定义 3.2.2　设有两个向量组

$$\boldsymbol{\alpha}_1, \boldsymbol{\alpha}_2, \cdots, \boldsymbol{\alpha}_s, \tag{1}$$

$$\boldsymbol{\beta}_1, \boldsymbol{\beta}_2, \cdots, \boldsymbol{\beta}_t. \tag{2}$$

如果(1) 中每一个向量都可由向量组(2) 线性表出,则称组(1) 可由组(2) 线性表出. 如果组(1) 与组(2) 可以互相线性表出,则称这两个向量组**等价**. 记作 $\{\boldsymbol{\alpha}_1, \boldsymbol{\alpha}_2, \cdots, \boldsymbol{\alpha}_s\} \cong \{\boldsymbol{\beta}_1, \boldsymbol{\beta}_2, \cdots, \boldsymbol{\beta}_t\}$.

例 3.2.7　已知两个向量组

$$\boldsymbol{\alpha}_1=\begin{bmatrix}1\\0\\0\end{bmatrix},\quad \boldsymbol{\alpha}_2=\begin{bmatrix}0\\2\\0\end{bmatrix},\quad \boldsymbol{\alpha}_3=\begin{bmatrix}0\\0\\3\end{bmatrix};\tag{3}$$

$$\boldsymbol{\beta}_1=\begin{bmatrix}2\\0\\0\end{bmatrix},\quad \boldsymbol{\beta}_2=\begin{bmatrix}1\\1\\0\end{bmatrix},\quad \boldsymbol{\beta}_3=\begin{bmatrix}1\\1\\1\end{bmatrix},\quad \boldsymbol{\beta}_4=\begin{bmatrix}1\\2\\3\end{bmatrix}.\tag{4}$$

因为

$$\begin{cases}\boldsymbol{\alpha}_1=\dfrac{1}{2}\boldsymbol{\beta}_1+0\boldsymbol{\beta}_2+0\boldsymbol{\beta}_3+0\boldsymbol{\beta}_4,\\ \boldsymbol{\alpha}_2=-\boldsymbol{\beta}_1+2\boldsymbol{\beta}_2+0\boldsymbol{\beta}_3+0\boldsymbol{\beta}_4,\\ \boldsymbol{\alpha}_3=0\boldsymbol{\beta}_1-3\boldsymbol{\beta}_2+3\boldsymbol{\beta}_3+0\boldsymbol{\beta}_4.\end{cases}$$

所以组(3)可由组(4)线性表出.反之,又因为

$$\begin{cases}\boldsymbol{\beta}_1=2\boldsymbol{\alpha}_1+0\boldsymbol{\alpha}_2+0\boldsymbol{\alpha}_3,\\ \boldsymbol{\beta}_2=\boldsymbol{\alpha}_1+\dfrac{1}{2}\boldsymbol{\alpha}_2+0\boldsymbol{\alpha}_3,\\ \boldsymbol{\beta}_3=\boldsymbol{\alpha}_1+\dfrac{1}{2}\boldsymbol{\alpha}_2+\dfrac{1}{3}\boldsymbol{\alpha}_3,\\ \boldsymbol{\beta}_4=\boldsymbol{\alpha}_1+\boldsymbol{\alpha}_2+\boldsymbol{\alpha}_3.\end{cases}$$

所以组(4)可由组(3)线性表出.故$\{\boldsymbol{\alpha}_1,\boldsymbol{\alpha}_2,\boldsymbol{\alpha}_3\}\cong\{\boldsymbol{\beta}_1,\boldsymbol{\beta}_2,\boldsymbol{\beta}_3,\boldsymbol{\beta}_4\}$.

线性表出有传递性,即

定理 3.2.1　设有 3 个向量组

$$\boldsymbol{\alpha}_1,\boldsymbol{\alpha}_2,\cdots,\boldsymbol{\alpha}_s;\tag{5}$$

$$\boldsymbol{\beta}_1,\boldsymbol{\beta}_2,\cdots,\boldsymbol{\beta}_t;\tag{6}$$

$$\boldsymbol{\gamma}_1,\boldsymbol{\gamma}_2,\cdots,\boldsymbol{\gamma}_l.\tag{7}$$

如果向量组(5)可由向量组(6)线性表出,向量组(6)可由向量组(7)线性表出.则组(5)可由组(7)线性表出.

寻找证法　据已知设

$$\begin{cases}\boldsymbol{\alpha}_1 = a_{11}\boldsymbol{\beta}_1 + a_{21}\boldsymbol{\beta}_2 + \cdots + a_{t1}\boldsymbol{\beta}_t, \\ \boldsymbol{\alpha}_2 = a_{12}\boldsymbol{\beta}_1 + a_{22}\boldsymbol{\beta}_2 + \cdots + a_{t2}\boldsymbol{\beta}_t, \\ \cdots\cdots\cdots\cdots\cdots\cdots\cdots\cdots\cdots\cdots \\ \boldsymbol{\alpha}_s = a_{1s}\boldsymbol{\beta}_1 + a_{2s}\boldsymbol{\beta}_2 + \cdots + a_{ts}\boldsymbol{\beta}_t.\end{cases} \tag{8}$$

$$\begin{cases}\boldsymbol{\beta}_1 = b_{11}\boldsymbol{\gamma}_1 + b_{21}\boldsymbol{\gamma}_2 + \cdots + b_{l1}\boldsymbol{\gamma}_l, \\ \boldsymbol{\beta}_2 = b_{12}\boldsymbol{\gamma}_1 + b_{22}\boldsymbol{\gamma}_2 + \cdots + b_{l2}\boldsymbol{\gamma}_l, \\ \cdots\cdots\cdots\cdots\cdots\cdots\cdots\cdots\cdots\cdots \\ \boldsymbol{\beta}_t = b_{1t}\boldsymbol{\gamma}_1 + b_{2t}\boldsymbol{\gamma}_2 + \cdots + b_{lt}\boldsymbol{\gamma}_l.\end{cases} \tag{9}$$

只需将(9)代入(8)，即得$\boldsymbol{\alpha}_1,\boldsymbol{\alpha}_2,\cdots,\boldsymbol{\alpha}_s$由$\boldsymbol{\gamma}_1,\boldsymbol{\gamma}_2,\cdots,\boldsymbol{\gamma}_l$线性表出的表达式.

证明留给读者.

由以上讨论可以知道向量组的等价关系具有

(1) 反身性：$\{\boldsymbol{\alpha}_1,\boldsymbol{\alpha}_2,\cdots,\boldsymbol{\alpha}_s\} \cong \{\boldsymbol{\alpha}_1,\boldsymbol{\alpha}_2,\cdots,\boldsymbol{\alpha}_s\}$；

(2) 对称性：如果$\{\boldsymbol{\alpha}_1,\boldsymbol{\alpha}_2,\cdots,\boldsymbol{\alpha}_s\} \cong \{\boldsymbol{\beta}_1,\boldsymbol{\beta}_2,\cdots,\boldsymbol{\beta}_t\}$，则$\{\boldsymbol{\beta}_1,\boldsymbol{\beta}_2,\cdots,\boldsymbol{\beta}_t\} \cong \{\boldsymbol{\alpha}_1,\boldsymbol{\alpha}_2,\cdots,\boldsymbol{\alpha}_s\}$；

(3) 传递性：如果$\{\boldsymbol{\alpha}_1,\boldsymbol{\alpha}_2,\cdots,\boldsymbol{\alpha}_s\} \cong \{\boldsymbol{\beta}_1,\boldsymbol{\beta}_2,\cdots,\boldsymbol{\beta}_t\}$，$\{\boldsymbol{\beta}_1,\boldsymbol{\beta}_2,\cdots,\boldsymbol{\beta}_t\} \cong \{\boldsymbol{\gamma}_1,\boldsymbol{\gamma}_2,\cdots,\boldsymbol{\gamma}_l\}$，则$\{\boldsymbol{\alpha}_1,\boldsymbol{\alpha}_2,\cdots,\boldsymbol{\alpha}_s\} \cong \{\boldsymbol{\gamma}_1,\boldsymbol{\gamma}_2,\cdots,\boldsymbol{\gamma}_l\}$.

习　题　3.2

1. 判断向量$\boldsymbol{\beta}$能否由向量组$\boldsymbol{\alpha}_1,\boldsymbol{\alpha}_2,\boldsymbol{\alpha}_3,\boldsymbol{\alpha}_4$线性表出.若表示法不唯一，试写出两个表达式.

(1) $\boldsymbol{\beta} = (2,2,2,2)$,

$\boldsymbol{\alpha}_1 = (1,1,1,-1)$,

$\boldsymbol{\alpha}_2 = (1,1,-1,1)$,

$\boldsymbol{\alpha}_3 = (1,-1,1,1)$,

$\boldsymbol{\alpha}_4 = (-1,1,1,1)$;

(2) $\boldsymbol{\beta} = (1,2,3,4)$,

$\boldsymbol{\alpha}_1 = (1,0,0,0)$,

$\boldsymbol{\alpha}_2 = (1,1,0,0)$,

$\boldsymbol{\alpha}_3=(1,1,1,0)$,

$\boldsymbol{\alpha}_4=(1,1,1,1)$;

(3) $\boldsymbol{\beta}=(1,1,1,2)$,

$\boldsymbol{\alpha}_1=(1,1,1,3)$,

$\boldsymbol{\alpha}_2=(-1,1,1,1)$,

$\boldsymbol{\alpha}_3=(1,-1,1,1)$,

$\boldsymbol{\alpha}_4=(1,1,-1,1)$;

(4) $\boldsymbol{\beta}=(0,-2,2,0)$,

$\boldsymbol{\alpha}_1=(-1,1,1,1)$,

$\boldsymbol{\alpha}_2=(1,-1,1,-1)$,

$\boldsymbol{\alpha}_3=(1,1,-1,-1)$,

$\boldsymbol{\alpha}_4=(1,1,1,-1)$.

2. 已知向量$\boldsymbol{\beta}$可由向量组$\boldsymbol{\alpha}_1,\boldsymbol{\alpha}_2,\cdots,\boldsymbol{\alpha}_r$线性表出. 证明$\boldsymbol{\beta}$可由向量组$\boldsymbol{\alpha}_1,\boldsymbol{\alpha}_2,\cdots,\boldsymbol{\alpha}_r,\boldsymbol{\alpha}_{r+1},\cdots,\boldsymbol{\alpha}_s$线性表出(其中$r<s$,$\boldsymbol{\alpha}_{r+1},\cdots,\boldsymbol{\alpha}_s$都是任意向量).

3. 证明向量组$\boldsymbol{\alpha}_1,\boldsymbol{\alpha}_2,\cdots,\boldsymbol{\alpha}_r$可由向量组$\boldsymbol{\alpha}_1,\boldsymbol{\alpha}_2,\cdots,\boldsymbol{\alpha}_r,\boldsymbol{\alpha}_{r+1},\cdots,\boldsymbol{\alpha}_s$线性表出($r<s$).

4. 设

$$\begin{aligned}
&\boldsymbol{\beta}=(b_1,b_2,\cdots,b_n,b_{n+1})^{\mathrm{T}}, &&\bar{\boldsymbol{\beta}}=(b_1,b_2,\cdots,b_n)^{\mathrm{T}},\\
&\boldsymbol{\alpha}_1=(a_{11},a_{21},\cdots,a_{n1},a_{n+1,1})^{\mathrm{T}}, &&\bar{\boldsymbol{\alpha}}_1=(a_{11},a_{21},\cdots,a_{n1})^{\mathrm{T}},\\
&\boldsymbol{\alpha}_2=(a_{12},a_{22},\cdots,a_{n2},a_{n+1,2})^{\mathrm{T}}, &&\bar{\boldsymbol{\alpha}}_2=(a_{12},a_{22},\cdots,a_{n2})^{\mathrm{T}},\\
&\cdots\cdots &&\cdots\cdots\\
&\boldsymbol{\alpha}_s=(a_{1s},a_{2s},\cdots,a_{ns},a_{n+1,s})^{\mathrm{T}}; &&\bar{\boldsymbol{\alpha}}_s=(a_{1s},a_{2s},\cdots,a_{ns})^{\mathrm{T}}.
\end{aligned}$$

已知向量$\boldsymbol{\beta}$可由向量组$\boldsymbol{\alpha}_1,\boldsymbol{\alpha}_2,\cdots,\boldsymbol{\alpha}_s$线性表出. 证明向量$\bar{\boldsymbol{\beta}}$可由向量组$\bar{\boldsymbol{\alpha}}_1,\bar{\boldsymbol{\alpha}}_2,\cdots,\bar{\boldsymbol{\alpha}}_s$线性表出. 又问：如果$\bar{\boldsymbol{\beta}}$不能由$\bar{\boldsymbol{\alpha}}_1,\bar{\boldsymbol{\alpha}}_2,\cdots,\bar{\boldsymbol{\alpha}}_s$线性表出. 那么$\boldsymbol{\beta}$还能由$\boldsymbol{\alpha}_1,\boldsymbol{\alpha}_2,\cdots,\boldsymbol{\alpha}_s$线性表出吗?为什么?

5. 设向量组

(Ⅰ)：$\boldsymbol{\alpha}_1,\boldsymbol{\alpha}_2,\cdots,\boldsymbol{\alpha}_i,\cdots,\boldsymbol{\alpha}_j,\cdots,\boldsymbol{\alpha}_s$;

(Ⅱ)：$\boldsymbol{\alpha}_1,\boldsymbol{\alpha}_2,\cdots,\boldsymbol{\alpha}_j,\cdots,\boldsymbol{\alpha}_i,\cdots,\boldsymbol{\alpha}_s$;

(Ⅲ)：$\boldsymbol{\alpha}_1,\boldsymbol{\alpha}_2,\cdots,c\boldsymbol{\alpha}_i,\cdots,\boldsymbol{\alpha}_s(c\neq 0)$；

(Ⅳ)：$\boldsymbol{\alpha}_1,\boldsymbol{\alpha}_2,\cdots,\boldsymbol{\alpha}_i,\cdots,\boldsymbol{\alpha}_j+k\boldsymbol{\alpha}_i,\cdots,\boldsymbol{\alpha}_s$.

证明(Ⅰ)$\cong$(Ⅱ),(Ⅰ)$\cong$(Ⅲ),(Ⅰ)$\cong$(Ⅳ).

6. 证明定理 3.2.1.

7. 证明向量组的等价关系具有反身性、对称性和传递性.

§3.3 线性相关与线性无关

导学提纲

1. 何谓"向量组 $\boldsymbol{\alpha}_1,\boldsymbol{\alpha}_2,\cdots,\boldsymbol{\alpha}_s$ 线性相关"?"向量组 $\boldsymbol{\beta}_1,\boldsymbol{\beta}_2,\cdots,\boldsymbol{\beta}_t$ 线性无关"?举例说明.

2. 怎么判断一个向量组 $\boldsymbol{\alpha}_1,\boldsymbol{\alpha}_2,\cdots,\boldsymbol{\alpha}_s$ 线性相关?还是线性无关?

3. 一个向量 $\boldsymbol{\alpha}$ 线性相关的充分必要条件是什么?一个向量 $\boldsymbol{\beta}$ 线性无关的充分必要条件是什么?

4. 两个向量 $\boldsymbol{\alpha}_1,\boldsymbol{\alpha}_2$ 线性相关的充分必要条件是什么?两个向量 $\boldsymbol{\beta}_1,\boldsymbol{\beta}_2$ 线性无关的充分必要条件是什么?

5. 若向量组 $\boldsymbol{\alpha}_1,\boldsymbol{\alpha}_2,\boldsymbol{\alpha}_3$ 线性相关,问向量组 $\boldsymbol{\alpha}_1,\boldsymbol{\alpha}_2,\boldsymbol{\alpha}_3,\boldsymbol{\alpha}_4,\boldsymbol{\alpha}_5$ 还线性相关吗?为什么?如果向量组 $\boldsymbol{\alpha}_1,\boldsymbol{\alpha}_2,\boldsymbol{\alpha}_3,\boldsymbol{\alpha}_4,\boldsymbol{\alpha}_5$ 线性无关.其中任一部分组是线性相关?还是线性无关?为什么?

6. 写出 4 元基本向量组 $\boldsymbol{\varepsilon}_1,\boldsymbol{\varepsilon}_2,\boldsymbol{\varepsilon}_3,\boldsymbol{\varepsilon}_4$;问 $\boldsymbol{\varepsilon}_1,\boldsymbol{\varepsilon}_2,\boldsymbol{\varepsilon}_3,\boldsymbol{\varepsilon}_4$ 线性相关?还是线性无关?为什么?

7. 3 个 3 元向量

$$\boldsymbol{\alpha}_1=\begin{bmatrix}a_{11}\\a_{21}\\a_{31}\end{bmatrix},\quad \boldsymbol{\alpha}_2=\begin{bmatrix}a_{12}\\a_{22}\\a_{32}\end{bmatrix},\quad \boldsymbol{\alpha}_3=\begin{bmatrix}a_{13}\\a_{23}\\a_{33}\end{bmatrix}$$

线性相关的充分必要条件是什么?$\boldsymbol{\alpha}_1,\boldsymbol{\alpha}_2,\boldsymbol{\alpha}_3$ 线性无关的充分必要条件是什么?

8. 证明 3 个 2 元向量

$$\boldsymbol{\alpha}_1=\begin{bmatrix}a_{11}\\a_{21}\end{bmatrix},\quad \boldsymbol{\alpha}_2=\begin{bmatrix}a_{12}\\a_{22}\end{bmatrix},\quad \boldsymbol{\alpha}_3=\begin{bmatrix}a_{13}\\a_{23}\end{bmatrix}$$

线性相关.

9. 如果向量组 $\boldsymbol{\alpha}_1,\boldsymbol{\alpha}_2,\boldsymbol{\alpha}_3$ 线性相关，那么能否从中找到一个向量，该向量可以由其余两个向量线性表出？

如果 $\boldsymbol{\alpha}_1,\boldsymbol{\alpha}_2,\boldsymbol{\alpha}_3$ 线性无关，还能从中找出一个向量，该向量可由其余两个向量线性表出吗？

10. 如果向量组

$$\boldsymbol{\alpha}_1=\begin{bmatrix}a_{11}\\a_{21}\\a_{31}\\a_{41}\end{bmatrix},\quad \boldsymbol{\alpha}_2=\begin{bmatrix}a_{12}\\a_{22}\\a_{32}\\a_{42}\end{bmatrix},\quad \boldsymbol{\alpha}_3=\begin{bmatrix}a_{13}\\a_{23}\\a_{33}\\a_{43}\end{bmatrix},$$

线性相关.问向量组

$$\bar{\boldsymbol{\alpha}}_1=\begin{bmatrix}a_{11}\\a_{21}\\a_{31}\end{bmatrix},\quad \bar{\boldsymbol{\alpha}}_2=\begin{bmatrix}a_{12}\\a_{22}\\a_{32}\end{bmatrix},\quad \bar{\boldsymbol{\alpha}}_3=\begin{bmatrix}a_{13}\\a_{23}\\a_{33}\end{bmatrix}$$

还线性相关吗？为什么？

反之，如果向量组 $\bar{\boldsymbol{\alpha}}_1,\bar{\boldsymbol{\alpha}}_2,\bar{\boldsymbol{\alpha}}_3$ 线性无关，问向量组 $\boldsymbol{\alpha}_1,\boldsymbol{\alpha}_2,\boldsymbol{\alpha}_3$ 线性相关？还是线性无关？为什么？

11. 怎么证明一个向量组线性相关？怎么证明一个向量组线性无关？

12. 如果向量组 $\boldsymbol{\alpha}_1,\boldsymbol{\alpha}_2,\boldsymbol{\alpha}_3$ 线性无关，向量组 $\boldsymbol{\alpha}_1,\boldsymbol{\alpha}_2,\boldsymbol{\alpha}_3,\boldsymbol{\beta}$ 线性相关.问 $\boldsymbol{\beta}$ 可由 $\boldsymbol{\alpha}_1,\boldsymbol{\alpha}_2,\boldsymbol{\alpha}_3$ 线性表出吗？为什么？若能线性表出，表示法是否唯一？为什么？

我们知道，任何一个向量组 $\boldsymbol{\alpha}_1,\boldsymbol{\alpha}_2,\cdots,\boldsymbol{\alpha}_s$ 都能表示成零向量的线性组合.因为至少有

$$0\boldsymbol{\alpha}_1+0\boldsymbol{\alpha}_2+\cdots+0\boldsymbol{\alpha}_s=\mathbf{0}.$$

此外,是否还能找到一组不全为零的系数 $k_1,k_2,\cdots,k_s$ 使

$$k_1\boldsymbol{\alpha}_1+k_2\boldsymbol{\alpha}_2+\cdots+k_s\boldsymbol{\alpha}_s=\mathbf{0}$$

呢?那就不一定了.例如,这里有两个向量组:

$$\boldsymbol{\alpha}_1=\begin{bmatrix}1\\1\end{bmatrix},\quad \boldsymbol{\alpha}_2=\begin{bmatrix}2\\2\end{bmatrix}; \tag{1}$$

$$\boldsymbol{\beta}_1=\begin{bmatrix}1\\0\end{bmatrix},\quad \boldsymbol{\beta}_2=\begin{bmatrix}0\\1\end{bmatrix}. \tag{2}$$

它们都可以用全为"0"的系数组合出零向量:

$$0\boldsymbol{\alpha}_1+0\boldsymbol{\alpha}_2=\mathbf{0},\quad 0\boldsymbol{\beta}_1+0\boldsymbol{\beta}_2=\mathbf{0}.$$

此外,向量组(1)还可以用不全为"0"的系数组合出零向量:

$$2\boldsymbol{\alpha}_1-\boldsymbol{\alpha}_2=\mathbf{0}.$$

但要使

$$x_1\boldsymbol{\beta}_1+x_2\boldsymbol{\beta}_2=\mathbf{0}$$

成立.系数 x_1,x_2 只能全为"0".我们称向量组(1)是线性相关的;称向量组(2)是线性无关的.

定义 3.3.1 对于向量组 $\boldsymbol{\alpha}_1,\boldsymbol{\alpha}_2,\cdots,\boldsymbol{\alpha}_s$,如果有不全为零的数 $k_1,k_2,\cdots,k_s$ 使

$$k_1\boldsymbol{\alpha}_1+k_2\boldsymbol{\alpha}_2+\cdots+k_s\boldsymbol{\alpha}_s=\mathbf{0},$$

则称向量组 $\boldsymbol{\alpha}_1,\boldsymbol{\alpha}_2,\cdots,\boldsymbol{\alpha}_s$ 线性相关;否则称 $\boldsymbol{\alpha}_1,\boldsymbol{\alpha}_2,\cdots,\boldsymbol{\alpha}_s$ 线性无关.

由定义 3.3.1 得判别法:

定理 3.3.1 向量组 $\boldsymbol{\alpha}_1,\boldsymbol{\alpha}_2,\cdots,\boldsymbol{\alpha}_s$ 线性相关(线性无关),当且仅当向量方程

$$x_1\boldsymbol{\alpha}_1+x_2\boldsymbol{\alpha}_2+\cdots+x_s\boldsymbol{\alpha}_s=\mathbf{0}$$

有非零解(只有零解).具体地,设 n 元列向量组

$$\begin{aligned}\boldsymbol{\alpha}_1 &= (a_{11}, a_{21}, \cdots, a_{n1})^{\mathrm{T}},\\ \boldsymbol{\alpha}_2 &= (a_{12}, a_{22}, \cdots, a_{n2})^{\mathrm{T}},\\ &\cdots\cdots\cdots\cdots\\ \boldsymbol{\alpha}_s &= (a_{1s}, a_{2s}, \cdots, a_{ns})^{\mathrm{T}}.\end{aligned}$$

那么 $\boldsymbol{\alpha}_1,\boldsymbol{\alpha}_2,\cdots,\boldsymbol{\alpha}_s$ 线性相关(线性无关),当且仅当向量方程

$$x_1\begin{bmatrix}a_{11}\\a_{21}\\\vdots\\a_{n1}\end{bmatrix}+x_2\begin{bmatrix}a_{12}\\a_{22}\\\vdots\\a_{n2}\end{bmatrix}+\cdots+x_s\begin{bmatrix}a_{1s}\\a_{2s}\\\vdots\\a_{ns}\end{bmatrix}=\begin{bmatrix}0\\0\\\vdots\\0\end{bmatrix},$$

即齐次线性方程组

$$\begin{cases}a_{11}x_1+a_{12}x_2+\cdots+a_{1s}x_s=0,\\ a_{21}x_1+a_{22}x_2+\cdots+a_{2s}x_s=0,\\ \cdots\cdots\cdots\cdots\cdots\cdots\\ a_{n1}x_1+a_{n2}x_2+\cdots+a_{ns}x_s=0\end{cases}$$

有非零解(只有零解).

请你现在思考并回答下列问题:

1. 一个 n 元零向量 $\mathbf{0}=(0,0,\cdots,0)^{\mathrm{T}}$ 线性相关?线性无关?

2. 一个非零向量 $\boldsymbol{\alpha}=(a_1,a_2,\cdots,a_n)^{\mathrm{T}}$(其中 $a_1,a_2,\cdots,a_n$ 不全为"0")线性相关?线性无关?

3. 已知向量 $\boldsymbol{\alpha}=(a_1,a_2,\cdots,a_n)^{\mathrm{T}}$ 线性相关. 问 $\boldsymbol{\alpha}=\mathbf{0}$?$\boldsymbol{\alpha}\neq\mathbf{0}$?

4. 已知向量 $\boldsymbol{\alpha}=(a_1,a_2,\cdots,a_n)^{\mathrm{T}}$ 线性无关. 问 $\boldsymbol{\alpha}=\mathbf{0}$?$\boldsymbol{\alpha}\neq\mathbf{0}$?

5. 已知 $\boldsymbol{\alpha}_1=(a_1,a_2,\cdots,a_n)^{\mathrm{T}},\boldsymbol{\alpha}_2=(ka_1,ka_2,\cdots,ka_n)^{\mathrm{T}}$. 问向量组 $\boldsymbol{\alpha}_1,\boldsymbol{\alpha}_2$ 线性相关?线性无关?

命题 3.3.1　一个向量 $\boldsymbol{\alpha}$ 线性相关的充分必要条件是 $\boldsymbol{\alpha}=\mathbf{0}$.

证　先证充分性. 已知 $\boldsymbol{\alpha}=\mathbf{0}$,则任一非零数 k 都使 $k\boldsymbol{\alpha}=\mathbf{0}$,所以零向量线性相关. 然后证必要性. 已知 $\boldsymbol{\alpha}$ 线性相关,则有非零数 l 使 $l\boldsymbol{\alpha}=\mathbf{0}$. 因为 $l\neq 0$,所以 $\boldsymbol{\alpha}=\mathbf{0}$.

命题 3.3.1 的逆否命题是：一个向量 $\boldsymbol{\alpha}$ 线性无关的充分必要条件是 $\boldsymbol{\alpha} \neq \mathbf{0}$.

命题 3.3.2 两个向量 $\boldsymbol{\alpha},\boldsymbol{\beta}$ 线性相关的必要充分条件是存在数 k 使 $\boldsymbol{\alpha} = k\boldsymbol{\beta}$(即 $\boldsymbol{\alpha}$ 与 $\boldsymbol{\beta}$ 对应分量成比例).

证 先证必要性. 已知 $\boldsymbol{\alpha},\boldsymbol{\beta}$ 线性相关. 则有不全为零的数 l_1,l_2 使

$$l_1\boldsymbol{\alpha} + l_2\boldsymbol{\beta} = \mathbf{0}.$$

不妨设 $l_1 \neq 0$,则

$$\boldsymbol{\alpha} = -\frac{l_2}{l_1}\boldsymbol{\beta}.$$

取 $k = -\dfrac{l_2}{l_1}$,则有 $\boldsymbol{\alpha} = k\boldsymbol{\beta}$.

然后证充分性. 已知 $\boldsymbol{\alpha} = k\boldsymbol{\beta}$,则有

$$\boldsymbol{\alpha} - k\boldsymbol{\beta} = \mathbf{0}.$$

因为 $\boldsymbol{\alpha}$ 的系数 1 不等于零. 所以 $\boldsymbol{\alpha},\boldsymbol{\beta}$ 线性相关.

命题 3.3.2 的逆否命题是：两个向量 $\boldsymbol{\alpha},\boldsymbol{\beta}$ 线性无关的充分必要条件是它们的对应分量不成比例.

在平面直角坐标系中或空间直角坐标系中,两个向量线性相关,就是两个向量共线(平行);两个向量线性无关,就是两个向量不共线(不平行).

请你现在思考并回答下列问题：

6. 如果向量组 $\boldsymbol{\alpha}_1,\boldsymbol{\alpha}_2,\boldsymbol{\alpha}_3$ 中 $\boldsymbol{\alpha}_1 = \mathbf{0}$,那么 $\boldsymbol{\alpha}_1,\boldsymbol{\alpha}_2,\boldsymbol{\alpha}_3$ 线性相关?线性无关?为什么?

7. 如果向量组 $\boldsymbol{\alpha}_1,\boldsymbol{\alpha}_2,\boldsymbol{\alpha}_3$ 中 $\boldsymbol{\alpha}_1 = k\boldsymbol{\alpha}_2$,那么 $\boldsymbol{\alpha}_1,\boldsymbol{\alpha}_2,\boldsymbol{\alpha}_3$ 线性相关?线性无关?为什么?

8. 已知向量组 $\boldsymbol{\alpha}_1,\boldsymbol{\alpha}_2,\boldsymbol{\alpha}_3,\boldsymbol{\alpha}_4,\boldsymbol{\alpha}_5$ 中 $\boldsymbol{\alpha}_1,\boldsymbol{\alpha}_2,\boldsymbol{\alpha}_3$ 线性相关. 那么 $\boldsymbol{\alpha}_1,\boldsymbol{\alpha}_2,\boldsymbol{\alpha}_3,\boldsymbol{\alpha}_4,\boldsymbol{\alpha}_5$ 线性相关?线性无关?为什么?

定理 3.3.2 如果向量组 $\boldsymbol{\alpha}_1,\boldsymbol{\alpha}_2,\cdots,\boldsymbol{\alpha}_r$ 线性相关,则添入任意

$s-r$ 个向量 $\boldsymbol{\alpha}_{r+1},\boldsymbol{\alpha}_{r+2},\cdots,\boldsymbol{\alpha}_s(s>r)$ 后，向量组 $\boldsymbol{\alpha}_1,\boldsymbol{\alpha}_2,\cdots,\boldsymbol{\alpha}_r,\boldsymbol{\alpha}_{r+1},\cdots,\boldsymbol{\alpha}_s$ 仍线性相关.

证　已知 $\boldsymbol{\alpha}_1,\boldsymbol{\alpha}_2,\cdots,\boldsymbol{\alpha}_r$ 线性相关，则有不全为零的数 $k_1,k_2,\cdots,k_r$ 使

$$k_1\boldsymbol{\alpha}_1+k_2\boldsymbol{\alpha}_2+\cdots+k_r\boldsymbol{\alpha}_r=\mathbf{0}$$

成立. 也使

$$k_1\boldsymbol{\alpha}_1+k_2\boldsymbol{\alpha}_2+\cdots+k_r\boldsymbol{\alpha}_r+0\boldsymbol{\alpha}_{r+1}+\cdots+0\boldsymbol{\alpha}_s=\mathbf{0}$$

成立. 所以 $\boldsymbol{\alpha}_1,\boldsymbol{\alpha}_2,\cdots,\boldsymbol{\alpha}_r,\boldsymbol{\alpha}_{r+1},\cdots,\boldsymbol{\alpha}_s$ 线性相关.

定理 3.3.2 的逆否命题是：如果向量组 $\boldsymbol{\alpha}_1,\boldsymbol{\alpha}_2,\cdots,\boldsymbol{\alpha}_s$ 线性无关，则其中任何一个部分组也线性无关.

证明向量组 $\boldsymbol{\alpha}_1,\boldsymbol{\alpha}_2,\cdots,\boldsymbol{\alpha}_r$ 线性相关(线性无关) 的方法是设

$$x_1\boldsymbol{\alpha}_1+x_2\boldsymbol{\alpha}_2+\cdots+x_r\boldsymbol{\alpha}_r=\mathbf{0}.$$

然后证明该向量方程有非零解(只有零解).

例 3.3.1　已知向量组 $\boldsymbol{\alpha},\boldsymbol{\beta},\boldsymbol{\gamma}$ 线性无关. 求证向量组 $\boldsymbol{\alpha}+\boldsymbol{\beta},\boldsymbol{\beta}+\boldsymbol{\gamma},\boldsymbol{\gamma}+\boldsymbol{\alpha}$ 线性无关.

证　设

$$x_1(\boldsymbol{\alpha}+\boldsymbol{\beta})+x_2(\boldsymbol{\beta}+\boldsymbol{\gamma})+x_3(\boldsymbol{\gamma}+\boldsymbol{\alpha})=\mathbf{0}.$$

即

$$(x_1+x_3)\boldsymbol{\alpha}+(x_1+x_2)\boldsymbol{\beta}+(x_2+x_3)\boldsymbol{\gamma}=\mathbf{0}.$$

因为 $\boldsymbol{\alpha},\boldsymbol{\beta},\boldsymbol{\gamma}$ 线性无关. 所以

$$\begin{cases}x_1 +x_3=0,\\ x_1+x_2 =0,\\ x_2+x_3=0.\end{cases}$$

这个齐次线性方程组系数行列式

$$\begin{vmatrix}1&0&1\\1&1&0\\0&1&1\end{vmatrix}=2\neq 0.$$

所以只有零解 $x_1=0, x_2=0, x_3=0$. $\boldsymbol{\alpha}+\boldsymbol{\beta}, \boldsymbol{\beta}+\boldsymbol{\gamma}, \boldsymbol{\gamma}+\boldsymbol{\alpha}$ 线性无关.

一般地, n 个 n 元向量

$$\begin{aligned} \boldsymbol{\alpha}_1 &= (a_{11}, a_{21}, \cdots, a_{n1})^{\mathrm{T}}, \\ \boldsymbol{\alpha}_2 &= (a_{12}, a_{22}, \cdots, a_{n2})^{\mathrm{T}}, \\ &\cdots\cdots\cdots\cdots\cdots\cdots \\ \boldsymbol{\alpha}_n &= (a_{1n}, a_{2n}, \cdots, a_{nn})^{\mathrm{T}} \end{aligned}$$

线性相关(线性无关),当且仅当向量方程

$$x_1\begin{bmatrix} a_{11} \\ a_{21} \\ \vdots \\ a_{n1} \end{bmatrix} + x_2\begin{bmatrix} a_{12} \\ a_{22} \\ \vdots \\ a_{n2} \end{bmatrix} + \cdots + x_n\begin{bmatrix} a_{1n} \\ a_{2n} \\ \vdots \\ a_{nn} \end{bmatrix} = \begin{bmatrix} 0 \\ 0 \\ \vdots \\ 0 \end{bmatrix}$$

即齐次线性方程组

$$\begin{cases} a_{11}x_1 + a_{12}x_2 + \cdots + a_{1n}x_n = 0, \\ a_{21}x_1 + a_{22}x_2 + \cdots + a_{2n}x_n = 0, \\ \cdots\cdots\cdots\cdots\cdots\cdots\cdots\cdots \\ a_{n1}x_1 + a_{n2}x_2 + \cdots + a_{nn}x_n = 0 \end{cases}$$

有非零解(只有零解). 亦即当且仅当行列式

$$\begin{vmatrix} a_{11} & a_{12} & \cdots & a_{1n} \\ a_{21} & a_{22} & \cdots & a_{2n} \\ \vdots & \vdots & \ddots & \vdots \\ a_{n1} & a_{n2} & \cdots & a_{nn} \end{vmatrix} = 0 (\neq 0).$$

定理 3.3.3 n 个 n 元向量线性相关(线性无关)的充分必要条件是其分量组成的行列式等于零(不等于零).

例 3.3.2 n 元基本向量组

$$
\begin{aligned}
\boldsymbol{\varepsilon}_1 &= (1,0,\cdots,0)^{\mathrm{T}}, \\
\boldsymbol{\varepsilon}_2 &= (0,1,\cdots,0)^{\mathrm{T}}, \\
&\cdots\cdots\cdots\cdots\cdots\cdots \\
\boldsymbol{\varepsilon}_n &= (0,0,\cdots,1)^{\mathrm{T}}
\end{aligned}
$$

线性无关. 这是因为它们的分量组成的行列式

$$
\begin{vmatrix} 1 & 0 & \cdots & 0 \\ 0 & 1 & \cdots & 0 \\ \vdots & \vdots & \ddots & \vdots \\ 0 & 0 & \cdots & 1 \end{vmatrix} = 1 \neq 0.
$$

鉴于齐次线性方程组

$$
\begin{cases}
a_{11}x_1 + a_{12}x_2 + \cdots + a_{1s}x_s = 0, \\
a_{21}x_1 + a_{22}x_2 + \cdots + a_{2s}x_s = 0, \\
\cdots\cdots\cdots\cdots\cdots\cdots\cdots\cdots\cdots\cdots\cdots \\
a_{n1}x_1 + a_{n2}x_2 + \cdots + a_{ns}x_s = 0,
\end{cases}
$$

当方程个数 n 少于未知量个数 s 时,必有非零解. 由此得到

定理 3.3.4　s 个 n 元向量

$$
\boldsymbol{\alpha}_1 = \begin{bmatrix} a_{11} \\ a_{21} \\ \vdots \\ a_{n1} \end{bmatrix}, \quad \boldsymbol{\alpha}_2 = \begin{bmatrix} a_{12} \\ a_{22} \\ \vdots \\ a_{n2} \end{bmatrix}, \quad \cdots, \quad \boldsymbol{\alpha}_s = \begin{bmatrix} a_{1s} \\ a_{2s} \\ \vdots \\ a_{ns} \end{bmatrix}
$$

当 $s > n$ 时,必线性相关.

推论 3.3.1　$n+1$ 个 n 元向量线性相关.

推论 3.3.1 的几何意义是: 在 1 维向量空间 $\mathbf{R}^1$(实数轴) 中,任意两个 1 元向量共线;在 2 维向量空间 $\mathbf{R}^2$(直角坐标平面) 中,任意 3 个 2 元向量共面.

定理 3.3.4 的逆否命题是: s 个 n 元向量线性无关,则 $s \leqslant n$.

线性相关与线性组合的关系表现为

定理 3.3.5 向量组 $\boldsymbol{\alpha}_1,\boldsymbol{\alpha}_2,\cdots,\boldsymbol{\alpha}_s(s\geqslant 2)$ 线性相关的充分必要条件是其中至少有一个向量可由其余 $s-1$ 个向量线性表出.

证 先证充分性:已知 $\boldsymbol{\alpha}_i$ 可由 $\boldsymbol{\alpha}_1,\boldsymbol{\alpha}_2,\cdots,\boldsymbol{\alpha}_{i-1},\boldsymbol{\alpha}_{i+1},\cdots,\boldsymbol{\alpha}_s$ 线性表出. 即

$$\boldsymbol{\alpha}_i=k_1\boldsymbol{\alpha}_1+\cdots+k_{i-1}\boldsymbol{\alpha}_{i-1}+k_{i+1}\boldsymbol{\alpha}_{i+1}+\cdots+k_s\boldsymbol{\alpha}_s.$$

移项,则有

$$k_1\boldsymbol{\alpha}_1+\cdots+k_{i-1}\boldsymbol{\alpha}_{i-1}-\boldsymbol{\alpha}_i+k_{i+1}\boldsymbol{\alpha}_{i+1}+\cdots+k_s\boldsymbol{\alpha}_s=\mathbf{0}.$$

上式系数不全为“0”,所以 $\boldsymbol{\alpha}_1,\boldsymbol{\alpha}_2,\cdots,\boldsymbol{\alpha}_s$ 线性相关. 然后证必要性:已知 $\boldsymbol{\alpha}_1,\boldsymbol{\alpha}_2,\cdots,\boldsymbol{\alpha}_s$ 线性相关,则有不全为“0”的系数 $l_1,l_2,\cdots,l_s$ 使

$$l_1\boldsymbol{\alpha}_1+l_2\boldsymbol{\alpha}_2+\cdots+l_i\boldsymbol{\alpha}_i+\cdots+l_s\boldsymbol{\alpha}_s=\mathbf{0}.$$

不妨设 $l_i\neq 0$,上式移项有

$$\boldsymbol{\alpha}_i=-\frac{l_1}{l_i}\boldsymbol{\alpha}_1-\cdots-\frac{l_{i-1}}{l_i}\boldsymbol{\alpha}_{i-1}-\frac{l_{i+1}}{l_i}\boldsymbol{\alpha}_{i+1}-\cdots-\frac{l_s}{l_i}\boldsymbol{\alpha}_s.$$

这就证明了 $\boldsymbol{\alpha}_i$ 可由其余向量 $\boldsymbol{\alpha}_1,\boldsymbol{\alpha}_2,\cdots,\boldsymbol{\alpha}_{i-1},\boldsymbol{\alpha}_{i+1},\cdots,\boldsymbol{\alpha}_s$ 线性表出.

定理 3.3.5 的逆否命题是向量组 $\boldsymbol{\alpha}_1,\boldsymbol{\alpha}_2,\cdots,\boldsymbol{\alpha}_s(s\geqslant 2)$ 线性无关的充分必要条件是其中每一个向量都不能由其余向量线性表出.

以上就一个向量组讨论了线性相关与线性表出的关系. 下面对两个向量组讨论. 不失一般性,先看

例 3.3.3 设 3 个向量 $\boldsymbol{\alpha}_1,\boldsymbol{\alpha}_2,\boldsymbol{\alpha}_3$ 可由两个向量 $\boldsymbol{\beta}_1,\boldsymbol{\beta}_2$ 线性表出. 考察 $\boldsymbol{\alpha}_1,\boldsymbol{\alpha}_2,\boldsymbol{\alpha}_3$ 的线性相关性. 即已知

$$\begin{cases}\boldsymbol{\alpha}_1=a_{11}\boldsymbol{\beta}_1+a_{21}\boldsymbol{\beta}_2,\\ \boldsymbol{\alpha}_2=a_{12}\boldsymbol{\beta}_1+a_{22}\boldsymbol{\beta}_2,\\ \boldsymbol{\alpha}_3=a_{13}\boldsymbol{\beta}_1+a_{23}\boldsymbol{\beta}_2.\end{cases}\tag{3}$$

考察

$$x_1\boldsymbol{\alpha}_1+x_2\boldsymbol{\alpha}_2+x_3\boldsymbol{\alpha}_3=\mathbf{0}\tag{4}$$

是否有非零解.

将(3)代入(4)得

$$(a_{11}x_1+a_{12}x_2+a_{13}x_3)\boldsymbol{\beta}_1+(a_{21}x_1+a_{22}x_2+a_{23}x_3)\boldsymbol{\beta}_2=\mathbf{0}.$$

齐次线性方程组

$$\begin{cases}a_{11}x_1+a_{12}x_2+a_{13}x_3=0,\\ a_{21}x_1+a_{22}x_2+a_{23}x_3=0,\end{cases}$$

方程个数 2 小于未知量个数 3,有非零解,即(4)有非零解.所以 $\boldsymbol{\alpha}_1$,$\boldsymbol{\alpha}_2$,$\boldsymbol{\alpha}_3$ 线性相关.一般地,有

定理 3.3.6　如果向量组 $\boldsymbol{\alpha}_1,\boldsymbol{\alpha}_2,\cdots,\boldsymbol{\alpha}_s$ 可由向量组 $\boldsymbol{\beta}_1,\boldsymbol{\beta}_2,\cdots,\boldsymbol{\beta}_t$ 线性表出,且 $s>t$,则 $\boldsymbol{\alpha}_1,\boldsymbol{\alpha}_2,\cdots,\boldsymbol{\alpha}_s$ 线性相关.

定理 3.3.6 的逆否命题是:如果向量组 $\boldsymbol{\alpha}_1,\boldsymbol{\alpha}_2,\cdots,\boldsymbol{\alpha}_s$ 可由向量组 $\boldsymbol{\beta}_1,\boldsymbol{\beta}_2,\cdots,\boldsymbol{\beta}_t$ 线性表出,且 $\boldsymbol{\alpha}_1,\boldsymbol{\alpha}_2,\cdots,\boldsymbol{\alpha}_s$ 线性无关,则 $s\leqslant t$.

推论 3.3.2　两个等价的线性无关的向量组所含向量个数相等.

本节最后,我们认识线性无关、线性相关及线性组合的关系:

定理 3.3.7　设向量组 $\boldsymbol{\alpha}_1,\boldsymbol{\alpha}_2,\cdots,\boldsymbol{\alpha}_r$ 线性无关,向量组 $\boldsymbol{\alpha}_1,\boldsymbol{\alpha}_2,\cdots,\boldsymbol{\alpha}_r,\boldsymbol{\beta}$ 线性相关,则向量 $\boldsymbol{\beta}$ 可由向量组 $\boldsymbol{\alpha}_1,\boldsymbol{\alpha}_2,\cdots,\boldsymbol{\alpha}_r$ 线性表出,且表示法唯一.

证　已知 $\boldsymbol{\alpha}_1,\boldsymbol{\alpha}_2,\cdots,\boldsymbol{\alpha}_r,\boldsymbol{\beta}$ 线性相关,则有不全为零的数 $k_1,k_2,\cdots,k_r,l$ 使

$$k_1\boldsymbol{\alpha}_1+k_2\boldsymbol{\alpha}_2+\cdots+k_r\boldsymbol{\alpha}_r+l\boldsymbol{\beta}=\mathbf{0}.$$

今断言 $l\neq 0$.因若不然,上式变成

$$k_1\boldsymbol{\alpha}_1+k_2\boldsymbol{\alpha}_2+\cdots+k_r\boldsymbol{\alpha}_r=\mathbf{0}.$$

其中 $k_1,k_2,\cdots,k_r$ 不全为零.此与已知 $\boldsymbol{\alpha}_1,\boldsymbol{\alpha}_2,\cdots,\boldsymbol{\alpha}_r$ 线性无关矛盾.既然 $l\neq 0$,就有

$$\boldsymbol{\beta}=-\frac{k_1}{l}\boldsymbol{\alpha}_1-\frac{k_2}{l}\boldsymbol{\alpha}_2-\cdots-\frac{k_r}{l}\boldsymbol{\alpha}_r.$$

这就证明了 $\boldsymbol{\beta}$ 可由 $\boldsymbol{\alpha}_1,\boldsymbol{\alpha}_2,\cdots,\boldsymbol{\alpha}_r$ 线性表出.

假设

$$\boldsymbol{\beta} = l_1\boldsymbol{\alpha}_1 + l_2\boldsymbol{\alpha}_2 + \cdots + l_r\boldsymbol{\alpha}_r, \tag{5}$$

$$\boldsymbol{\beta} = t_1\boldsymbol{\alpha}_1 + t_2\boldsymbol{\alpha}_2 + \cdots + t_r\boldsymbol{\alpha}_r. \tag{6}$$

(5) 减(6)：

$$(l_1 - t_1)\boldsymbol{\alpha}_1 + (l_2 - t_2)\boldsymbol{\alpha}_2 + \cdots + (l_r - t_r)\boldsymbol{\alpha}_r = \mathbf{0}.$$

因为已知 $\boldsymbol{\alpha}_1, \boldsymbol{\alpha}_2, \cdots, \boldsymbol{\alpha}_r$ 线性无关，所以 $l_i - t_i = 0$，推出 $l_i = t_i (i = 1, 2, \cdots, r)$. 这就证明了表示法唯一.

习　题　3.3

1. 判断下列向量组线性相关？线性无关？并说明理由：

(1) $\begin{cases} \boldsymbol{\alpha}_1 = (0,0,0), \\ \boldsymbol{\alpha}_2 = (1,2,3), \\ \boldsymbol{\alpha}_3 = (4,5,6); \end{cases}$　(2) $\begin{cases} \boldsymbol{\alpha}_1 = (1,2,3), \\ \boldsymbol{\alpha}_2 = (2,4,6), \\ \boldsymbol{\alpha}_3 = (7,8,9); \end{cases}$

(3) $\begin{cases} \boldsymbol{\alpha}_1 = (a_1, a_2, a_3), \\ \boldsymbol{\alpha}_2 = (b_1, b_2, b_3), \\ \boldsymbol{\alpha}_3 = (c_1, c_2, c_3), \\ \boldsymbol{\alpha}_4 = (d_1, d_2, d_3); \end{cases}$　(4) $\begin{cases} \boldsymbol{\alpha}_1 = (1,2,3,4), \\ \boldsymbol{\alpha}_2 = (0,1,2,3), \\ \boldsymbol{\alpha}_3 = (0,0,1,2), \\ \boldsymbol{\alpha}_4 = (0,0,0,1); \end{cases}$

(5) $\begin{cases} \boldsymbol{\alpha}_1 = (1,-2,3,4)^{\mathrm{T}}, \\ \boldsymbol{\alpha}_2 = (2,0,1,3)^{\mathrm{T}}, \\ \boldsymbol{\alpha}_3 = (1,2,1,-1)^{\mathrm{T}}; \end{cases}$　(6) $\begin{cases} \boldsymbol{\alpha}_1 = (1,0,2,3), \\ \boldsymbol{\alpha}_2 = (2,1,-1,1), \\ \boldsymbol{\alpha}_3 = (0,-1,5,5); \end{cases}$

(7) $\begin{cases} \boldsymbol{\alpha}_1 = (0,1,-3,2)^{\mathrm{T}}, \\ \boldsymbol{\alpha}_2 = (2,1,-1,1)^{\mathrm{T}}, \\ \boldsymbol{\alpha}_3 = (3,-2,1,4)^{\mathrm{T}}, \\ \boldsymbol{\alpha}_4 = (1,0,-3,1)^{\mathrm{T}}; \end{cases}$　(8) $\begin{cases} \boldsymbol{\alpha}_1 = (0,1,-3,2), \\ \boldsymbol{\alpha}_2 = (2,1,-1,1), \\ \boldsymbol{\alpha}_3 = (3,-2,1,4), \\ \boldsymbol{\alpha}_4 = (1,-3,2,3). \end{cases}$

2. 设两个向量组

$$\begin{cases} \boldsymbol{\alpha}_1 = (a_{11}, a_{21}, a_{31})^{\mathrm{T}}, \\ \boldsymbol{\alpha}_2 = (a_{12}, a_{22}, a_{32})^{\mathrm{T}}, \\ \boldsymbol{\alpha}_3 = (a_{13}, a_{23}, a_{33})^{\mathrm{T}}; \end{cases} \quad \text{和} \quad \begin{cases} \bar{\boldsymbol{\alpha}}_1 = (a_{11}, a_{21}, a_{31}, a_{41})^{\mathrm{T}}, \\ \bar{\boldsymbol{\alpha}}_2 = (a_{12}, a_{22}, a_{32}, a_{42})^{\mathrm{T}}, \\ \bar{\boldsymbol{\alpha}}_3 = (a_{13}, a_{23}, a_{33}, a_{43})^{\mathrm{T}}, \end{cases}$$

证明：

(1) 如果 $\boldsymbol{\alpha}_1,\boldsymbol{\alpha}_2,\boldsymbol{\alpha}_3$ 线性无关，则 $\bar{\boldsymbol{\alpha}}_1,\bar{\boldsymbol{\alpha}}_2,\bar{\boldsymbol{\alpha}}_3$ 也线性无关；

(2) 如果 $\bar{\boldsymbol{\alpha}}_1,\bar{\boldsymbol{\alpha}}_2,\bar{\boldsymbol{\alpha}}_3$ 线性相关，则 $\boldsymbol{\alpha}_1,\boldsymbol{\alpha}_2,\boldsymbol{\alpha}_3$ 也线性相关.

3. 已知向量组 $\boldsymbol{\alpha}_1,\boldsymbol{\alpha}_2,\boldsymbol{\alpha}_3$ 线性无关. 证明：

(1) $\boldsymbol{\alpha}_1,\boldsymbol{\alpha}_1+\boldsymbol{\alpha}_2,\boldsymbol{\alpha}_1+\boldsymbol{\alpha}_2+\boldsymbol{\alpha}_3$ 线性无关；

(2) $\boldsymbol{\beta}_1=\boldsymbol{\alpha}_1-\boldsymbol{\alpha}_2+\boldsymbol{\alpha}_3,\boldsymbol{\beta}_2=2\boldsymbol{\alpha}_1+\boldsymbol{\alpha}_2+3\boldsymbol{\alpha}_3,\boldsymbol{\beta}_3=3\boldsymbol{\alpha}_1+4\boldsymbol{\alpha}_3$ 线性相关.

4. 已知向量组 $\boldsymbol{\alpha}_1,\boldsymbol{\alpha}_2,\cdots,\boldsymbol{\alpha}_i$ 线性无关，向量 $\boldsymbol{\alpha}_{i+1}$ 不能由 $\boldsymbol{\alpha}_1,\boldsymbol{\alpha}_2,\cdots,\boldsymbol{\alpha}_i$ 线性表出. 证明 $\boldsymbol{\alpha}_1,\boldsymbol{\alpha}_2,\cdots,\boldsymbol{\alpha}_i,\boldsymbol{\alpha}_{i+1}$ 线性无关.

§3.4　极大无关组与秩

导学提纲

1. 何谓向量组的一个极大无关组？举例说明.

2. 如果 $\boldsymbol{\alpha}_1,\boldsymbol{\alpha}_2$ 是向量组 $\boldsymbol{\alpha}_1,\boldsymbol{\alpha}_2,\boldsymbol{\alpha}_3$ 的一个极大无关组，那么 $\boldsymbol{\alpha}_1,\boldsymbol{\alpha}_2$ 与 $\boldsymbol{\alpha}_1,\boldsymbol{\alpha}_2,\boldsymbol{\alpha}_3$ 等价吗？

3. 如果 $\boldsymbol{\alpha}_1,\boldsymbol{\alpha}_2$ 与 $\boldsymbol{\alpha}_3,\boldsymbol{\alpha}_4$ 都是向量组 $\boldsymbol{\alpha}_1,\boldsymbol{\alpha}_2,\boldsymbol{\alpha}_3,\boldsymbol{\alpha}_4,\boldsymbol{\alpha}_5$ 的极大无关组，那么 $\boldsymbol{\alpha}_1,\boldsymbol{\alpha}_2$ 与 $\boldsymbol{\alpha}_3,\boldsymbol{\alpha}_4$ 等价吗？

4. 何谓向量组的秩数？

5. 为什么说“两个向量组等价，则它们的秩数相等”？反之，如果两个向量组秩数相等，能肯定这两个向量组等价吗？举例说明.

6. 任何向量组都有极大无关组吗？怎么求向量组的一个极大无关组？

例 3.4.1　设

$$\boldsymbol{\alpha}_1=\begin{bmatrix}0\\0\\0\end{bmatrix},\quad \boldsymbol{\alpha}_2=\begin{bmatrix}1\\0\\0\end{bmatrix},\quad \boldsymbol{\alpha}_3=\begin{bmatrix}2\\0\\0\end{bmatrix},\quad \boldsymbol{\alpha}_4=\begin{bmatrix}0\\1\\0\end{bmatrix},$$

$$\boldsymbol{\alpha}_5=\begin{bmatrix}0\\0\\1\end{bmatrix},\quad \boldsymbol{\alpha}_6=\begin{bmatrix}1\\1\\1\end{bmatrix}.$$

找出向量组$\{\boldsymbol{\alpha}_1,\boldsymbol{\alpha}_2,\boldsymbol{\alpha}_3,\boldsymbol{\alpha}_4,\boldsymbol{\alpha}_5,\boldsymbol{\alpha}_6\}$中的线性无关部分组.

解 一个非零向量是线性无关的. 所以$\{\boldsymbol{\alpha}_2\}$,$\{\boldsymbol{\alpha}_3\}$,$\{\boldsymbol{\alpha}_4\}$,$\{\boldsymbol{\alpha}_5\}$,$\{\boldsymbol{\alpha}_6\}$都是线性无关部分组. 如果两个向量对应分量不成比例,则这两个向量线性无关. 所以$\{\boldsymbol{\alpha}_2,\boldsymbol{\alpha}_4\}$,$\{\boldsymbol{\alpha}_2,\boldsymbol{\alpha}_5\}$,$\{\boldsymbol{\alpha}_2,\boldsymbol{\alpha}_6\}$,$\{\boldsymbol{\alpha}_3,\boldsymbol{\alpha}_4\}$,$\{\boldsymbol{\alpha}_3,\boldsymbol{\alpha}_5\}$,$\{\boldsymbol{\alpha}_3,\boldsymbol{\alpha}_6\}$,$\{\boldsymbol{\alpha}_4,\boldsymbol{\alpha}_5\}$,$\{\boldsymbol{\alpha}_4,\boldsymbol{\alpha}_6\}$,$\{\boldsymbol{\alpha}_5,\boldsymbol{\alpha}_6\}$都是线性无关部分组. 3 个 3 元向量,如果它们的分量组成的行列式不等于零,则线性无关. 所以$\{\boldsymbol{\alpha}_2,\boldsymbol{\alpha}_4,\boldsymbol{\alpha}_5\}$,$\{\boldsymbol{\alpha}_2,\boldsymbol{\alpha}_4,\boldsymbol{\alpha}_6\}$,$\{\boldsymbol{\alpha}_2,\boldsymbol{\alpha}_5,\boldsymbol{\alpha}_6\}$,$\{\boldsymbol{\alpha}_3,\boldsymbol{\alpha}_4,\boldsymbol{\alpha}_5\}$,$\{\boldsymbol{\alpha}_3,\boldsymbol{\alpha}_4,\boldsymbol{\alpha}_6\}$,$\{\boldsymbol{\alpha}_3,\boldsymbol{\alpha}_5,\boldsymbol{\alpha}_6\}$,$\{\boldsymbol{\alpha}_4,\boldsymbol{\alpha}_5,\boldsymbol{\alpha}_6\}$都是线性无关部分组. 因为 4 个 3 元向量一定线性相关,所以多于 3 个向量的部分组一定线性相关.

以上所有线性无关部分组中,含有向量个数最多的是$\{\boldsymbol{\alpha}_2,\boldsymbol{\alpha}_4,\boldsymbol{\alpha}_5\}$,$\{\boldsymbol{\alpha}_2,\boldsymbol{\alpha}_4,\boldsymbol{\alpha}_6\}$,$\{\boldsymbol{\alpha}_3,\boldsymbol{\alpha}_4,\boldsymbol{\alpha}_5\}$,$\{\boldsymbol{\alpha}_2,\boldsymbol{\alpha}_5,\boldsymbol{\alpha}_6\}$,$\{\boldsymbol{\alpha}_3,\boldsymbol{\alpha}_4,\boldsymbol{\alpha}_6\}$,$\{\boldsymbol{\alpha}_3,\boldsymbol{\alpha}_5,\boldsymbol{\alpha}_6\}$,$\{\boldsymbol{\alpha}_4,\boldsymbol{\alpha}_5,\boldsymbol{\alpha}_6\}$,称它们都是向量组$\{\boldsymbol{\alpha}_1,\boldsymbol{\alpha}_2,\boldsymbol{\alpha}_3,\boldsymbol{\alpha}_4,\boldsymbol{\alpha}_5,\boldsymbol{\alpha}_6\}$的极大线性无关部分组. 简称极大无关组. 一般地,有

定义 3.4.1 如果$\boldsymbol{\alpha}_1,\boldsymbol{\alpha}_2,\cdots,\boldsymbol{\alpha}_r$是向量组(集合)$\boldsymbol{S}$中的一个线性无关部分组,而$\boldsymbol{S}$中任意$r+1$个向量都线性相关,则称$\boldsymbol{\alpha}_1,\boldsymbol{\alpha}_2,\cdots,\boldsymbol{\alpha}_r$是$\boldsymbol{S}$的一个**极大无关组**.

例 3.4.1:$\{\boldsymbol{\alpha}_2,\boldsymbol{\alpha}_4,\boldsymbol{\alpha}_5\}$是向量组$\boldsymbol{S}=\{\boldsymbol{\alpha}_1,\boldsymbol{\alpha}_2,\boldsymbol{\alpha}_3,\boldsymbol{\alpha}_4,\boldsymbol{\alpha}_5\}$中的一个线性无关部分组. $\boldsymbol{S}$中任意$3+1=4$个向量都线性相关,所以称$\{\boldsymbol{\alpha}_2,\boldsymbol{\alpha}_4,\boldsymbol{\alpha}_5\}$是$\boldsymbol{S}$的一个极大无关组.

由定义 3.4.1 可知,如果向量组$\boldsymbol{S}=\{\boldsymbol{\alpha}_1,\boldsymbol{\alpha}_2,\cdots,\boldsymbol{\alpha}_r\}$线性无关,那么$\boldsymbol{S}$的极大无关组就是$\boldsymbol{\alpha}_1,\boldsymbol{\alpha}_2,\cdots,\boldsymbol{\alpha}_r$本身.

如果向量组$\boldsymbol{\alpha}_1,\boldsymbol{\alpha}_2,\cdots,\boldsymbol{\alpha}_r$是向量组$\boldsymbol{S}$的一个极大无关组,那么从$\boldsymbol{S}$中任取一个向量$\boldsymbol{\alpha}_{r+1}$,都有$\boldsymbol{\alpha}_1,\boldsymbol{\alpha}_2,\cdots,\boldsymbol{\alpha}_r,\boldsymbol{\alpha}_{r+1}$线性相关,据定理 3.3.7,$\boldsymbol{\alpha}_{r+1}$可由$\boldsymbol{\alpha}_1,\boldsymbol{\alpha}_2,\cdots,\boldsymbol{\alpha}_r$线性表出. 因此,关于"极大无关组"还有下面两个等价定义:

定义 3.4.1′ 如果$\boldsymbol{\alpha}_1,\boldsymbol{\alpha}_2,\cdots,\boldsymbol{\alpha}_r$是向量组$\boldsymbol{S}$的一个线性无关部

分组,且 S 中任意一个向量 $\boldsymbol{\alpha}_{r+1}$ 添进去,$\boldsymbol{\alpha}_1,\boldsymbol{\alpha}_2,\cdots,\boldsymbol{\alpha}_r,\boldsymbol{\alpha}_{r+1}$ 都线性相关,则称 $\boldsymbol{\alpha}_1,\boldsymbol{\alpha}_2,\cdots,\boldsymbol{\alpha}_r$ 是 S 的一个**极大无关组**.

定义 3.4.1″　如果 $\boldsymbol{\alpha}_1,\boldsymbol{\alpha}_2,\cdots,\boldsymbol{\alpha}_r$ 是向量组 S 的一个线性无关部分组,且 S 中每一个向量 $\boldsymbol{\alpha}_i$ 都可由 $\boldsymbol{\alpha}_1,\boldsymbol{\alpha}_2,\cdots,\boldsymbol{\alpha}_r$ 线性表出,则称 $\boldsymbol{\alpha}_1,\boldsymbol{\alpha}_2,\cdots,\boldsymbol{\alpha}_r$ 是 S 的一个**极大无关组**.

由定义 3.4.1″可以知道向量组 S 可以由它的极大无关组 $\boldsymbol{\alpha}_1,\boldsymbol{\alpha}_2,\cdots,\boldsymbol{\alpha}_r$ 线性表出. 反之,由于 $\boldsymbol{\alpha}_1,\boldsymbol{\alpha}_2,\cdots,\boldsymbol{\alpha}_r$ 是 S 的部分组,所以 $\boldsymbol{\alpha}_1,\boldsymbol{\alpha}_2,\cdots,\boldsymbol{\alpha}_r$ 可由 S 线性表出. 故得到

定理 3.4.1　向量组 S 与其极大无关组等价.

从例 3.4.1 可以看到,一个向量组 S 如果有极大无关组,可能不止一个,它们都与 S 等价. 由向量等价的传递性可以推出：向量组 S 的任意两个极大无关组等价. 由推论 3.3.2 得到

定理 3.4.2　向量组 S 的任意两个极大无关组所含向量个数相等.

定理 3.4.2 说明：向量组 S 的极大无关组所含向量个数与极大无关组的选择无关,而完全由 S 决定. 由此我们给出

定义 3.4.2　向量组 S 的极大无关组所含向量个数 r,称为向量组 S 的秩数,简称秩,记作秩$(\boldsymbol{S}) = r$.

例 3.4.1 秩$\{\boldsymbol{\alpha}_1,\boldsymbol{\alpha}_2,\boldsymbol{\alpha}_3,\boldsymbol{\alpha}_4,\boldsymbol{\alpha}_5,\boldsymbol{\alpha}_6\} = 3$.

思考　向量组 $\boldsymbol{\alpha}_1,\boldsymbol{\alpha}_2,\cdots,\boldsymbol{\alpha}_r$ 线性无关,那么秩$\{\boldsymbol{\alpha}_1,\boldsymbol{\alpha}_2,\cdots,\boldsymbol{\alpha}_r\}$ =?反之,如果秩$\{\boldsymbol{\alpha}_1,\boldsymbol{\alpha}_2,\cdots,\boldsymbol{\alpha}_r\} = r$,那么向量组 $\boldsymbol{\alpha}_1,\boldsymbol{\alpha}_2,\cdots,\boldsymbol{\alpha}_r$ 线性相关?线性无关?

推论 3.4.1　向量组线性无关的充分必要条件是它的秩数等于它所含向量的个数.

据推论 3.3.2 可得

推论 3.4.2　两个等价的向量组秩数相等.

注意　推论 3.4.2 的逆命题不成立. 例如,秩$\{(1,0)\} = 1$,秩$\{(0,1)\} = 1$,但 2 元向量 $\boldsymbol{\varepsilon}_1 = (1,0)$ 与 $\boldsymbol{\varepsilon}_2 = (0,1)$ 并不能互相线性表出.

如果两个向量组的秩数相等,且其中一个向量组可由另一个向量组线性表出,则可以证明这两个向量组等价(留作习题).

最后，介绍极大无关组求法 —— 扩充法.

如果向量组 $\boldsymbol{S}$ 中全是零向量，既没有线性无关部分组，也就没有极大无关组，这时规定秩$(\boldsymbol{S})=0$. 如果 $\boldsymbol{S}$ 中有非零向量，则一定有极大无关组. 仍以例 3.4.1 说明极大无关组的求法：

$\boldsymbol{\alpha}_1=0$，线性相关，去掉；

$\boldsymbol{\alpha}_2\neq 0$，线性无关，留下；

$\boldsymbol{\alpha}_3$ 可由 $\boldsymbol{\alpha}_2$ 线性表出($\boldsymbol{\alpha}_3=2\boldsymbol{\alpha}_2$)，$\boldsymbol{\alpha}_2,\boldsymbol{\alpha}_3$ 线性相关，去掉 $\boldsymbol{\alpha}_3$；

$\boldsymbol{\alpha}_4$ 不能由 $\boldsymbol{\alpha}_2$ 线性表出，据习题3.3第4题结论，$\boldsymbol{\alpha}_2,\boldsymbol{\alpha}_4$ 线性无关，留下 $\boldsymbol{\alpha}_4$；

$\boldsymbol{\alpha}_5$ 不能由 $\boldsymbol{\alpha}_2,\boldsymbol{\alpha}_4$ 线性表出(即 $x_1\boldsymbol{\alpha}_2+x_2\boldsymbol{\alpha}_4=\boldsymbol{\alpha}_5$ 无解)，所以 $\boldsymbol{\alpha}_2,\boldsymbol{\alpha}_4,\boldsymbol{\alpha}_5$ 线性无关，留下 $\boldsymbol{\alpha}_5$；

$\boldsymbol{\alpha}_6$ 能由 $\boldsymbol{\alpha}_2,\boldsymbol{\alpha}_4,\boldsymbol{\alpha}_5$ 线性表出($\boldsymbol{\alpha}_6=\boldsymbol{\alpha}_2+\boldsymbol{\alpha}_4+\boldsymbol{\alpha}_5$)，或者说 $\boldsymbol{\alpha}_2,\boldsymbol{\alpha}_4,\boldsymbol{\alpha}_5,\boldsymbol{\alpha}_6$ 是 4 个 3 元向量，必线性相关，去掉 $\boldsymbol{\alpha}_6$.

这样，$\boldsymbol{\alpha}_2,\boldsymbol{\alpha}_4,\boldsymbol{\alpha}_5$ 就是向量组$\{\boldsymbol{\alpha}_1,\boldsymbol{\alpha}_2,\boldsymbol{\alpha}_3,\boldsymbol{\alpha}_4,\boldsymbol{\alpha}_5,\boldsymbol{\alpha}_6\}$的一个极大无关组.

找极大无关组从一个非零向量出发，总是在 $\boldsymbol{\alpha}_1,\boldsymbol{\alpha}_2,\cdots,\boldsymbol{\alpha}_i$ 线性无关时，考察 $\boldsymbol{\alpha}_{i+1}$ 能否由 $\boldsymbol{\alpha}_1,\boldsymbol{\alpha}_2,\cdots,\boldsymbol{\alpha}_i$ 线性表出，即看方程

$$x_1\boldsymbol{\alpha}_1+x_2\boldsymbol{\alpha}_2+\cdots+x_i\boldsymbol{\alpha}_i=\boldsymbol{\alpha}_{i+1}$$

是否有解. 因此，只需以 $\boldsymbol{\alpha}_1,\boldsymbol{\alpha}_2,\cdots,\boldsymbol{\alpha}_i,\boldsymbol{\alpha}_{i+1}$ 为列组成矩阵，用初等行变换将矩阵化成阶梯形. 例如，

$$\begin{array}{c}\begin{matrix}\boldsymbol{\alpha}_1 & \boldsymbol{\alpha}_2 & \boldsymbol{\alpha}_3 & \boldsymbol{\alpha}_4 & \boldsymbol{\alpha}_5 & \boldsymbol{\alpha}_6\end{matrix}\\ \begin{bmatrix}0 & 1 & 2 & 0 & 0 & 1\\ 0 & 0 & 0 & 1 & 0 & 1\\ 0 & 0 & 0 & 0 & 1 & 1\end{bmatrix}\end{array}$$

有 3 个阶梯. 每一个阶梯取一列所对应的向量，就组成一个极大无关组.

例 3.4.2 求下列向量组的一个极大无关组和秩数.

$$\boldsymbol{\alpha}_1=(1,2,1,0,1),$$
$$\boldsymbol{\alpha}_2=(0,1,2,-1,1),$$
$$\boldsymbol{\alpha}_3=(-1,-3,4,-6,-2),$$
$$\boldsymbol{\alpha}_4=(2,3,-3,4,1),$$
$$\boldsymbol{\alpha}_5=(3,4,0,1,1),$$
$$\boldsymbol{\alpha}_6=(1,1,2,-2,0).$$

解

$$\begin{array}{cccccc}\boldsymbol{\alpha}_1^{\mathrm{T}} & \boldsymbol{\alpha}_2^{\mathrm{T}} & \boldsymbol{\alpha}_3^{\mathrm{T}} & \boldsymbol{\alpha}_4^{\mathrm{T}} & \boldsymbol{\alpha}_5^{\mathrm{T}} & \boldsymbol{\alpha}_6^{\mathrm{T}}\end{array}$$
$$\begin{bmatrix} ① & 0 & -1 & 2 & 3 & 1 \\ 2 & 1 & -3 & 3 & 4 & 1 \\ 1 & 2 & 4 & -3 & 0 & 2 \\ 0 & -1 & -6 & 4 & 1 & -2 \\ 1 & 1 & -2 & 1 & 1 & 0 \end{bmatrix}$$

$$\xrightarrow[⑤-①]{\substack{②-2①\\③-①}}\begin{bmatrix} 1 & 0 & -1 & 2 & 3 & 1 \\ 0 & ① & -1 & -1 & -2 & -1 \\ 0 & 2 & 5 & -5 & -3 & 1 \\ 0 & -1 & -6 & 4 & 1 & -2 \\ 0 & 1 & -1 & -1 & -2 & -1 \end{bmatrix}$$

$$\xrightarrow[⑤-②]{\substack{③-2②\\④+②}}\begin{bmatrix} 1 & 0 & -1 & 2 & 3 & 1 \\ 0 & 1 & -1 & -1 & -2 & -1 \\ 0 & 0 & ⑦ & -3 & 1 & 3 \\ 0 & 0 & -7 & 3 & -1 & -3 \\ 0 & 0 & 0 & 0 & 0 & 0 \end{bmatrix}$$

$$\xrightarrow{④+③}\begin{bmatrix} 1 & 0 & -1 & 2 & 3 & 1 \\ 0 & 1 & -1 & -1 & -2 & -1 \\ 0 & 0 & 7 & -3 & 1 & 3 \\ 0 & 0 & 0 & 0 & 0 & 0 \\ 0 & 0 & 0 & 0 & 0 & 0 \end{bmatrix}.$$

$\boldsymbol{\alpha}_1,\boldsymbol{\alpha}_2,\boldsymbol{\alpha}_3$ 是向量组$\{\boldsymbol{\alpha}_1,\boldsymbol{\alpha}_2,\boldsymbol{\alpha}_3,\boldsymbol{\alpha}_4,\boldsymbol{\alpha}_5,\boldsymbol{\alpha}_6\}$的一个极大无关组，秩$\{\boldsymbol{\alpha}_1,\boldsymbol{\alpha}_2,\boldsymbol{\alpha}_3,\boldsymbol{\alpha}_4,\boldsymbol{\alpha}_5,\boldsymbol{\alpha}_6\}=3$. 其余 $\boldsymbol{\alpha}_1,\boldsymbol{\alpha}_2,\boldsymbol{\alpha}_4$；$\boldsymbol{\alpha}_1,\boldsymbol{\alpha}_2,\boldsymbol{\alpha}_5$；$\boldsymbol{\alpha}_1,\boldsymbol{\alpha}_2,\boldsymbol{\alpha}_6$ 都是极大无关组.

一般地，对于一个 n 元向量组 $\boldsymbol{S}$ 来说，无论 $\boldsymbol{S}$ 中含有有限个向量，还是无穷多向量. 由于 $n+1$ 个 n 元向量必线性相关，所以线性无关部分组不可能无止境地扩充下去，$0\leqslant$ 秩$(\boldsymbol{S})\leqslant n$.

习　题　3.4

1. 求下列向量组的一个极大无关组：

(1) $\boldsymbol{\alpha}_1=\begin{bmatrix}0\\0\\0\end{bmatrix},\boldsymbol{\alpha}_2=\begin{bmatrix}1\\0\\0\end{bmatrix},\boldsymbol{\alpha}_3=\begin{bmatrix}0\\1\\0\end{bmatrix},\boldsymbol{\alpha}_4=\begin{bmatrix}0\\0\\1\end{bmatrix}$；

(2) $\boldsymbol{\alpha}_1=\begin{bmatrix}1\\0\\0\end{bmatrix},\boldsymbol{\alpha}_2=\begin{bmatrix}1\\1\\1\end{bmatrix},\boldsymbol{\alpha}_3=\begin{bmatrix}2\\2\\2\end{bmatrix}$；

(3) $\boldsymbol{\alpha}_1=\begin{bmatrix}1\\2\\3\end{bmatrix},\boldsymbol{\alpha}_2=\begin{bmatrix}2\\4\\6\end{bmatrix},\boldsymbol{\alpha}_3=\begin{bmatrix}3\\6\\9\end{bmatrix}$；

(4) $\boldsymbol{\alpha}_1=\begin{bmatrix}2\\1\\1\end{bmatrix},\boldsymbol{\alpha}_2=\begin{bmatrix}4\\2\\2\end{bmatrix},\boldsymbol{\alpha}_3=\begin{bmatrix}3\\1\\3\end{bmatrix},\boldsymbol{\alpha}_4=\begin{bmatrix}1\\-4\\14\end{bmatrix}$；

(5) $\boldsymbol{\alpha}_1=\begin{bmatrix}2\\1\\1\\1\end{bmatrix},\boldsymbol{\alpha}_2=\begin{bmatrix}1\\3\\1\\1\end{bmatrix},\boldsymbol{\alpha}_3=\begin{bmatrix}1\\1\\4\\1\end{bmatrix},\boldsymbol{\alpha}_4=\begin{bmatrix}1\\1\\1\\5\end{bmatrix}$,

$\boldsymbol{\alpha}_5=\begin{bmatrix}1\\2\\3\\4\end{bmatrix},\boldsymbol{\alpha}_6=\begin{bmatrix}1\\1\\1\\1\end{bmatrix}$.

2. 求第 1 题中各向量组的秩数.

3. 已知向量 $\boldsymbol{\alpha}_1=(1,2,-1,0)^{\mathrm{T}},\boldsymbol{\alpha}_2=(3,-2,4,1)^{\mathrm{T}}$. 试给出

向量 $\boldsymbol{\alpha}_3,\boldsymbol{\alpha}_4$，使秩$\{\boldsymbol{\alpha}_1,\boldsymbol{\alpha}_2,\boldsymbol{\alpha}_3,\boldsymbol{\alpha}_4\}=4$.

4. 证明：向量组$\{\boldsymbol{\alpha}_1,\boldsymbol{\alpha}_2,\cdots,\boldsymbol{\alpha}_r\}$线性无关的必要充分条件是秩$\{\boldsymbol{\alpha}_1,\boldsymbol{\alpha}_2,\cdots,\boldsymbol{\alpha}_r\}=r$.

5. 已知向量组 $\boldsymbol{\alpha}_1,\boldsymbol{\alpha}_2,\cdots,\boldsymbol{\alpha}_s$ 可由向量组 $\boldsymbol{\beta}_1,\boldsymbol{\beta}_2,\cdots,\boldsymbol{\beta}_t$ 线性表出. 求证：

$$\text{秩}\{\boldsymbol{\alpha}_1,\boldsymbol{\alpha}_2,\cdots,\boldsymbol{\alpha}_s\}\leqslant\text{秩}\{\boldsymbol{\beta}_1,\boldsymbol{\beta}_2,\cdots,\boldsymbol{\beta}_t\}.$$

6. 已知向量组$\{\boldsymbol{\alpha}_1,\boldsymbol{\alpha}_2,\cdots,\boldsymbol{\alpha}_s\}\cong\{\boldsymbol{\beta}_1,\boldsymbol{\beta}_2,\cdots,\boldsymbol{\beta}_t\}$. 求证：

$$\text{秩}\{\boldsymbol{\alpha}_1,\boldsymbol{\alpha}_2,\cdots,\boldsymbol{\alpha}_s\}=\text{秩}\{\boldsymbol{\beta}_1,\boldsymbol{\beta}_2,\cdots,\boldsymbol{\beta}_t\}.$$

逆命题成立吗？

7. 已知向量组 $\boldsymbol{\alpha}_1,\boldsymbol{\alpha}_2,\cdots,\boldsymbol{\alpha}_s$ 可由向量组 $\boldsymbol{\beta}_1,\boldsymbol{\beta}_2,\cdots,\boldsymbol{\beta}_t$ 线性表出，且

$$\text{秩}\{\boldsymbol{\alpha}_1,\boldsymbol{\alpha}_2,\cdots,\boldsymbol{\alpha}_s\}=\text{秩}\{\boldsymbol{\beta}_1,\boldsymbol{\beta}_2,\cdots,\boldsymbol{\beta}_t\}.$$

求证：$\{\boldsymbol{\alpha}_1,\boldsymbol{\alpha}_2,\cdots,\boldsymbol{\alpha}_s\}\cong\{\boldsymbol{\beta}_1,\boldsymbol{\beta}_2,\cdots,\boldsymbol{\beta}_t\}$.

8. 已知秩$\{\boldsymbol{\alpha}_1,\boldsymbol{\alpha}_2,\cdots,\boldsymbol{\alpha}_s\}=r_1$，秩$\{\boldsymbol{\beta}_1,\boldsymbol{\beta}_2,\cdots,\boldsymbol{\beta}_t\}=r_2$. 求证：

$$\text{秩}\{\boldsymbol{\alpha}_1,\boldsymbol{\alpha}_2,\cdots,\boldsymbol{\alpha}_s,\boldsymbol{\beta}_1,\boldsymbol{\beta}_2,\cdots,\boldsymbol{\beta}_t\}\leqslant r_1+r_2.$$

9. 证明：向量 $\boldsymbol{\beta}$ 可由向量组 $\boldsymbol{\alpha}_1,\boldsymbol{\alpha}_2,\cdots,\boldsymbol{\alpha}_s$ 线性表出的充分必要条件是

$$\text{秩}\{\boldsymbol{\alpha}_1,\boldsymbol{\alpha}_2,\cdots,\boldsymbol{\alpha}_s\}=\text{秩}\{\boldsymbol{\alpha}_1,\boldsymbol{\alpha}_2,\cdots,\boldsymbol{\alpha}_s,\boldsymbol{\beta}\}.$$

10. 设向量组

$$\begin{aligned}
\boldsymbol{\alpha}_1&=(1,2,4,3,1)^{\mathrm{T}},\\
\boldsymbol{\alpha}_2&=(2,-1,0,-2,-1)^{\mathrm{T}},\\
\boldsymbol{\alpha}_3&=(-4,3,2,1,2)^{\mathrm{T}},\\
\boldsymbol{\alpha}_4&=(-1,4,6,2,2)^{\mathrm{T}},\\
\boldsymbol{\alpha}_5&=(-2,2,2,-1,1)^{\mathrm{T}}.
\end{aligned}$$

(1) 向量组$\{\boldsymbol{\alpha}_1,\boldsymbol{\alpha}_2,\boldsymbol{\alpha}_3,\boldsymbol{\alpha}_4,\boldsymbol{\alpha}_5\}$是否有极大无关组？为什么？若

有,试求出一个极大无关组;

(2) 判断向量组$\{\boldsymbol{\alpha}_1,\boldsymbol{\alpha}_2,\boldsymbol{\alpha}_3,\boldsymbol{\alpha}_4,\boldsymbol{\alpha}_5\}$线性相关?还是线性无关?为什么?

(3) 将其余向量用极大无关组线性表出.

§3.5 子空间·维数·基与坐标·陪集

导学提纲

1. 何谓向量空间$\mathbf{V}$的一个子空间$\mathbf{W}$?

2. 向量空间$\mathbf{V}$的子集$\mathbf{W}$构成$\mathbf{V}$的子空间之充分必要条件是什么?

3. $\mathbf{R}^n$一定有子空间吗?

4. 设$\boldsymbol{\alpha}_1,\boldsymbol{\alpha}_2,\cdots,\boldsymbol{\alpha}_s\in\mathbf{R}^n$,何谓"由$\boldsymbol{\alpha}_1,\boldsymbol{\alpha}_2,\cdots,\boldsymbol{\alpha}_s$生成的子空间"?

5. 设$\mathbf{V}$是一个向量空间,何谓$\mathbf{V}$的一个基底?又何谓$\boldsymbol{\alpha}\in\mathbf{V}$在基底下的坐标?

6. 为什么说$\mathbf{R}^n$是n维向量空间?

本节研究向量空间$\mathbf{V}$的子集$\mathbf{W}$. 例如,$\mathbf{V}=\mathbf{R}^3$的一个子集$\mathbf{W}=\{(x,y,0)\mid x,y\in\mathbf{R}\}$中也有与$\mathbf{R}^3$中向量一样的加法和数量乘法运算,且对这两种运算封闭,即任意$\boldsymbol{\alpha}=(x_1,y_1,0)$,$\boldsymbol{\beta}=(x_2,y_2,0)\in\mathbf{W}$,$k\in\mathbf{R}$,恒有$\boldsymbol{\alpha}+\boldsymbol{\beta}\in\mathbf{W}$,$k\boldsymbol{\alpha}\in\mathbf{W}$;$\mathbf{W}$中线性运算也满足8条运算律,所以$\mathbf{W}$也是向量空间. 称$\mathbf{W}$是$\mathbf{V}$的一个子空间. 几何解释:$\mathbf{W}=\{(x,y,0)\mid x,y\in\mathbf{R}\}$是$xOy$平面上所有向量的集合.

定义 3.5.1 设$\mathbf{W}$是向量空间$\mathbf{V}$的一个非空子集,如果$\mathbf{W}$对于$\mathbf{V}$的线性运算也构成向量空间,则称$\mathbf{W}$是$\mathbf{V}$的子空间.

我们分析:$\mathbf{W}$若构成向量空间$\mathbf{V}$的子空间,必须具备哪些条件?首先,$\mathbf{W}$必须是$\mathbf{V}$的一个非空子集;其次,$\mathbf{W}$关于$\mathbf{V}$的线性运算封闭,即任意$\boldsymbol{\alpha},\boldsymbol{\beta}\in\mathbf{W}$,$k\in\mathbf{R}$,恒有$\boldsymbol{\alpha}+\boldsymbol{\beta}\in\mathbf{W}$,$k\boldsymbol{\alpha}\in\mathbf{W}$,这些条件也是充分的.

定理 3.5.1 $\mathbf{W}$是向量空间$\mathbf{V}$的子空间之充分必要条件是

(1) $\boldsymbol{W} \subseteq \boldsymbol{V}, \boldsymbol{W} \neq \varnothing$；

(2) 任意 $\boldsymbol{\alpha}, \boldsymbol{\beta} \in \boldsymbol{W}, k \in \mathbf{R}$，恒有 $\boldsymbol{\alpha}+\boldsymbol{\beta} \in \boldsymbol{W}, k\boldsymbol{\alpha} \in \boldsymbol{W}$.

证 充分性. 由(1)知$\boldsymbol{W}$是一个向量集合. 由于$\boldsymbol{W}$是$\boldsymbol{V}$的子集，所以$\boldsymbol{W}$也有与$\boldsymbol{V}$一样的线性运算. 由(2)$\boldsymbol{W}$中线性运算的封闭性知道，$\boldsymbol{W}$的线性运算也满足8条运算律. 所以$\boldsymbol{W}$也是一个向量空间.

定理3.5.1也是子空间判别定理. 由此可以判定$\mathbf{R}^n$至少有两个子空间：一个是$\{\mathbf{0}\}$，称为零子空间；另一个是$\mathbf{R}^n$本身. 它们都是$\mathbf{R}^n$的当然子空间或称**平凡子空间**.

取$\boldsymbol{\alpha}_1, \boldsymbol{\alpha}_2, \cdots, \boldsymbol{\alpha}_s \in \mathbf{R}^n$，一切线性组合$k_1\boldsymbol{\alpha}_1+k_2\boldsymbol{\alpha}_2+\cdots+k_s\boldsymbol{\alpha}_s$（$k_1, k_2, \cdots, k_s \in \mathbf{R}$）构成的向量集合，也是$\mathbf{R}^n$的一个子空间，称为**由$\boldsymbol{\alpha}_1, \boldsymbol{\alpha}_2, \cdots, \boldsymbol{\alpha}_s$生成的子空间**，记作$\boldsymbol{L}(\boldsymbol{\alpha}_1, \boldsymbol{\alpha}_2, \cdots, \boldsymbol{\alpha}_s)$.

证 因为$\boldsymbol{\alpha}_1, \boldsymbol{\alpha}_2, \cdots, \boldsymbol{\alpha}_s \in \boldsymbol{L}(\boldsymbol{\alpha}_1, \boldsymbol{\alpha}_2, \cdots, \boldsymbol{\alpha}_s)$，所以$\boldsymbol{L}(\boldsymbol{\alpha}_1, \boldsymbol{\alpha}_2, \cdots, \boldsymbol{\alpha}_s) \neq \varnothing$. 又$\boldsymbol{L}(\boldsymbol{\alpha}_1, \boldsymbol{\alpha}_2, \cdots, \boldsymbol{\alpha}_s)$中任一向量$k_1\boldsymbol{\alpha}_1+k_2\boldsymbol{\alpha}_2+\cdots+k_s\boldsymbol{\alpha}_s \in \mathbf{R}^n$，所以$\boldsymbol{L}(\boldsymbol{\alpha}_1, \boldsymbol{\alpha}_2, \cdots, \boldsymbol{\alpha}_s) \subseteq \mathbf{R}^n$. 任取$\boldsymbol{\alpha}=k_1\boldsymbol{\alpha}_1+k_2\boldsymbol{\alpha}_2+\cdots+k_s\boldsymbol{\alpha}_s$，$\boldsymbol{\beta}=l_1\boldsymbol{\alpha}_1+l_2\boldsymbol{\alpha}_2+\cdots+l_s\boldsymbol{\alpha}_s \in \boldsymbol{L}(\boldsymbol{\alpha}_1, \boldsymbol{\alpha}_2, \cdots, \boldsymbol{\alpha}_s)$. $k \in \mathbf{R}$. 恒有

$$\begin{aligned}\boldsymbol{\alpha}+\boldsymbol{\beta} &= (k_1+l_1)\boldsymbol{\alpha}_1+(k_2+l_2)\boldsymbol{\alpha}_2+\cdots \\ &\quad +(k_s+l_s)\boldsymbol{\alpha}_s \in \boldsymbol{L}(\boldsymbol{\alpha}_1, \boldsymbol{\alpha}_2, \cdots, \boldsymbol{\alpha}_s), \\ k\boldsymbol{\alpha} &= kk_1\boldsymbol{\alpha}_1+kk_2\boldsymbol{\alpha}_2+\cdots+kk_s\boldsymbol{\alpha}_s \in \boldsymbol{L}(\boldsymbol{\alpha}_1, \boldsymbol{\alpha}_2, \cdots, \boldsymbol{\alpha}_s).\end{aligned}$$

据定理3.5.1，$\boldsymbol{L}(\boldsymbol{\alpha}_1, \boldsymbol{\alpha}_2, \cdots, \boldsymbol{\alpha}_s)$是$\mathbf{R}^n$的一个子空间.

例3.5.1 $\boldsymbol{\varepsilon}_1=(1,0,0), \boldsymbol{\varepsilon}_2=(0,1,0), \boldsymbol{\varepsilon}_3=(0,0,1) \in \mathbf{R}^3$.

$\boldsymbol{L}(\boldsymbol{\varepsilon}_1)$表示$x$轴上全体向量集合；

$\boldsymbol{L}(\boldsymbol{\varepsilon}_1, \boldsymbol{\varepsilon}_2)$表示$xOy$平面上所有向量的集合；

$\boldsymbol{L}(\boldsymbol{\varepsilon}_1, \boldsymbol{\varepsilon}_2, \boldsymbol{\varepsilon}_3)=\mathbf{R}^3$表示几何空间.

例3.5.2 在几何空间中，以原点为起点的任一非零向量$\boldsymbol{\alpha}$生成的子空间$\boldsymbol{L}(\boldsymbol{\alpha})$就是过原点与$\boldsymbol{\alpha}$共线的一条直线$l$（图3.5.1）；以原点为起点任意两个不共线的向量$\boldsymbol{\beta}, \boldsymbol{\gamma}$生成的子空间$\boldsymbol{L}(\boldsymbol{\beta}, \boldsymbol{\gamma})$就是由向量$\boldsymbol{\beta}, \boldsymbol{\gamma}$支起来的平面$\pi$（图3.5.2）.

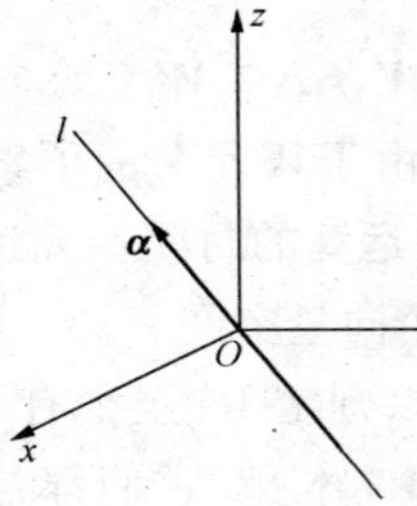

图 3.5.1

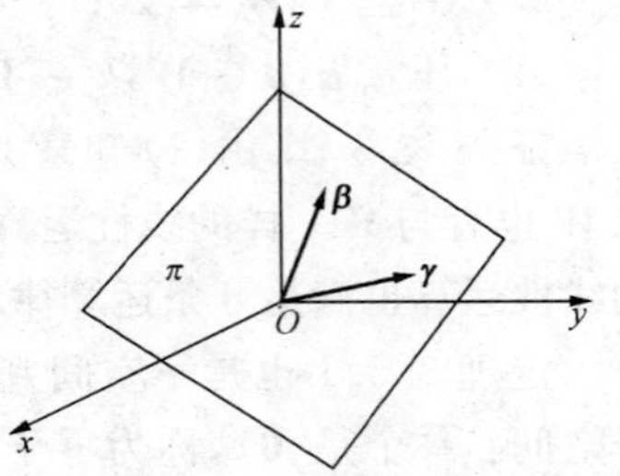

图 3.5.2

定义 3.5.2 n元向量空间$\mathbf{V}$的一个极大无关组$\boldsymbol{\eta}_1,\boldsymbol{\eta}_2,\cdots,\boldsymbol{\eta}_r$称为$\mathbf{V}$的一个基底(简称基);基底所含向量个数$r$,称为向量空间$\mathbf{V}$的**维数**.记作维$(\mathbf{V})=r$.

例如,n元基本向量组

$$\begin{aligned}\boldsymbol{\varepsilon}_1 &= (1,0,\cdots,0),\\ \boldsymbol{\varepsilon}_2 &= (0,1,\cdots,0),\\ &\cdots\cdots\\ \boldsymbol{\varepsilon}_n &= (0,0,\cdots,1)\end{aligned}$$

就是$\mathbf{R}^n$的一个基底.维$(\mathbf{R}^n)=n$,所以称$\mathbf{R}^n$是n维向量空间.其实$\mathbf{R}^n$中任意n个线性无关的向量都是$\mathbf{R}^n$的一个基底.

例 3.5.3 $\boldsymbol{\varepsilon}_1=(1,0,0),\boldsymbol{\varepsilon}_2=(0,1,0)\in\mathbf{R}^3$是子空间$L(\boldsymbol{\varepsilon}_1,\boldsymbol{\varepsilon}_2)$的基底.$L(\boldsymbol{\varepsilon}_1,\boldsymbol{\varepsilon}_2)$是3维空间$\mathbf{R}^3$的一个2维子空间;$\boldsymbol{\varepsilon}_1$是$L(\boldsymbol{\varepsilon}_1)$的基底;$L(\boldsymbol{\varepsilon}_1)$是3维空间$\mathbf{R}^3$的一个1维子空间.

一般地,向量组$\boldsymbol{\alpha}_1,\boldsymbol{\alpha}_2,\cdots,\boldsymbol{\alpha}_s\in\mathbf{R}^n$的极大无关组就是子空间$L(\boldsymbol{\alpha}_1,\boldsymbol{\alpha}_2,\cdots,\boldsymbol{\alpha}_s)$的一个基底.维$L(\boldsymbol{\alpha}_1,\boldsymbol{\alpha}_2,\cdots,\boldsymbol{\alpha}_s)=$秩$\{\boldsymbol{\alpha}_1,\boldsymbol{\alpha}_2,\cdots,\boldsymbol{\alpha}_s\}$.

定义 3.5.3 设n元向量组$\boldsymbol{\eta}_1,\boldsymbol{\eta}_2,\cdots,\boldsymbol{\eta}_r$是向量空间$\mathbf{V}$的一个基底.则$\mathbf{V}$中任一$n$元向量$\boldsymbol{\alpha}$都可唯一地表示成基底的线性组合:

$$\boldsymbol{\alpha}=x_1\boldsymbol{\eta}_1+x_2\boldsymbol{\eta}_2+\cdots+x_r\boldsymbol{\eta}_r.$$

称$x_1,x_2,\cdots,x_r$是向量$\boldsymbol{\alpha}$在基底$\boldsymbol{\eta}_1,\boldsymbol{\eta}_2,\cdots,\boldsymbol{\eta}_r$下的**坐标**.

例如,$\mathbf{R}^n$中向量$\boldsymbol{\alpha}=(a_1,a_2,\cdots,a_n)$在基底$\boldsymbol{\varepsilon}_1,\boldsymbol{\varepsilon}_2,\cdots,\boldsymbol{\varepsilon}_n$下的坐

标就是 $x_1 = a_1, x_2 = a_2, \cdots, x_n = a_n$.

例 3.5.4　$\boldsymbol{\varepsilon}_1 = (1,0,0)^{\mathrm{T}}, \boldsymbol{\varepsilon}_2 = (0,1,0)^{\mathrm{T}}$ 是子空间 $\boldsymbol{W} = \boldsymbol{L}(\boldsymbol{\varepsilon}_1, \boldsymbol{\varepsilon}_2) = \{(x,y,0) \mid x,y \in \mathbf{R}\}$ 的基底. W 中任一向量 $\boldsymbol{\alpha} = (x_0, y_0, 0)^{\mathrm{T}}$ 可唯一地表示成基底的线性组合.

$$\boldsymbol{\alpha} = x_0\boldsymbol{\varepsilon}_1 + y_0\boldsymbol{\varepsilon}_2.$$

所以 $\boldsymbol{\alpha}$ 在基 $\boldsymbol{\varepsilon}_1, \boldsymbol{\varepsilon}_2$ 下的坐标为 x_0, y_0.

注意　坐标是对基底而言的. 同一个向量在不同基底下的坐标是不同的.

例 3.5.5　在 $\mathbf{R}^3$ 中求向量 $\boldsymbol{\alpha} = (3,2,1)^{\mathrm{T}}$ 分别在下列两个基底下的坐标:

(1) $\boldsymbol{\varepsilon}_1 = (1,0,0)^{\mathrm{T}}, \boldsymbol{\varepsilon}_2 = (0,1,0)^{\mathrm{T}}, \boldsymbol{\varepsilon}_3 = (0,0,1)^{\mathrm{T}}$;

(2) $\boldsymbol{\eta}_1 = (1,0,0)^{\mathrm{T}}, \boldsymbol{\eta}_2 = (1,1,0)^{\mathrm{T}}, \boldsymbol{\eta}_3 = (1,1,1)^{\mathrm{T}}$.

解　(1) 因为 $\boldsymbol{\alpha} = 3\boldsymbol{\varepsilon}_1 + 2\boldsymbol{\varepsilon}_2 + \boldsymbol{\varepsilon}_3$, 所以 $\boldsymbol{\alpha}$ 在基底 $\boldsymbol{\varepsilon}_1, \boldsymbol{\varepsilon}_2, \boldsymbol{\varepsilon}_3$ 下的坐标为 $x_1 = 3, x_2 = 2, x_3 = 1$;

(2) 设 $x_1\boldsymbol{\eta}_1 + x_2\boldsymbol{\eta}_2 + x_3\boldsymbol{\eta}_3 = \boldsymbol{\alpha}$.

即

$$x_1\begin{bmatrix}1\\0\\0\end{bmatrix} + x_2\begin{bmatrix}1\\1\\0\end{bmatrix} + x_3\begin{bmatrix}1\\1\\1\end{bmatrix} = \begin{bmatrix}3\\2\\1\end{bmatrix},$$

解方程组

$$\begin{cases} x_1 + x_2 + x_3 = 3, \\ \quad\;\; x_2 + x_3 = 2, \\ \qquad\quad\;\, x_3 = 1 \end{cases}$$

得唯一解 $x_1 = 1, x_2 = 1, x_3 = 1$. 这就是向量 $\boldsymbol{\alpha}$ 在基底 $\boldsymbol{\eta}_1, \boldsymbol{\eta}_2, \boldsymbol{\eta}_3$ 下的坐标.

一般地, 设 n 元向量组

$$\begin{cases}\boldsymbol{\eta}_1 = (a_{11}, a_{21}, \cdots, a_{n1})^{\mathrm{T}}, \\ \boldsymbol{\eta}_2 = (a_{12}, a_{22}, \cdots, a_{n2})^{\mathrm{T}}, \\ \cdots\cdots\cdots\cdots\cdots\cdots \\ \boldsymbol{\eta}_r = (a_{1r}, a_{2r}, \cdots, a_{nr})^{\mathrm{T}}\end{cases}$$

线性无关,则 $\boldsymbol{L}(\boldsymbol{\eta}_1, \boldsymbol{\eta}_2, \cdots, \boldsymbol{\eta}_r)$ 是 $\mathbf{R}^n$ 的一个 r 维子空间. 该子空间中任一 n 元向量 $\boldsymbol{\beta} = (b_1, b_2, \cdots, b_n)^{\mathrm{T}}$ 都可唯一地表示成基底 $\boldsymbol{\eta}_1, \boldsymbol{\eta}_2, \cdots, \boldsymbol{\eta}_r$ 的线性组合

$$x_1\boldsymbol{\eta}_1 + x_2\boldsymbol{\eta}_2 + \cdots + x_r\boldsymbol{\eta}_r = \boldsymbol{\beta}.$$

即

$$x_1\begin{bmatrix}a_{11}\\a_{21}\\\vdots\\a_{n1}\end{bmatrix} + x_2\begin{bmatrix}a_{12}\\a_{22}\\\vdots\\a_{n2}\end{bmatrix} + \cdots + x_r\begin{bmatrix}a_{1r}\\a_{2r}\\\vdots\\a_{nr}\end{bmatrix} = \begin{bmatrix}b_1\\b_2\\\vdots\\b_n\end{bmatrix}.$$

$x_1, x_2, \cdots, x_r$ 就是 $\boldsymbol{\beta}$ 在基底 $\boldsymbol{\eta}_1, \boldsymbol{\eta}_2, \cdots, \boldsymbol{\eta}_r$ 下的坐标. 这里向量 $\boldsymbol{\beta}$ 的分量个数 n 与 $\boldsymbol{\beta}$ 在基底 $\boldsymbol{\eta}_1, \boldsymbol{\eta}_2, \cdots, \boldsymbol{\eta}_r$ 下的坐标个数 r 不是一回事!只有 $\mathbf{R}^n$ 是 n 维向量空间, $\mathbf{R}^n$ 的一切真子空间 $\boldsymbol{W}$ 的维数满足 $0 \leqslant$ 维$(\boldsymbol{W}) < n$.

定义 3.5.4 设 $\boldsymbol{W}$ 是 $\mathbf{R}^n$ 的一个子空间, $\boldsymbol{\gamma}_0$ 是 $\mathbf{R}^n$ 中的一个向量. 用 $\boldsymbol{\gamma}_0 + \boldsymbol{W}$ 表示形如 $\boldsymbol{\gamma}_0 + \boldsymbol{\eta}$ 的所有向量的集合,其中 $\boldsymbol{\eta}$ 取遍 $\boldsymbol{W}$ 中所有向量. 称 $\boldsymbol{\gamma}_0 + \boldsymbol{W}$ 是子空间 $\boldsymbol{W}$ 在 $\mathbf{R}^n$ 中的一个**陪集**.

例如,在 $\mathbf{R}^2$ 中,由 $\boldsymbol{\varepsilon}_1 = (1,0)$ 生成 $\mathbf{R}^2$ 的一个 1 维子空间 $\boldsymbol{W} = \boldsymbol{L}(\boldsymbol{\varepsilon}_1)$,即以原点为起点,终点在 x 轴上的所有向量作成的集合. $\boldsymbol{\gamma}_0 = (1,1)$ 是 $\mathbf{R}^2$ 中的一个向量. 那么 $\boldsymbol{\gamma}_0 + \boldsymbol{W}$ 表示以原点为起点、终点在与 x 轴平行的直线 l 上的所有向量的集合(图 3.5.3).

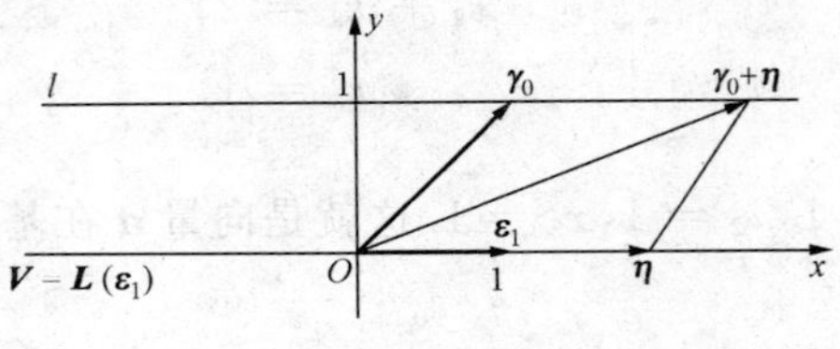

图 3.5.3

习 题 3.5

1. 判断下列 $\mathbf{R}^3$ 的子集 $\boldsymbol{W}$ 是否构成向量空间？若构成向量空间，试给出几何解释，并找出 $\boldsymbol{W}$ 的一个基底；指出 $\boldsymbol{W}$ 的维数.

(1) $\boldsymbol{W}=\{(0,0,0)\}$；

(2) $\boldsymbol{W}=\{(a_1,a_3,a_3)\mid a_i\in\mathbf{R},i=1,2,3\}$；

(3) $\boldsymbol{W}=\{(0,b,0)\mid b\in\mathbf{R}\}$；

(4) $\boldsymbol{W}=\{(0,0,c)\mid c\in\mathbf{R}\}$；

(5) $\boldsymbol{W}=\{(0,b,c)\mid b,c\in\mathbf{R}\}$；

(6) $\boldsymbol{W}=\{(a,0,c)\mid a,c\in\mathbf{R}\}$.

2. 在 $\mathbf{R}^4$ 中写出由下列各向量组生成的子空间 $\boldsymbol{W}$，并指出 $\boldsymbol{W}$ 的维数和一个基底：

(1) $\begin{cases}\boldsymbol{\alpha}_1=(1,0,0,0)^{\mathrm{T}},\\ \boldsymbol{\alpha}_2=(1,1,0,0)^{\mathrm{T}},\\ \boldsymbol{\alpha}_3=(1,1,1,0)^{\mathrm{T}},\\ \boldsymbol{\alpha}_4=(1,1,1,1)^{\mathrm{T}};\end{cases}$ (2) $\begin{cases}\boldsymbol{\beta}_1=(1,0,0,0)^{\mathrm{T}},\\ \boldsymbol{\beta}_2=(1,1,0,0)^{\mathrm{T}},\\ \boldsymbol{\beta}_3=(1,1,1,0)^{\mathrm{T}},\\ \boldsymbol{\beta}_4=(3,2,1,0)^{\mathrm{T}};\end{cases}$

(3) $\begin{cases}\boldsymbol{\gamma}_1=(1,0,-1,1),\\ \boldsymbol{\gamma}_2=(0,1,1,-1),\\ \boldsymbol{\gamma}_3=(1,1,0,0);\end{cases}$ (4) $\begin{cases}\boldsymbol{\eta}_1=(1,2,3,4),\\ \boldsymbol{\eta}_2=(2,4,6,8),\\ \boldsymbol{\eta}_3=(3,6,9,12).\end{cases}$

3. 判断下列向量组是否为 $\mathbf{R}^4$ 的基底，为什么？若是，求向量 $\boldsymbol{\beta}=(4,10,2,0)^{\mathrm{T}}$ 在该基底下的坐标：

(1) $\begin{cases}\boldsymbol{\alpha}_1=(-1,1,1,1)^{\mathrm{T}},\\ \boldsymbol{\alpha}_2=(1,-1,1,1)^{\mathrm{T}},\\ \boldsymbol{\alpha}_3=(1,1,-1,1)^{\mathrm{T}},\\ \boldsymbol{\alpha}_4=(1,1,1,-1)^{\mathrm{T}};\end{cases}$ (2) $\begin{cases}\boldsymbol{\eta}_1=(1,0,-1,1)^{\mathrm{T}},\\ \boldsymbol{\eta}_2=(0,-1,1,2)^{\mathrm{T}},\\ \boldsymbol{\eta}_3=(2,1,3,0)^{\mathrm{T}},\\ \boldsymbol{\eta}_4=(1,2,-1,1)^{\mathrm{T}}.\end{cases}$

4. 证明向量空间 $\boldsymbol{V}$ 的子空间 $\boldsymbol{W}$ 必包含零向量.

5. 设 $\boldsymbol{W}$ 是向量空间 $\boldsymbol{V}$ 的一个子空间，向量 $\boldsymbol{\gamma}_0\in\boldsymbol{V}$. 若 $\boldsymbol{\gamma}_0\overline{\in}\boldsymbol{W}$，问陪集 $\boldsymbol{\gamma}_0+\boldsymbol{W}$ 还是向量空间吗？为什么？

§3.6 齐次线性方程组的解空间

本节在 n 维向量空间 $\mathbf{R}^n$ 中，研究齐次线性方程组解集合的构造.

导学提纲

1. 齐次线性方程组解有什么性质?
2. 何谓齐次线性方程组的一个基础解系?
3. 齐次线性方程组在什么条件下有基础解系?
4. 怎么求齐次线性方程组的一个基础解系?
5. 指出齐次线性方程组解空间的维数和一个基底.
6. 能说"与基础解系等价的向量组也是基础解系"吗?为什么?

设齐次线性方程组

$$\begin{cases} a_{11}x_1 + a_{12}x_2 + \cdots + a_{1n}x_n = 0, \\ a_{21}x_1 + a_{22}x_2 + \cdots + a_{2n}x_n = 0, \\ \cdots\cdots\cdots\cdots\cdots\cdots\cdots\cdots \\ a_{s1}x_1 + a_{s2}x_2 + \cdots + a_{sn}x_n = 0. \end{cases} \tag{1}$$

当(1)只有零解时，解集合的构造是清楚的. 它只含一个 n 维零向量. 它是 $\mathbf{R}^n$ 的零子空间 $\mathbf{V} = \{0\}$. 它没有基底. 维$\{\mathbf{0}\} = 0$；当(1)有非零解时，解集合又是怎样构造的呢?我们先来了解齐次线性方程组解(即解向量)的性质.

将(1)写成向量方程

$$x_1\boldsymbol{\alpha}_1 + x_2\boldsymbol{\alpha}_2 + \cdots + x_n\boldsymbol{\alpha}_n = \mathbf{0}.$$

其中 $\boldsymbol{\alpha}_j = (a_{1j}, a_{2j}, \cdots, a_{sj})^{\mathrm{T}}, j = 1,2,\cdots,n, \mathbf{0}_{s1} = (0,0,\cdots,0)^{\mathrm{T}}$.

性质 1 如果 $\boldsymbol{\eta}_1 = (c_1, c_2, \cdots, c_n)$ 和 $\boldsymbol{\eta}_2 = (d_1, d_2, \cdots, d_n)$ 都是

(1) 的解,则 $\boldsymbol{\eta}_1+\boldsymbol{\eta}_2=(c_1+d_1,c_2+d_2,\cdots,c_n+d_n)$ 也是(1) 的解.

证 $(c_1+d_1)\boldsymbol{\alpha}_1+(c_2+d_2)\boldsymbol{\alpha}_2+\cdots+(c_n+d_n)\boldsymbol{\alpha}_n$

$=(c_1\boldsymbol{\alpha}_1+c_2\boldsymbol{\alpha}_2+\cdots+c_n\boldsymbol{\alpha}_n)+(d_1\boldsymbol{\alpha}_1+d_2\boldsymbol{\alpha}_2+\cdots+d_n\boldsymbol{\alpha}_n)$

$=\mathbf{0}+\mathbf{0}=\mathbf{0}.$

性质 2 如果 $\boldsymbol{\eta}=(c_1,c_2,\cdots,c_n)$ 是(1) 的解,任意数 $k\in\mathbf{R}$,则 $k\boldsymbol{\eta}=(kc_1,kc_2,\cdots,kc_n)$ 仍是(1) 的解.

证 $(kc_1)\boldsymbol{\alpha}_1+(kc_2)\boldsymbol{\alpha}_2+\cdots+(kc_n)\boldsymbol{\alpha}_n$

$=k(c_1\boldsymbol{\alpha}_1+c_2\boldsymbol{\alpha}_2+\cdots+c_n\boldsymbol{\alpha}_n)$

$=k\mathbf{0}=\mathbf{0}.$

综合性质 1 和性质 2 得

定理 3.6.1 如果 n 元向量 $\boldsymbol{\eta}_1,\boldsymbol{\eta}_2,\cdots,\boldsymbol{\eta}_t$ 都是齐次线性方程组(1) 的解,那么 $\boldsymbol{\eta}_1,\boldsymbol{\eta}_2,\cdots,\boldsymbol{\eta}_t$ 的任一线性组合

$$k_1\boldsymbol{\eta}_1+k_2\boldsymbol{\eta}_2+\cdots+k_t\boldsymbol{\eta}_t$$

(其中 $k_1,k_2,\cdots,k_t$ 为任意数) 也是(1) 的解.

这个定理启发我们在(1) 的无穷多解中找出有限个解:$\boldsymbol{\eta}_1,\boldsymbol{\eta}_2,\cdots,\boldsymbol{\eta}_t$,用这有限个解的一切线性组合(即 $L(\boldsymbol{\eta}_1,\boldsymbol{\eta}_2,\cdots,\boldsymbol{\eta}_t)$) 表示出(1) 的全部解.显然这还要求(1) 的任何一个解 $\boldsymbol{\eta}$ 都能由 $\boldsymbol{\eta}_1,\boldsymbol{\eta}_2,\cdots,\boldsymbol{\eta}_t$ 线性表出.因此 $\boldsymbol{\eta}_1,\boldsymbol{\eta}_2,\cdots,\boldsymbol{\eta}_t$ 必须是(1) 的全部解向量集合的一个极大无关组.

定义 3.6.1 设 $\boldsymbol{\eta}_1,\boldsymbol{\eta}_2,\cdots,\boldsymbol{\eta}_t$ 都是齐次线性方程组(1) 的解,如果

(1) $\boldsymbol{\eta}_1,\boldsymbol{\eta}_2,\cdots,\boldsymbol{\eta}_t$ 线性无关;

(2) 齐次线性方程组(1) 的任一个解 $\boldsymbol{\eta}$ 都能由 $\boldsymbol{\eta}_1,\boldsymbol{\eta}_2,\cdots,\boldsymbol{\eta}_t$ 线性表出.

则称 $\boldsymbol{\eta}_1,\boldsymbol{\eta}_2,\cdots,\boldsymbol{\eta}_t$ 是齐次线性方程组(1) 的一个**基础解系**.(1) 的全部解 $L(\boldsymbol{\eta}_1,\boldsymbol{\eta}_2,\cdots,\boldsymbol{\eta}_t)$ 称为**解空间**.

基础解系就是齐次线性方程组解集合的极大无关组(基底).因此齐次线性方程组若有非零解,就一定存在基础解系.

定理 3.6.2 设 n 元齐次线性方程(1) 的系数矩阵秩数为 r.如果 $r<n$,则(1) 有基础解系,且基础解系含有 $n-r$ 个线性无关的

解.

证 不妨设(1) 的增广矩阵经过初等行变换化成如下形式

$$\begin{array}{c} \begin{matrix} x_1 & x_2 & \cdots & x_r & x_{r+1} & \cdots & x_n & \end{matrix} \\ \left[\begin{array}{ccccccc|c} 1 & 0 & \cdots & 0 & c_{1r+1} & \cdots & c_{1n} & 0 \\ 0 & 1 & \cdots & 0 & c_{2r+1} & \cdots & c_{2n} & 0 \\ \vdots & \vdots & \ddots & \vdots & \vdots & & \vdots & \vdots \\ 0 & 0 & \cdots & 1 & c_{rr+1} & \cdots & c_{rn} & 0 \end{array}\right]. \end{array}$$

它表示与(1) 同解的齐次线性方程组

$$\begin{cases} x_1 = -c_{1r+1}x_{r+1} - \cdots - c_{1n}x_n, \\ x_2 = -c_{2r+1}x_{r+1} - \cdots - c_{2n}x_n, \\ \cdots\cdots\cdots\cdots\cdots\cdots\cdots\cdots \\ x_r = -c_{rr+1}x_{r+1} - \cdots - c_{rn}x_n. \end{cases}$$

其中 $x_{r+1}, x_{r+2}, \cdots, x_n$ 为自由未知量. 给自由未知量 $n-r$ 组值

$$\begin{array}{cccc} x_{r+1} & x_{r+2} & \cdots & x_n \\ (1, & 0, & \cdots, & 0)^{\mathrm{T}} \\ (0, & 1, & \cdots, & 0)^{\mathrm{T}} \\ \cdots & \cdots & \cdots & \cdots \\ (0, & 0, & \cdots, & 1)^{\mathrm{T}}. \end{array}$$

得 $n-r$ 个解

$$\boldsymbol{\eta}_1 = (-c_{1r+1}, -c_{2r+1}, \cdots, -c_{rr+1}, 1, 0, \cdots, 0)^{\mathrm{T}},$$
$$\boldsymbol{\eta}_2 = (-c_{1r+2}, -c_{2r+2}, \cdots, -c_{rr+2}, 0, 1, \cdots, 0)^{\mathrm{T}},$$
$$\cdots\cdots\cdots\cdots\cdots\cdots\cdots\cdots\cdots\cdots$$
$$\boldsymbol{\eta}_{n-r} = (-c_{1n}, -c_{2n}, \cdots, -c_{rn}, 0, 0, \cdots, 1)^{\mathrm{T}}.$$

$\boldsymbol{\eta}_1, \boldsymbol{\eta}_2, \cdots, \boldsymbol{\eta}_{n-r}$ 线性无关(习题 3.3 第 2 题).

设 $\boldsymbol{\eta} = (d_1, d_2, \cdots, d_r, d_{r+1}, \cdots, d_n)$ 是齐次线性方程组(1) 的任一解(欲证 $\boldsymbol{\eta}$ 可由 $\boldsymbol{\eta}_1, \boldsymbol{\eta}_2, \cdots, \boldsymbol{\eta}_{n-r}$ 线性表出). 作线性组合

$$d_{r+1}\boldsymbol{\eta}_1 + d_{r+2}\boldsymbol{\eta}_2 + \cdots + d_n\boldsymbol{\eta}_{n-r}$$
$$= (e_1, e_2, \cdots, e_r, d_{r+1}, d_{r+2}, \cdots, d_n)^{\mathrm{T}}.$$

该线性组合是(1)的解,它与$\boldsymbol{\eta}$自由未知量取值相同.因此$e_1 = d_1, e_2 = d_2, \cdots, e_r = d_r$.所以

$$\boldsymbol{\eta} = d_{r+1}\boldsymbol{\eta}_1 + d_{r+2}\boldsymbol{\eta}_2 + \cdots + d_n\boldsymbol{\eta}_{n-r}.$$

定理证明同时给出了求基础解系的方法.

例 3.6.1 问齐次线性方程组

$$\begin{cases} x_1 - 3x_2 + 2x_3 + 2x_4 = 0, \\ x_1 - 3x_2 - x_3 + x_4 - 3x_5 = 0, \\ 2x_1 - 6x_2 + x_3 + 3x_4 - 3x_5 = 0, \\ 3x_1 - 9x_2 + 3x_3 + 5x_4 - 3x_5 = 0, \end{cases}$$

是否存在基础解系?若存在,求出一个基础解系,并用它表示出全部解.

解 因为该齐次线性方程组方程个数 4 小于未知量个数 5,所以必有非零解,也就必有基础解系.用分离系数消元法解齐次线性方程组.

$$\left[\begin{array}{ccccc:c} \textcircled{1} & -3 & 2 & 2 & 0 & 0 \\ 1 & -3 & -1 & 1 & -3 & 0 \\ 2 & -6 & 1 & 3 & -3 & 0 \\ 3 & -9 & 3 & 5 & -3 & 0 \end{array}\right]$$

$$\xrightarrow[\textcircled{4}-3\textcircled{1}]{\textcircled{2}-\textcircled{1} \atop \textcircled{3}-2\textcircled{1}} \left[\begin{array}{ccccc:c} 1 & -3 & 2 & 2 & 0 & 0 \\ 0 & 0 & \textcircled{-3} & -1 & -3 & 0 \\ 0 & 0 & -3 & -1 & -3 & 0 \\ 0 & 0 & -3 & -1 & -3 & 0 \end{array}\right]$$

$$\xrightarrow{\textcircled{3}-\textcircled{2} \atop \textcircled{4}-\textcircled{2}} \left[\begin{array}{ccccc:c} 1 & -3 & 2 & 2 & 0 & 0 \\ 0 & 0 & -3 & -1 & -3 & 0 \\ 0 & 0 & 0 & 0 & 0 & 0 \\ 0 & 0 & 0 & 0 & 0 & 0 \end{array}\right]$$

$$\xrightarrow{-\frac{1}{3}②}\left[\begin{array}{ccccc:c}1 & -3 & 2 & 2 & 0 & 0\\ 0 & 0 & \textcircled{1} & \frac{1}{3} & 1 & 0\end{array}\right]$$

$$\begin{array}{c}\quad\quad x_2 \quad\quad\quad x_4 \quad x_5\\ \xrightarrow{①-2②}\left[\begin{array}{ccccc:c}1 & -3 & 0 & \frac{4}{3} & -2 & 0\\ 0 & 0 & 1 & \frac{1}{3} & 1 & 0\end{array}\right],\end{array}$$

系数矩阵秩数 $r=2$，未知量个数 $n=5$. 基础解系含有 $n-r=5-2=3$ 个线性无关的解. 最后一个增广矩阵表示同解齐次线性方程组

$$\begin{cases}x_1=3x_2-\frac{4}{3}x_4+2x_5,\\ x_3=\quad\quad -\frac{1}{3}x_4-x_5.\end{cases}$$

其中 x_2, x_4, x_5 是自由未知量.

令 $x_2=1, x_4=0, x_5=0$，得 $\boldsymbol{\eta}_1=(3,1,0,0,0)^{\mathrm{T}}$；

令 $x_2=0, x_4=3, x_5=0$，得 $\boldsymbol{\eta}_2=(-4,0,-1,3,0)^{\mathrm{T}}$；

令 $x_2=0, x_4=0, x_5=1$，得 $\boldsymbol{\eta}_3=(2,0,-1,0,1)^{\mathrm{T}}$.

$\boldsymbol{\eta}_1, \boldsymbol{\eta}_2, \boldsymbol{\eta}_3$ 就是一个基础解系，全部解为

$$\boldsymbol{\eta}=k_1\boldsymbol{\eta}_1+k_2\boldsymbol{\eta}_2+k_3\boldsymbol{\eta}_3,$$

其中 k_1, k_2, k_3 为任意数.

例 3.6.2 求下列齐次线性方程组的解空间.

$$\begin{cases}\quad\quad -3x_2-2x_3-x_4=0,\\ 3x_1\quad\quad -3x_3-2x_4=0,\\ 2x_1+3x_2\quad\quad -3x_4=0,\\ x_1+2x_2+3x_3\quad\quad =0.\end{cases}$$

解 因为系数行列式

$$\begin{vmatrix} 0 & -3 & -2 & -1 \\ 3 & 0 & -3 & -2 \\ 2 & 3 & 0 & -3 \\ 1 & 2 & 3 & 0 \end{vmatrix} = 64 \neq 0,$$

所以齐次方程组只有零解 $\mathbf{0} = (0,0,0,0)^{\mathrm{T}}$，解空间 $\boldsymbol{W} = \{\mathbf{0}\}$ 是 $\mathbf{V} = \mathbf{R}^4$ 的零子空间.

例 3.6.3　求下列齐次线性方程组的解空间，并指出解空间的维数和一个基底.

$$\begin{cases} x_1 + x_2 + x_3 - x_4 - 2x_5 = 0, \\ -5x_1 - 5x_2 + 4x_3 + 5x_4 + 7x_5 = 0, \\ -3x_1 - 3x_2 + 5x_3 + 3x_4 + 4x_5 = 0, \\ -x_1 - x_2 + 2x_3 + x_4 + x_5 = 0. \end{cases}$$

解　该齐次线性方程组方程个数 4 小于未知量个数 5，必有非零解. 因此用初等行变换将增广矩阵直接化成约化阶梯形：

$$\left[\begin{array}{ccccc:c} \textcircled{1} & 1 & 1 & -1 & -2 & 0 \\ -5 & -5 & 4 & 5 & 7 & 0 \\ -3 & -3 & 5 & 3 & 4 & 0 \\ -1 & -1 & 2 & 1 & 1 & 0 \end{array}\right]$$

$$\xrightarrow[\text{④}+\text{①}]{\substack{\text{②}+5\text{①} \\ \text{③}+3\text{①}}} \left[\begin{array}{ccccc:c} 1 & 1 & 1 & -1 & -2 & 0 \\ 0 & 0 & 9 & 0 & -3 & 0 \\ 0 & 0 & 8 & 0 & -2 & 0 \\ 0 & 0 & 3 & 0 & -1 & 0 \end{array}\right]$$

$$\xrightarrow{\substack{\text{②}-\text{③} \\ \frac{1}{2}\text{③}}} \left[\begin{array}{ccccc:c} 1 & 1 & 1 & -1 & -2 & 0 \\ 0 & 0 & \textcircled{1} & 0 & -1 & 0 \\ 0 & 0 & 4 & 0 & -1 & 0 \\ 0 & 0 & 3 & 0 & -1 & 0 \end{array}\right]$$

$$\xrightarrow{\substack{\text{①}-\text{②} \\ \text{③}-4\text{②} \\ \text{④}-3\text{②}}} \left[\begin{array}{ccccc:c} 1 & 1 & 0 & -1 & -1 & 0 \\ 0 & 0 & 1 & 0 & -1 & 0 \\ 0 & 0 & 0 & 0 & \textcircled{3} & 0 \\ 0 & 0 & 0 & 0 & 2 & 0 \end{array}\right]$$

$$\xrightarrow{\frac{1}{3}\textcircled{3}}\left[\begin{array}{ccccc:c}1 & 1 & 0 & -1 & -1 & 0\\ 0 & 0 & 1 & 0 & -1 & 0\\ 0 & 0 & 0 & 0 & 1 & 0\\ 0 & 0 & 0 & 0 & 2 & 0\end{array}\right]$$

$$\xrightarrow{\substack{\textcircled{4}-2\textcircled{3}\\ \textcircled{2}+\textcircled{3}\\ \textcircled{1}+\textcircled{3}}}\left[\begin{array}{ccccc:c}1 & \overset{x_2}{1} & 0 & \overset{x_4}{-1} & 0 & 0\\ 0 & 0 & 1 & 0 & 0 & 0\\ 0 & 0 & 0 & 0 & 1 & 0\\ 0 & 0 & 0 & 0 & 0 & 0\end{array}\right],$$

系数矩阵秩数 $r=3$,未知量个数 $n=5$. 解空间是 $n-r=5-3=2$ 维的. 最后一个增广矩阵表示同解齐次方程组

$$\begin{cases}x_1=-x_2+x_4,\\ x_3=0,\\ x_5=0.\end{cases}$$

其中 x_2,x_4 为自由未知量.

令 $x_2=1,x_4=0$,得 $\boldsymbol{\eta}_1=(-1,1,0,0,0)^{\mathrm{T}}$;

令 $x_2=0,x_4=1$,得 $\boldsymbol{\eta}_2=(1,0,0,1,0)^{\mathrm{T}}$.

$\boldsymbol{\eta}_1,\boldsymbol{\eta}_2$ 是解空间 $\boldsymbol{W}=\boldsymbol{L}(\boldsymbol{\eta}_1,\boldsymbol{\eta}_2)$ 的一个基底. 维 $\boldsymbol{L}(\boldsymbol{\eta}_1,\boldsymbol{\eta}_2)=2$.

例 3.6.4　求下列齐次线性方程的解空间,并指出解空间的维数和一个基底.

$$x_1+x_2+x_3+x_4=0.$$

解　系数矩阵秩数 $r=1$,未知量个数 $n=4$,解空间是 $n-r=4-1=3$ 维的.

$$x_1=-x_2-x_3-x_4.$$

x_2,x_3,x_4 是自由未知量.

令 $x_2=1,x_3=0,x_4=0$,得 $\boldsymbol{\eta}_1=(-1,1,0,0)^{\mathrm{T}}$;

令 $x_2=0,x_3=1,x_4=0$,得 $\boldsymbol{\eta}_2=(-1,0,1,0)^{\mathrm{T}}$;

令 $x_2=0,x_3=0,x_4=1$,得 $\boldsymbol{\eta}_3=(-1,0,0,1)^{\mathrm{T}}$.

$\boldsymbol{\eta}_1, \boldsymbol{\eta}_2, \boldsymbol{\eta}_3$ 是解空间 $\boldsymbol{W} = L(\boldsymbol{\eta}_1, \boldsymbol{\eta}_2, \boldsymbol{\eta}_3)$ 的一个基底. 维$(\boldsymbol{W}) = 3$.

一般来说,一个向量组(集合)$\boldsymbol{S}$,如果有极大无关组(或者说,一个向量空间如果有基底),可能不止一个,但它们彼此都是等价的. 故有

定理 3.6.3　与基础解系等价的线性无关的向量组也是基础解系.

习　题　3.6

1. 求下列齐次线性方程组的一个基础解系. 写出解空间 $\boldsymbol{W}$,并指出解空间的维数和一个基底.

$$(1)\begin{cases} x_1 - 2x_2 + 3x_3 - 4x_4 = 0, \\ \qquad\ x_2 - x_3 + x_4 = 0, \\ x_1 + 3x_2 \qquad - 3x_4 = 0, \\ 4x_1 - 4x_2 + 3x_3 - 2x_4 = 0; \end{cases}$$

$$(2)\begin{cases} x_1 + x_2 + x_3 + x_4 + x_5 = 0, \\ 2x_1 + x_2 + 3x_3 - x_4 + 2x_5 = 0, \\ x_1 \qquad + 2x_3 - 2x_4 + x_5 = 0, \\ 3x_1 + 2x_2 + 4x_3 \qquad + 3x_5 = 0; \end{cases}$$

$$(3)\begin{cases} x_1 + x_2 + x_3 - x_4 - 2x_5 = 0, \\ -x_1 - x_2 + 2x_3 + x_4 + x_5 = 0, \\ -3x_1 - 3x_2 + 5x_3 + 3x_4 + 4x_5 = 0, \\ -5x_1 - 5x_2 + 4x_3 + 5x_4 + 7x_5 = 0; \end{cases}$$

$$(4)\begin{cases} x_1 + x_2 + x_3 - x_4 + 3x_5 = 0, \\ 2x_1 + 2x_2 \qquad + 2x_4 - x_5 = 0, \\ 3x_1 + 3x_2 + x_3 + x_4 + 2x_5 = 0, \\ -x_1 - x_2 + x_3 - 3x_4 + 4x_5 = 0; \end{cases}$$

(5) $x_1 + x_2 + \cdots + x_n = 0$.

2. 已知 $\boldsymbol{\eta}_1, \boldsymbol{\eta}_2, \boldsymbol{\eta}_3$ 是某齐次线性方程组的一个基础解系. 判断下列向量组是否为基础解系:

(1) $\boldsymbol{\eta}_1+\boldsymbol{\eta}_2, \boldsymbol{\eta}_3-\boldsymbol{\eta}_2, \boldsymbol{\eta}_1+\boldsymbol{\eta}_2+\boldsymbol{\eta}_3$；

(2) $\boldsymbol{\eta}_1+2\boldsymbol{\eta}_2+3\boldsymbol{\eta}_3, 2\boldsymbol{\eta}_1-\boldsymbol{\eta}_2+\boldsymbol{\eta}_3, \boldsymbol{\eta}_1+\boldsymbol{\eta}_2+2\boldsymbol{\eta}_3$.

§3.7 非齐次线性方程组解陪集

本节在 n 维向量空间 $\mathbf{R}^n$ 中研究非齐次线性方程组解集合结构.

导学提纲

1. 何谓非齐次线性方程组的导出组?非齐次线性方程组的解与其导出组的解有什么关系?

2. 怎样用分离系数消元法同时求出非齐次线性方程组的一个特解与其导出组的一个基础解系?并用它们表示出非齐次线性方程组的全部解.

设非齐次线性方程组

$$\begin{cases} a_{11}x_1+a_{12}x_2+\cdots+a_{1n}x_n=b_1, \\ a_{21}x_1+a_{22}x_2+\cdots+a_{2n}x_n=b_2, \\ \cdots\cdots\cdots\cdots\cdots\cdots\cdots\cdots \\ a_{s1}x_1+a_{s2}x_2+\cdots+a_{sn}x_n=b_s. \end{cases} \tag{1}$$

其中 $b_1,b_2,\cdots,b_s$ 不全为零. 把(1) 的常数项全部换成零,相应得到齐次线性方程组

$$\begin{cases} a_{11}x_1+a_{12}x_2+\cdots+a_{1n}x_n=0, \\ a_{21}x_1+a_{22}x_2+\cdots+a_{2n}x_n=0, \\ \cdots\cdots\cdots\cdots\cdots\cdots\cdots\cdots \\ a_{s1}x_1+a_{s2}x_2+\cdots+a_{sn}x_n=0. \end{cases} \tag{2}$$

称(2) 是(1) 的**导出组**. 用向量方程表示方程组(1) 为

$$x_1\boldsymbol{\alpha}_1+x_2\boldsymbol{\alpha}_2+\cdots+x_n\boldsymbol{\alpha}_n=\boldsymbol{\beta},$$

其中 $\boldsymbol{\alpha}_j=(a_{1j},a_{2j},\cdots,a_{sj})^{\mathrm{T}},j=1,2,\cdots,n;\boldsymbol{\beta}=(b_1,b_2,\cdots,b_s)^{\mathrm{T}}$. 导出组为

$$x_1\boldsymbol{\alpha}_1+x_2\boldsymbol{\alpha}_2+\cdots+x_n\boldsymbol{\alpha}_n=\mathbf{0}_{s1}.$$

其中 $\mathbf{0}_{s1}=(0,0,\cdots,0)^{\mathrm{T}}$. 非齐次线性方程组(1) 的解与其导出组(2) 的解有以下关系.

关系 1 如果 $\boldsymbol{\gamma}_1=(c_1,c_2,\cdots,c_n)$ 和 $\boldsymbol{\gamma}_2=(d_1,d_2,\cdots,d_n)$,是非齐次线性方程组(1) 的两个解,则 $\boldsymbol{\gamma}_1-\boldsymbol{\gamma}_2$ 是导出组(2) 的解.

证
$$\begin{aligned}&(c_1-d_1)\boldsymbol{\alpha}_1+(c_2-d_2)\boldsymbol{\alpha}_2+\cdots+(c_n-d_n)\boldsymbol{\alpha}_n\\&=(c_1\boldsymbol{\alpha}_1+c_2\boldsymbol{\alpha}_2+\cdots+c_n\boldsymbol{\alpha}_n)\\&\quad-(d_1\boldsymbol{\alpha}_1+d_2\boldsymbol{\alpha}_2+\cdots+d_n\boldsymbol{\alpha}_n)\\&=\boldsymbol{\beta}-\boldsymbol{\beta}\\&=0.\end{aligned}$$

关系 2 如果 $\boldsymbol{\gamma}_0=(c_1,c_2,\cdots,c_n)$ 是非齐次线性方程组(1) 的一个解,$\boldsymbol{\eta}=(t_1,t_2,\cdots,t_n)$ 是导出组(2) 的一个解,则 $\boldsymbol{\gamma}_0+\boldsymbol{\eta}$ 仍是非齐次线性方程组(1) 的解.

证
$$\begin{aligned}&(c_1+t_1)\boldsymbol{\alpha}_1+(c_2+t_2)\boldsymbol{\alpha}_2+\cdots+(c_n+t_n)\boldsymbol{\alpha}_n\\&=(c_1\boldsymbol{\alpha}_1+c_2\boldsymbol{\alpha}_2+\cdots+c_n\boldsymbol{\alpha}_n)\\&\quad+(t_1\boldsymbol{\alpha}_1+t_2\boldsymbol{\alpha}_2+\cdots+t_n\boldsymbol{\alpha}_n)\\&=\boldsymbol{\beta}+\mathbf{0}\\&=\boldsymbol{\beta}.\end{aligned}$$

齐次线性方程组(2) 的解空间 $\mathbf{V}$ 在 §3.6 中已经研究清楚. 如今根据关系 2 将非齐次线性方程组(1) 的一个解 $\boldsymbol{\gamma}_0$(称为固定解或特解) 与导出组(2) 的解空间 $\mathbf{V}$ 中每一个解相加,得到的都是(1) 的解. 现在的问题是 $\boldsymbol{\gamma}_0+\mathbf{V}$ 是否为(1) 的全部解?这还需要看非齐次线性方程组(1) 的任何一个解 $\boldsymbol{\gamma}$ 是否都属于 $\boldsymbol{\gamma}_0+\mathbf{V}$?答案是肯定的. 我们有

定理 3.7.1 已知 $\boldsymbol{\gamma}_0$ 是非齐次线性方程组(1) 的一个特解. 则(1) 的任何一个解 $\boldsymbol{\gamma}$ 都可以表示成

$$\boldsymbol{\gamma}=\boldsymbol{\gamma}_0+\boldsymbol{\eta}$$

的形式,其中 $\boldsymbol{\eta}$ 是导出组(2) 的一个解.

分析 从求证入手，欲找到导出组(2)的一个解 $\boldsymbol{\eta}$，使它满足 $\boldsymbol{\gamma}=\boldsymbol{\gamma}_0+\boldsymbol{\eta}$. 显然这样的 $\boldsymbol{\eta}$ 应该等于 $\boldsymbol{\gamma}-\boldsymbol{\gamma}_0$.

证 将(1)的解 $\boldsymbol{\gamma}$ 与特解 $\boldsymbol{\gamma}_0$ 相减(据关系1) $\boldsymbol{\gamma}-\boldsymbol{\gamma}_0=\boldsymbol{\eta}$ 就是导出组(2)的一个解，且满足 $\boldsymbol{\gamma}=\boldsymbol{\gamma}_0+\boldsymbol{\eta}$.

至此，我们研究清楚了非齐次线性方程组(1)的解集合结构. 它是导出组(2)的解空间 $\boldsymbol{V}$ 关于(1)的一个特解 $\boldsymbol{\gamma}_0$ 的陪集 $\boldsymbol{\gamma}_0+\boldsymbol{V}$. 这一结果包括了非齐次线性方程组(1)有唯一解 $\boldsymbol{\gamma}_0$ 和有无穷多解的情形.

1. 当非齐次线性方程组(1)有唯一解 $\boldsymbol{\gamma}_0$ 时，系数矩阵秩数 $r=n$(未知量个数). 此时，导出组(2)只有零解. 导出组解空间 $\boldsymbol{V}$ 是零子空间 $\{\boldsymbol{0}\}$. $\boldsymbol{\gamma}_0+\{\boldsymbol{0}\}$ 就是(1)的解陪集.

2. 当非齐次线性方程组(1)有无穷多解时，系数矩阵秩数 $r<n$(未知量个数). 此时，导出组(2)有基础解系 $\boldsymbol{\eta}_1,\boldsymbol{\eta}_2,\cdots,\boldsymbol{\eta}_{n-r}$. (1)的全部解是陪集 $\boldsymbol{\gamma}_0+\boldsymbol{L}(\boldsymbol{\eta}_1,\boldsymbol{\eta}_2,\cdots,\boldsymbol{\eta}_{n-r})$.

例 3.7.1 求下列线性方程组的一个特解 $\boldsymbol{\gamma}_0$，并用导出组的基础解系表示出全部解.

$$\begin{cases} x_1+2x_2-3x_3+2x_4 = 2, \\ x_1-x_2-3x_3+x_4-3x_5=-5, \\ 2x_1+x_2-6x_3+3x_4-3x_5=-3, \\ 3x_1+3x_2-9x_3+5x_4-3x_5=-1. \end{cases}$$

解 $$\left[\begin{array}{ccccc:c} \textcircled{1} & 2 & -3 & 2 & 0 & 2 \\ 1 & -1 & -3 & 1 & -3 & -5 \\ 2 & 1 & -6 & 3 & -3 & -3 \\ 3 & 3 & -9 & 5 & -3 & -1 \end{array}\right]$$

$$\xrightarrow[\text{④}-3\text{①}]{\text{②}-\text{①},\ \text{③}-2\text{①}} \left[\begin{array}{ccccc:c} 1 & 2 & -3 & 2 & 0 & 2 \\ 0 & \textcircled{-3} & 0 & -1 & -3 & -7 \\ 0 & -3 & 0 & -1 & -3 & -7 \\ 0 & -3 & 0 & -1 & -3 & -7 \end{array}\right]$$

$$
\xrightarrow[\text{④}-\text{②}]{\text{③}-\text{②}}
\left[\begin{array}{cccccc}
1 & 2 & -3 & 2 & 0 & 2 \\
0 & -3 & 0 & -1 & -3 & -7 \\
0 & 0 & 0 & 0 & 0 & 0 \\
0 & 0 & 0 & 0 & 0 & 0
\end{array}\right]
$$

$$
\xrightarrow{-\frac{1}{3}\text{②}}
\left[\begin{array}{ccccc:c}
1 & 2 & -3 & 2 & 0 & 2 \\
0 & 1 & 0 & \frac{1}{3} & 1 & \frac{7}{3}
\end{array}\right]
$$

$$
\xrightarrow{\text{①}-2\text{②}}
\left[\begin{array}{ccccc:c}
1 & 0 & -3 & \frac{4}{3} & -2 & -\frac{8}{3} \\
0 & 1 & 0 & \frac{1}{3} & 1 & \frac{7}{3}
\end{array}\right].
$$

最后一个增广矩阵表示同解方程组

$$
\begin{cases}
x_1 = -\dfrac{8}{3} + 3x_3 - \dfrac{4}{3}x_4 + 2x_5, \\
x_2 = \quad \dfrac{7}{3} \qquad\quad - \dfrac{1}{3}x_4 - x_5.
\end{cases}
$$

x_3, x_4, x_5 是自由未知量. 令 $x_3 = 0, x_4 = 1, x_5 = 0$ 得一个特解 $\boldsymbol{\gamma}_0 = (-4, 2, 0, 1, 0)$. 最后一个增广矩阵最后一列(常数项) 换成"0" 得同解导出组

$$
\begin{cases}
x_1 = 3x_3 - \dfrac{4}{3}x_4 + 2x_5, \\
x_2 = \qquad\quad - \dfrac{1}{3}x_4 - x_5.
\end{cases}
$$

x_3, x_4, x_5 是自由未知量.

令 $x_3 = 1, x_4 = 0, x_5 = 0$, 得 $\boldsymbol{\eta}_1 = (3, 0, 1, 0, 0)$;

令 $x_3 = 0, x_4 = 3, x_5 = 0$, 得 $\boldsymbol{\eta}_2 = (-4, -1, 0, 3, 0)$;

令 $x_3 = 0, x_4 = 0, x_5 = 1$, 得 $\boldsymbol{\eta}_3 = (2, -1, 0, 0, 1)$.

$\boldsymbol{\eta}_1, \boldsymbol{\eta}_2, \boldsymbol{\eta}_3$ 是导出组的基础解系. 线性方程组的全部解为陪集 $\boldsymbol{\gamma}_0 + \boldsymbol{L}(\boldsymbol{\eta}_1, \boldsymbol{\eta}_2, \boldsymbol{\eta}_3)$.

习　题　3.7

1. 求下列线性方程组的一个特解,并用导出组的基础解系表出

全部解：

$$(1)\begin{cases}2x_1+x_2+3x_3+4x_4=2,\\x_1+2x_2-x_4=-2,\\3x_1+4x_2-2x_3+5x_4=6,\\x_2-5x_3+2x_4=6;\end{cases}$$

$$(2)\begin{cases}x_1+2x_2-x_3+x_5=3,\\3x_1+5x_2-2x_4+4x_5=10,\\2x_1+x_2+x_3-3x_4+2x_5=3,\\2x_2+x_4+x_5=4;\end{cases}$$

$$(3)\begin{cases}3x_1+2x_2-x_3+x_4+4x_5=4,\\x_2+2x_3+3x_4-2x_5=3,\\3x_1+3x_2+x_3+4x_4+2x_5=7,\\6x_1+3x_2-4x_3-x_4+10x_5=5;\end{cases}$$

$$(4)\begin{cases}x_1+x_2+x_3-x_4+3x_5=4,\\2x_1+2x_2+2x_4-x_5=3,\\3x_1+3x_2+x_3+x_4+2x_5=7,\\-x_1-x_2+x_3-3x_4+4x_5=1.\end{cases}$$

2. 已知 $\boldsymbol{\gamma}_1,\boldsymbol{\gamma}_2,\cdots,\boldsymbol{\gamma}_s$ 都是一个线性方程组的解，且 $l_1+l_2+\cdots+l_s=1$. 证明：$l_1\boldsymbol{\gamma}_1+l_2\boldsymbol{\gamma}_2+\cdots+l_s\boldsymbol{\gamma}_s$ 也是这个线性方程组的解.

本章复习提纲

1. 实数域上的 n 维向量空间 $\mathbf{R}^n$.

(1) n 元有序实数组 $\boldsymbol{\alpha}=(a_1,a_2,\cdots,a_n)$ 或 $\boldsymbol{\alpha}=(a_1,a_2,\cdots,a_n)^{\mathrm{T}}$ 称为 n 元向量(前者为行向量,后者为列向量),其中 $a_i(i=1,2,\cdots,n)$ 称为向量 $\boldsymbol{\alpha}$ 的第 i 个分量.

称 $\mathbf{0}=(0,0,\cdots,0)$ 为零向量.

称 $-\boldsymbol{\alpha}=(-a_1,-a_2,\cdots,-a_n)$ 为 $\boldsymbol{\alpha}$ 的负向量.

设 $\boldsymbol{\alpha}=(a_1,a_2,\cdots,a_n)$,$\boldsymbol{\beta}=(b_1,b_2,\cdots,b_n)$,$\boldsymbol{\alpha}=\boldsymbol{\beta}$,当且仅当 $a_i=b_i(i=1,2,\cdots,n)$.

(2) n 元向量的线性运算

① 加法：设 $\boldsymbol{\alpha}=(a_1,a_2,\cdots,a_n)$，$\boldsymbol{\beta}=(b_1,b_2,\cdots,b_n)$. $\boldsymbol{\alpha}$ 与 $\boldsymbol{\beta}$ 之和

$$\boldsymbol{\alpha}+\boldsymbol{\beta}=(a_1+b_1,a_2+b_2,\cdots,a_n+b_n).$$

② 数量乘法(数乘)：实数 k 与向量 $\boldsymbol{\alpha}=(a_1,a_2,\cdots,a_n)$ 的乘积

$$k\boldsymbol{\alpha}=(ka_1,ka_2,\cdots,ka_n).$$

③ n 元向量的线性运算满足 8 条运算律：对任意 $\boldsymbol{\alpha},\boldsymbol{\beta},\boldsymbol{\gamma}\in\mathbf{R}^n$，$k$，$l\in\mathbf{R}$，

$$\begin{gathered}
\boldsymbol{\alpha}+\boldsymbol{\beta}=\boldsymbol{\beta}+\boldsymbol{\alpha},\\
(\boldsymbol{\alpha}+\boldsymbol{\beta})+\boldsymbol{\gamma}=\boldsymbol{\alpha}+(\boldsymbol{\beta}+\boldsymbol{\gamma}),\\
\boldsymbol{\alpha}+\mathbf{0}=\boldsymbol{\alpha},\\
\boldsymbol{\alpha}+(-\boldsymbol{\alpha})=\mathbf{0},\\
1\boldsymbol{\alpha}=\boldsymbol{\alpha},\\
k(l\boldsymbol{\alpha})=(kl)\boldsymbol{\alpha},\\
k(\boldsymbol{\alpha}+\boldsymbol{\beta})=k\boldsymbol{\alpha}+k\boldsymbol{\beta},\\
(k+l)\boldsymbol{\alpha}=k\boldsymbol{\alpha}+l\boldsymbol{\alpha}.
\end{gathered}$$

(3) 实 n 元向量的集合 $\mathbf{V}$，如果对于向量的线性运算(加法，数乘)封闭，且线性运算满足 8 条运算律，则称 $\mathbf{V}$ 为 n 元向量空间(线性空间). 当 $\mathbf{V}$ 是全体 n 元实向量集合 $\mathbf{R}^n$($\mathbf{V}=\mathbf{R}^n$) 时，称 $\mathbf{R}^n$ 是实数域 $\mathbf{R}$ 上的 n 维向量空间.

直角坐标平面是 $\mathbf{R}^2$ 的几何模型. 几何空间是 $\mathbf{R}^3$ 的几何模型.

2. 向量的线性关系

(1) 线性相关(线性组合)

① 向量 $\boldsymbol{\beta}$ 可由向量组 $\boldsymbol{\alpha}_1,\boldsymbol{\alpha}_2,\cdots,\boldsymbol{\alpha}_s$ 线性表出的充分必要条件是 $x_1\boldsymbol{\alpha}_1+x_2\boldsymbol{\alpha}_2+\cdots+x_s\boldsymbol{\alpha}_s=\boldsymbol{\beta}$ 有解.

② 习题 3.2 第 2 题.

③ 两个向量组可以互相线性表出时，称这两个向量组**等价**.

④ 习题 3.2 第 5 题.

(2) 线性相关与线性无关

① 向量组$\boldsymbol{\alpha}_1,\boldsymbol{\alpha}_2,\cdots,\boldsymbol{\alpha}_s$线性相关(线性无关)的充分必要条件是$x_1\boldsymbol{\alpha}_1+x_2\boldsymbol{\alpha}_2+\cdots+x_s\boldsymbol{\alpha}_s=0$有非零解(只有零解).

② 设向量组

$$\begin{aligned}\boldsymbol{\alpha}_1&=(a_{11},a_{21},\cdots,a_{n1})^{\mathrm{T}},\\ \boldsymbol{\alpha}_2&=(a_{12},a_{22},\cdots,a_{n2})^{\mathrm{T}},\\ &\cdots\cdots\cdots\cdots\\ \boldsymbol{\alpha}_s&=(a_{1s},a_{2s},\cdots,a_{ns})^{\mathrm{T}}.\end{aligned}$$

和向量组

$$\begin{aligned}\bar{\boldsymbol{\alpha}}_1&=(a_{11},a_{21},\cdots,a_{n1},a_{n+1\,1},\cdots,a_{m1})^{\mathrm{T}},\\ \bar{\boldsymbol{\alpha}}_2&=(a_{12},a_{22},\cdots,a_{n2},a_{n+1\,2},\cdots,a_{m2})^{\mathrm{T}},\\ &\cdots\cdots\cdots\cdots\cdots\cdots\\ \bar{\boldsymbol{\alpha}}_s&=(a_{1s},a_{2s},\cdots,a_{ns},a_{n+1\,s},\cdots,a_{ms})^{\mathrm{T}}.\end{aligned}$$

且$m>n$. 如果$\boldsymbol{\alpha}_1,\boldsymbol{\alpha}_2,\cdots,\boldsymbol{\alpha}_s$线性无关,则$\bar{\boldsymbol{\alpha}}_1,\bar{\boldsymbol{\alpha}}_2,\cdots,\bar{\boldsymbol{\alpha}}_s$也线性无关;如果$\bar{\boldsymbol{\alpha}}_1,\bar{\boldsymbol{\alpha}}_2,\cdots,\bar{\boldsymbol{\alpha}}_s$线性相关,则$\boldsymbol{\alpha}_1,\boldsymbol{\alpha}_2,\cdots,\boldsymbol{\alpha}_s$也线性相关.

③ 一个向量$\boldsymbol{\alpha}$线性相关(线性无关)$\Longleftrightarrow\boldsymbol{\alpha}=\mathbf{0}(\boldsymbol{\alpha}\neq 0)$.

④ 两个向量$\boldsymbol{\alpha},\boldsymbol{\beta}$线性相关(线性无关)$\Longleftrightarrow\boldsymbol{\alpha}=k\boldsymbol{\beta}$(对任意数$k$,$\boldsymbol{\alpha}\neq k\boldsymbol{\beta}$).

⑤ 向量组$\boldsymbol{S}$的一个部分组线性相关,则$\boldsymbol{S}$线性相关.

逆否命题:$\boldsymbol{S}$线性无关,则其中任一部分组都线性无关.

⑥ n元基本向量组

$$\begin{cases}\boldsymbol{\varepsilon}_1=(1,0,\cdots,0),\\ \boldsymbol{\varepsilon}_2=(0,1,\cdots,0),\\ \cdots\cdots\cdots\cdots\\ \boldsymbol{\varepsilon}_n=(0,0,\cdots,1)\end{cases}$$

线性无关.

⑦ n个n元向量

$$\begin{cases}\boldsymbol{\alpha}_1 = (a_{11}, a_{21}, \cdots, a_{n1})^{\mathrm{T}}, \\ \boldsymbol{\alpha}_2 = (a_{12}, a_{22}, \cdots, a_{n2})^{\mathrm{T}}, \\ \cdots\cdots\cdots\cdots\cdots\cdots \\ \boldsymbol{\alpha}_n = (a_{1n}, a_{2n}, \cdots, a_{nn})^{\mathrm{T}}\end{cases}$$

线性相关(线性无关)$\Longleftrightarrow$行列式

$$\begin{vmatrix} a_{11} & a_{12} & \cdots & a_{1n} \\ a_{21} & a_{22} & \cdots & a_{2n} \\ \vdots & \vdots & \ddots & \vdots \\ a_{n1} & a_{n2} & \cdots & a_{nn} \end{vmatrix} = 0(\neq 0).$$

⑧ s个n元向量,当$s>n$时必线性相关;特别地,$n+1$个n元向量线性相关.

逆否命题:n元向量组$\boldsymbol{\alpha}_1,\boldsymbol{\alpha}_2,\cdots,\boldsymbol{\alpha}_s$线性无关,则$s\leqslant n$.

⑨ 向量组$\boldsymbol{\alpha}_1,\boldsymbol{\alpha}_2,\cdots,\boldsymbol{\alpha}_s(s\geqslant 2)$线性相关$\Longleftrightarrow$其中至少有一个向量可由其余$s-1$个向量线性表出.

⑩ 向量组$\boldsymbol{\alpha}_1,\boldsymbol{\alpha}_2,\cdots,\boldsymbol{\alpha}_s$可由向量组$\boldsymbol{\beta}_1,\boldsymbol{\beta}_2,\cdots,\boldsymbol{\beta}_t$线性表出,且$s>t$,则$\boldsymbol{\alpha}_1,\boldsymbol{\alpha}_2,\cdots,\boldsymbol{\alpha}_s$线性相关.

逆否命题:向量组$\boldsymbol{\alpha}_1,\boldsymbol{\alpha}_2,\cdots,\boldsymbol{\alpha}_s$可由向量组$\boldsymbol{\beta}_1,\boldsymbol{\beta}_2,\cdots,\boldsymbol{\beta}_t$线性表出,且$\boldsymbol{\alpha}_1,\boldsymbol{\alpha}_2,\cdots,\boldsymbol{\alpha}_s$线性无关,则$s\leqslant t$.

推论:两个等价的线性无关的向量组所含向量个数相等.

⑪ 向量组$\boldsymbol{\alpha}_1,\boldsymbol{\alpha}_2,\cdots,\boldsymbol{\alpha}_s$线性无关,$\boldsymbol{\alpha}_1,\boldsymbol{\alpha}_2,\cdots,\boldsymbol{\alpha}_s,\boldsymbol{\beta}$线性相关,则$\boldsymbol{\beta}$可由$\boldsymbol{\alpha}_1,\boldsymbol{\alpha}_2,\cdots,\boldsymbol{\alpha}_s$线性表出,且表示法唯一.

逆否命题:$\boldsymbol{\alpha}_1,\boldsymbol{\alpha}_2,\cdots,\boldsymbol{\alpha}_i$线性无关,$\boldsymbol{\alpha}_{i+1}$不能由$\boldsymbol{\alpha}_1,\boldsymbol{\alpha}_2,\cdots,\boldsymbol{\alpha}_i$线性表出,则$\boldsymbol{\alpha}_1,\boldsymbol{\alpha}_2,\cdots,\boldsymbol{\alpha}_i,\boldsymbol{\alpha}_{i+1}$仍线性无关(这是用扩充法求极大无关组的依据).

(3) 极大无关组与秩.

① 如果$\boldsymbol{\alpha}_1,\boldsymbol{\alpha}_2,\cdots,\boldsymbol{\alpha}_r$是向量组$\boldsymbol{S}$的一个线性无关部分组,且$\boldsymbol{S}$中任意$r+1$个向量都线性相关,则称$\boldsymbol{\alpha}_1,\boldsymbol{\alpha}_2,\cdots,\boldsymbol{\alpha}_r$是$\boldsymbol{S}$的一个极大无关组.

或如果$\boldsymbol{\alpha}_1,\boldsymbol{\alpha}_2,\cdots,\boldsymbol{\alpha}_r$是$\boldsymbol{S}$的一个线性无关部分组,且添上$\boldsymbol{S}$中任何一个向量$\boldsymbol{\alpha}_i$,都有$\boldsymbol{\alpha}_1,\boldsymbol{\alpha}_2,\cdots,\boldsymbol{\alpha}_r,\boldsymbol{\alpha}_i$线性相关,则称$\boldsymbol{\alpha}_1,\boldsymbol{\alpha}_2,\cdots,\boldsymbol{\alpha}_r$是

$\boldsymbol{S}$ 的一个极大无关组.

抑或如果 $\boldsymbol{\alpha}_1,\boldsymbol{\alpha}_2,\cdots,\boldsymbol{\alpha}_r$ 是 $\boldsymbol{S}$ 的一个线性无关部分组,且 $\boldsymbol{S}$ 中其余向量(如果还有的话)都可由 $\boldsymbol{\alpha}_1,\boldsymbol{\alpha}_2,\cdots,\boldsymbol{\alpha}_r$ 线性表出,则称 $\boldsymbol{\alpha}_1,\boldsymbol{\alpha}_2,\cdots,\boldsymbol{\alpha}_r$ 是 $\boldsymbol{S}$ 的一个极大无关组.

② 向量组 $\boldsymbol{S}$ 的极大无关组与 $\boldsymbol{S}$ 等价,因而向量组 $\boldsymbol{S}$ 的任意两个极大无关组等价.

③ 向量组 $\boldsymbol{S}$ 的极大无关组 $\boldsymbol{\alpha}_1,\boldsymbol{\alpha}_2,\cdots,\boldsymbol{\alpha}_r$ 所含向量个数 r 称为向量组 $\boldsymbol{S}$ 的秩数. 记作秩$(\boldsymbol{S})=r$.

④ 向量组线性无关$\Longleftrightarrow$它的秩数等于它所含向量个数.

⑤ 向量组 $\boldsymbol{S}_1\cong\boldsymbol{S}_2$,则秩$(\boldsymbol{S}_1)=$ 秩$(\boldsymbol{S}_2)$. 逆命题不成立.

⑥ 向量组 $\boldsymbol{S}$ 中如果有非零向量,则 $\boldsymbol{S}$ 一定有极大无关组.

极大无关组求法 —— 扩充法(例 3.4.2).

3. 子空间・维数・基与坐标・陪集

(1) $\mathbf{R}^n$ 的一个非空子集 $\mathbf{V}$,如果关于 $\mathbf{R}^n$ 的线性运算也构成向量空间,称 $\mathbf{V}$ 是 $\mathbf{R}^n$ 的一个子空间.

① $\mathbf{V}$ 是 $\mathbf{R}^n$ 的子空间$\Longleftrightarrow\boldsymbol{V}\subseteq\mathbf{R}^n,\boldsymbol{V}\neq\varnothing$,任意 $\boldsymbol{\alpha},\boldsymbol{\beta}\in\mathbf{V},k\in\mathbf{R}$ 恒有 $\boldsymbol{\alpha}+\boldsymbol{\beta}\in\mathbf{V},k\boldsymbol{\alpha}\in\mathbf{V}$.

② $\mathbf{R}^n$ 至少有两个子空间: $\mathbf{R}^n$ 和$\{\mathbf{0}\}$,称为 $\mathbf{R}^n$ 的平凡子空间.

③ 取 $\boldsymbol{\alpha}_1,\boldsymbol{\alpha}_2,\cdots,\boldsymbol{\alpha}_s\in\mathbf{R}^n$,由 $\boldsymbol{\alpha}_1,\boldsymbol{\alpha}_2,\cdots,\boldsymbol{\alpha}_s$ 的一切线性组合 $k_1\boldsymbol{\alpha}_1+k_2\boldsymbol{\alpha}_2+\cdots+k_s\boldsymbol{\alpha}_s(k_1,k_2,\cdots,k_s\in\mathbf{R})$ 构成的集合也是 $\mathbf{R}^n$ 的一个子空间,称为由 $\boldsymbol{\alpha}_1,\boldsymbol{\alpha}_2,\cdots,\boldsymbol{\alpha}_s$ 生成的(支起来的)子空间,记作 $\boldsymbol{L}(\boldsymbol{\alpha}_1,\boldsymbol{\alpha}_2,\cdots,\boldsymbol{\alpha}_s)$.

(2) n 元向量空间 $\mathbf{V}$ 的一个极大无关组 $\boldsymbol{\alpha}_1,\boldsymbol{\alpha}_2,\cdots,\boldsymbol{\alpha}_r$ 称为 $\mathbf{V}$ 的一个基底. 基底所含向量个数 r 称为向量空间的维数,记作维$(\mathbf{V})=r$. $\mathbf{V}$ 中每一个向量 $\boldsymbol{\alpha}$ 都可唯一地表示成基底的线性组合: $\boldsymbol{\alpha}=a_1\boldsymbol{\alpha}_1+a_2\boldsymbol{\alpha}_2+\cdots+a_r\boldsymbol{\alpha}_r$,称 $a_1,a_2,\cdots,a_r$ 是向量 $\boldsymbol{\alpha}$ 在基底 $\boldsymbol{\alpha}_1,\boldsymbol{\alpha}_2,\cdots,\boldsymbol{\alpha}_r$ 下的坐标.

① 任意 n 个线性无关的 n 元向量 $\boldsymbol{\eta}_1,\boldsymbol{\eta}_2,\cdots,\boldsymbol{\eta}_n$ 都是 $\mathbf{R}^n$ 的基底. 特别地,n 元基本向量组

$$\begin{cases} \boldsymbol{\varepsilon}_1 = (1,0,\cdots,0), \\ \boldsymbol{\varepsilon}_2 = (0,1,\cdots,0), \\ \cdots\cdots\cdots\cdots\cdots\cdots \\ \boldsymbol{\varepsilon}_n = (0,0,\cdots,1), \end{cases}$$

是 $\mathbf{R}^n$ 的一个基底. 维$(\mathbf{R}^n) = n$.

② 若 V 是 $\mathbf{R}^n$ 的子空间,则 $0 \leqslant$ 维$(\boldsymbol{V}) \leqslant n$.

③ 由 $\mathbf{R}^n$ 中一组向量 $\boldsymbol{\alpha}_1,\boldsymbol{\alpha}_2,\cdots,\boldsymbol{\alpha}_s$ 生成的子空间 $\boldsymbol{L}(\boldsymbol{\alpha}_1,\boldsymbol{\alpha}_2,\cdots,\boldsymbol{\alpha}_s)$,向量组 $\boldsymbol{\alpha}_1,\boldsymbol{\alpha}_2,\cdots,\boldsymbol{\alpha}_s$ 的极大无关组就是 $\boldsymbol{L}(\boldsymbol{\alpha}_1,\boldsymbol{\alpha}_2,\cdots,\boldsymbol{\alpha}_s)$ 的基底. 维 $\boldsymbol{L}(\boldsymbol{\alpha}_1,\boldsymbol{\alpha}_2,\cdots,\boldsymbol{\alpha}_s) =$ 秩$\{\boldsymbol{\alpha}_1,\boldsymbol{\alpha}_2,\cdots,\boldsymbol{\alpha}_s\}$.

(3) 设 $\boldsymbol{\gamma}_0 \in \mathbf{R}^n$,$\boldsymbol{V}$ 是 $\mathbf{R}^n$ 的一个子空间,称 $\boldsymbol{\gamma}_0 + \boldsymbol{V}$ 为子空间 $\boldsymbol{V}$ 在 $\mathbf{R}^n$ 的一个陪集.

4. 线性方程组解集合的结构

(1) 齐次线性方程组解空间.

① 齐次线性方程组解的性质.

② 基础解系概念.

③ 齐次线性方程组系数矩阵秩数 r 小于未知量个数 n 时,有基础解系,基础解系含有 $n-r$ 个线性无关的解.

④ 当齐次线性方程组只有零解时,解空间是 $\mathbf{R}^n$ 的零子空间 $\{\mathbf{0}\}$.

⑤ 当齐次线性方程组有非零解时,全部解就是由基础解系 $\boldsymbol{\eta}_1,\boldsymbol{\eta}_2,\cdots,\boldsymbol{\eta}_{n-r}$ 生成的子空间 $\boldsymbol{L}(\boldsymbol{\eta}_1,\boldsymbol{\eta}_2,\cdots,\boldsymbol{\eta}_{n-r})$. 基础解系就是解空间的基底. 基础解系所含向量个数 $n-r$ 就是解空间的维数.

(2) 非齐次线性方程组解陪集.

① 非齐次线性方程组的导出组. 非齐次线性方程组的解与其导出组的解之关系.

② 用分离系数消元法求非齐次线性方程组的一个特解 $\boldsymbol{\gamma}_0$ 与其导出组的一个基础解系 $\boldsymbol{\eta}_1,\boldsymbol{\eta}_2,\cdots,\boldsymbol{\eta}_{n-r}$,那么非齐次线性方程组的全部解是陪集 $\boldsymbol{\gamma}_0 + \boldsymbol{L}(\boldsymbol{\eta}_1,\boldsymbol{\eta}_2,\cdots,\boldsymbol{\eta}_{n-r})$.

第四章

矩 阵

我们在§2.2引进了矩阵概念,并利用增广矩阵解线性方程组.读者将会看到,矩阵作为"数表",用处远不止于此.下面先了解矩阵可以进行哪些有实际意义的运算.

§4.1 矩阵的运算

导学提纲

1. 何谓"两个矩阵相等"?

2. 怎样的两个矩阵可以相加(减)? 怎么加(减)? 何谓"零矩阵"? 矩阵加法有哪些运算律?

3. 怎样的两个矩阵可以相乘? 乘积是几行几列的矩阵? 具体怎么乘? 何谓"单位矩阵"? 矩阵乘法有哪些运算律? 为什么说"矩阵乘法没有交换律和消去律"? 若 $\boldsymbol{A},\boldsymbol{B}$ 是同阶方阵,等式 $(\boldsymbol{A}+\boldsymbol{B})(\boldsymbol{A}-\boldsymbol{B})=\boldsymbol{A}^2-\boldsymbol{B}^2$ 成立吗? 命题"若 $\boldsymbol{AB}=0$,则 $\boldsymbol{A}=0$ 或 $\boldsymbol{B}=0$"成立吗?

4. 一个数 k 与一个矩阵 $\boldsymbol{A}=(a_{ij})_{sn}$ 怎么乘?设 $\boldsymbol{A}$ 是 n 阶方阵,k

$\in \mathbf{R}$，$|\boldsymbol{A}|$ 为 $\boldsymbol{A}$ 的行列式. 那么 $k\boldsymbol{A}$ 与 $k|\boldsymbol{A}|$ 有什么区别?设

$$k = 5, \quad \boldsymbol{A} = \begin{bmatrix} 1 & 2 \\ 3 & 4 \end{bmatrix},$$

那么 $|k\boldsymbol{A}| = ?k|\boldsymbol{A}| = ?$何谓"数量矩阵"?数与矩阵乘法有哪些运算律?

5. 若

$$\boldsymbol{A} = \begin{bmatrix} 1 & 2 & 3 \\ 4 & 5 & 6 \end{bmatrix},$$

那么 $\boldsymbol{A}^{\mathrm{T}} = ?$矩阵转置运算有哪些规律?$(A_{24}B_{43}C_{35})^{\mathrm{T}} = ?$

何谓"对称矩阵"?若 $\boldsymbol{A}$ 与 $\boldsymbol{B}$ 是同阶对称矩阵,那么乘积 $\boldsymbol{AB}$ 还一定是对称矩阵吗?

6. 设

$$\boldsymbol{A} = \begin{bmatrix} 1 & 2 \\ 3 & 4 \end{bmatrix}, \quad \boldsymbol{B} = \begin{bmatrix} 3 & 0 \\ -1 & 2 \end{bmatrix}.$$

验证 $|\boldsymbol{AB}| = |\boldsymbol{A}||\boldsymbol{B}|$；$|\boldsymbol{BA}| = |\boldsymbol{B}||\boldsymbol{A}|$.

首先要明确,两个矩阵 $\boldsymbol{A} = (a_{ij})_{sn}$ 和 $\boldsymbol{B} = (b_{ij})_{tm}$,只有当它们的行数相同($s = t$)、列数相同($n = m$),对应位置元素都相等($a_{ij} = b_{ij}$)时,才称为**相等**. 记作 $\boldsymbol{A} = \boldsymbol{B}$. 例如,

$$\begin{bmatrix} 2 & -1 & 3 \\ 5 & 0 & 4 \end{bmatrix} = \begin{bmatrix} 2 & -1 & 3 \\ 5 & 0 & 4 \end{bmatrix};$$

$$\begin{bmatrix} 2 & -1 & 3 \\ 5 & 0 & 4 \end{bmatrix} \neq \begin{bmatrix} 2 & 5 \\ -1 & 0 \\ 3 & 4 \end{bmatrix};$$

$$\begin{bmatrix} 2 & -1 & 3 \\ 5 & 0 & 4 \end{bmatrix} \neq \begin{bmatrix} 2 & -1 & 3 \\ 5 & 1 & 4 \end{bmatrix};$$

$$\begin{bmatrix} 1 & 2 \\ 3 & 4 \end{bmatrix} \neq \begin{bmatrix} 1 & 2 & 0 \\ 3 & 4 & 0 \end{bmatrix}.$$

1. 矩阵加法

背景例 下面是每件衣服的价格表：

上衣(元/件)	大号	中号	小号
女款	a_{11}	a_{12}	a_{13}
男款	a_{21}	a_{22}	a_{23}

裤(元/件)	大号	中号	小号
女款	b_{11}	b_{12}	b_{13}
男款	b_{21}	b_{22}	b_{23}

要求上衣和裤子一套服装的价格表，只需将两个数表叠加起来：

套(元/件)	大号	中号	小号
女款	$a_{11}+b_{11}$	$a_{12}+b_{12}$	$a_{13}+b_{13}$
男款	$a_{21}+b_{21}$	$a_{22}+b_{22}$	$a_{23}+b_{23}$

定义 4.1.1 设矩阵 $\boldsymbol{A}=(a_{ij})_{sn}$，$\boldsymbol{B}=(b_{ij})_{sn}$，称矩阵 $(a_{ij}+b_{ij})_{sn}$ 为 $\boldsymbol{A}$ 与 $\boldsymbol{B}$ 的和，记作 $\boldsymbol{A}+\boldsymbol{B}$.

例如，

$$\begin{bmatrix}2 & -1 & 3\\5 & 0 & 4\end{bmatrix}+\begin{bmatrix}1 & 1 & -1\\-2 & 3 & 0\end{bmatrix}=\begin{bmatrix}2+1 & -1+1 & 3+(-1)\\5+(-2) & 0+3 & 4+0\end{bmatrix}=\begin{bmatrix}3 & 0 & 2\\3 & 3 & 4\end{bmatrix}.$$

注意 两个矩阵只有它们的行数相同，列数相同，才可加. 加法规则是对应位置元素相加.

因为矩阵加法归结为对应位置元素——数的加法，所以矩阵加法有

交换律

$$\boldsymbol{A}_{sn}+\boldsymbol{B}_{sn}=\boldsymbol{B}_{sn}+\boldsymbol{A}_{sn};$$

结合律

$$(\boldsymbol{A}_{sn}+\boldsymbol{B}_{sn})+\boldsymbol{C}_{sn}=\boldsymbol{A}_{sn}+(\boldsymbol{B}_{sn}+\boldsymbol{C}_{sn}).$$

元素全为零的矩阵

$$\begin{bmatrix} 0 & 0 & \cdots & 0 \\ 0 & 0 & \cdots & 0 \\ \vdots & \vdots & & \vdots \\ 0 & 0 & \cdots & 0 \end{bmatrix}_{sn}$$

称为**零矩阵**，记作 $\mathbf{0}_{sn}$，在不至引起混淆的情况下也可以记作 $\mathbf{0}$. 显然对任意可加矩阵 $\boldsymbol{A}_{sn}$ 都有

$$\boldsymbol{A}_{sn} + \mathbf{0}_{sn} = \boldsymbol{A}_{sn}.$$

将矩阵 $\boldsymbol{A} = (a_{ij})_{sn}$ 的所有元素换成相反数，得 $(-a_{ij})_{sn}$，称为 $\boldsymbol{A}$ 的**负矩阵**，记作 $-\boldsymbol{A}$. 例如，

$$\boldsymbol{A} = \begin{bmatrix} 2 & -1 & 3 \\ 5 & 0 & 4 \end{bmatrix}$$

的负矩阵

$$-\boldsymbol{A} = \begin{bmatrix} -2 & 1 & -3 \\ -5 & 0 & -4 \end{bmatrix}.$$

显然

$$\boldsymbol{A}_{sn} + (-\boldsymbol{A}_{sn}) = \mathbf{0}_{sn}.$$

利用负矩阵可以定义矩阵的**减法**：

$$\boldsymbol{A}_{sn} - \boldsymbol{B}_{sn} = \boldsymbol{A}_{sn} + (-\boldsymbol{B}_{sn}).$$

例如，

$$\begin{bmatrix} 5 & 0 \\ 2 & 3 \\ -1 & 1 \end{bmatrix} - \begin{bmatrix} 2 & 1 \\ 3 & -2 \\ 0 & 1 \end{bmatrix} = \begin{bmatrix} 5-2 & 0-1 \\ 2-3 & 3-(-2) \\ -1-0 & 1-1 \end{bmatrix}$$

$$= \begin{bmatrix} 3 & -1 \\ -1 & 5 \\ -1 & 0 \end{bmatrix}.$$

2. 矩阵乘法

背景例 线性方程组

$$\begin{cases} a_{11}x_1 + a_{12}x_2 + a_{13}x_3 = b_1, \\ a_{21}x_1 + a_{22}x_2 + a_{23}x_3 = b_2. \end{cases}$$

可用矩阵乘法表示为

$$\begin{bmatrix} a_{11} & a_{12} & a_{13} \\ a_{21} & a_{22} & a_{23} \end{bmatrix}_{23} \begin{bmatrix} x_1 \\ x_2 \\ x_3 \end{bmatrix}_{31} = \begin{bmatrix} b_1 \\ b_2 \end{bmatrix}_{21}.$$

线性方程组还可以用矩阵乘法表示为

$$\boldsymbol{A}_{23}\boldsymbol{X}_{31} = \boldsymbol{b}_{21}.$$

定义4.1.2 设矩阵 $\boldsymbol{A} = (a_{ij})_{sn}$，$\boldsymbol{B} = (b_{ij})_{nt}$，称矩阵 $\boldsymbol{C} = (c_{ij})_{st}$ 是 $\boldsymbol{A}$ 与 $\boldsymbol{B}$ 的乘积，记作

$$\boldsymbol{A}_{sn}\boldsymbol{B}_{nt} = \boldsymbol{C}_{st},$$

其中

$$c_{ij} = a_{i1}b_{1j} + a_{i2}b_{2j} + \cdots + a_{in}b_{nj}$$
$$(i = 1,2,\cdots,s; j = 1,2,\cdots,t).$$

注意 矩阵 $\boldsymbol{A}$ 的列数必须等于 $\boldsymbol{B}$ 的行数时，$\boldsymbol{A}$、$\boldsymbol{B}$ 才可乘；乘积 $\boldsymbol{C}$ 的行数等于 $\boldsymbol{A}$ 的行数，$\boldsymbol{C}$ 的列数等于 $\boldsymbol{B}$ 的列数；乘积 $\boldsymbol{C}$ 的 (i,j) 元等于 $\boldsymbol{A}$ 的第 i 行元素与 $\boldsymbol{B}$ 的第 j 列对应元素乘积之和.

例 4.1.1 设

$$\boldsymbol{A} = \begin{bmatrix} 1 & 0 & 3 \\ 2 & -1 & 0 \end{bmatrix}_{23}, \quad \boldsymbol{B} = \begin{bmatrix} 3 & -1 \\ -2 & 4 \\ 0 & 1 \end{bmatrix}_{32}.$$

那么

$$AB=\begin{bmatrix}1&0&3\\2&-1&0\end{bmatrix}_{23}\begin{bmatrix}3&-1\\-2&4\\0&1\end{bmatrix}_{32}$$

$$=\begin{bmatrix}1\times3+0\times(-2)+3\times0 & 1\times(-1)+0\times4+3\times1\\2\times3+(-1)\times(-2)+0\times0 & 2\times(-1)+(-1)\times4+0\times1\end{bmatrix}_{22}$$

$$=\begin{bmatrix}3&2\\8&-6\end{bmatrix}_{22};$$

$$BA=\begin{bmatrix}3&-1\\-2&4\\0&1\end{bmatrix}_{32}\cdot\begin{bmatrix}1&0&3\\2&-1&0\end{bmatrix}_{23}$$

$$=\begin{bmatrix}3\times1+(-1)\times2 & 3\times0+(-1)\times(-1) & 3\times3+(-1)\times0\\-2\times1+4\times2 & -2\times0+4\times(-1) & -2\times3+4\times0\\0\times1+1\times2 & 0\times0+1\times(-1) & 0\times3+1\times0\end{bmatrix}_{33}$$

$$=\begin{bmatrix}1&1&9\\6&-4&-6\\2&-1&0\end{bmatrix}_{33}.$$

这里 AB 可乘,BA 也可乘,但 $AB\neq BA$.

例 4.1.2 设

$$A=\begin{bmatrix}1&2\\0&3\end{bmatrix}_{22},\quad B=\begin{bmatrix}2&-1&3\\1&2&0\end{bmatrix}_{23}.$$

那么

$$AB=\begin{bmatrix}1&2\\0&3\end{bmatrix}_{22}\begin{bmatrix}2&-1&3\\1&2&0\end{bmatrix}_{23}=\begin{bmatrix}4&3&3\\3&6&0\end{bmatrix}_{23}.$$

但 B_{23},A_{22} 不可乘.

例 4.1.3

$$\begin{bmatrix}1&0\\0&1\end{bmatrix}_{22}\begin{bmatrix}2&-1&3\\1&2&0\end{bmatrix}_{23}=\begin{bmatrix}2&-1&3\\1&2&0\end{bmatrix}_{23};$$

$$\begin{bmatrix}2 & -1 & 3\\1 & 2 & 0\end{bmatrix}_{23}\begin{bmatrix}1 & 0 & 0\\0 & 1 & 0\\0 & 0 & 1\end{bmatrix}_{33}=\begin{bmatrix}2 & -1 & 3\\1 & 2 & 0\end{bmatrix}_{23}.$$

例 4.1.4 设

$$\boldsymbol{A}=\begin{bmatrix}-2 & 4\\1 & -2\end{bmatrix},\quad \boldsymbol{B}=\begin{bmatrix}2 & 4\\-3 & -6\end{bmatrix}.$$

那么

$$\boldsymbol{AB}=\begin{bmatrix}-2 & 4\\1 & -2\end{bmatrix}\begin{bmatrix}2 & 4\\-3 & -6\end{bmatrix}=\begin{bmatrix}-16 & -32\\8 & 16\end{bmatrix};$$

$$\boldsymbol{BA}=\begin{bmatrix}2 & 4\\-3 & -6\end{bmatrix}\begin{bmatrix}-2 & 4\\1 & -2\end{bmatrix}=\begin{bmatrix}0 & 0\\0 & 0\end{bmatrix}.$$

这表明，$\boldsymbol{AB}$ 可乘，$\boldsymbol{BA}$ 也可乘，但 $\boldsymbol{AB}\neq\boldsymbol{BA}$；$\boldsymbol{A}\neq 0$，$\boldsymbol{B}\neq 0$，但 $\boldsymbol{BA}=0$.

例 4.1.5

$$(a_1\ a_2\ \cdots\ a_n)_{1n}\begin{bmatrix}b_1\\b_2\\\vdots\\b_n\end{bmatrix}_{n1}=\left(\sum_{i=1}^{n}a_ib_i\right)_{11};$$

$$\begin{bmatrix}b_1\\b_2\\\vdots\\b_n\end{bmatrix}_{n1}(a_1\ a_2\ \cdots\ a_n)_{1n}=\begin{bmatrix}b_1a_1 & b_1a_2 & \cdots & b_1a_n\\b_2a_1 & b_2a_2 & \cdots & b_2a_n\\\vdots & \vdots & & \vdots\\b_na_1 & b_na_2 & \cdots & b_na_n\end{bmatrix}_{nn}.$$

注意 1 矩阵乘法没有交换律. 因为 $\boldsymbol{AB}$ 可乘，$\boldsymbol{BA}$ 未必可乘(例 4.1.2)；$\boldsymbol{AB}$ 可乘，$\boldsymbol{BA}$ 也可乘，但乘积 $\boldsymbol{AB}$ 与 $\boldsymbol{BA}$ 未必相等(例 4.1.1，例 4.1.4，例 4.1.5).

注意 2 矩阵乘法没有消去律[注]，即 $\boldsymbol{AB}=\boldsymbol{AC}$，$\boldsymbol{A}\neq 0\not\Rightarrow\boldsymbol{B}=\boldsymbol{C}$.

[注] 在数的运算中有消去律：$ab=ac$，$a\neq 0\Rightarrow b=c$. 证：$ab=ac\Rightarrow a(b-c)=0$，因为 $a\neq 0$，所以 $b-c=0\Rightarrow b=c$.

例如，

$$A=\begin{bmatrix}1&1\\1&1\end{bmatrix},\quad B=\begin{bmatrix}1&1\\0&1\end{bmatrix},\quad C=\begin{bmatrix}1&0\\0&2\end{bmatrix}.$$

请读者动手验算，$AB=AC$，$A\neq 0$ 但 $B\neq C$. 这就是说，在矩阵运算中 $AB=0\not\Rightarrow A=0$ 或 $B=0$. 换句话说，$A\neq 0$，$B\neq 0$，但可能 $BA=\mathbf{0}$(例 4.1.4).

矩阵乘法有

结合律

$$(A_{sn}B_{nt})C_{tm}=A_{sn}(B_{nt}C_{tm});$$

左分配律

$$A_{sn}(B_{nt}+C_{nt})=A_{sn}B_{nt}+A_{sn}C_{nt};$$

右分配律

$$(A_{sn}+B_{sn})C_{nt}=A_{sn}C_{nt}+B_{sn}C_{nt}.$$

例 4.1.6 设

$$A=\begin{bmatrix}1&0\\-1&2\end{bmatrix},\quad B=\begin{bmatrix}0&1&2\\4&3&-1\end{bmatrix},\quad C=\begin{bmatrix}1\\-2\\3\end{bmatrix}.$$

请读者动手验算：$(AB)C=A(BC)$.

n 阶方阵

$$\begin{bmatrix}1&0&\cdots&0\\0&1&\cdots&0\\\vdots&\vdots&\ddots&\vdots\\0&0&\cdots&1\end{bmatrix}$$

称为**单位矩阵**，记作 I_{nn} 或 I_n. 在不至引起混淆的情况下，也可记作 I. 由例 4.1.3 可以看出对任一矩阵 A_{sn}，总有

$$I_{ss}A_{sn}=A_{sn},\quad A_{sn}I_{nn}=A_{sn}.$$

设$\boldsymbol{A}$是一个n阶方阵，s,t是非负整数，规定$\boldsymbol{A}^0=\boldsymbol{I}$. 当$s>0$时，

$$\boldsymbol{A}^s=\underbrace{\boldsymbol{A}\cdot\boldsymbol{A}\cdot\cdots\cdot\boldsymbol{A}}_{s个};$$

$$\boldsymbol{A}^s\cdot\boldsymbol{A}^t=\boldsymbol{A}^{s+t};$$
$$(\boldsymbol{A}^s)^t=\boldsymbol{A}^{st}.$$

因为矩阵乘法没有交换律，所以对于两个同阶方阵$\boldsymbol{A},\boldsymbol{B}$来说，一般地

$$(\boldsymbol{AB})^s\neq\boldsymbol{A}^s\cdot\boldsymbol{B}^s.$$

3. 数与矩阵乘法

背景例 产品$\mathbf{A}_i(i=1,2,\cdots,s)$中，$\boldsymbol{B}_j(j=1,2,\cdots,n)$型号的单位成本为$a_{ij}$(元)：

单位成本(元)	$\boldsymbol{B}_1$	$\boldsymbol{B}_2$	$\cdots$	$\boldsymbol{B}_n$
$\mathbf{A}_1$	a_{11}	a_{12}	$\cdots$	a_{1n}
$\mathbf{A}_2$	a_{21}	a_{22}	$\cdots$	a_{2n}
$\vdots$	$\vdots$	$\vdots$		$\vdots$
$\mathbf{A}_s$	a_{s1}	a_{s2}	$\cdots$	a_{sn}

由于采用先进生产工艺，并改进生产流程管理，成本普遍下降20%，那么新的成本表可用矩阵

$$\begin{bmatrix}0.8a_{11} & 0.8a_{12} & \cdots & 0.8a_{1n}\\ 0.8a_{21} & 0.8a_{22} & \cdots & 0.8a_{2n}\\ \vdots & \vdots & & \vdots\\ 0.8a_{s1} & 0.8a_{s2} & \cdots & 0.8a_{sn}\end{bmatrix}$$

表示，简单记作

$$0.8\begin{bmatrix} a_{11} & a_{12} & \cdots & a_{1n} \\ a_{21} & a_{22} & \cdots & a_{2n} \\ \vdots & \vdots & & \vdots \\ a_{s1} & a_{s2} & \cdots & a_{sn} \end{bmatrix}.$$

定义 4.1.3　用数 k 乘以矩阵 $\boldsymbol{A}=(a_{ij})_{sn}$ 中每一个元素 a_{ij}，所得矩阵 $(ka_{ij})_{sn}$ 称为数 k 与矩阵 $\boldsymbol{A}$ 的乘积，记作 $k\boldsymbol{A}$.

例如，

$$3\cdot\begin{bmatrix} 2 & -1 \\ 0 & 4 \end{bmatrix}=\begin{bmatrix} 3\times 2 & 3\times(-1) \\ 3\times 0 & 3\times 4 \end{bmatrix}=\begin{bmatrix} 6 & -3 \\ 0 & 12 \end{bmatrix}.$$

按定义 4.1.3 可以证明，数与矩阵的乘法(简称**数量乘法**或**数乘运算**)有以下规律：

$$1\cdot\boldsymbol{A}=\boldsymbol{A};$$
$$k(\boldsymbol{A}+\boldsymbol{B})=k\boldsymbol{A}+k\boldsymbol{B};$$
$$(k+l)\boldsymbol{A}=k\boldsymbol{A}+l\boldsymbol{A};$$
$$k(l\boldsymbol{A})=(kl)\boldsymbol{A};$$
$$k(\boldsymbol{A}\boldsymbol{B})=(k\boldsymbol{A})\boldsymbol{B}=\boldsymbol{A}(k\boldsymbol{B}).$$

其中 $\boldsymbol{A},\boldsymbol{B}$ 为任意可加或可乘矩阵，k,l 为任意数.

n 阶矩阵

$$\begin{bmatrix} k & 0 & \cdots & 0 \\ 0 & k & \cdots & 0 \\ \vdots & \vdots & \ddots & \vdots \\ 0 & 0 & \cdots & k \end{bmatrix}$$

称为**数量矩阵**，记作 $k\boldsymbol{I}$. 例如，

$$5\boldsymbol{I}_{22}=5\begin{bmatrix} 1 & 0 \\ 0 & 1 \end{bmatrix}=\begin{bmatrix} 5 & 0 \\ 0 & 5 \end{bmatrix}$$

是一个 2 阶数量矩阵. 对于矩阵

$$\boldsymbol{A}=\begin{bmatrix} 1 & -2 & 3 \\ 4 & 0 & -1 \end{bmatrix}$$

有

$$(5\boldsymbol{I}_{22})\boldsymbol{A}=\begin{bmatrix}5&0\\0&5\end{bmatrix}\begin{bmatrix}1&-2&3\\4&0&-1\end{bmatrix}$$
$$=\begin{bmatrix}5&-10&15\\20&0&-5\end{bmatrix}=5\boldsymbol{A}.$$

可见数量矩阵在矩阵乘法中所起的作用相当于用数去乘矩阵.对任意矩阵 $\boldsymbol{A}_{sn}$ 都有

$$(k\boldsymbol{I}_{ss})\boldsymbol{A}_{sn}=k\boldsymbol{A}_{sn};$$
$$\boldsymbol{A}_{sn}(k\boldsymbol{I}_{nn})=k\boldsymbol{A}_{sn}.$$

4. 矩阵的转置

定义 4.1.4 把 $s\times n$ 矩阵 $\boldsymbol{A}$ 的行与列对换,得到的 $n\times s$ 矩阵,称为 $\boldsymbol{A}$ 的转置矩阵,简称 $\boldsymbol{A}$ 的**转置**,记作 $\boldsymbol{A}^{\mathrm{T}}$ 或 $\boldsymbol{A}'$.

例如

$$\boldsymbol{A}=\begin{bmatrix}1&2&3\\4&5&6\end{bmatrix}_{23},\quad \boldsymbol{A}^{\mathrm{T}}=\begin{bmatrix}1&4\\2&5\\3&6\end{bmatrix}_{32};$$
$$\boldsymbol{B}=\begin{bmatrix}1&2\\3&4\end{bmatrix}_{22},\quad \boldsymbol{B}^{\mathrm{T}}=\begin{bmatrix}1&3\\2&4\end{bmatrix}_{22};$$
$$\begin{bmatrix}1&2\\2&3\end{bmatrix}^{\mathrm{T}}=\begin{bmatrix}1&2\\2&3\end{bmatrix};$$
$$(a_1\ a_2\ \cdots\ a_n)_{1n}^{\mathrm{T}}=\begin{bmatrix}a_1\\a_2\\\vdots\\a_n\end{bmatrix}_{n1};$$
$$\begin{bmatrix}b_1\\b_2\\\vdots\\b_n\end{bmatrix}_{n1}^{\mathrm{T}}=(b_1\ b_2\ \cdots\ b_n)_{1n}.$$

例 4.1.7 设

$$A=\begin{bmatrix}1 & 0\\ 2 & -1\end{bmatrix},\quad B=\begin{bmatrix}3 & -1 & 1\\ -2 & 4 & 0\end{bmatrix},$$

验证

$$(AB)^{\mathrm{T}}=B^{\mathrm{T}}A^{\mathrm{T}}.$$

解

$$AB=\begin{bmatrix}1 & 0\\ 2 & -1\end{bmatrix}\begin{bmatrix}3 & -1 & 1\\ -2 & 4 & 0\end{bmatrix}=\begin{bmatrix}3 & -1 & 1\\ 8 & -6 & 2\end{bmatrix},$$

$$(AB)^{\mathrm{T}}=\begin{bmatrix}3 & 8\\ -1 & -6\\ 1 & 2\end{bmatrix},$$

$$B^{\mathrm{T}}A^{\mathrm{T}}=\begin{bmatrix}3 & -2\\ -1 & 4\\ 1 & 0\end{bmatrix}\begin{bmatrix}1 & 2\\ 0 & -1\end{bmatrix}=\begin{bmatrix}3 & 8\\ -1 & -6\\ 1 & 2\end{bmatrix}.$$

确有$(AB)^{\mathrm{T}}=B^{\mathrm{T}}A^{\mathrm{T}}$.

矩阵转置运算有以下规律:

$$(A_{sn}^{\mathrm{T}})^{\mathrm{T}}=A_{sn},$$
$$(A_{sn}+B_{sn})^{\mathrm{T}}=A_{sn}^{\mathrm{T}}+B_{sn}^{\mathrm{T}},$$
$$(kA_{sn})^{\mathrm{T}}=kA_{sn}^{\mathrm{T}},$$
$$(A_{sn}B_{nt})^{\mathrm{T}}=(B_{nt})^{\mathrm{T}}(A_{sn})^{\mathrm{T}}.$$

最后一条规律可以推广到多个可乘矩阵情形. 例如,

$$(A_{sn}B_{nt}C_{tm})^{\mathrm{T}}=(C_{tm})^{\mathrm{T}}(B_{nt})^{\mathrm{T}}(A_{sn})^{\mathrm{T}}$$

称为**倒置法则**.

定义 4.1.5 如果 $A^{\mathrm{T}}=A$,称 A 为**对称矩阵**.

例如,

$$A=\begin{bmatrix}2 & 1 & 5 & -4\\ 1 & 0 & 7 & -2\\ 5 & 7 & -1 & 0\\ -4 & -2 & 0 & 3\end{bmatrix}.$$

单位矩阵、数量矩阵都是对称矩阵.

由定义可知 $\boldsymbol{A}=(a_{ij})_{nn}$ 是对称矩阵的充分必要条件是 $a_{ij}=a_{ji}(i,j=1,2,\cdots,n)$.

例 4.1.8　设 $\boldsymbol{A},\boldsymbol{B}$ 是同阶对称矩阵. 证明 $\boldsymbol{A}+\boldsymbol{B},k\boldsymbol{A}$ 也是对称矩阵.

分析　从求证入手，根据对称矩阵定义，只需证明

$$(\boldsymbol{A}+\boldsymbol{B})^{\mathrm{T}}=\boldsymbol{A}+\boldsymbol{B},\quad (k\boldsymbol{A})^{\mathrm{T}}=k\boldsymbol{A}.$$

证　根据对称矩阵定义和矩阵转置运算规律，

$$(\boldsymbol{A}+\boldsymbol{B})^{\mathrm{T}}=\boldsymbol{A}^{\mathrm{T}}+\boldsymbol{B}^{\mathrm{T}}=\boldsymbol{A}+\boldsymbol{B};$$
$$(k\boldsymbol{A})^{\mathrm{T}}=k\boldsymbol{A}^{\mathrm{T}}=k\boldsymbol{A}.$$

注意　同阶对称矩阵 $\boldsymbol{A},\boldsymbol{B}$ 的乘积 $\boldsymbol{AB}$ 未必是对称矩阵. 例如，

$$\begin{bmatrix}1 & 1\\ 1 & 1\end{bmatrix}\begin{bmatrix}1 & -1\\ -1 & 0\end{bmatrix}=\begin{bmatrix}0 & -1\\ 0 & -1\end{bmatrix}.$$

最后我们不加证明地给出一个今后常用到的定理.

定理 4.1.1　两个 n 阶矩阵 $\boldsymbol{A},\boldsymbol{B}$ 乘积的行列式 $|\boldsymbol{AB}|$ 等于两个矩阵行列式 $|\boldsymbol{A}|,|\boldsymbol{B}|$ 的乘积，即

$$|\boldsymbol{AB}|=|\boldsymbol{A}||\boldsymbol{B}|.$$

例如

$$\boldsymbol{A}=\begin{bmatrix}1 & 2\\ -1 & 3\end{bmatrix},\quad \boldsymbol{B}=\begin{bmatrix}4 & 0\\ 2 & 1\end{bmatrix},$$

那么

$$\boldsymbol{AB}=\begin{bmatrix}1 & 2\\ -1 & 3\end{bmatrix}\begin{bmatrix}4 & 0\\ 2 & 1\end{bmatrix}=\begin{bmatrix}8 & 2\\ 2 & 3\end{bmatrix},$$

$$|AB| = \begin{vmatrix} 8 & 2 \\ 2 & 3 \end{vmatrix} = 20,$$

$$|A||B| = \begin{vmatrix} 1 & 2 \\ -1 & 3 \end{vmatrix}\begin{vmatrix} 4 & 0 \\ 2 & 1 \end{vmatrix} = 5 \times 4 = 20.$$

读者可以验证 $|BA| = |B||A|$.

习　题　4.1

1. 解矩阵方程 $A + X - 2B = 0$,其中

$$A = \begin{bmatrix} 1 & 2 \\ -1 & 3 \\ 4 & 0 \end{bmatrix}, \quad B = \begin{bmatrix} -1 & 1 \\ 2 & 0 \\ 5 & -3 \end{bmatrix}.$$

2. 设

$$A = \begin{bmatrix} 1 & -1 \\ 2 & 1 \end{bmatrix}, \quad B = \begin{bmatrix} 1 & -1 & 1 \\ 2 & 3 & -1 \end{bmatrix},$$

$$C = \begin{bmatrix} 2 & 1 & 4 \\ 3 & 0 & -1 \end{bmatrix}, \quad D = \begin{bmatrix} 2 & 1 & 3 \\ 1 & -1 & 1 \end{bmatrix}.$$

验证：

$$B + C = C + B,$$
$$(B + C) + D = B + (C + D),$$
$$A(B - C) = AB - AC,$$
$$(AB)^{\mathrm{T}} = B^{\mathrm{T}} A^{\mathrm{T}}.$$

3. 求下列矩阵乘积(空白处元素为“0”)：

(1) $\begin{bmatrix} 1 & -1 \\ -1 & 1 \end{bmatrix}\begin{bmatrix} 1 & -1 \\ 1 & -1 \end{bmatrix}$;

(2) $\begin{bmatrix} 1 & -1 \\ 1 & -1 \end{bmatrix}\begin{bmatrix} 1 & -1 \\ -1 & 1 \end{bmatrix}$;

(3) $\begin{bmatrix} 2 & 2 & 3 \\ 1 & -1 & 0 \\ -1 & 2 & 1 \end{bmatrix}\begin{bmatrix} 1 & -4 & -3 \\ 1 & -5 & -3 \\ -1 & 6 & 4 \end{bmatrix}$;

(4) $\begin{bmatrix} 1 & -4 & -3 \\ 1 & -5 & -3 \\ -1 & 6 & 4 \end{bmatrix}\begin{bmatrix} 2 & 2 & 3 \\ 1 & -1 & 0 \\ -1 & 2 & 1 \end{bmatrix}$;

(5) $\begin{bmatrix} a & & \\ & b & \\ & & c \end{bmatrix}\begin{bmatrix} a_1 & & \\ & b_1 & \\ & & c_1 \end{bmatrix}$;

(6) $\begin{bmatrix} 2 & & \\ & 3 & \\ & & 4 \end{bmatrix}\begin{bmatrix} \frac{1}{2} & & \\ & \frac{1}{3} & \\ & & \frac{1}{4} \end{bmatrix}$;

(7) $\begin{bmatrix} 1 & & \\ & 2 & \\ & & 1 \end{bmatrix}\begin{bmatrix} 1 & & \\ & \frac{1}{2} & \\ & & 1 \end{bmatrix}$;

(8) $\begin{bmatrix} 0 & 1 & \\ 1 & 0 & \\ & & 1 \end{bmatrix}\begin{bmatrix} 0 & 1 & \\ 1 & 0 & \\ & & 1 \end{bmatrix}$;

(9) $\begin{bmatrix} 1 & & k \\ & 1 & \\ & & 1 \end{bmatrix}\begin{bmatrix} 1 & & -k \\ & 1 & \\ & & 1 \end{bmatrix}$;

(10) $\begin{bmatrix} 1 & & \\ & 2 & \\ & & 1 \end{bmatrix}\begin{bmatrix} a_1 & a_2 & a_3 \\ b_1 & b_2 & b_3 \\ c_1 & c_2 & c_3 \end{bmatrix}$;

(11) $\begin{bmatrix} a_1 & a_2 & a_3 \\ b_1 & b_2 & b_3 \\ c_1 & c_2 & c_3 \end{bmatrix}\begin{bmatrix} 1 & & \\ & 2 & \\ & & 1 \end{bmatrix}$;

(12) $\begin{bmatrix} 0 & 1 & \\ 1 & 0 & \\ & & 1 \end{bmatrix}\begin{bmatrix} a_1 & a_2 & a_3 \\ b_1 & b_2 & b_3 \\ c_1 & c_2 & c_3 \end{bmatrix}$;

(13) $\begin{bmatrix} a_1 & a_2 & a_3 \\ b_1 & b_2 & b_3 \\ c_1 & c_2 & c_3 \end{bmatrix}\begin{bmatrix} 0 & 1 & \\ 1 & 0 & \\ & & 1 \end{bmatrix}$;

(14) $\begin{bmatrix} 1 & & k \\ & 1 & \\ & & 1 \end{bmatrix}\begin{bmatrix} a_1 & a_2 & a_3 \\ b_1 & b_2 & b_3 \\ c_1 & c_2 & c_3 \end{bmatrix}$;

(15) $\begin{bmatrix} a_1 & a_2 & a_3 \\ b_1 & b_2 & b_3 \\ c_1 & c_2 & c_3 \end{bmatrix}\begin{bmatrix} 1 & & k \\ & 1 & \\ & & 1 \end{bmatrix}$;

(16) $\begin{bmatrix} 2 & & \\ & 3 & \\ & & 4 \end{bmatrix}\begin{bmatrix} a_1 & a_2 & a_3 \\ b_1 & b_2 & b_3 \\ c_1 & c_2 & c_3 \end{bmatrix}$;

(17) $\begin{bmatrix} a_1 & a_2 & a_3 \\ b_1 & b_2 & b_3 \\ c_1 & c_2 & c_3 \end{bmatrix}\begin{bmatrix} 2 & & \\ & 3 & \\ & & 4 \end{bmatrix}$;

(18) $\begin{bmatrix} 1 & 1 & 1 \\ 0 & 1 & 1 \\ 0 & 0 & 1 \end{bmatrix}\begin{bmatrix} 1 & 2 & 3 \\ 0 & 1 & 2 \\ 0 & 0 & 1 \end{bmatrix}$;

(19) $\begin{bmatrix} 1 & 0 & 0 \\ 1 & 1 & 0 \\ 1 & 1 & 1 \end{bmatrix}\begin{bmatrix} 1 & 0 & 0 \\ 2 & 1 & 0 \\ 3 & 2 & 1 \end{bmatrix}$;

(20) $(1\ 2\ 3)\begin{bmatrix} 1 \\ 1 \\ 1 \end{bmatrix}$;

(21) $\begin{bmatrix} 1 \\ 1 \\ 1 \end{bmatrix}(1\ 2\ 3)$;

(22) $(x_1\ x_2\ x_3)\begin{bmatrix} a & & \\ & b & \\ & & c \end{bmatrix}\begin{bmatrix} x_1 \\ x_2 \\ x_3 \end{bmatrix}$;

(23) $(x_1\ x_2\ x_3)\begin{bmatrix}0 & 1 & 1\\1 & 0 & 1\\1 & 1 & 0\end{bmatrix}\begin{bmatrix}x_1\\x_2\\x_3\end{bmatrix}$.

4. 设

$$\boldsymbol{A}=\begin{bmatrix}1 & 1\\1 & -1\end{bmatrix},\quad \boldsymbol{B}=\begin{bmatrix}1 & 1\\1 & 1\end{bmatrix}.$$

求$(\boldsymbol{AB})^2$ 和 $\boldsymbol{A}^2\boldsymbol{B}^2$.

5. 设

$$\boldsymbol{A}=\begin{bmatrix}\cos\theta & -\sin\theta\\ \sin\theta & \cos\theta\end{bmatrix},$$

$$\boldsymbol{B}=\begin{bmatrix}\frac{\sqrt{2}}{2} & -\frac{\sqrt{2}}{2}\\ \frac{\sqrt{2}}{2} & \frac{\sqrt{2}}{2}\end{bmatrix},$$

$$\boldsymbol{C}=\begin{bmatrix}\frac{2}{3} & \frac{2}{3} & \frac{1}{3}\\ \frac{2}{3} & -\frac{1}{3} & -\frac{2}{3}\\ \frac{1}{3} & -\frac{2}{3} & \frac{2}{3}\end{bmatrix}.$$

求 $\boldsymbol{A}^{\mathrm{T}}\boldsymbol{A},\boldsymbol{A}\boldsymbol{A}^{\mathrm{T}},\boldsymbol{B}^{\mathrm{T}}\boldsymbol{B},\boldsymbol{B}\boldsymbol{B}^{\mathrm{T}},\boldsymbol{C}^{\mathrm{T}}\boldsymbol{C},\boldsymbol{C}\boldsymbol{C}^{\mathrm{T}}$.

6. 设 λ 是未知数,矩阵

$$\boldsymbol{A}=\begin{bmatrix}5 & -3\\-3 & 5\end{bmatrix},$$

(1) 求矩阵 $\lambda\boldsymbol{I}-\boldsymbol{A}$;

(2) 计算行列式 $|\lambda\boldsymbol{I}-\boldsymbol{A}|$;

(3) 解方程 $|\lambda\boldsymbol{I}-\boldsymbol{A}|=0$.

7. 设 λ 是未知数,矩阵

$$A = \begin{bmatrix} 1 & 2 & -2 \\ 2 & 3 & 0 \\ -2 & 0 & 3 \end{bmatrix},$$

(1) 求矩阵 $\lambda I - A$;

(2) 计算行列式 $|\lambda I - A|$;

(3) 解方程 $|\lambda I - A| = 0$.

§4.2 可逆矩阵及其性质

一元线性方程 $ax = c$,当 $a \neq 0$ 时,有唯一解: $x = a^{-1}c$. 在数的运算中,除法可以施行的前提是除数 $a \neq 0$. $a \neq 0$ 是 a 有倒数 a^{-1} 的充分必要条件. a 的倒数(或称 a 的逆)是指与 a 相乘等于1(单位)的那个数 a^{-1},即 $aa^{-1} = 1$. 解矩阵方程 $AX = C$,同样要讨论 A 是否可逆,即是否存在一个矩阵 B,使 $AB = BA = I$?本节介绍可逆矩阵及其性质.

导学提纲

1. 何谓"可逆矩阵"?为什么可逆矩阵都是方阵?为什么可逆矩阵 A 的逆只有一个?

2. 可逆矩阵有哪些性质?如何证明?

定义 4.2.1 对于 n 阶矩阵 A,如果存在 n 阶矩阵 B,使

$$AB = BA = I,$$

则称 A 可逆,称 B 是 A 的逆矩阵,简称 A 的逆.

如果 A 可逆,则 A 只有一个逆. 这是因为:如果 B_1, B_2 都是 A 的逆,即

$$AB_1 = B_1A = I, \quad AB_2 = B_2A = I.$$

则

$$\boldsymbol{B}_1=\boldsymbol{B}_1\boldsymbol{I}=\boldsymbol{B}_1(\boldsymbol{A}\boldsymbol{B}_2)=(\boldsymbol{B}_1\boldsymbol{A})\boldsymbol{B}_2=\boldsymbol{I}\boldsymbol{B}_2=\boldsymbol{B}_2.$$

既然 $\boldsymbol{A}$ 若有逆,只有一个逆,就将这唯一的逆矩阵记作 $\boldsymbol{A}^{-1}$.

例如,习题 4.1 第 3 题中(7)(8)(9) 题

$$\begin{bmatrix}1&0&0\\0&2&0\\0&0&1\end{bmatrix}^{-1}=\begin{bmatrix}1&0&0\\0&\dfrac{1}{2}&0\\0&0&1\end{bmatrix};$$

$$\begin{bmatrix}0&1&0\\1&0&0\\0&0&1\end{bmatrix}^{-1}=\begin{bmatrix}0&1&0\\1&0&0\\0&0&1\end{bmatrix};$$

$$\begin{bmatrix}1&0&k\\0&1&0\\0&0&1\end{bmatrix}^{-1}=\begin{bmatrix}1&0&-k\\0&1&0\\0&0&1\end{bmatrix}.$$

第 5 题中,

$$\boldsymbol{A}^{-1}=\boldsymbol{A}^{\mathrm{T}},\quad \boldsymbol{B}^{-1}=\boldsymbol{B}^{\mathrm{T}},\quad \boldsymbol{C}^{-1}=\boldsymbol{C}^{\mathrm{T}}.$$

可逆矩阵有以下性质:

性质 1 若 $\boldsymbol{A}$ 可逆,则 $\boldsymbol{A}^{-1}$ 也可逆,且 $(\boldsymbol{A}^{-1})^{-1}=\boldsymbol{A}$.

证 因为 $\boldsymbol{A}\boldsymbol{A}^{-1}=\boldsymbol{A}^{-1}\boldsymbol{A}=\boldsymbol{I}$. 据定义 4.2.1,$\boldsymbol{A}$ 是 $\boldsymbol{A}^{-1}$ 的逆.

性质 1 告诉我们 $\boldsymbol{A}$ 与 $\boldsymbol{A}^{-1}$ 互为逆矩阵.

性质 2 若 $\boldsymbol{A}$ 可逆,则 $|\boldsymbol{A}|\neq 0$,且 $|\boldsymbol{A}^{-1}|=|\boldsymbol{A}|^{-1}$.

证 已知 $\boldsymbol{A}\boldsymbol{A}^{-1}=\boldsymbol{A}^{-1}\boldsymbol{A}=\boldsymbol{I}$. 据定理 4.1.1,

$$|\boldsymbol{A}\boldsymbol{A}^{-1}|=|\boldsymbol{A}^{-1}\boldsymbol{A}|=|\boldsymbol{I}|,$$

推出

$$|\boldsymbol{A}||\boldsymbol{A}^{-1}|=|\boldsymbol{A}^{-1}||\boldsymbol{A}|=1,$$

所以

$$|\boldsymbol{A}^{-1}|=|\boldsymbol{A}|^{-1}.$$

性质 3 设 $\boldsymbol{A},\boldsymbol{B}$ 是同阶可逆矩阵,则乘积 $\boldsymbol{A}\boldsymbol{B}$ 也可逆,且

$$(\boldsymbol{AB})^{-1}=\boldsymbol{B}^{-1}\boldsymbol{A}^{-1}.$$

证

$$(\boldsymbol{B}^{-1}\boldsymbol{A}^{-1})(\boldsymbol{AB})=\boldsymbol{B}^{-1}(\boldsymbol{A}^{-1}\boldsymbol{A})\boldsymbol{B}=\boldsymbol{B}^{-1}(\boldsymbol{IB})=\boldsymbol{B}^{-1}\boldsymbol{B}=\boldsymbol{I};$$
$$(\boldsymbol{AB})(\boldsymbol{B}^{-1}\boldsymbol{A}^{-1})=\boldsymbol{A}(\boldsymbol{BB}^{-1})\boldsymbol{A}^{-1}=(\boldsymbol{AI})\boldsymbol{A}^{-1}=\boldsymbol{AA}^{-1}=\boldsymbol{I}.$$

据定义 4.2.1，$\boldsymbol{AB}$ 可逆，且

$$(\boldsymbol{AB})^{-1}=\boldsymbol{B}^{-1}\boldsymbol{A}^{-1}.$$

一般地，若 $\boldsymbol{A}_1,\boldsymbol{A}_2,\cdots,\boldsymbol{A}_s$ 都是同阶可逆矩阵，则乘积 $\boldsymbol{A}_1\boldsymbol{A}_2\cdots\boldsymbol{A}_s$ 也可逆，且

$$(\boldsymbol{A}_1\boldsymbol{A}_2\cdots\boldsymbol{A}_s)^{-1}=\boldsymbol{A}_s^{-1}\cdots\boldsymbol{A}_2^{-1}\boldsymbol{A}_1^{-1}.$$

称为**倒置法则**.

性质 4 若 $\boldsymbol{A}$ 可逆，则 $\boldsymbol{A}^{\mathrm{T}}$ 也可逆，且 $(\boldsymbol{A}^{\mathrm{T}})^{-1}=(\boldsymbol{A}^{-1})^{\mathrm{T}}$.

证 已知

$$\boldsymbol{AA}^{-1}=\boldsymbol{A}^{-1}\boldsymbol{A}=\boldsymbol{I}.$$

将上述等式取转置. 据 §4.1 矩阵乘积转置的倒置法则，得

$$(\boldsymbol{A}^{-1})^{\mathrm{T}}\boldsymbol{A}^{\mathrm{T}}=\boldsymbol{A}^{\mathrm{T}}(\boldsymbol{A}^{-1})^{\mathrm{T}}=\boldsymbol{I}.$$

据定义 4.2.1

$$(\boldsymbol{A}^{\mathrm{T}})^{-1}=(\boldsymbol{A}^{-1})^{\mathrm{T}}.$$

例 4.2.1 设 $\boldsymbol{A},\boldsymbol{B},\boldsymbol{C}$ 是同阶方阵，且 $\boldsymbol{A}$ 可逆. 证明：

(1) 若 $\boldsymbol{AB}=\boldsymbol{AC}$，则 $\boldsymbol{B}=\boldsymbol{C}$；

(2) 若 $\boldsymbol{AB}=\boldsymbol{0}$，则 $\boldsymbol{B}=\boldsymbol{0}$.

证 (1) 已知 $\boldsymbol{A}$ 可逆，则存在 $\boldsymbol{A}^{-1}$，将已知等式 $\boldsymbol{AB}=\boldsymbol{AC}$ 两边左乘 $\boldsymbol{A}^{-1}$：

$$\boldsymbol{A}^{-1}(\boldsymbol{AB})=\boldsymbol{A}^{-1}(\boldsymbol{AC}),$$
$$(\boldsymbol{A}^{-1}\boldsymbol{A})\boldsymbol{B}=(\boldsymbol{A}^{-1}\boldsymbol{A})\boldsymbol{C},$$
$$\boldsymbol{IB}=\boldsymbol{IC},$$
$$\boldsymbol{B}=\boldsymbol{C}.$$

(2) 将已知等式 $\boldsymbol{AB}=\boldsymbol{0}$ 两边左乘 $\boldsymbol{A}^{-1}$：

$$\begin{aligned}\boldsymbol{A}^{-1}(\boldsymbol{AB})&=\boldsymbol{A}^{-1}\boldsymbol{0},\\(\boldsymbol{A}^{-1}\boldsymbol{A})\boldsymbol{B}&=\boldsymbol{0},\\\boldsymbol{IB}&=\boldsymbol{0},\\\boldsymbol{B}&=\boldsymbol{0}.\end{aligned}$$

习　题　4.2

根据可逆矩阵定义，验证下列 $\boldsymbol{A},\boldsymbol{B}$ 互为逆矩阵：

1. $\boldsymbol{A}=\begin{bmatrix}1&-1&-1&-1\\-1&1&-1&-1\\-1&-1&1&-1\\-1&-1&-1&1\end{bmatrix},\boldsymbol{B}=\dfrac{1}{4}\boldsymbol{A}$；

2. $\boldsymbol{A}=\begin{bmatrix}1&2&0&0\\-1&3&0&0\\0&0&4&2\\0&0&0&1\end{bmatrix},\boldsymbol{B}=\begin{bmatrix}\frac{3}{5}&-\frac{2}{5}&0&0\\\frac{1}{5}&\frac{1}{5}&0&0\\0&0&\frac{1}{4}&-\frac{1}{2}\\0&0&0&1\end{bmatrix}$；

3. $\boldsymbol{A}=\begin{bmatrix}k&&&\\&k&&\\&&\ddots&\\&&&k\end{bmatrix}(k\neq 0),\boldsymbol{B}=\begin{bmatrix}\frac{1}{k}&&&\\&\frac{1}{k}&&\\&&\ddots&\\&&&\frac{1}{k}\end{bmatrix}$；

4. $\boldsymbol{A}=\begin{bmatrix}2&&\\&3&\\&&4\end{bmatrix},\boldsymbol{B}=\begin{bmatrix}\frac{1}{2}&&\\&\frac{1}{3}&\\&&\frac{1}{4}\end{bmatrix}$；

5. $\boldsymbol{A}=\begin{bmatrix}\cos\theta&-\sin\theta\\\sin\theta&\cos\theta\end{bmatrix},\boldsymbol{B}=\boldsymbol{A}^{\mathrm{T}}$；

6. $\boldsymbol{A}=\begin{bmatrix}\frac{1}{3} & \frac{2}{3} & \frac{2}{3}\\ \frac{2}{3} & \frac{1}{3} & -\frac{2}{3}\\ \frac{2}{3} & -\frac{2}{3} & \frac{1}{3}\end{bmatrix}$，$\boldsymbol{B}=\boldsymbol{A}^{\mathrm{T}}$；

7. $\boldsymbol{A}=\begin{bmatrix}1 & & \\ & c & \\ & & 1\end{bmatrix}(c\neq 0)$，$\boldsymbol{B}=\begin{bmatrix}1 & & \\ & \frac{1}{c} & \\ & & 1\end{bmatrix}$；

8. $\boldsymbol{A}=\begin{bmatrix}1 & & \\ & 0 & 1\\ & 1 & 0\end{bmatrix}$，$\boldsymbol{B}=\boldsymbol{A}$；

9. $\boldsymbol{A}=\begin{bmatrix}1 & & \\ & 1 & k\\ & & 1\end{bmatrix}$，$\boldsymbol{B}=\begin{bmatrix}1 & & \\ & 1 & -k\\ & & 1\end{bmatrix}$；

10. $$\boldsymbol{A}=\begin{bmatrix}1 & & & & & & \\ & \ddots & & & & & \\ & & 1 & & & & \\ & & & c & & & \\ & & & & 1 & & \\ & & & & & \ddots & \\ & & & & & & 1\end{bmatrix}\text{（第 } i \text{ 行）}\ c\neq 0,$$

（第 i 列）

$$\boldsymbol{B}=\begin{bmatrix}1 & & & & & & \\ & \ddots & & & & & \\ & & 1 & & & & \\ & & & \frac{1}{c} & & & \\ & & & & 1 & & \\ & & & & & \ddots & \\ & & & & & & 1\end{bmatrix}\text{（第 } i \text{ 行）；}$$

（第 i 列）

11. $$\boldsymbol{A}=\begin{bmatrix}1 & & & & & & & & & & \\ & \ddots & & & & & & & & & \\ & & 1 & & & & & & & & \\ & & & 0 & & & & 1 & & & \\ & & & & 1 & & & & & & \\ & & & & & \ddots & & & & & \\ & & & & & & 1 & & & & \\ & & & 1 & & & & 0 & & & \\ & & & & & & & & 1 & & \\ & & & & & & & & & \ddots & \\ & & & & & & & & & & 1\end{bmatrix}\begin{matrix} \\ \\ \\ \text{(第 } i \text{ 行)} \\ \\ \\ \\ \text{(第 } j \text{ 行)} \\ \\ \\ \\ \end{matrix},$$

（第 i 列）　　（第 j 列）

$\boldsymbol{B}=\boldsymbol{A}$;

12. $$\boldsymbol{A}=\begin{bmatrix}1 & & & & & & \\ & \ddots & & & & & \\ & & 1 & & k & & \\ & & & \ddots & & & \\ & & & & 1 & & \\ & & & & & \ddots & \\ & & & & & & 1\end{bmatrix}\begin{matrix} \\ \\ \text{(第 } i \text{ 行)} \\ \\ \\ \\ \\ \end{matrix},$$

第 j 列

$$\boldsymbol{B}=\begin{bmatrix}1 & & & & & & \\ & \ddots & & & & & \\ & & 1 & & -k & & \\ & & & \ddots & & & \\ & & & & 1 & & \\ & & & & & \ddots & \\ & & & & & & 1\end{bmatrix}\begin{matrix} \\ \\ \text{(第 } i \text{ 行)} \\ \\ \\ \\ \\ \end{matrix}.$$

第 j 列

§4.3 等价矩阵

本节介绍矩阵的等价关系;可逆矩阵判别法及逆矩阵求法.

导学提纲

1. 何谓"矩阵 $\boldsymbol{A}_{sn}$ 与 $\boldsymbol{B}_{sn}$ 等价"?

2. 对矩阵 $\boldsymbol{A}_{sn}$ 施行一次初等变换得到 $\boldsymbol{B}_{sn}$. 对 $\boldsymbol{B}_{sn}$ 能施行初等变换,得到 $\boldsymbol{A}_{sn}$ 吗?分换法变换、倍法变换、消法变换论述.

3. 何谓矩阵的等价标准形?怎么求矩阵的等价标准形?矩阵 $\boldsymbol{A}=(a_{ij})_{sn}$ 在等价关系下,哪些量是不变的?

4. 何谓"初等矩阵"?试写出 4 阶初等矩阵 $\boldsymbol{P}(1,3)$, $\boldsymbol{P}[3(6)]$, $\boldsymbol{P}[2,4(7)]$,以及 $\boldsymbol{P}[(1,3)]^{-1}$, $\boldsymbol{P}[3(6)]^{-1}$, $\boldsymbol{P}[2,4(7)]^{-1}$. 初等矩阵与初等变换有什么关系?

5. 矩阵 $\boldsymbol{A}_{sn}$ 与 $\boldsymbol{B}_{sn}$ 等价的充分必要条件有哪些?

6. n 阶矩阵 $\boldsymbol{A}$ 可逆,有哪些充分必要条件?

7. 若 n 阶矩阵 $\boldsymbol{A}$ 可逆,怎么求 $\boldsymbol{A}^{-1}$?

8. 怎么解矩阵方程?

定义 4.3.1 如果矩阵 $\boldsymbol{A}_{sn}$ 经过有限次初等变换得到 $\boldsymbol{B}_{sn}$,则称 $\boldsymbol{A}_{sn}$ 等价于 $\boldsymbol{B}_{sn}$,记作 $\boldsymbol{A}_{sn}\cong\boldsymbol{B}_{sn}$.

等价是矩阵间的一种关系,可以证明这种关系具有

(1) 反身性: $\boldsymbol{A}_{sn}\cong\boldsymbol{A}_{sn}$;

(2) 对称性: 若 $\boldsymbol{A}_{sn}\cong\boldsymbol{B}_{sn}$,则 $\boldsymbol{B}_{sn}\cong\boldsymbol{A}_{sn}$;

(3) 传递性: 若 $\boldsymbol{A}_{sn}\cong\boldsymbol{B}_{sn}$, $\boldsymbol{B}_{sn}\cong\boldsymbol{C}_{sn}$,则 $\boldsymbol{A}_{sn}\cong\boldsymbol{C}_{sn}$.

(证明留给读者).

定理 4.3.1 任一 $s\times n$ 矩阵 $\boldsymbol{A}=(a_{ij})$ 等价于如下矩阵

$$\boldsymbol{D}_r=\begin{bmatrix}1&&&&\\&1&&&\\&&\ddots&&\\&&&1&\\&&&&\boldsymbol{0}\end{bmatrix}_{sn}\quad(r\text{个}1)$$

空白处元素全为“0”，称 $\boldsymbol{D}_r$ 为 $\boldsymbol{A}_{sn}$ 的等价标准形，其中主对角线上“1”的个数 $r=$ 秩$(\boldsymbol{A}_{sn})$，$0\leqslant r\leqslant \min\{s,n\}$.

证 如果 $\boldsymbol{A}_{sn}=\boldsymbol{0}_{sn}$，则 $\boldsymbol{A}$ 已是等价标准形，秩$(\boldsymbol{A}_{sn})=0$. 如果 $\boldsymbol{A}_{sn}\neq\boldsymbol{0}_{sn}$，则总可以将 $\boldsymbol{A}_{sn}$ 中的一个非零元素经过换法变换，换到左上角. 因此不妨设 $a_{11}\neq 0$. 将 $\boldsymbol{A}$ 第一行 $-\dfrac{a_{i1}}{a_{11}}$ 倍加到第 i 行上去($i=2,3,\cdots,s$)，得

$$\begin{bmatrix} a_{11} & a_{12} & \cdots & a_{1n} \\ 0 & & & \\ \vdots & & \boldsymbol{A}_1 & \\ 0 & & & \end{bmatrix}_{sn}.$$

然后将所得矩阵第 1 列的 $-\dfrac{a_{1j}}{a_{11}}$ 倍加到第 j 列上去($j=2,3,\cdots,n$)，得

$$\begin{bmatrix} a_{11} & 0 & \cdots & 0 \\ 0 & & & \\ \vdots & & \boldsymbol{A}_1 & \\ 0 & & & \end{bmatrix}_{sn},$$

其中 $\boldsymbol{A}_1$ 是$(s-1)\times(n-1)$ 矩阵. 如果 $\boldsymbol{A}_1=0$，只需用$\dfrac{1}{a_{11}}$ 乘以第 1 行，得 $\boldsymbol{A}_{sn}$ 的等价标准形

$$\boldsymbol{D}_1=\begin{bmatrix} 1 & \\ & \boldsymbol{0} \end{bmatrix}_{sn}.$$

如果 $\boldsymbol{A}_1\neq\boldsymbol{0}$，仿上继续进行初等变换. 由于 s,n 是有限正整数，因此总有

$$\boldsymbol{A}\cong\begin{bmatrix} 1 & & & \\ & \ddots & & \\ & & 1 & \\ & & & \boldsymbol{0} \end{bmatrix}_{sn}=\boldsymbol{D}_r.\quad (r\text{个}1)$$

据定理 2.2.1，初等变换不改变矩阵的秩数(定义 2.2.4)，而 $\boldsymbol{A}_{sn}$ 的等价标准形 $\boldsymbol{D}_r$ 中不等于零的子式最高阶数是 r，所以秩$(\boldsymbol{A}_{sn})=r$.

矩阵 $\boldsymbol{A}_{sn}$ 的行数、列数、秩数是等价关系下的不变量. $s\times n$ 矩阵全体按等价分类，共有 $1+\min\{s,n\}$ 类. 例如全体 3×4 矩阵按等价分类共有 4 类，各类等价标准形为

$$\boldsymbol{D}_0=\begin{bmatrix}0&0&0&0\\0&0&0&0\\0&0&0&0\end{bmatrix},\quad \boldsymbol{D}_1=\begin{bmatrix}1&0&0&0\\0&0&0&0\\0&0&0&0\end{bmatrix},$$

$$\boldsymbol{D}_2=\begin{bmatrix}1&0&0&0\\0&1&0&0\\0&0&0&0\end{bmatrix},\quad \boldsymbol{D}_3=\begin{bmatrix}1&0&0&0\\0&1&0&0\\0&0&1&0\end{bmatrix}.$$

例 4.3.1 设

$$\boldsymbol{A}=\begin{bmatrix}1&2&-1&3&4\\2&0&1&5&-1\\4&3&2&0&-3\\1&1&2&-8&-6\end{bmatrix}.$$

求 $\boldsymbol{A}$ 的等价标准形和秩数.

解 对 $\boldsymbol{A}$ 施行初等变换.

$$\boldsymbol{A}\xrightarrow[\text{④}-\text{①}]{\substack{\text{②}-2\text{①}\\ \text{③}-4\text{①}}}\begin{bmatrix}\textcircled{1}&2&-1&3&4\\0&-4&3&-1&-9\\0&-5&6&-12&-19\\0&-1&3&-11&-10\end{bmatrix}$$

$$\xrightarrow[\substack{\text{②}-2\text{①}\\ \text{③}+\text{①}\\ \text{④}-3\text{①}\\ \text{⑤}-4\text{①}}]{}\begin{bmatrix}\textcircled{1}&0&0&0&0\\0&-4&3&-1&-9\\0&-5&6&-12&-19\\0&-1&3&-11&-10\end{bmatrix}$$

$$\xrightarrow{②-③}\begin{bmatrix}1&0&0&0&0\\0&\textcircled{1}&-3&11&10\\0&-5&6&-12&-19\\0&-1&3&-11&-10\end{bmatrix}$$

$$\xrightarrow[④+②]{③+5②}\begin{bmatrix}1&0&0&0&0\\0&\textcircled{1}&-3&11&10\\0&0&-9&43&31\\0&0&0&0&0\end{bmatrix}$$

$$\xrightarrow[\substack{③+3②\\④-11②\\⑤-10②}]{}\begin{bmatrix}1&0&0&0&0\\0&1&0&0&0\\0&0&\textcircled{-9}&43&31\\0&0&0&0&0\end{bmatrix}$$

$$\xrightarrow[-\frac{1}{9}③]{}\begin{bmatrix}1&0&0&0&0\\0&1&0&0&0\\0&0&\textcircled{1}&43&31\\0&0&0&0&0\end{bmatrix}$$

$$\xrightarrow[\substack{④-43③\\⑤-31③}]{}\begin{bmatrix}1&0&0&0&0\\0&1&0&0&0\\0&0&1&0&0\\0&0&0&0&0\end{bmatrix}=\boldsymbol{D}_3.$$

$\boldsymbol{A}$ 的等价标准形为 $\boldsymbol{D}_3$. 秩$(\boldsymbol{A})=3$.

记

$$\boldsymbol{A}=\begin{bmatrix}a_{11}&a_{12}&\cdots&a_{1n}\\a_{21}&a_{22}&\cdots&a_{2n}\\\vdots&\vdots&&\vdots\\a_{s1}&a_{s2}&\cdots&a_{sn}\end{bmatrix}=\begin{bmatrix}\boldsymbol{\alpha}_1\\\boldsymbol{\alpha}_2\\\vdots\\\boldsymbol{\alpha}_s\end{bmatrix}=(\boldsymbol{\beta}_1,\boldsymbol{\beta}_2,\cdots,\boldsymbol{\beta}_n),$$

其中 $\boldsymbol{\alpha}_i=(a_{i1},a_{i2},\cdots,a_{in})(i=1,2,\cdots,s)$ 称为 $\boldsymbol{A}$ 的行向量组；$\boldsymbol{\beta}_j=(a_{1j},a_{2j},\cdots,a_{sj})^{\mathrm{T}}(j=1,2,\cdots,n)$ 称为 $\boldsymbol{A}$ 的列向量组，秩$\{\boldsymbol{\alpha}_1,\boldsymbol{\alpha}_2,\cdots,\boldsymbol{\alpha}_s\}$ 称为 $\boldsymbol{A}$ 的行秩；秩$\{\boldsymbol{\beta}_1,\boldsymbol{\beta}_2,\cdots,\boldsymbol{\beta}_n\}$ 称为 $\boldsymbol{A}$ 的列秩. 初等行(列) 变

换，不改变行（列）向量组的秩，由等价标准形的秩得

推论 4.3.1　行秩$(\boldsymbol{A}_{sn})$ = 列秩$(\boldsymbol{A}_{sn})$ = 秩$(\boldsymbol{A}_{sn})$.

为便于讨论矩阵等价关系，我们将用矩阵乘法代替初等变换. 为此，先认识初等矩阵.

定义 4.3.2　将单位矩阵作一次初等变换，得到的矩阵称为**初等矩阵**.

(1) 对换单位矩阵第 i 行(列) 与第 j 行(列)，得**换法矩阵**：

$$\boldsymbol{P}(i,j)=\begin{bmatrix}1&&&&&&&&\\&\ddots&&&&&&&\\&&1&&&&&&\\&&&0&&&1&&\\&&&&1&&&&\\&&&&&\ddots&&&\\&&&&&&1&&\\&&&1&&&0&&\\&&&&&&&1&\\&&&&&&&&\ddots\\&&&&&&&&&1\end{bmatrix}\begin{matrix}\\\\\\(\text{第 } i \text{ 行})\\\\\\\\(\text{第 } j \text{ 行})\\\\\\\\\end{matrix};$$

(第 i 列)　　(第 j 列)

(2) 用非零数 c 乘以单位矩阵第 i 行(列)，得**倍法矩阵**：

$$\boldsymbol{P}[i(c)]=\begin{bmatrix}1&&&&&&\\&\ddots&&&&&\\&&1&&&&\\&&&c&&&\\&&&&1&&\\&&&&&\ddots&\\&&&&&&1\end{bmatrix}(\text{第 } i \text{ 行})\quad(c\neq 0);$$

(第 i 列)

(3) 将单位矩阵第 j 行的 k 倍加到第 i 行上去(或将单位矩阵第 i 列的 k 倍加到第 j 列上去)，得**消法矩阵**：

$$P[i,j(k)]=\begin{bmatrix}1&&&&&&\\&\ddots&&&&&\\&&1&&k&&\\&&&\ddots&&&\\&&&&1&&\\&&&&&&1\end{bmatrix}\begin{matrix}\\\\(\text{第 } i \text{ 行})\\\\(\text{第 } j \text{ 行})\\\\\end{matrix}.$$

（第 i 列）（第 j 列）

例 4.3.2 下面是一些 3 阶初等矩阵($c\neq 0$)：

$$P(1,2)=\begin{bmatrix}0&1&\\1&0&\\&&1\end{bmatrix},\quad P(1,3)=\begin{bmatrix}0&&1\\&1&\\1&&0\end{bmatrix},$$

$$P(2,3)=\begin{bmatrix}1&&\\&0&1\\&1&0\end{bmatrix},$$

$$P[1(c)]=\begin{bmatrix}c&&\\&1&\\&&1\end{bmatrix},\quad P[2(c)]=\begin{bmatrix}1&&\\&c&\\&&1\end{bmatrix},$$

$$P[3(c)]=\begin{bmatrix}1&&\\&1&\\&&c\end{bmatrix},$$

$$P[1,2(k)]=\begin{bmatrix}1&k&\\&1&\\&&1\end{bmatrix},\quad P[1,3(k)]=\begin{bmatrix}1&&k\\&1&\\&&1\end{bmatrix},$$

$$P[2,3(k)]=\begin{bmatrix}1&&\\&1&k\\&&1\end{bmatrix},$$

$$P[2,1(k)]=\begin{bmatrix}1&&\\k&1&\\&&1\end{bmatrix},\quad P[3,1(k)]=\begin{bmatrix}1&&\\&1&\\k&&1\end{bmatrix},$$

$$P[3,2(k)]=\begin{bmatrix}1 & & \\ & 1 & \\ & k & 1\end{bmatrix}.$$

根据可逆矩阵定义 4.2.1 和习题 4.2 第 7 至 12 题实践证明：初等矩阵是可逆的，其逆也是初等矩阵：

$$P(i,j)^{-1}=P(i,j);$$

$$P[i(c)]^{-1}=P\left[i\left(\frac{1}{c}\right)\right]\quad(c\neq 0);$$

$$P[i,j(k)]^{-1}=P[i,j(-k)].$$

请读者现在动手写出例 4.3.2 中各 3 阶初等矩阵的逆矩阵，并验算之.

例 4.3.3　请读者动手填写下列各矩阵乘积：

$$\begin{bmatrix}0 & 1 & \\ 1 & 0 & \\ & & 1\end{bmatrix}\begin{bmatrix}a_{11} & a_{12}\\ a_{21} & a_{22}\\ a_{31} & a_{32}\end{bmatrix}=\underline{\qquad\qquad};$$

$$\begin{bmatrix}a_{11} & a_{12}\\ a_{21} & a_{22}\\ a_{31} & a_{32}\end{bmatrix}\begin{bmatrix}0 & 1\\ 1 & 0\end{bmatrix}=\underline{\qquad\qquad};$$

$$\begin{bmatrix}1 & & \\ & 5 & \\ & & 1\end{bmatrix}\begin{bmatrix}a_{11} & a_{12}\\ a_{21} & a_{22}\\ a_{31} & a_{32}\end{bmatrix}=\underline{\qquad\qquad};$$

$$\begin{bmatrix}a_{11} & a_{12}\\ a_{21} & a_{22}\\ a_{31} & a_{32}\end{bmatrix}\begin{bmatrix}1 & \\ & 5\end{bmatrix}=\underline{\qquad\qquad};$$

$$\begin{bmatrix}1 & k & \\ & 1 & \\ & & 1\end{bmatrix}\begin{bmatrix}a_{11} & a_{12}\\ a_{21} & a_{22}\\ a_{31} & a_{32}\end{bmatrix}=\underline{\qquad\qquad};$$

$$\begin{bmatrix} a_{11} & a_{12} \\ a_{21} & a_{22} \\ a_{31} & a_{32} \end{bmatrix}\begin{bmatrix} 1 & k \\ & 1 \end{bmatrix} = \underline{\qquad\qquad}.$$

定理 4.3.2 设矩阵 $\boldsymbol{A} = (a_{ij})_{sn}$，对 $\boldsymbol{A}$ 左(右)乘一个 $s(n)$ 阶初等矩阵，相当于对 $\boldsymbol{A}_{sn}$ 施行一次初等行(列)变换：

$\boldsymbol{P}(i,j)_{ss}\boldsymbol{A}_{sn}$ 相当于对换 $\boldsymbol{A}$ 的 i,j 行；

$\boldsymbol{A}_{sn}\boldsymbol{P}(i,j)_{nn}$ 相当于对换 $\boldsymbol{A}$ 的 i,j 列；

$\boldsymbol{P}[i(c)]_{ss}\boldsymbol{A}_{sn}(c \neq 0)$ 相当于用非零数 c 乘以 $\boldsymbol{A}$ 的第 i 行；

$\boldsymbol{A}_{sn}\boldsymbol{P}[i(c)]_{nn}(c \neq 0)$ 相当于用非零数 c 乘以 $\boldsymbol{A}$ 的第 i 列；

$\boldsymbol{P}[\overset{\frown}{i,j}(k)]_{ss}\boldsymbol{A}_{sn}$ 相当于将 $\boldsymbol{A}$ 的第 j 行的 k 倍加到第 i 行上去；

$\boldsymbol{A}_{sn}\boldsymbol{P}[\overset{\frown}{i,j}(k)]_{nn}$ 相当于将 $\boldsymbol{A}$ 的第 i 列的 k 倍加到第 j 列上去.

推论 4.3.2 矩阵 $\boldsymbol{A}_{sn} \cong \boldsymbol{B}_{sn}$ 的充分必要条件是存在 s 阶初等矩阵 $\boldsymbol{P}_1,\boldsymbol{P}_2,\cdots,\boldsymbol{P}_l$ 和 n 阶初等矩阵 $\boldsymbol{Q}_1,\boldsymbol{Q}_2,\cdots,\boldsymbol{Q}_t$ 使

$$\boldsymbol{P}_l\cdots\boldsymbol{P}_2\boldsymbol{P}_1\boldsymbol{A}\boldsymbol{Q}_1\boldsymbol{Q}_2\cdots\boldsymbol{Q}_t = \boldsymbol{B}.$$

因为初等矩阵可逆，且可逆矩阵乘积仍可逆，所以令 $\boldsymbol{P}_l\cdots\boldsymbol{P}_2\boldsymbol{P}_1 = \boldsymbol{P}$，$\boldsymbol{Q}_1\boldsymbol{Q}_2\cdots\boldsymbol{Q}_t = \boldsymbol{Q}$，得

推论 4.3.3 矩阵 $\boldsymbol{A}_{sn} \cong \boldsymbol{B}_{sn}$ 的充分必要条件是存在 s 阶可逆矩阵 $\boldsymbol{P}$ 和 n 阶可逆矩阵 $\boldsymbol{Q}$ 使

$$\boldsymbol{PAQ} = \boldsymbol{B}.$$

推论 4.3.4 对于任一矩阵 $\boldsymbol{A} = (a_{ij})_{sn}$，存在可逆矩阵 $\boldsymbol{P}_{ss},\boldsymbol{Q}_{nn}$ 使

$$\boldsymbol{PAQ} = \begin{bmatrix} \overbrace{1 \ \ \ddots \ \ 1}^{r\text{个}} & \\ & \boldsymbol{0} \end{bmatrix}_{sn},$$

其中 $r =$ 秩$(\boldsymbol{A})$.

可逆矩阵性质 2 说明：如果 n 阶矩阵 $\boldsymbol{A}$ 可逆，则它的行列式 $|\boldsymbol{A}| \neq 0$. 反之，有

定理 4.3.3 如果 n 阶矩阵 $\boldsymbol{A}$ 的行列式 $|\boldsymbol{A}| \neq 0$，则 $\boldsymbol{A}$ 可逆.

证 因为 $|\boldsymbol{A}| \neq 0$，所以秩($\boldsymbol{A}$) $= n$. 据推论 4.3.4，存在 n 阶可逆矩阵 $\boldsymbol{P}, \boldsymbol{Q}$，使

$$\boldsymbol{PAQ} = \boldsymbol{I}.$$

由此推出

$$\boldsymbol{A} = \boldsymbol{P}^{-1}\boldsymbol{Q}^{-1} = (\boldsymbol{QP})^{-1}.$$

由

$$(\boldsymbol{QP})\boldsymbol{A} = (\boldsymbol{QP})(\boldsymbol{QP})^{-1} = \boldsymbol{I},$$
$$\boldsymbol{A}(\boldsymbol{QP}) = (\boldsymbol{QP})^{-1}(\boldsymbol{QP}) = \boldsymbol{I},$$

知 $\boldsymbol{A}$ 可逆，且 $\boldsymbol{A}^{-1} = \boldsymbol{QP}$.

定理 4.3.3 就是 n 阶矩阵 $\boldsymbol{A}$ 可逆判别法.

例 4.3.4 已知对于 n 阶矩阵 $\boldsymbol{A}$ 存在 n 阶矩阵 $\boldsymbol{B}$，使 $\boldsymbol{AB} = \boldsymbol{I}$(或 $\boldsymbol{BA} = \boldsymbol{I}$)，求证 $\boldsymbol{A}$ 可逆，且 $\boldsymbol{A}^{-1} = \boldsymbol{B}$.

证 已知 $\boldsymbol{AB} = \boldsymbol{I}$，则 $|\boldsymbol{AB}| = |\boldsymbol{A}||\boldsymbol{B}| = |\boldsymbol{I}| \neq 0 \Rightarrow |\boldsymbol{A}| \neq 0 \Rightarrow \boldsymbol{A}$ 可逆. 记 $\boldsymbol{A}$ 的逆为 $\boldsymbol{A}^{-1}$. 于是

$$\boldsymbol{B} = \boldsymbol{IB} = (\boldsymbol{A}^{-1}\boldsymbol{A})\boldsymbol{B} = \boldsymbol{A}^{-1}(\boldsymbol{AB}) = \boldsymbol{A}^{-1}\boldsymbol{I} = \boldsymbol{A}^{-1}.$$

(同理可证：若 $\boldsymbol{BA} = \boldsymbol{I}$，也有 $\boldsymbol{B} = \boldsymbol{A}^{-1}$).

例 4.3.4 告诉我们，今后要验证 $\boldsymbol{B}$ 是 $\boldsymbol{A}^{-1}$ 时，只需验证 $\boldsymbol{AB} = \boldsymbol{I}$ 或 $\boldsymbol{BA} = \boldsymbol{I}$ 中一个等式即可.

推论 4.3.5 n 阶矩阵 $\boldsymbol{A}$ 可逆的充分必要条件是 $\boldsymbol{A}$ 等于一些初等矩阵的乘积.

证 n 阶矩阵 $\boldsymbol{A}$ 可逆 $\rightleftharpoons |\boldsymbol{A}| \neq 0 \rightleftharpoons$ 秩($\boldsymbol{A}$) $= n \rightleftharpoons$ 存在 n 阶初等矩阵 $\boldsymbol{P}_1, \boldsymbol{P}_2, \cdots, \boldsymbol{P}_l$ 和 $\boldsymbol{Q}_1, \boldsymbol{Q}_2, \cdots, \boldsymbol{Q}_t$ 使 $\boldsymbol{P}_l \cdots \boldsymbol{P}_2\boldsymbol{P}_1\boldsymbol{A}\boldsymbol{Q}_1\boldsymbol{Q}_2 \cdots \boldsymbol{Q}_t = \boldsymbol{I} \rightleftharpoons \boldsymbol{A} = \boldsymbol{P}_1^{-1}\boldsymbol{P}_2^{-1} \cdots \boldsymbol{P}_l^{-1}\boldsymbol{Q}_t^{-1} \cdots \boldsymbol{Q}_2^{-1}\boldsymbol{Q}_1^{-1}$.

推论 4.3.6 设 $\boldsymbol{A}$ 是 n 阶可逆矩阵，则对任意矩阵，$\boldsymbol{B}_{ns}$ 和 $\boldsymbol{C}_{tn}$ 都有

$$\text{秩}(\boldsymbol{AB}) = \text{秩}(\boldsymbol{B}), \quad \text{秩}(\boldsymbol{CA}) = \text{秩}(\boldsymbol{C}).$$

证 $\boldsymbol{A}$ 是可逆矩阵，所以 $\boldsymbol{A}$ 等于一些初等矩阵乘积. $\boldsymbol{AB}$ 相当于

对 $\boldsymbol{B}$ 施行一系列初等行变换；$\boldsymbol{CA}$ 相当于对 $\boldsymbol{C}$ 施行一系列初等列变换. 初等变换不改变矩阵秩，所以秩$(\boldsymbol{AB})=$ 秩$(\boldsymbol{B})$，秩$(\boldsymbol{CA})=$ 秩$(\boldsymbol{C})$.

小结 n 阶矩阵 $\boldsymbol{A}$ 可逆的充分必要条件：

(1) $\boldsymbol{A}$ 可逆 $\Longleftrightarrow |\boldsymbol{A}|\neq 0$；

(2) $\boldsymbol{A}$ 可逆 $\Longleftrightarrow \boldsymbol{A}\cong\boldsymbol{I}$；

(3) $\boldsymbol{A}$ 可逆 $\Longleftrightarrow$ 秩$(\boldsymbol{A})=n$；

(4) $\boldsymbol{A}$ 可逆 $\Longleftrightarrow \boldsymbol{A}$ 的行(列)向量组线性无关(行秩$(\boldsymbol{A})=$ 列秩$(\boldsymbol{A})=n$)；

(5) $\boldsymbol{A}$ 可逆 $\Longleftrightarrow \boldsymbol{A}$ 等于一些初等矩阵乘积.

最后，介绍用初等行变换求 $\boldsymbol{A}^{-1}$ 的方法及原理：

设 $\boldsymbol{A}$ 是 n 阶可逆矩阵，则存在 $\boldsymbol{A}^{-1}$. $\boldsymbol{A}^{-1}$ 也可逆，所以 $\boldsymbol{A}^{-1}$ 等于一些初等矩阵 $\boldsymbol{P}_s,\boldsymbol{P}_{s-1},\cdots,\boldsymbol{P}_2,\boldsymbol{P}_1$ 的乘积：$\boldsymbol{A}^{-1}=\boldsymbol{P}_s\boldsymbol{P}_{s-1}\cdots\boldsymbol{P}_2\boldsymbol{P}_1$，原理：

$$\begin{gathered}\boldsymbol{A}^{-1}\boldsymbol{A}=\boldsymbol{I},\\ \|\\ \boldsymbol{P}_s\boldsymbol{P}_{s-1}\cdots\boldsymbol{P}_2\boldsymbol{P}_1\boldsymbol{A}=\boldsymbol{I},\\ \boldsymbol{P}_s\boldsymbol{P}_{s-1}\cdots\boldsymbol{P}_2\boldsymbol{P}_1\boldsymbol{I}=\boldsymbol{A}^{-1}.\end{gathered}$$

对 $\boldsymbol{A},\boldsymbol{I}$ 依次左乘同样的初等矩阵 $\boldsymbol{P}_1,\boldsymbol{P}_2,\cdots,\boldsymbol{P}_s$，相当于对 $\boldsymbol{A},\boldsymbol{I}$ 同时作一系列同样的初等行变换. 将 $\boldsymbol{A}$ 化为 $\boldsymbol{I}$ 时，$\boldsymbol{I}$ 就化成了 $\boldsymbol{A}^{-1}$. 这就是求 $\boldsymbol{A}^{-1}$ 的方法：

$$(\boldsymbol{AI})\xrightarrow{\text{只作初等行变换}}(\boldsymbol{IA}^{-1}).$$

例 4.3.5 设

$$\boldsymbol{A}=\begin{bmatrix}2&2&3\\1&-1&0\\-1&2&1\end{bmatrix}.$$

判断 $\boldsymbol{A}$ 是否可逆？若可逆，求出 $\boldsymbol{A}^{-1}$.

解 $\boldsymbol{A}$ 的行列式

$$\begin{vmatrix} 2 & 2 & 3 \\ 1 & -1 & 0 \\ -1 & 2 & 1 \end{vmatrix} = -1 \neq 0,$$

A 可逆.

$$(\boldsymbol{A} \quad \boldsymbol{I}) = \left[\begin{array}{ccc:ccc} 2 & 2 & 3 & 1 & 0 & 0 \\ 1 & -1 & 0 & 0 & 1 & 0 \\ -1 & 2 & 1 & 0 & 0 & 1 \end{array}\right]$$

$$\xrightarrow{①②} \left[\begin{array}{ccc:ccc} \boxed{1} & -1 & 0 & 0 & 1 & 0 \\ 2 & 2 & 3 & 1 & 0 & 0 \\ -1 & 2 & 1 & 0 & 0 & 1 \end{array}\right]$$

$$\xrightarrow[③+①]{②-2①} \left[\begin{array}{ccc:ccc} 1 & -1 & 0 & 0 & 1 & 0 \\ 0 & 4 & 3 & 1 & -2 & 0 \\ 0 & 1 & 1 & 0 & 1 & 1 \end{array}\right]$$

$$\xrightarrow{②③} \left[\begin{array}{ccc:ccc} 1 & -1 & 0 & 0 & 1 & 0 \\ 0 & \boxed{1} & 1 & 0 & 1 & 1 \\ 0 & 4 & 3 & 1 & -2 & 0 \end{array}\right]$$

$$\xrightarrow[③-4②]{①+②} \left[\begin{array}{ccc:ccc} 1 & 0 & 1 & 0 & 2 & 1 \\ 0 & 1 & 1 & 0 & 1 & 1 \\ 0 & 0 & -1 & 1 & -6 & -4 \end{array}\right]$$

$$\xrightarrow[②+③]{①+③} \left[\begin{array}{ccc:ccc} 1 & 0 & 0 & 1 & -4 & -3 \\ 0 & 1 & 0 & 1 & -5 & -3 \\ 0 & 0 & -1 & 1 & -6 & -4 \end{array}\right]$$

$$\xrightarrow{(-1)\times③} \left[\begin{array}{ccc:ccc} 1 & 0 & 0 & 1 & -4 & -3 \\ 0 & 1 & 0 & 1 & -5 & -3 \\ 0 & 0 & 1 & -1 & 6 & 4 \end{array}\right] = (\boldsymbol{I} \quad \boldsymbol{A}^{-1}),$$

$$\boldsymbol{A}^{-1} = \begin{bmatrix} 1 & -4 & -3 \\ 1 & -5 & -3 \\ -1 & 6 & 4 \end{bmatrix}$$

(读者可以验算 $AA^{-1}=I$ 或 $A^{-1}A=I$).

例 4.3.6 解矩阵方程 $XA-B=C$,其中

$$A=\begin{bmatrix}2&2&3\\1&-1&0\\-1&2&1\end{bmatrix},\quad B=\begin{bmatrix}1&2&-1\\3&0&4\end{bmatrix},$$

$$C=\begin{bmatrix}2&-3&1\\-1&0&-3\end{bmatrix}.$$

分析 A 是 3×3 矩阵,B,C 都是 2×3 矩阵. 根据矩阵可加(减)可乘条件,X 是 2×3 矩阵. 由例 4.3.5 知道 A 可逆,所以 $X=(B+C)A^{-1}$.

解 $$X=\left\{\begin{bmatrix}1&2&-1\\3&0&4\end{bmatrix}+\begin{bmatrix}2&-3&1\\-1&0&-3\end{bmatrix}\right\}A^{-1}$$

$$=\begin{bmatrix}3&-1&0\\2&0&1\end{bmatrix}\begin{bmatrix}1&-4&-3\\1&-5&-3\\-1&6&4\end{bmatrix}$$

$$=\begin{bmatrix}2&-7&-6\\1&-2&-2\end{bmatrix}.$$

习 题 4.3

1. 全体 4 阶矩阵按等价分类共有多少类?写出每一等价类的标准形.

2. 总结 n 阶矩阵可逆,有哪些充分必要条件?

3. 用初等变换求下列矩阵的等价标准形,并指出矩阵的秩数.

(1) $A=\begin{bmatrix}1&2&3\\2&3&1\\3&1&2\end{bmatrix}$;

(2) $B=\begin{bmatrix}1&-1&3\\2&0&-1\\3&4&5\\0&2&-4\\2&3&1\end{bmatrix}$;

(3) $\boldsymbol{C}=\begin{bmatrix}1 & 2 & 3 & 0 & 2\\ -1 & 0 & 4 & 2 & 3\\ 3 & -1 & 5 & -4 & 1\end{bmatrix}$;

(4) $\boldsymbol{D}=\begin{bmatrix}1 & 2 & -1 & 3 & 4\\ 2 & 1 & 4 & 1 & -1\\ 1 & -1 & 5 & -2 & -5\\ 3 & 3 & 3 & 4 & 3\\ 0 & 3 & -6 & 5 & 9\end{bmatrix}$.

4. 判断下列矩阵是否可逆?若可逆,用初等行变换求其逆:

(1) $\boldsymbol{A}=\begin{bmatrix}1 & -1 & 1\\ 1 & 1 & 0\\ 2 & 1 & 1\end{bmatrix}$;

(2) $\boldsymbol{B}=\begin{bmatrix}1 & -1 & -1 & -1\\ -1 & 1 & -1 & -1\\ -1 & -1 & 1 & -1\\ -1 & -1 & -1 & 1\end{bmatrix}$;

(3) $\boldsymbol{C}=\begin{bmatrix}\cos\theta & -\sin\theta\\ \sin\theta & \cos\theta\end{bmatrix}$;

(4) $\boldsymbol{D}=\begin{bmatrix}1 & 2 & 0 & 0\\ -1 & 3 & 0 & 0\\ 0 & 0 & 4 & 2\\ 0 & 0 & 0 & 1\end{bmatrix}$.

5. 解矩阵方程:

(1) $\boldsymbol{AX}=\boldsymbol{B}$,其中

$$\boldsymbol{A}=\begin{bmatrix}1 & -1 & 1\\ 1 & 1 & 0\\ 2 & 1 & 1\end{bmatrix},\quad \boldsymbol{B}=\begin{bmatrix}6\\ 1\\ 6\end{bmatrix};$$

(2) $\boldsymbol{XA}=\boldsymbol{B}$,其中

$$A=\begin{bmatrix}1&-1&-1&-1\\-1&1&-1&-1\\-1&-1&1&-1\\-1&-1&-1&1\end{bmatrix},$$

$$B=(-2\quad -2\quad -2\quad -2);$$

(3) $AX+2B=C$,其中

$$A=\begin{bmatrix}1&1&2\\-1&1&1\\1&0&1\end{bmatrix},\ B=\begin{bmatrix}1&2\\-1&0\\3&1\end{bmatrix},\ C=\begin{bmatrix}4&7\\-1&0\\9&4\end{bmatrix}.$$

本章复习提纲

1. 矩阵运算

(1) 运算法则

① 加法:$(a_{ij})_{sn}+(b_{ij})_{sn}=(a_{ij}+b_{ij})_{sn}$.

② 减法:$(a_{ij})_{sn}-(b_{ij})_{sn}=(a_{ij}-b_{ij})_{sn}$.

③ 乘法:$(a_{ij})_{sn}\cdot(b_{ij})_{nt}=(c_{ij})_{st}$,其中 $c_{ij}=\sum\limits_{k=1}^{n}a_{ik}b_{kj}$.

④ 数乘:$k(a_{ij})_{sn}=(ka_{ij})_{sn}$.

⑤ 转置:若 $A=(a_{ij})_{sn}$,则

$$A^{\mathrm{T}}=\begin{bmatrix}a_{11}&a_{21}&\cdots&a_{s1}\\a_{12}&a_{22}&\cdots&a_{s2}\\\vdots&\vdots&&\vdots\\a_{1n}&a_{2n}&\cdots&a_{sn}\end{bmatrix}_{ns}.$$

(2) 运算律

$$A_{sn}+B_{sn}=B_{sn}+A_{sn},$$
$$(A_{sn}+B_{sn})+C_{sn}=A_{sn}+(B_{sn}+C_{sn}),$$
$$(A_{sn}B_{nt})C_{tp}=A_{sn}(B_{nt}C_{tp}),$$
$$A_{sn}(B_{nt}+C_{nt})=A_{sn}B_{nt}+A_{sn}C_{nt},$$

$$(\boldsymbol{A}_{sn}+\boldsymbol{B}_{sn})\boldsymbol{C}_{nt}=\boldsymbol{A}_{sn}\boldsymbol{C}_{nt}+\boldsymbol{B}_{sn}\boldsymbol{C}_{nt},$$
$$1\boldsymbol{A}_{sn}=\boldsymbol{A}_{sn},$$
$$(k+l)\boldsymbol{A}_{sn}=k\boldsymbol{A}_{sn}+l\boldsymbol{A}_{sn},$$
$$k(\boldsymbol{A}_{sn}+\boldsymbol{B}_{sn})=k\boldsymbol{A}_{sn}+k\boldsymbol{B}_{sn},$$
$$k(l\boldsymbol{A}_{sn})=(kl)\boldsymbol{A}_{sn},$$
$$k(\boldsymbol{A}_{sn}\boldsymbol{B}_{nt})=(k\boldsymbol{A}_{sn})\boldsymbol{B}_{nt}=\boldsymbol{A}_{sn}(k\boldsymbol{B}_{nt}),$$
$$(\boldsymbol{A}_{sn}^{\mathrm{T}})^{\mathrm{T}}=\boldsymbol{A}_{sn},$$
$$(\boldsymbol{A}_{sn}+\boldsymbol{B}_{sn})^{\mathrm{T}}=\boldsymbol{A}_{sn}^{\mathrm{T}}+\boldsymbol{B}_{sn}^{\mathrm{T}},$$
$$(k\boldsymbol{A}_{sn})^{\mathrm{T}}=k\boldsymbol{A}_{sn}^{\mathrm{T}},$$
$$(\boldsymbol{A}_{sn}\boldsymbol{B}_{nt})^{\mathrm{T}}=(\boldsymbol{B}_{nt})^{\mathrm{T}}(\boldsymbol{A}_{sn})^{\mathrm{T}},$$

一般地，对于相邻可乘矩阵 $\boldsymbol{A}_1,\boldsymbol{A}_2,\cdots,\boldsymbol{A}_m$，有

$$(\boldsymbol{A}_1\boldsymbol{A}_2\cdots\boldsymbol{A}_m)^{\mathrm{T}}=\boldsymbol{A}_m^{\mathrm{T}}\cdots\boldsymbol{A}_2^{\mathrm{T}}\boldsymbol{A}_1^{\mathrm{T}}.$$

注意 矩阵乘法没有交换律和消去律. 即一般地，

$$\boldsymbol{AB}\neq\boldsymbol{BA},$$
$$\left.\begin{array}{r}\boldsymbol{AB}=\boldsymbol{AC}\\ \boldsymbol{A}\neq 0\end{array}\right\}\not\Rightarrow\boldsymbol{B}=\boldsymbol{C}.$$

若 $\boldsymbol{A},\boldsymbol{B}$ 为同阶方阵，m,n 为非负整数，则

$$\boldsymbol{A}^0=\boldsymbol{I},$$
$$\boldsymbol{A}^m\cdot\boldsymbol{A}^n=\boldsymbol{A}^{m+n},$$
$$(\boldsymbol{A}^m)^n=\boldsymbol{A}^{mn}.$$

但是一般地，$(\boldsymbol{AB})^n\neq\boldsymbol{A}^n\boldsymbol{B}^n$.

(3) 几种特殊矩阵的运算

① 零矩阵、负矩阵及单位矩阵：

$$\boldsymbol{A}_{sn}+\boldsymbol{0}_{sn}=\boldsymbol{A}_{sn},$$
$$\boldsymbol{A}_{sn}+(-\boldsymbol{A}_{sn})=\boldsymbol{0}_{sn},$$
$$\boldsymbol{A}_{sn}-\boldsymbol{B}_{sn}=\boldsymbol{A}_{sn}+(-\boldsymbol{B}_{sn}),$$

$$\boldsymbol{I}_{ss}\boldsymbol{A}_{sn}=\boldsymbol{A}_{sn}\boldsymbol{I}_{nn}=\boldsymbol{A}_{sn}.$$

② 对角形矩阵：

$$\begin{bmatrix}a_1&&&\\&a_2&&\\&&\ddots&\\&&&a_n\end{bmatrix}+\begin{bmatrix}b_1&&&\\&b_2&&\\&&\ddots&\\&&&b_n\end{bmatrix}$$

$$=\begin{bmatrix}a_1+b_1&&&\\&a_2+b_2&&\\&&\ddots&\\&&&a_n+b_n\end{bmatrix},$$

$$k\begin{bmatrix}a_1&&&\\&a_2&&\\&&\ddots&\\&&&a_n\end{bmatrix}=\begin{bmatrix}ka_1&&&\\&ka_2&&\\&&\ddots&\\&&&ka_n\end{bmatrix},$$

$$\begin{bmatrix}a_1&&&\\&a_2&&\\&&\ddots&\\&&&a_n\end{bmatrix}\cdot\begin{bmatrix}b_1&&&\\&b_2&&\\&&\ddots&\\&&&b_n\end{bmatrix}$$

$$=\begin{bmatrix}a_1b_1&&&\\&a_2b_2&&\\&&\ddots&\\&&&a_nb_n\end{bmatrix}.$$

③ 数量矩阵：

$$(k\boldsymbol{I}_{ss})\boldsymbol{A}_{sn}=k\boldsymbol{A}_{sn},$$

$$\boldsymbol{A}_{sn}(k\boldsymbol{I}_{nn})=k\boldsymbol{A}_{sn}.$$

④ 上三角矩阵 $\boldsymbol{A}$ 和下三角矩阵 $\boldsymbol{B}$（空白处为“0”）：

$$A=\begin{bmatrix} a_{11} & a_{12} & \cdots & a_{1n} \\ 0 & a_{22} & \cdots & a_{2n} \\ & & \ddots & \vdots \\ & & & a_{nn} \end{bmatrix},$$

$$B=\begin{bmatrix} b_{11} & & & \\ b_{21} & b_{22} & & \\ \vdots & \vdots & \ddots & \\ b_{n1} & b_{n2} & \cdots & b_{nn} \end{bmatrix},$$

$k\boldsymbol{A}(k\boldsymbol{B})$ 仍是上(下)三角矩阵;两个同阶上(下)三角矩阵之和、差或积仍是上(下)三角矩阵.

2. 可逆矩阵及其性质

(1) 定义:对于 n 阶矩阵 $\boldsymbol{A}$,如果存在 n 阶矩阵 $\boldsymbol{B}$,使

$$\boldsymbol{AB}=\boldsymbol{BA}=\boldsymbol{I},$$

则称 $\boldsymbol{A}$ 是可逆矩阵,称 $\boldsymbol{B}$ 是 $\boldsymbol{A}$ 的逆,记作 $\boldsymbol{B}=\boldsymbol{A}^{-1}$.

(2) 可逆矩阵性质

性质 1　若 n 阶矩阵 $\boldsymbol{A}$ 可逆,则 $\boldsymbol{A}^{-1}$ 也可逆,且 $(\boldsymbol{A}^{-1})^{-1}=\boldsymbol{A}$;

性质 2　若 n 阶矩阵 $\boldsymbol{A}$ 可逆,则 $\boldsymbol{A}$ 的行列式 $|\boldsymbol{A}|\neq 0$,且 $|\boldsymbol{A}^{-1}|=|\boldsymbol{A}|^{-1}$;

性质 3　若 $\boldsymbol{A},\boldsymbol{B}$ 是同阶可逆矩阵,则乘积 $\boldsymbol{AB}$ 也可逆,且

$$(\boldsymbol{AB})^{-1}=\boldsymbol{B}^{-1}\boldsymbol{A}^{-1};$$

一般地,对于 n 阶可逆矩阵 $\boldsymbol{A}_1,\boldsymbol{A}_2,\cdots,\boldsymbol{A}_s$,有

$$(\boldsymbol{A}_1\boldsymbol{A}_2\cdots\boldsymbol{A}_s)^{-1}=\boldsymbol{A}_s^{-1}\cdots\boldsymbol{A}_2^{-1}\boldsymbol{A}_1^{-1};$$

性质 4　若 n 阶矩阵 $\boldsymbol{A}$ 可逆,则 $\boldsymbol{A}^{\mathrm{T}}$ 也可逆,且 $(\boldsymbol{A}^{\mathrm{T}})^{-1}=(\boldsymbol{A}^{-1})^{\mathrm{T}}$.

(3) n 阶矩阵 $\boldsymbol{A}$ 可逆的充分必要条件:

① $\boldsymbol{A}$ 可逆 $\Longleftrightarrow|\boldsymbol{A}|\neq 0$;

② $\boldsymbol{A}$ 可逆 $\Longleftrightarrow\boldsymbol{A}\cong\boldsymbol{I}$;

③ $\boldsymbol{A}$ 可逆 $\Longleftrightarrow$ 秩$(\boldsymbol{A})=n$;

④ $\boldsymbol{A}$ 可逆 $\Longleftrightarrow\boldsymbol{A}$ 的行(列)向量组线性无关;

⑤ $\boldsymbol{A}$ 可逆$\Longleftrightarrow\boldsymbol{A}$ 等于一些初等矩阵的乘积.

(4) 逆矩阵求法:

$$(\boldsymbol{AI})\xrightarrow{\text{初等行变换}}(\boldsymbol{IA}^{-1}).$$

3. 初等矩阵与初等变换

(1) 对单位矩阵施行一次初等变换,得到的矩阵称为**初等矩阵**.其中

$$\boldsymbol{P}(i,j)=\begin{bmatrix}1&&&&&&&&&&\\&\ddots&&&&&&&&&\\&&1&&&&&&&&\\&&&0&&&&1&&&\\&&&&1&&&&&&\\&&&&&\ddots&&&&&\\&&&&&&1&&&&\\&&&1&&&&0&&&\\&&&&&&&&1&&\\&&&&&&&&&\ddots&\\&&&&&&&&&&1\end{bmatrix}\begin{matrix}\\\\\\(\text{第 } i \text{ 行})\\\\\\\\(\text{第 } j \text{ 行})\\\\\\\\\end{matrix}$$

(第 i 列)　　(第 j 列)

为**换法矩阵**;

$$\boldsymbol{P}[i(c)]=\begin{bmatrix}1&&&&&&\\&\ddots&&&&&\\&&1&&&&\\&&&c&&&\\&&&&1&&\\&&&&&\ddots&\\&&&&&&1\end{bmatrix}\text{第 } i \text{ 行}\quad(c\neq0)$$

(第 i 列)

为**倍法矩阵**;

$$P[i,j(k)]=\begin{bmatrix}1 & & & & & & \\ & \ddots & & & & & \\ & & 1 & & k & & \\ & & & \ddots & & & \\ & & & & 1 & & \\ & & & & & \ddots & \\ & & & & & & 1\end{bmatrix}\begin{matrix}\\ \\ (第\ i\ 行)\\ \\ (第\ j\ 列)\\ \\ \\ \end{matrix}$$

（第 i 列）　（第 j 列）

为**消法矩阵**.

(2) 初等矩阵是可逆的，其逆也是初等矩阵：

$$P(i,j)^{-1}=P(i,j),$$

$$P[i(c)]^{-1}=P\left[i\left(\frac{1}{c}\right)\right]\quad(c\neq 0),$$

$$P[i,j(k)]^{-1}=P[i,j(-k)].$$

(3) 对矩阵 A_{sn} 施行初等行（列）变换，可以通过左（右）乘初等矩阵实现.

$P(i,j)_{ss}A_{sn}$ 相当于对换 A 的 i,j 行；

$A_{sn}P(i\cdot j)_{nn}$ 相当于对换 A 的 i,j 列；

$P[i(c)]_{ss}A_{sn}(c\neq 0)$ 相当于用 $c\neq 0$ 乘以 A 的第 i 行；

$A_{sn}P[i(c)]_{nn}(c\neq 0)$ 相当于用 $c\neq 0$ 乘以 A 的第 i 列；

$P[i,j(k)]_{ss}A_{sn}$ 相当于将 A 的第 j 行的 k 倍加到第 i 行上去；

$A_{sn}P[i,j(k)]_{nn}$ 相当于将 A 的第 i 列的 k 倍加到第 j 列上去.

4. 矩阵等价关系

(1) 如果对矩阵 A_{sn} 施行有限次初等变换得到 B_{sn}，则称 A_{sn} 等价于 B_{sn}，记作 $A_{sn}\cong B_{sn}$.

(2) 矩阵的等价关系具有

反身性：$A_{sn}\cong A_{sn}$；

对称性：若 $A_{sn}\cong B_{sn}$，则 $B_{sn}\cong A_{sn}$；

传递性：若 $A_{sn}\cong B_{sn}$，$B_{sn}\cong C_{sn}$，则 $A_{sn}\cong C_{sn}$.

(3) 任一矩阵 $\boldsymbol{A}_{sn}$ 都可经过有限次初等变换化成等价标准形 $\boldsymbol{D}_r$：

$$\boldsymbol{A}_{sn} \cong \begin{bmatrix} \boldsymbol{I}_{rr} & \boldsymbol{0} \\ \boldsymbol{0} & \boldsymbol{0} \end{bmatrix}_{sn} = \boldsymbol{D}_r,$$

其中 $r=$ 秩$(\boldsymbol{A})$.

(4) 矩阵等价的充分必要条件

① $\boldsymbol{A}_{sn} \cong \boldsymbol{B}_{sn} \Longleftrightarrow$ 存在 s 阶初等矩阵 $\boldsymbol{P}_1, \boldsymbol{P}_2, \cdots, \boldsymbol{P}_l$ 和 n 阶初等矩阵 $\boldsymbol{Q}_1, \boldsymbol{Q}_2, \cdots, \boldsymbol{Q}_t$ 使

$$\boldsymbol{P}_l \cdots \boldsymbol{P}_2 \boldsymbol{P}_1 \boldsymbol{A} \boldsymbol{Q}_1 \boldsymbol{Q}_2 \cdots \boldsymbol{Q}_t = \boldsymbol{B}.$$

② $\boldsymbol{A}_{sn} \cong \boldsymbol{B}_{sn} \Longleftrightarrow$ 存在 s 阶可逆矩阵 $\boldsymbol{P}$ 和 n 阶可逆矩阵 $\boldsymbol{Q}$ 使 $\boldsymbol{PAQ} = \boldsymbol{B}$.

③ $\boldsymbol{A}_{sn} \cong \boldsymbol{B}_{sn} \Longleftrightarrow \boldsymbol{A}_{sn}, \boldsymbol{B}_{sn}$ 有相同的等价标准形.

④ $\boldsymbol{A} \cong \boldsymbol{B} \Longleftrightarrow \boldsymbol{A}, \boldsymbol{B}$ 有相同的行数、列数和秩数.

5. 几个定理

(1) 对于任意 n 阶矩阵 $\boldsymbol{A}, \boldsymbol{B}$，行列式 $|\boldsymbol{AB}| = |\boldsymbol{A}||\boldsymbol{B}|$.

(2) 对于任意矩阵 $\boldsymbol{A}_{sn}$，行秩$(\boldsymbol{A}_{sn})=$ 列秩$(\boldsymbol{A}_{sn})=$ 秩$(\boldsymbol{A}_{sn})$.

(3) 设 $\boldsymbol{A}$ 是 n 阶可逆矩阵，对任意 $n\times s$ 矩阵 $\boldsymbol{B}$ 和 $s\times n$ 矩阵 $\boldsymbol{C}$，有

$$秩(\boldsymbol{AB}) = 秩(\boldsymbol{B}),$$
$$秩(\boldsymbol{CA}) = 秩(\boldsymbol{C}).$$

第五章
相似矩阵

例 设矩阵

$$\boldsymbol{A}=\begin{bmatrix}1 & -1 & 0\\ -1 & 1 & 0\\ 0 & 0 & 2\end{bmatrix}.$$

欲求 $\boldsymbol{A}^{100}$. 这显然是一件很复杂的事情. 不过针对 $\boldsymbol{A}$ 可以找到一个可逆矩阵

$$\boldsymbol{P}=\begin{bmatrix}1 & 0 & 1\\ 1 & 0 & -1\\ 0 & 1 & 0\end{bmatrix},$$

使

$$\boldsymbol{P}^{-1}\boldsymbol{A}\boldsymbol{P}=\begin{bmatrix}0 & & \\ & 2 & \\ & & 2\end{bmatrix}=\boldsymbol{D}$$

为对角形. 于是 $\boldsymbol{A}=\boldsymbol{P}\boldsymbol{D}\boldsymbol{P}^{-1}$.

$$\boldsymbol{A}^{100}=\underbrace{(\boldsymbol{P}\boldsymbol{D}\boldsymbol{P}^{-1})(\boldsymbol{P}\boldsymbol{D}\boldsymbol{P}^{-1})\cdots(\boldsymbol{P}\boldsymbol{D}\boldsymbol{P}^{-1})}_{100\text{个括号}}=\boldsymbol{P}\boldsymbol{D}^{100}\boldsymbol{P}^{-1}$$

$$= P\begin{bmatrix} 0 & & \\ & 2^{100} & \\ & & 2^{100} \end{bmatrix} P^{-1}.$$

矩阵 $\boldsymbol{A}$ 与 $\boldsymbol{D}$ 的关系称为相似. 相似矩阵有许多共同性质. 因此研究$\boldsymbol{A}$常转化为研究与$\boldsymbol{A}$相似的对角形$\boldsymbol{D}$. 本章探究n阶矩阵$\boldsymbol{A}$相似于对角形的条件;明确有一类矩阵(实对称矩阵 $\boldsymbol{A}$) 一定能相似于对角形矩阵. 不仅如此,由于实 n 维向量空间 $\mathbf{R}^n$ 是 3 维几何空间(度量空间) 的推广. 因此,本章还介绍怎么找一个正交矩阵 $\boldsymbol{Q}$(§5.5),使 $\boldsymbol{Q}^{-1}\boldsymbol{A}\boldsymbol{Q}$ 为对角形.

§5.1 相 似 矩 阵

导学提纲

1. 何谓"n 阶矩阵$\boldsymbol{A}$ 与 $\boldsymbol{B}$ 相似"?证明矩阵相似关系具有反身性、对称性和传递性.

2. 相似矩阵有哪些共同性质?

定义 5.1.1 设 $\boldsymbol{A},\boldsymbol{B}$ 是同阶方阵,如果存在可逆矩阵 $\boldsymbol{P}$,使

$$\boldsymbol{P}^{-1}\boldsymbol{A}\boldsymbol{P} = \boldsymbol{B},$$

则称 $\boldsymbol{A}$ 相似于 $\boldsymbol{B}$,记作 $\boldsymbol{A} \sim \boldsymbol{B}$.

相似是矩阵间的一种关系. 可以证明它具有:

(1) 反身性: $\boldsymbol{A} \sim \boldsymbol{A}$;

(2) 对称性: 若 $\boldsymbol{A} \sim \boldsymbol{B}$,则 $\boldsymbol{B} \sim \boldsymbol{A}$;

(3) 传递性: 若 $\boldsymbol{A} \sim \boldsymbol{B}, \boldsymbol{B} \sim \boldsymbol{C}$,则 $\boldsymbol{A} \sim \boldsymbol{C}$.

证 (1) 因为 $\boldsymbol{I}^{-1}\boldsymbol{A}\boldsymbol{I} = \boldsymbol{A}$,所以 $\boldsymbol{A} \sim \boldsymbol{A}$.

(2) 因为$\boldsymbol{A} \sim \boldsymbol{B}$,则存在可逆矩阵$\boldsymbol{P}$使$\boldsymbol{P}^{-1}\boldsymbol{A}\boldsymbol{P} = \boldsymbol{B}$. 于是有 $\boldsymbol{P}\boldsymbol{B}\boldsymbol{P}^{-1} = \boldsymbol{A}$,所以 $\boldsymbol{B} \sim \boldsymbol{A}$.

(3) 因为 $\boldsymbol{A} \sim \boldsymbol{B}, \boldsymbol{B} \sim \boldsymbol{C}$, 所以存在可逆矩阵 $\boldsymbol{P},\boldsymbol{Q}$ 分别使 $\boldsymbol{P}^{-1}\boldsymbol{A}\boldsymbol{P} = \boldsymbol{B}, \boldsymbol{Q}^{-1}\boldsymbol{B}\boldsymbol{Q} = \boldsymbol{C}$. 将前一个等式 $\boldsymbol{B}$ 代入后一个等式,

$$Q^{-1}(P^{-1}AP)Q = (Q^{-1}P^{-1})A(PQ) = (PQ)^{-1}A(PQ) = C.$$

PQ 仍为可逆矩阵. 所以 $A \sim C$.

研究矩阵相似关系不仅为了简化计算，还因为彼此相似的矩阵有许多共同的性质.

性质 1　相似矩阵的秩数相等.

证　设 $A \sim B$，则存在可逆矩阵 P 使 $P^{-1}AP = B$. 这说明 $A \cong B$. 所以秩(A) = 秩(B).

性质 2　相似矩阵的行列式相等.

证　设 $A \sim B$，则存在可逆矩阵 P 使 $P^{-1}AP = B$. 于是

$$\begin{aligned} |B| &= |P^{-1}AP| = |P^{-1}||A||P| \\ &= |P|^{-1}|A||P| = |A|. \end{aligned}$$

因为 n 阶矩阵可逆的充分必要条件是其行列式不等于零. 因此，继性质 2 得

性质 3　相似矩阵都可逆或都不可逆.

性质 4　如果 $B_1 = P^{-1}A_1P, B_2 = P^{-1}A_2P$，则

$$\begin{aligned} B_1 + B_2 &= P^{-1}(A_1 + A_2)P, \\ kB_1 &= P^{-1}(kA_1)P, \\ B_1B_2 &= P^{-1}(A_1A_2)P. \end{aligned}$$

证明留给读者.

开篇例针对 A 怎么找可逆矩阵 P 和与 A 相似的对角形？现在先来分析可逆矩阵 P 的列向量组，对角形中的主对角元与 A 的关系. 将 $P^{-1}AP = D$ 改写成 $AP = PD$. 即

$$\begin{bmatrix} 1 & -1 & 0 \\ -1 & 1 & 0 \\ 0 & 0 & 2 \end{bmatrix}\begin{bmatrix} 1 & 0 & 1 \\ 1 & 0 & -1 \\ 0 & 1 & 0 \end{bmatrix} = \begin{bmatrix} 1 & 0 & 1 \\ 1 & 0 & -1 \\ 0 & 1 & 0 \end{bmatrix}\begin{bmatrix} 0 & 0 & 0 \\ 0 & 2 & 0 \\ 0 & 0 & 2 \end{bmatrix}.$$

令 P 的列向量组 $\boldsymbol{\alpha}_1 = (1,1,0)^{\mathrm{T}}, \boldsymbol{\alpha}_2 = (0,0,1)^{\mathrm{T}}, \boldsymbol{\alpha}_3 = (1,-1,0)^{\mathrm{T}}$，$D$ 的主对角元 $\lambda_1 = 0, \lambda_2 = 2, \lambda_3 = 2$. 于是有

$$\boldsymbol{A}(\boldsymbol{\alpha}_1 \quad \boldsymbol{\alpha}_2 \quad \boldsymbol{\alpha}_3) = (\boldsymbol{\alpha}_1 \quad \boldsymbol{\alpha}_2 \quad \boldsymbol{\alpha}_3)\begin{bmatrix} \lambda_1 & & \\ & \lambda_2 & \\ & & \lambda_3 \end{bmatrix}.$$

按矩阵乘法,上式可以写成

$$(\boldsymbol{A}\boldsymbol{\alpha}_1, \boldsymbol{A}\boldsymbol{\alpha}_2, \boldsymbol{A}\boldsymbol{\alpha}_3) = (\lambda_1\boldsymbol{\alpha}_1, \lambda_2\boldsymbol{\alpha}_2, \lambda_3\boldsymbol{\alpha}_3).$$

根据矩阵相等定义,有

$$\boldsymbol{A}\boldsymbol{\alpha}_j = \lambda_j\boldsymbol{\alpha}_j \quad (j = 1,2,3),$$

或

$$\boldsymbol{A}\boldsymbol{\alpha}_j = (\lambda_j\boldsymbol{I})\boldsymbol{\alpha}_j,$$

亦即

$$(\lambda_j\boldsymbol{I} - \boldsymbol{A})\boldsymbol{\alpha}_j = \boldsymbol{0}.$$

因为 $\boldsymbol{P}$ 是可逆矩阵,所以 $\boldsymbol{P}$ 的列向量组 $\boldsymbol{\alpha}_1, \boldsymbol{\alpha}_2, \boldsymbol{\alpha}_3$ 线性无关,自然 $\boldsymbol{\alpha}_1, \boldsymbol{\alpha}_2, \boldsymbol{\alpha}_3$ 都是非零向量. 它们分别是齐次线性方程组

$$(\lambda_j\boldsymbol{I} - \boldsymbol{A})\boldsymbol{X}_{31} = \boldsymbol{0}_{31} \quad (j = 1,2,3)$$

的非零解. 既然齐次线性方程组有非零解,那么系数行列式

$$|\lambda_j\boldsymbol{I} - \boldsymbol{A}| = 0 \quad (j = 1,2,3),$$

可见 $\lambda_1 = 0, \lambda_2 = 2, \lambda_3 = 2$ 都是方程

$$|\lambda\boldsymbol{I} - \boldsymbol{A}| = 0$$

的根.

习　题　5.1

1. 设 $\boldsymbol{A}$ 是 n 阶矩阵. 证明:

(1) 如果 $\boldsymbol{A} \sim \boldsymbol{0}$,则 $\boldsymbol{A} = \boldsymbol{0}$;

(2) 如果 $\boldsymbol{A} \sim \boldsymbol{I}$,则 $\boldsymbol{A} = \boldsymbol{I}$;

(3) 如果 $\boldsymbol{A} \sim k\boldsymbol{I}$,则 $\boldsymbol{A} = k\boldsymbol{I}$.

2. 证明相似矩阵性质4.问：如果n阶矩阵$\boldsymbol{A}_1\sim\boldsymbol{B}_1,\boldsymbol{A}_2\sim\boldsymbol{B}_2$,能说“$\boldsymbol{A}_1+\boldsymbol{A}_2\sim\boldsymbol{B}_1+\boldsymbol{B}_2$”吗？又$k\boldsymbol{A}_1\sim k\boldsymbol{B}_1,\boldsymbol{A}_1\boldsymbol{A}_2\sim\boldsymbol{B}_1\boldsymbol{B}_2$必然成立吗？为什么？

3. 证明：如果n阶矩阵$\boldsymbol{A}\sim\boldsymbol{B}$,则$\boldsymbol{A}^{\mathrm{T}}\sim\boldsymbol{B}^{\mathrm{T}}$.

4. 设$\boldsymbol{A},\boldsymbol{B}$都是$n$阶矩阵.证明：如果$\boldsymbol{A}$可逆，则$\boldsymbol{AB}\sim\boldsymbol{BA}$.

5. 设矩阵

$$\boldsymbol{A}=\begin{bmatrix}1 & -1 & 0\\ -1 & 1 & 0\\ 0 & 0 & 2\end{bmatrix}.$$

(1) 写出矩阵$\lambda\boldsymbol{I}-\boldsymbol{A}$;

(2) 将行列式$|\lambda\boldsymbol{I}-\boldsymbol{A}|$展成$\lambda$的多项式；

(3) 求方程$|\lambda\boldsymbol{I}-\boldsymbol{A}|=0$的根；

(4) 求齐次线性方程组$[0\boldsymbol{I}-\boldsymbol{A}]\begin{bmatrix}x_1\\x_2\\x_3\end{bmatrix}=\begin{bmatrix}0\\0\\0\end{bmatrix}$的一个基础解系；

(5) 求齐次线性方程组$[2\boldsymbol{I}-\boldsymbol{A}]\begin{bmatrix}x_1\\x_2\\x_3\end{bmatrix}=\begin{bmatrix}0\\0\\0\end{bmatrix}$的一个基础解系.

§5.2 特征值与特征向量

导学提纲

1. 何谓“n阶矩阵$\boldsymbol{A}$的特征值λ_0”？何谓“$\boldsymbol{A}$的属于特征值λ_0的特征向量$\boldsymbol{\alpha}$”？

2. 为什么说“n阶矩阵$\boldsymbol{A}$的属于不同特征值的特征向量线性无关”？

3. 怎么求n阶矩阵$\boldsymbol{A}$的全部特征值？

4. 怎么求n阶矩阵$\boldsymbol{A}$的属于特征值λ_0的全部特征向量？

定义 5.2.1 设 $\boldsymbol{A}$ 是一个 n 阶矩阵，λ_0 是一个数，如果有 n 维列向量 $\boldsymbol{\alpha} \neq \boldsymbol{0}$ 满足

$$\boldsymbol{A\alpha} = \lambda_0 \boldsymbol{\alpha}.$$

则称 λ_0 是 $\boldsymbol{A}$ 的一个**特征值**，称 $\boldsymbol{\alpha}$ 是 $\boldsymbol{A}$ 的属于特征值 λ_0 的**特征向量**.

例如，对于开篇例中的矩阵

$$\boldsymbol{A} = \begin{bmatrix} 1 & -1 & 0 \\ -1 & 1 & 0 \\ 0 & 0 & 2 \end{bmatrix}$$

存在数 $\lambda_1 = 0$ 和 3 维列向量 $\boldsymbol{\alpha}_1 = (1,1,0)^{\mathrm{T}} \neq \boldsymbol{0}$，满足 $\boldsymbol{A\alpha}_1 = \lambda_1 \boldsymbol{\alpha}_1$，即

$$\begin{bmatrix} 1 & -1 & 0 \\ -1 & 1 & 0 \\ 0 & 0 & 2 \end{bmatrix}\begin{bmatrix} 1 \\ 1 \\ 0 \end{bmatrix} = 0\begin{bmatrix} 1 \\ 1 \\ 0 \end{bmatrix}.$$

所以说 $\lambda_1 = 0$ 是 $\boldsymbol{A}$ 的一个特征值，$\boldsymbol{\alpha}_1 \neq \boldsymbol{0}$ 是 $\boldsymbol{A}$ 的属于特征值 $\lambda_1 = 0$ 的特征向量. 其实对于任意非零数 k，$k\boldsymbol{\alpha}_1$ 都是 $\boldsymbol{A}$ 的属于特征值 $\lambda_1 = 0$ 的特征向量，这是因为 $\boldsymbol{A}(k\boldsymbol{\alpha}_1) = k(\boldsymbol{A\alpha}_1) = k(\lambda_1\boldsymbol{\alpha}_1) = \lambda_1(k\boldsymbol{\alpha}_1)$. 同样，由

$$\begin{bmatrix} 1 & -1 & 0 \\ -1 & 1 & 0 \\ 0 & 0 & 2 \end{bmatrix}\begin{bmatrix} 0 \\ 0 \\ 1 \end{bmatrix} = 2\begin{bmatrix} 0 \\ 0 \\ 1 \end{bmatrix},$$

$$\begin{bmatrix} 1 & -1 & 0 \\ -1 & 1 & 0 \\ 0 & 0 & 2 \end{bmatrix}\begin{bmatrix} 1 \\ -1 \\ 0 \end{bmatrix} = 2\begin{bmatrix} 1 \\ -1 \\ 0 \end{bmatrix}$$

知 $\lambda_2 = 2$ 也是 $\boldsymbol{A}$ 的特征值，$\boldsymbol{\alpha}_2 = (0,0,1)^{\mathrm{T}} \neq \boldsymbol{0}$，$\boldsymbol{\alpha}_3 = (1,-1,0)^{\mathrm{T}} \neq \boldsymbol{0}$ 都是 $\boldsymbol{A}$ 的属于特征值 $\lambda_2 = 2$ 的特征向量. 其实 $\boldsymbol{\alpha}_2, \boldsymbol{\alpha}_3$ 的一切非零线性组合

$$\boldsymbol{\alpha} = k\boldsymbol{\alpha}_2 + l\boldsymbol{\alpha}_3 = k\begin{bmatrix}0\\0\\1\end{bmatrix} + l\begin{bmatrix}1\\-1\\0\end{bmatrix} = \begin{bmatrix}l\\-l\\k\end{bmatrix} \quad (k,l\text{ 不全为零})$$

都是 $\boldsymbol{A}$ 的属于特征值 $\lambda_2 = 2$ 的特征向量.这是因为

$$\begin{aligned}\boldsymbol{A\alpha} &= \boldsymbol{A}(k\boldsymbol{\alpha}_2 + l\boldsymbol{\alpha}_3) = k(\boldsymbol{A\alpha}_2) + l(\boldsymbol{A\alpha}_3) = k(\lambda_2\boldsymbol{\alpha}_2) + l(\lambda_2\boldsymbol{\alpha}_3)\\ &= \lambda_2(k\boldsymbol{\alpha}_2 + l\boldsymbol{\alpha}_3) = \lambda_2\boldsymbol{\alpha}.\end{aligned}$$

定理 5.2.1 设数 λ_0 是 n 阶矩阵 $\boldsymbol{A}$ 的一个特征值,$\boldsymbol{\alpha}_1,\boldsymbol{\alpha}_2,\cdots,\boldsymbol{\alpha}_t$ 是 $\boldsymbol{A}$ 的属于特征值 λ_0 的一组线性无关的特征向量,那么任一非零线性组合

$$\boldsymbol{\alpha} = k_1\boldsymbol{\alpha}_1 + k_2\boldsymbol{\alpha}_2 + \cdots + k_t\boldsymbol{\alpha}_r \quad (k_1,k_2,\cdots,k_t\text{ 不全为零})$$

也是 $\boldsymbol{A}$ 的属于特征值 λ_0 的特征向量(证明留作习题).

注意 如果 λ_1,λ_2 是矩阵 $\boldsymbol{A}$ 的两个不同的特征值. $\boldsymbol{\alpha}_1,\boldsymbol{\alpha}_2$ 是 $\boldsymbol{A}$ 的分别属于特征值 λ_1,λ_2 的特征向量,则 $\boldsymbol{\alpha}_1 + \boldsymbol{\alpha}_2$ 不是 $\boldsymbol{A}$ 的特征向量.

定理 5.2.2 n 阶矩阵 $\boldsymbol{A}$ 的属于不同特征值的特征向量线性无关.

证 设 $\boldsymbol{A\alpha}_1 = \lambda_1\boldsymbol{\alpha}_1, \boldsymbol{A\alpha}_2 = \lambda_2\boldsymbol{\alpha}_2, \lambda_1 \neq \lambda_2, \boldsymbol{\alpha}_1 \neq \boldsymbol{0}, \boldsymbol{\alpha}_2 \neq \boldsymbol{0}$(欲证 $\boldsymbol{\alpha}_1,\boldsymbol{\alpha}_2$ 线性无关),设

$$x_1\boldsymbol{\alpha}_1 + x_2\boldsymbol{\alpha}_2 = \boldsymbol{0} \tag{1}$$

(欲证 $x_1 = x_2 = 0$). (1) 式两边左乘 $\boldsymbol{A}$,得

$$\begin{aligned}&\boldsymbol{A}(x_1\boldsymbol{\alpha}_1 + x_2\boldsymbol{\alpha}_2) = \boldsymbol{A0},\\ &x_1(\boldsymbol{A\alpha}_1) + x_2(\boldsymbol{A\alpha}_2) = \boldsymbol{0},\\ &x_1(\lambda_1\boldsymbol{\alpha}_1) + x_2(\lambda_2\boldsymbol{\alpha}_2) = \boldsymbol{0},\\ &\lambda_1(x_1\boldsymbol{\alpha}_1) + \lambda_2(x_2\boldsymbol{\alpha}_2) = \boldsymbol{0}.\end{aligned} \tag{2}$$

(1) 式两边乘以 λ_2,得

$$\begin{aligned}\lambda_2(x_1\boldsymbol{\alpha}_1+x_2\boldsymbol{\alpha}_2)&=\lambda_2\mathbf{0},\\ \lambda_2(x_1\boldsymbol{\alpha}_1)+\lambda_2(x_2\boldsymbol{\alpha}_2)&=\mathbf{0}.\end{aligned} \tag{3}$$

(2)－(3)：

$$(\lambda_1-\lambda_2)(x_1\boldsymbol{\alpha}_1)=\mathbf{0}.$$

因为 $\lambda_1-\lambda_2\neq 0$，$\boldsymbol{\alpha}_1\neq\mathbf{0}$，所以 $x_1=0$. 将 $x_1=0$ 代入(1)，得

$$x_2\boldsymbol{\alpha}_2=\mathbf{0}.$$

已知 $\boldsymbol{\alpha}_2\neq\mathbf{0}$，所以 $x_2=0$. $\boldsymbol{\alpha}_1,\boldsymbol{\alpha}_2$ 线性无关.

对于给定的 n 阶矩阵 $\boldsymbol{A}$，怎么求 $\boldsymbol{A}$ 的特征值 λ_0 和 $\boldsymbol{A}$ 的属于特征值 λ_0 的全部特征向量呢，下面分析求法. 设

$$\boldsymbol{\alpha}=\begin{bmatrix}c_1\\c_2\\\vdots\\c_n\end{bmatrix}\neq 0$$

是矩阵

$$\boldsymbol{A}=\begin{bmatrix}a_{11}&a_{12}&\cdots&a_{1n}\\a_{21}&a_{22}&\cdots&a_{2n}\\\vdots&\vdots&&\vdots\\a_{n1}&a_{n2}&\cdots&a_{nn}\end{bmatrix}$$

的属于特征值 λ_0 的特征向量，那么有

$$\boldsymbol{A}\boldsymbol{\alpha}=\lambda_0\boldsymbol{\alpha},$$

即

$$\begin{bmatrix} a_{11} & a_{12} & \cdots & a_{1n} \\ a_{21} & a_{22} & \cdots & a_{2n} \\ \vdots & \vdots & & \vdots \\ a_{n1} & a_{n2} & \cdots & a_{nn} \end{bmatrix} \begin{bmatrix} c_1 \\ c_2 \\ \vdots \\ c_n \end{bmatrix} = \lambda_0 \begin{bmatrix} c_1 \\ c_2 \\ \vdots \\ c_n \end{bmatrix}.$$

按矩阵运算法则，有

$$\begin{cases} a_{11}c_1 + a_{12}c_2 + \cdots + a_{1n}c_n = \lambda_0 c_1, \\ a_{21}c_1 + a_{22}c_2 + \cdots + a_{2n}c_n = \lambda_0 c_2, \\ \cdots\cdots\cdots\cdots\cdots\cdots\cdots\cdots \\ a_{n1}c_1 + a_{n2}c_2 + \cdots + a_{nn}c_n = \lambda_0 c_n. \end{cases}$$

移项，

$$\begin{cases} (\lambda_0 - a_{11})c_1 - a_{12}c_2 - \cdots - a_{1n}c_n = 0, \\ -a_{21}c_1 + (\lambda_0 - a_{22})c_2 - \cdots - a_{2n}c_n = 0, \\ \cdots\cdots\cdots\cdots\cdots\cdots\cdots\cdots\cdots\cdots \\ -a_{n1}c_1 - a_{n2}c_2 - \cdots + (\lambda_0 - a_{nn})c_n = 0. \end{cases}$$

这表明特征向量 $\boldsymbol{\alpha} = (c_1, c_2, \cdots, c_n)^{\mathrm{T}} \neq \mathbf{0}$ 是齐次线性方程组

$$\begin{cases} (\lambda_0 - a_{11})x_1 - a_{12}x_2 - \cdots - a_{1n}x_n = 0, \\ -a_{21}x_1 + (\lambda_0 - a_{22})x_2 - \cdots - a_{2n}x_n = 0, \\ \cdots\cdots\cdots\cdots\cdots\cdots\cdots\cdots\cdots\cdots \\ -a_{n1}x_1 - a_{n2}x_2 - \cdots + (\lambda_0 - a_{nn})x_n = 0 \end{cases}$$

的非零解. 因而齐次线性方程组系数行列式

$$\begin{vmatrix} \lambda_0 - a_{11} & -a_{12} & \cdots & -a_{1n} \\ -a_{21} & \lambda_0 - a_{22} & \cdots & -a_{2n} \\ \vdots & \vdots & \ddots & \vdots \\ -a_{n1} & -a_{n2} & \cdots & \lambda_0 - a_{nn} \end{vmatrix} = 0.$$

这进而表明数 λ_0 是 λ 的 n 次多项式

$$|\lambda\boldsymbol{I}-\boldsymbol{A}|=\begin{vmatrix}\lambda-a_{11} & -a_{12} & \cdots & -a_{1n}\\ -a_{21} & \lambda-a_{22} & \cdots & -a_{2n}\\ \vdots & \vdots & \ddots & \vdots\\ -a_{n1} & -a_{n2} & \cdots & \lambda-a_{nn}\end{vmatrix}$$

$$=\lambda^n-(a_{11}+a_{22}+\cdots+a_{nn})\lambda^{n-1}+\cdots+(-1)^n|\boldsymbol{A}|$$

的根.

定义 5.2.2 设 $\boldsymbol{A}=(a_{ij})$ 是 n 阶矩阵,λ 是一个未知数.称

$$\lambda\boldsymbol{I}-\boldsymbol{A}=\begin{bmatrix}\lambda-a_{11} & -a_{12} & \cdots & -a_{1n}\\ -a_{21} & \lambda-a_{22} & \cdots & -a_{2n}\\ \vdots & \vdots & \ddots & \vdots\\ -a_{n1} & -a_{n2} & \cdots & \lambda-a_{nn}\end{bmatrix}$$

是 $\boldsymbol{A}$ 的**特征矩阵**.称

$$|\lambda\boldsymbol{I}-\boldsymbol{A}|=\begin{vmatrix}\lambda-a_{11} & -a_{12} & \cdots & -a_{1n}\\ -a_{21} & \lambda-a_{22} & \cdots & -a_{2n}\\ \vdots & \vdots & \ddots & \vdots\\ -a_{n1} & -a_{n2} & \cdots & \lambda-a_{nn}\end{vmatrix}$$

$$=\lambda^n-(a_{11}+a_{22}+\cdots+a_{nn})\lambda^{n-1}+\cdots+(-1)^n|\boldsymbol{A}|$$

是 $\boldsymbol{A}$ 的**特征多项式**.方程 $|\lambda\boldsymbol{I}-\boldsymbol{A}|=0$ 的根,称为 $\boldsymbol{A}$ 的**特征根**(值).

n 阶矩阵 $\boldsymbol{A}$ 的特征值和特征向量求法:

第一步,计算 $\boldsymbol{A}$ 的特征多项式 $|\lambda\boldsymbol{I}-\boldsymbol{A}|$;

第二步,解方程 $|\lambda\boldsymbol{I}-\boldsymbol{A}|=0$,求出 $\boldsymbol{A}$ 的全部不同的特征根 λ_1,λ_2,$\cdots$,λ_s(其中可能有重根);

第三步,对每一个特征根 $\lambda_j(j=1,2,\cdots,s)$ 求出齐次线性方程组

$$(\lambda_j\boldsymbol{I}-\boldsymbol{A})\boldsymbol{X}_{n1}=\boldsymbol{0}_{n1}$$

的一个基础解系 $\boldsymbol{\alpha}_{j1},\boldsymbol{\alpha}_{j2},\cdots,\boldsymbol{\alpha}_{jt_j}$. 基础解系的一切非零线性组合就是 $\boldsymbol{A}$ 的属于特征值 λ_j 的全部特征向量.

习题 5.1 第 5 题.

$$\boldsymbol{A}=\begin{bmatrix}1&-1&0\\-1&1&0\\0&0&2\end{bmatrix}$$

的全部不同的特征值为 $\lambda_1=0,\lambda_2=2$(2 重). $\boldsymbol{A}$ 的属于特征值 $\lambda_1=0$ 的全部特征向量为

$$k\begin{bmatrix}1\\1\\0\end{bmatrix},\quad k\neq 0;$$

$\boldsymbol{A}$ 的属于特征值 $\lambda_2=2$ 的全部特征向量为

$$l_1\begin{bmatrix}0\\0\\1\end{bmatrix}+l_2\begin{bmatrix}1\\-1\\0\end{bmatrix}\quad (l_1,l_2\text{ 不全为零}).$$

例 5.2.1 设

$$\boldsymbol{A}=\begin{bmatrix}1&2&1\\-2&-3&0\\0&0&3\end{bmatrix}.$$

求 $\boldsymbol{A}$ 的全部特征值和 $\boldsymbol{A}$ 的分别属于每一个特征值的全部特征向量.

解

$$|\lambda\boldsymbol{I}-\boldsymbol{A}|=\begin{vmatrix}\lambda-1&-2&-1\\2&\lambda+3&0\\0&0&\lambda-3\end{vmatrix}=(\lambda-3)\begin{vmatrix}\lambda-1&-2\\2&\lambda+3\end{vmatrix}$$
$$=(\lambda-3)(\lambda+1)^2.$$

$\boldsymbol{A}$ 的特征值为 $\lambda_1=3,\lambda_2=-1$(2 重).

当 $\lambda_1=3$ 时,解齐次线性方程组 $(3\boldsymbol{I}-\boldsymbol{A})\boldsymbol{X}_{31}=\boldsymbol{0}_{31}$,其增广矩阵

为

$$\left[\begin{array}{ccc:c} 2 & -2 & -1 & 0 \\ 2 & 6 & 0 & 0 \\ 0 & 0 & 0 & 0 \end{array}\right].$$

得基础解系$(3,-1,8)^{\mathrm{T}}$. $\boldsymbol{A}$ 的属于特征值$\lambda_1=3$ 的全部特征向量为

$$k\begin{bmatrix} 3 \\ -1 \\ 8 \end{bmatrix}, \quad k \neq 0.$$

当$\lambda_2=-1$时,解齐次线性方程组$(-\boldsymbol{I}-\boldsymbol{A})\boldsymbol{X}_{31}=\boldsymbol{0}_{31}$,其增广矩阵为

$$\left[\begin{array}{ccc:c} -2 & -2 & -1 & 0 \\ 2 & 2 & 0 & 0 \\ 0 & 0 & -4 & 0 \end{array}\right].$$

得基础解系$(1,-1,0)^{\mathrm{T}}$. $\boldsymbol{A}$的属于特征值$\lambda_2=-1$的全部特征向量为

$$l\begin{bmatrix} 1 \\ -1 \\ 0 \end{bmatrix}, \quad l \neq 0.$$

例 5.2.2 设

$$\boldsymbol{A}=\begin{bmatrix} 0 & -1 & 1 \\ -1 & -1 & 0 \\ -3 & -4 & 1 \end{bmatrix}.$$

求 $\boldsymbol{A}$ 的全部特征值和特征向量.

解 $\boldsymbol{A}$ 的特征多项式

$$|\lambda\boldsymbol{I}-\boldsymbol{A}|=\begin{vmatrix} \lambda & 1 & -1 \\ 1 & \lambda+1 & 0 \\ 3 & 4 & \lambda-1 \end{vmatrix}$$

$$\xlongequal[\substack{①+\lambda③\\②+③}]{}\begin{vmatrix}0 & 0 & \textcircled{-1}\\1 & \lambda+1 & 0\\\lambda^2-\lambda+3 & \lambda+3 & \lambda-1\end{vmatrix}$$

$$=-\begin{vmatrix}1 & \lambda+1\\\lambda^2-\lambda+3 & \lambda+3\end{vmatrix}=\lambda(\lambda^2+1).$$

$\boldsymbol{A}$ 只有一个实特征值 $\lambda=0$. 将 $\lambda=0$ 代入齐次线性方程组 $(\lambda\boldsymbol{I}-\boldsymbol{A})\boldsymbol{X}_{31}=\boldsymbol{0}_{31}$. 其增广矩阵为

$$\left[\begin{array}{ccc:c}0 & 1 & -1 & 0\\1 & 1 & 0 & 0\\3 & 4 & -1 & 0\end{array}\right].$$

得基础解系 $\boldsymbol{\alpha}=(1,-1,-1)^{\mathrm{T}}$. $\boldsymbol{A}$ 的属于特征值 $\lambda=0$ 的全部特征向量为

$$k\boldsymbol{\alpha}=k\begin{bmatrix}1\\-1\\-1\end{bmatrix},\quad k\neq 0.$$

例 5.2.3 已知矩阵

$$\boldsymbol{A}=\begin{bmatrix}12 & -14 & -3\\13 & -15 & -3\\-16 & 20 & 5\end{bmatrix}.$$

求 $\boldsymbol{A}$ 的全部不同的特征值和属于不同特征值的全部特征向量.

解 先求 $\boldsymbol{A}$ 的特征多项式

$$|\lambda\boldsymbol{I}-\boldsymbol{A}|=\begin{vmatrix}\lambda-12 & 14 & 3\\-13 & \lambda+15 & 3\\16 & -20 & \lambda-5\end{vmatrix}$$

$$\xlongequal{①-②}\begin{vmatrix}\lambda+1 & -\lambda-1 & 0\\-13 & \lambda+15 & 3\\16 & -20 & \lambda-5\end{vmatrix}$$

$$= (\lambda+1)\begin{vmatrix} 1 & -1 & 0 \\ -13 & \lambda+15 & 3 \\ 16 & -20 & \lambda-5 \end{vmatrix}$$

$$\xlongequal{②+①} (\lambda+1)\begin{vmatrix} 1 & 0 & 0 \\ -13 & \lambda+2 & 3 \\ 16 & -4 & \lambda-5 \end{vmatrix}$$

$$= (\lambda+1)\begin{vmatrix} \lambda+2 & 3 \\ -4 & \lambda-5 \end{vmatrix}$$

$$= (\lambda+1)(\lambda^2-3\lambda+2)$$

$$= (\lambda+1)(\lambda-1)(\lambda-2).$$

$\boldsymbol{A}$ 有 3 个不同的特征值 $\lambda_1 = 1, \lambda_2 = -1, \lambda_3 = 2$.

将 $\lambda_1 = 1$ 代入齐次线性方程组 $(\lambda \boldsymbol{I} - \boldsymbol{A})\boldsymbol{X} = \boldsymbol{0}$，得增广矩阵

$$\left[\begin{array}{ccc|c} -11 & 14 & 3 & 0 \\ -13 & 16 & 3 & 0 \\ 16 & -20 & -4 & 0 \end{array}\right].$$

求出一个基础解系 $\boldsymbol{\alpha}_1 = (1, 1, -1)^{\mathrm{T}}$，则 $\boldsymbol{A}$ 的属于特征值 $\lambda_1 = 1$ 的全部特征向量为

$$k_1\boldsymbol{\alpha}_1 = k_1\begin{bmatrix} 1 \\ 1 \\ -1 \end{bmatrix}, \quad k_1 \neq 0.$$

将 $\lambda_2 = -1$ 代入齐次线性方程组 $(\lambda \boldsymbol{I} - \boldsymbol{A})\boldsymbol{X} = \boldsymbol{0}$，得增广矩阵

$$\left[\begin{array}{ccc|c} -13 & 14 & 3 & 0 \\ -13 & 14 & 3 & 0 \\ 16 & -20 & -6 & 0 \end{array}\right].$$

求出一个基础解系 $\boldsymbol{\alpha}_2 = (4, 5, -6)^{\mathrm{T}}$，则 $\boldsymbol{A}$ 的属于特征值 $\lambda_2 = -1$ 的全部特征向量为

$$k_2\boldsymbol{\alpha}_2 = k_2\begin{bmatrix} 4 \\ 5 \\ -6 \end{bmatrix}, \quad k_2 \neq 0.$$

将 $\lambda_3 = 2$ 代入齐次线性方程组 $(\lambda\boldsymbol{I}-\boldsymbol{A})\boldsymbol{X}=\boldsymbol{0}$，得增广矩阵

$$\left[\begin{array}{ccc:c} -10 & 14 & 3 & 0 \\ -13 & 17 & 3 & 0 \\ 16 & -20 & -3 & 0 \end{array}\right].$$

求出一个基础解系 $\boldsymbol{\alpha}_3 = (3,3,-4)^{\mathrm{T}}$，则 $\boldsymbol{A}$ 的属于特征值 $\lambda_3 = 2$ 的全部特征向量为

$$k_3\boldsymbol{\alpha}_3 = k_3\begin{bmatrix} 3 \\ 3 \\ -4 \end{bmatrix}, \quad k_3 \neq 0.$$

下面继续介绍相似矩阵的性质.

性质 5 相似矩阵有相同的特征多项式.

证 设 n 阶矩阵 $\boldsymbol{A} \sim \boldsymbol{B}$，则存在可逆矩阵 $\boldsymbol{P}$，使

$$\boldsymbol{P}^{-1}\boldsymbol{A}\boldsymbol{P} = \boldsymbol{B}.$$

$\boldsymbol{B}$ 的特征矩阵

$$\begin{aligned} \lambda\boldsymbol{I}-\boldsymbol{B} &= \lambda\boldsymbol{I}-\boldsymbol{P}^{-1}\boldsymbol{A}\boldsymbol{P} = \boldsymbol{P}^{-1}(\lambda\boldsymbol{I})\boldsymbol{P}-\boldsymbol{P}^{-1}\boldsymbol{A}\boldsymbol{P} \\ &= \boldsymbol{P}^{-1}(\lambda\boldsymbol{I}-\boldsymbol{A})\boldsymbol{P}. \end{aligned}$$

$\boldsymbol{B}$ 的特征多项式

$$\begin{aligned} |\lambda\boldsymbol{I}-\boldsymbol{B}| &= |\boldsymbol{P}^{-1}(\lambda\boldsymbol{I}-\boldsymbol{A})\boldsymbol{P}| = |\boldsymbol{P}^{-1}|\,|\lambda\boldsymbol{I}-\boldsymbol{A}|\,|\boldsymbol{P}| \\ &= |\boldsymbol{P}|^{-1}\,|\lambda\boldsymbol{I}-\boldsymbol{A}|\,|\boldsymbol{P}| \\ &= |\lambda\boldsymbol{I}-\boldsymbol{A}|. \end{aligned}$$

注意 特征多项式相同的矩阵未必相似. 例如

$$\boldsymbol{A} = \begin{bmatrix} 1 & 0 \\ 0 & 1 \end{bmatrix}, \quad \boldsymbol{B} = \begin{bmatrix} 1 & 0 \\ 1 & 1 \end{bmatrix}$$

的特征多项式

$$|\lambda\boldsymbol{I}-\boldsymbol{A}|=|\lambda\boldsymbol{I}-\boldsymbol{B}|=(\lambda-1)^2.$$

但 $\boldsymbol{A}$ 与 $\boldsymbol{B}$ 不相似. 因为 $\boldsymbol{A}$ 是单位矩阵,据习题 5.1 第 1(2) 题,只有单位矩阵与 $\boldsymbol{A}$ 相似,故 $\boldsymbol{B}$ 不可能与 $\boldsymbol{A}$ 相似.

性质 6 相似矩阵有相同的特征值.

习 题 5.2

1. 已知 n 维列向量组 $\boldsymbol{\alpha}_1,\boldsymbol{\alpha}_2,\cdots,\boldsymbol{\alpha}_t$ 线性无关,数 $k_1,k_2,\cdots,k_t$ 不全为零. 证明线性组合 $k_1\boldsymbol{\alpha}_1+k_2\boldsymbol{\alpha}_2+\cdots+k_t\boldsymbol{\alpha}_t$ 是非零向量.

2. 设 λ_1,λ_2 是矩阵 $\boldsymbol{A}$ 的两个不同的特征值, $\boldsymbol{\alpha}_1,\boldsymbol{\alpha}_2$ 是 $\boldsymbol{A}$ 的分别属于特征值 λ_1,λ_2 的特征向量. 证明 $\boldsymbol{\alpha}_1+\boldsymbol{\alpha}_2$ 不是 $\boldsymbol{A}$ 的特征向量.

3. 求下列矩阵 $\boldsymbol{A}$ 的全部特征值和 $\boldsymbol{A}$ 的分别属于每一个特征值的全部特征向量.

(1) $\boldsymbol{A}=\begin{bmatrix}2&-1\\1&0\end{bmatrix}$;

(2) $\boldsymbol{A}=\begin{bmatrix}2&0&1\\0&3&0\\1&0&2\end{bmatrix}$;

(3) $\boldsymbol{A}=\begin{bmatrix}0&2&0\\1&1&0\\1&-2&-2\end{bmatrix}$;

(4) $\boldsymbol{A}=\begin{bmatrix}2&1&0\\0&2&1\\0&0&2\end{bmatrix}$.

4. 设向量 $\boldsymbol{\alpha}$ 是矩阵 $\boldsymbol{A}$ 的属于特征值 λ_0 的特征向量. 证明: 如果 $\boldsymbol{A}$ 可逆,则 $\lambda_0\neq 0$,且 $\boldsymbol{\alpha}$ 也是 $\boldsymbol{A}^{-1}$ 的属于特征值 λ_0^{-1} 的特征向量.

5. 设 λ_0 是 n 阶矩阵 $\boldsymbol{A}$ 的特征值. 证明 $\boldsymbol{A}$ 的属于 λ_0 的全部特征向量,添上零向量构成向量空间(称为**特征子空间**),并指出该向量空间的维数和一个基底.

§5.3 矩阵可对角化条件

"n 阶矩阵 $\boldsymbol{A}$ 能够相似于对角形矩阵"也说"矩阵 $\boldsymbol{A}$ 可对角化".

导学提纲

1. n 阶矩阵 $\boldsymbol{A}$ 能够相似于对角形矩阵的充分必要条件是什么？

2. 矩阵 $\boldsymbol{A}$ 的属于不同特征值的线性无关的特征向量合在一起还线性无关吗？

3. 为什么说"n 阶矩阵 $\boldsymbol{A}$ 如果有 n 个不同的特征值，则 $\boldsymbol{A}$ 一定能对角化"？这个条件是必要的吗？举例说明.

4. 怎么理解矩阵相似标准形的"唯一性"？

5. 实对称矩阵一定能够对角化.

定理 5.3.1 n 阶矩阵 $\boldsymbol{A}$ 相似于对角形的充分必要条件是 $\boldsymbol{A}$ 有 n 个线性无关的特征向量.

证 必要性. 已知

$$\boldsymbol{A} \sim \begin{bmatrix} \lambda_1 & & & \\ & \lambda_2 & & \\ & & \ddots & \\ & & & \lambda_n \end{bmatrix},$$

则存在可逆矩阵 $\boldsymbol{P}$，使

$$\boldsymbol{P}^{-1}\boldsymbol{A}\boldsymbol{P} = \begin{bmatrix} \lambda_1 & & & \\ & \lambda_2 & & \\ & & \ddots & \\ & & & \lambda_n \end{bmatrix}.$$

即有

$$\boldsymbol{AP} = \boldsymbol{P}\begin{bmatrix} \lambda_1 & & & \\ & \lambda_2 & & \\ & & \ddots & \\ & & & \lambda_n \end{bmatrix}.$$

用 $\boldsymbol{\alpha}_j$ 表示 $\boldsymbol{P}$ 的第 j 列 $(j=1,2,\cdots,n)$，$\boldsymbol{P}=(\boldsymbol{\alpha}_1,\boldsymbol{\alpha}_2,\cdots,\boldsymbol{\alpha}_n)$. 上式可表示为

$$\boldsymbol{A}(\boldsymbol{\alpha}_1,\boldsymbol{\alpha}_2,\cdots,\boldsymbol{\alpha}_n) = (\boldsymbol{\alpha}_1,\boldsymbol{\alpha}_2,\cdots,\boldsymbol{\alpha}_n)\begin{bmatrix} \lambda_1 & & & \\ & \lambda_2 & & \\ & & \ddots & \\ & & & \lambda_n \end{bmatrix}.$$

按矩阵乘法规则，上式还可表示为

$$(\boldsymbol{A\alpha}_1,\boldsymbol{A\alpha}_2,\cdots,\boldsymbol{A\alpha}_n) = (\lambda_1\boldsymbol{\alpha}_1,\lambda_2\boldsymbol{\alpha}_2,\cdots,\lambda_n\boldsymbol{\alpha}_n).$$

根据矩阵相等定义，有

$$\boldsymbol{A\alpha}_j = \lambda_j\boldsymbol{\alpha}_j \quad (j=1,2,\cdots,n).$$

因为 $\boldsymbol{P}$ 可逆，所以向量组 $\boldsymbol{\alpha}_1,\boldsymbol{\alpha}_2,\cdots,\boldsymbol{\alpha}_n$ 线性无关，自然都是非零向量. 据定义 5.2.1，$\boldsymbol{\alpha}_1,\boldsymbol{\alpha}_2,\cdots,\boldsymbol{\alpha}_n$ 就是 $\boldsymbol{A}$ 的 n 个线性无关的特征向量.

充分性. 已知 $\boldsymbol{A}$ 有 n 个线性无关的特征向量 $\boldsymbol{\alpha}_1,\boldsymbol{\alpha}_2,\cdots,\boldsymbol{\alpha}_n$. 设它们分别属于 $\boldsymbol{A}$ 的特征值 $\lambda_1,\lambda_2,\cdots,\lambda_n$，即有

$$\boldsymbol{A\alpha}_j = \lambda_j\boldsymbol{\alpha}_j \quad (j=1,2,\cdots,n).$$

以 $\boldsymbol{\alpha}_1,\boldsymbol{\alpha}_2,\cdots,\boldsymbol{\alpha}_n$ 为列组成矩阵 $\boldsymbol{P}=(\boldsymbol{\alpha}_1,\boldsymbol{\alpha}_2,\cdots,\boldsymbol{\alpha}_n)$. 因为 $\boldsymbol{\alpha}_1,\boldsymbol{\alpha}_2,\cdots,\boldsymbol{\alpha}_n$ 线性无关，所以 $\boldsymbol{P}$ 可逆，并且有

$$(\boldsymbol{A\alpha}_1,\boldsymbol{A\alpha}_2,\cdots,\boldsymbol{A\alpha}_n) = (\lambda_1\boldsymbol{\alpha}_1,\lambda_2\boldsymbol{\alpha}_2,\cdots,\lambda_n\boldsymbol{\alpha}_n).$$

按矩阵乘法规则，上式又可表示为

$$A(\boldsymbol{\alpha}_1 \quad \boldsymbol{\alpha}_2 \quad \cdots \quad \boldsymbol{\alpha}_n) = (\boldsymbol{\alpha}_1 \quad \boldsymbol{\alpha}_2 \quad \cdots \quad \boldsymbol{\alpha}_n)\begin{bmatrix} \lambda_1 & & & \\ & \lambda_2 & & \\ & & \ddots & \\ & & & \lambda_n \end{bmatrix}.$$

即

$$\boldsymbol{AP} = \boldsymbol{P}\begin{bmatrix} \lambda_1 & & & \\ & \lambda_2 & & \\ & & \ddots & \\ & & & \lambda_n \end{bmatrix},$$

亦即有

$$\boldsymbol{P}^{-1}\boldsymbol{AP} = \begin{bmatrix} \lambda_1 & & & \\ & \lambda_2 & & \\ & & \ddots & \\ & & & \lambda_n \end{bmatrix}.$$

这就证明了 $\boldsymbol{A}$ 相似于对角形.

习题 5.1 第 5 题.

$$\boldsymbol{A} = \begin{bmatrix} 1 & -1 & 0 \\ -1 & 1 & 0 \\ 0 & 0 & 2 \end{bmatrix}$$

有 3 个线性无关的特征向量

$$\boldsymbol{\alpha}_1 = \begin{bmatrix} 1 \\ 1 \\ 0 \end{bmatrix}, \quad \boldsymbol{\beta}_1 = \begin{bmatrix} 0 \\ 0 \\ 1 \end{bmatrix}, \quad \boldsymbol{\beta}_2 = \begin{bmatrix} 1 \\ -1 \\ 0 \end{bmatrix}.$$

所以 $\boldsymbol{A}$ 可以对角化. 由 $\boldsymbol{\alpha}_1, \boldsymbol{\beta}_1, \boldsymbol{\beta}_2$ 组成可逆矩阵

$$\boldsymbol{P} = (\boldsymbol{\alpha}_1 \boldsymbol{\beta}_1 \boldsymbol{\beta}_2) = \begin{bmatrix} 1 & 0 & 1 \\ 1 & 0 & -1 \\ 0 & 1 & 0 \end{bmatrix},$$

使

$$P^{-1}AP = \begin{bmatrix} 0 & & \\ & 2 & \\ & & 2 \end{bmatrix},$$

即

$$A \sim \begin{bmatrix} 0 & & \\ & 2 & \\ & & 2 \end{bmatrix}.$$

回顾例 5.2.1　3 阶矩阵

$$A = \begin{bmatrix} 1 & 2 & 1 \\ -2 & -3 & 0 \\ 0 & 0 & 3 \end{bmatrix}$$

只有两个线性无关的特征向量

$$\boldsymbol{\alpha}_1 = \begin{bmatrix} 3 \\ -1 \\ 8 \end{bmatrix}, \quad \boldsymbol{\alpha}_2 = \begin{bmatrix} 1 \\ -1 \\ 0 \end{bmatrix}.$$

所以 A 不能对角化.

回顾例 5.2.2　3 阶矩阵

$$A = \begin{bmatrix} 0 & -1 & 1 \\ -1 & -1 & 0 \\ -3 & -4 & 1 \end{bmatrix}$$

只有 1 个线性无关的特征向量

$$\boldsymbol{\alpha} = \begin{bmatrix} 1 \\ -1 \\ -1 \end{bmatrix},$$

所以 A 不能对角化.

回顾例 5.2.3　3 阶矩阵

$$A = \begin{bmatrix} 12 & -14 & -3 \\ 13 & -15 & -3 \\ -16 & 20 & 5 \end{bmatrix}$$

有 3 个线性无关的特征向量

$$\boldsymbol{\alpha}_1 = \begin{bmatrix} 1 \\ 1 \\ -1 \end{bmatrix}, \quad \boldsymbol{\alpha}_2 = \begin{bmatrix} 4 \\ 5 \\ -6 \end{bmatrix}, \quad \boldsymbol{\alpha}_3 = \begin{bmatrix} 3 \\ 3 \\ -4 \end{bmatrix}.$$

所以 A 可对角化. 由 $\boldsymbol{\alpha}_1, \boldsymbol{\alpha}_2, \boldsymbol{\alpha}_3$ 组成可逆矩阵

$$P = (\boldsymbol{\alpha}_1 \boldsymbol{\alpha}_2 \boldsymbol{\alpha}_3) = \begin{bmatrix} 1 & 4 & 3 \\ 1 & 5 & 3 \\ -1 & -6 & -4 \end{bmatrix},$$

使

$$P^{-1}AP == \begin{bmatrix} 1 & & \\ & -1 & \\ & & 2 \end{bmatrix}.$$

即

$$A \sim \begin{bmatrix} 1 & & \\ & -1 & \\ & & 2 \end{bmatrix}.$$

推论 5.3.1　如果 n 阶矩阵 A 有 n 个不同的特征值，则 A 一定能对角化.

例如，例 5.2.3　3 阶矩阵

$$A = \begin{bmatrix} 12 & -14 & -3 \\ 13 & -15 & -3 \\ -16 & 20 & 5 \end{bmatrix}$$

有 3 个不同的特征值 $\lambda_1 = 1, \lambda_2 = -1, \lambda_3 = 2$，所以 A 可对角化.

$$A \sim \begin{bmatrix} 1 & & \\ & -1 & \\ & & 2 \end{bmatrix}.$$

注意　推论 5.3.1 只是 n 阶矩阵可对角化的充分条件，而非必要条件. 例如习题 5.1 第 5 题，3 阶矩阵 A 可对角化：

$$A \sim \begin{bmatrix} 0 & & \\ & 2 & \\ & & 2 \end{bmatrix}.$$

但 A 只有两个不同的特征值 $\lambda_1 = 0, \lambda_2 = 2$(2 重).

这里有一个问题：n 阶矩阵 A 的属于不同特征值的线性无关的特征向量合在一起，还线性无关吗？答案是肯定的. 这就是

定理 5.3.2　设 $\lambda_1, \lambda_2, \cdots, \lambda_m$ 是 n 阶矩阵 A 的不同的特征值，$\boldsymbol{\alpha}_{j1}, \boldsymbol{\alpha}_{j2}, \cdots, \boldsymbol{\alpha}_{js_j}$ 是 A 的属于特征值 λ_j 的一组线性无关的特征向量，则向量组

$$\boldsymbol{\alpha}_{11}, \boldsymbol{\alpha}_{12}, \cdots, \boldsymbol{\alpha}_{1s_1}, \boldsymbol{\alpha}_{21}, \boldsymbol{\alpha}_{22}, \cdots, \boldsymbol{\alpha}_{2s_2}, \cdots, \boldsymbol{\alpha}_{m1}, \boldsymbol{\alpha}_{m2}, \cdots, \boldsymbol{\alpha}_{ms_m}$$

也线性无关.

（此定理对不同特征值个数 m 用数学归纳法证明，证明思路与定理 5.2.2 相同. 证明略）.

从例 5.2.1 和例 5.2.2 可以看出，不是任何 n 阶矩阵都能对角化的，但有一类矩阵一定能对角化. 我们不加证明地给出重要

定理 5.3.3　实对称矩阵一定能相似于对角形矩阵. 换句话说，对于 n 阶实对称矩阵 A，一定能找到一个可逆矩阵 P，使

$$P^{-1}AP = \begin{bmatrix} \lambda_1 & & & \\ & \lambda_2 & & \\ & & \ddots & \\ & & & \lambda_n \end{bmatrix}.$$

其中 $\lambda_1, \lambda_2, \cdots, \lambda_n$ 都是 A 的特征值.

习题 5.1 第 5 题

$$A=\begin{bmatrix}1&-1&0\\-1&1&0\\0&0&2\end{bmatrix}$$

就是一个 3 阶实对称矩阵.

$$A\sim\begin{bmatrix}0&&\\&2&\\&&2\end{bmatrix}.$$

$\lambda_1=0,\lambda_2=2$(2 重) 都是 A 的特征值.

最后我们讨论一下与 A 相似的对角形之唯一性问题. 以例 5.2.3 为例.

$$A=\begin{bmatrix}12&-4&-3\\13&-15&-3\\-16&20&5\end{bmatrix}$$

有 3 个线性无关的特征向量

$$\boldsymbol{\alpha}_1=\begin{bmatrix}1\\1\\-1\end{bmatrix},\quad\boldsymbol{\alpha}_2=\begin{bmatrix}4\\5\\-6\end{bmatrix},\quad\boldsymbol{\alpha}_3=\begin{bmatrix}3\\3\\-4\end{bmatrix}.$$

它们分别属于特征值 $\lambda_1=1,\lambda_2=-1,\lambda_3=2$. 如果我们用 $\boldsymbol{\alpha}_2,\boldsymbol{\alpha}_3,\boldsymbol{\alpha}_1$ 为列,组成可逆矩

$$P_0=(\boldsymbol{\alpha}_2\quad\boldsymbol{\alpha}_3\quad\boldsymbol{\alpha}_1)=\begin{bmatrix}4&3&1\\5&3&1\\-6&-4&-1\end{bmatrix},$$

则

$$P_0^{-1}AP_0=\begin{bmatrix}-1&&\\&2&\\&&1\end{bmatrix}.$$

即

$$A \sim \begin{bmatrix} -1 & & \\ & 2 & \\ & & 1 \end{bmatrix}.$$

因此,如果不计对角形主对角元的次序,n 阶矩阵 $\boldsymbol{A}$ 相似于对角形,对角形是唯一的,称为 $\boldsymbol{A}$ 的相似标准形,主对角元都是 $\boldsymbol{A}$ 的特征值.

特别是 n 阶实对称矩阵 $\boldsymbol{A}$ 一定相似于对角形. 当不需要求特征向量时,仅凭 $\boldsymbol{A}$ 的特征值$\lambda_1,\lambda_2,\cdots,\lambda_n$(重根按重数计)就能写出 $\boldsymbol{A}$ 的相似标准形

$$\begin{bmatrix} \lambda_1 & & & \\ & \lambda_2 & & \\ & & \ddots & \\ & & & \lambda_n \end{bmatrix}.$$

习 题 5.3

1. 习题5.2第3题中哪个矩阵 $\boldsymbol{A}$ 可对角化?试求可逆矩阵 $\boldsymbol{P}$,使 $\boldsymbol{P}^{-1}\boldsymbol{A}\boldsymbol{P}$ 为对角形.

2. 对下列实对称矩阵 $\boldsymbol{A}$,求可逆矩阵 $\boldsymbol{P}$,使 $\boldsymbol{P}^{-1}\boldsymbol{A}\boldsymbol{P}$ 为对角形 $\boldsymbol{D}$,并验算 $\boldsymbol{AP}=\boldsymbol{PD}$ 是否成立.

(1) $\boldsymbol{A}=\begin{bmatrix} 5 & -3 \\ -3 & 5 \end{bmatrix}$;

(2) $\boldsymbol{A}=\begin{bmatrix} 0 & 0 & 2 \\ 0 & 2 & 0 \\ 2 & 0 & 0 \end{bmatrix}$;

(3) $\boldsymbol{A}=\begin{bmatrix} 1 & 2 & -2 \\ 2 & 3 & 0 \\ -2 & 0 & 3 \end{bmatrix}$.

3. 求下列实对称矩阵的相似标准形:

(1) $\boldsymbol{A}=\begin{bmatrix}1 & 1 & 1 & 1\\ 1 & 1 & -1 & -1\\ 1 & -1 & 1 & -1\\ 1 & -1 & -1 & 1\end{bmatrix}$;

(2) $\boldsymbol{B}=\begin{bmatrix}1 & 1 & -1 & 0\\ 1 & -1 & 1 & 0\\ -1 & 1 & 1 & 0\\ 0 & 0 & 0 & 2\end{bmatrix}$;

(3) $\boldsymbol{C}=\begin{bmatrix}1 & -2 & 0 & 0\\ -2 & 1 & 0 & 0\\ 0 & 0 & 1 & -2\\ 0 & 0 & -2 & 1\end{bmatrix}$.

4. 设 $\boldsymbol{A}$ 是上(下)三角矩阵,且主对角元互不相同. 证明 $\boldsymbol{A}$ 可对角化.

5. 设对角形矩阵

$$\boldsymbol{D}=\begin{bmatrix}2 & & \\ & 1 & \\ & & 1\end{bmatrix}.$$

判断下列哪个矩阵 $\boldsymbol{A}$ 与 $\boldsymbol{D}$ 相似?为什么?

(1) $\boldsymbol{A}=\begin{bmatrix}1 & & \\ & 2 & \\ & & 1\end{bmatrix}$;

(2) $\boldsymbol{A}=\begin{bmatrix}2 & & \\ & 1 & 1\\ & & 1\end{bmatrix}$;

(3) $\boldsymbol{A}=\begin{bmatrix}1 & 1 & \\ & 2 & \\ & & 1\end{bmatrix}$;

(4) $\boldsymbol{A}=\begin{bmatrix}1 & & \\ & 2 & \\ 1 & & 1\end{bmatrix}$.

6. 设 3 阶矩阵 $\boldsymbol{A}$ 的特征值 $\lambda_1 = 1$(2 重),$\lambda_2 = 2$. 特征向量

$$\boldsymbol{\alpha}_1 = \begin{bmatrix}1\\0\\0\end{bmatrix},\quad \boldsymbol{\alpha}_2 = \begin{bmatrix}0\\0\\1\end{bmatrix},\quad \boldsymbol{\beta} = \begin{bmatrix}1\\1\\0\end{bmatrix}$$

中 $\boldsymbol{\alpha}_1,\boldsymbol{\alpha}_2$ 属于 $\lambda_1 = 1$,$\boldsymbol{\beta}$ 属于 $\lambda_2 = 2$. 求矩阵 $\boldsymbol{A}$.

7. 设上三角矩阵

$$\boldsymbol{A} = \begin{bmatrix}1 & 1\\0 & 2\end{bmatrix}.$$

利用相似矩阵求 $\boldsymbol{A}^{10}$.

§5.4 实向量的内积·长度·正交

对于实对称矩阵 $\boldsymbol{A}$,不仅存在可逆矩阵 $\boldsymbol{P}$,使 $\boldsymbol{P}^{-1}\boldsymbol{AP}$ 为对角形,还存在正交矩阵 $\boldsymbol{Q}$(§5.5),使 $\boldsymbol{Q}^{-1}\boldsymbol{AQ}$ 为对角形. 作为预备知识,本节先介绍实向量的内积运算、实向量的长度,以及两个实向量正交的概念.

导学提纲

1. 何谓实向量的内积运算?它有哪些运算性质?
2. 怎么求实向量的长度?怎么将非零实向量单位化?
3. 何谓两个实向量正交?两个实向量正交的充分必要条件是什么?
4. 何谓正交向量组?证明正交向量组线性无关.

定义 5.4.1 设 $\boldsymbol{\alpha} = (a_1, a_2, \cdots, a_n)$,$\boldsymbol{\beta} = (b_1, b_2, \cdots, b_n) \in \mathbf{R}^n$. 实数 $a_1b_1 + a_2b_2 + \cdots + a_nb_n$ 称为实向量 $\boldsymbol{\alpha}$ 与 $\boldsymbol{\beta}$ 的内积,记作 $\boldsymbol{\alpha}\cdot\boldsymbol{\beta}$.

注意 只有实向量才有内积运算. 内积是一个实数. 内积也称点积或数量积. $\boldsymbol{\alpha}\cdot\boldsymbol{\beta}$ 的"·"不能省略,$\boldsymbol{\alpha}\cdot\boldsymbol{\beta}$ 也可以记作$(\boldsymbol{\alpha},\boldsymbol{\beta})$. 因为 n

维行向量可以看成 $1\times n$ 矩阵，n 维列向量可以看成 $n\times 1$ 矩阵. 所以内积可用矩阵乘法来求：

$$\boldsymbol{\alpha}\cdot\boldsymbol{\beta}=\boldsymbol{\alpha}\boldsymbol{\beta}^{\mathrm{T}}=(a_1a_2\cdots a_n)\begin{bmatrix}b_1\\b_2\\\vdots\\b_n\end{bmatrix}$$

$$=\left[\sum_{i=1}^{n}a_ib_i\right]=\sum_{i=1}^{n}a_ib_i.$$

因为一阶矩阵只含一个元素，所以按矩阵乘法求出的一阶矩阵就直接写成内积值.

例 5.4.1 在 $\mathbf{R}^3$ 中求向量 $\boldsymbol{\alpha}=(1,-2,3)$ 与 $\boldsymbol{\beta}=(2,0,1)$ 的内积.

解

$$\boldsymbol{\alpha}\cdot\boldsymbol{\beta}=(1,-2,3)\begin{bmatrix}2\\0\\1\end{bmatrix}=5.$$

例 5.4.2 3 维基本向量组 $\boldsymbol{\varepsilon}_1=(1,0,0)$，$\boldsymbol{\varepsilon}_2=(0,1,0)$，$\boldsymbol{\varepsilon}_3=(0,0,1)$ 中两两向量的内积为

$$\boldsymbol{\varepsilon}_1\cdot\boldsymbol{\varepsilon}_1=1,\quad \boldsymbol{\varepsilon}_1\cdot\boldsymbol{\varepsilon}_2=0,\quad \boldsymbol{\varepsilon}_1\cdot\boldsymbol{\varepsilon}_3=0,$$
$$\boldsymbol{\varepsilon}_2\cdot\boldsymbol{\varepsilon}_1=0,\quad \boldsymbol{\varepsilon}_2\cdot\boldsymbol{\varepsilon}_2=1,\quad \boldsymbol{\varepsilon}_2\cdot\boldsymbol{\varepsilon}_3=0,$$
$$\boldsymbol{\varepsilon}_3\cdot\boldsymbol{\varepsilon}_1=0,\quad \boldsymbol{\varepsilon}_3\cdot\boldsymbol{\varepsilon}_2=0,\quad \boldsymbol{\varepsilon}_3\cdot\boldsymbol{\varepsilon}_3=1.$$

内积运算具有性质：

1. $\boldsymbol{\alpha}\cdot\boldsymbol{\beta}=\boldsymbol{\beta}\cdot\boldsymbol{\alpha}$；
2. $(\boldsymbol{\alpha}+\boldsymbol{\beta})\cdot\boldsymbol{\gamma}=\boldsymbol{\alpha}\cdot\boldsymbol{\gamma}+\boldsymbol{\beta}\cdot\boldsymbol{\gamma}$；
3. $(k\boldsymbol{\alpha})\cdot\boldsymbol{\beta}=k(\boldsymbol{\alpha}\cdot\boldsymbol{\beta})$；
4. $\boldsymbol{\alpha}\cdot\boldsymbol{\alpha}\geqslant 0$，$\boldsymbol{\alpha}\cdot\boldsymbol{\alpha}=0$ 当且仅当 $\boldsymbol{\alpha}=\mathbf{0}$.

其中 $\boldsymbol{\alpha},\boldsymbol{\beta},\boldsymbol{\gamma}\in\mathbf{R}^n$，$k\in\mathbf{R}$.

（证明留作习题）.

定义 5.4.2 实 n 维向量 $\boldsymbol{\alpha}=(a_1,a_2,\cdots,a_n)$ 的长度是指非负实数

$$\sqrt{\boldsymbol{\alpha}\cdot\boldsymbol{\alpha}}=\sqrt{a_1^2+a_2^2+\cdots+a_n^2}.$$

记作 $\|\boldsymbol{\alpha}\|=\sqrt{\boldsymbol{\alpha}\cdot\boldsymbol{\alpha}}$. 实向量的长度也称为范数或模.

例 5.4.3 在 $\mathbf{R}^2$ 中向量 $\boldsymbol{\alpha}=(-4,3)$ 的长度 $\|\boldsymbol{\alpha}\|=\sqrt{(-4)^2+3^2}=5$(图 5.4.1).

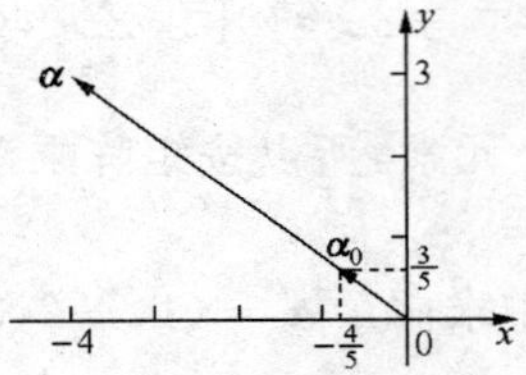

图 5.4.1

例 5.4.4 在 $\mathbf{R}^3$ 中向量 $\boldsymbol{\beta}=(2,3,4)$ 的长度 $\|\boldsymbol{\beta}\|=\sqrt{2^2+3^2+4^2}=\sqrt{29}$(图 5.4.2).

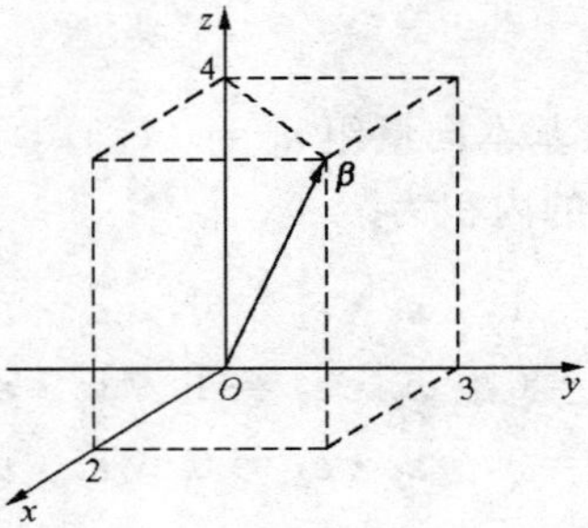

图 5.4.2

例 5.4.5 在 $\mathbf{R}^4$ 中向量 $\boldsymbol{\gamma}=(1,0,\sqrt{15},-3)$ 的长度 $\|\boldsymbol{\gamma}\|=\sqrt{1^2+0^2+\sqrt{15}^2+(-3)^2}=5$.

由定义 5.4.2 知 $\|\boldsymbol{\alpha}\|=0$ 当且仅当 $\boldsymbol{\alpha}=\mathbf{0}$.

长度为 1 的向量称为**单位向量**. 例如,$\boldsymbol{\alpha}=\left(\frac{1}{9},-\frac{8}{9},-\frac{4}{9}\right)$的

长度 $\|\boldsymbol{\alpha}\| = 1$,所以 $\boldsymbol{\alpha}$ 是一个 3 维单位向量. 又例如,在 $\mathbf{R}^2$ 中 $\boldsymbol{\varepsilon}_1 = (1,0)$,$\boldsymbol{\varepsilon}_2 = (0,1)$ 都是单位向量(图 5.4.3);在 $\mathbf{R}^3$ 中,$\boldsymbol{\varepsilon}_1 = (1,0,0)$,$\boldsymbol{\varepsilon}_2 = (0,1,0)$,$\boldsymbol{\varepsilon}_3 = (0,0,1)$ 都是单位向量(图 5.4.4).

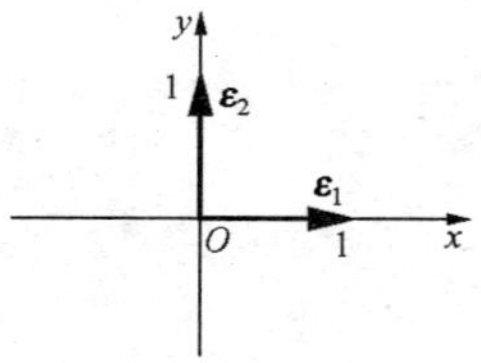

图 5.4.3

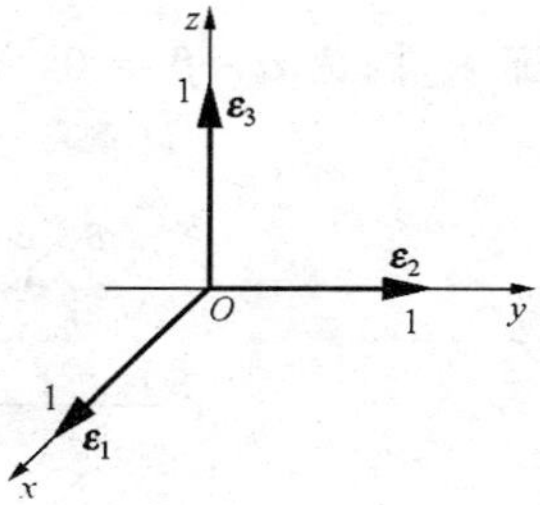

图 5.4.4

$\mathbf{R}^n$ 中 n 维基本向量组

$$\begin{gathered}\boldsymbol{\varepsilon}_1 = (1,0,\cdots,0),\\ \boldsymbol{\varepsilon}_2 = (0,1,\cdots,0),\\ \cdots\cdots\cdots\cdots\\ \boldsymbol{\varepsilon}_n = (0,0,\cdots,1)\end{gathered}$$

中每一个向量都是单位向量. 对于 $\mathbf{R}^n$ 中任一非零向量 $\boldsymbol{\alpha}$,可以做两个单位向量 $\pm \dfrac{1}{\|\boldsymbol{\alpha}\|}\boldsymbol{\alpha}$. 这是因为

$$\begin{aligned}\left\|\pm \frac{1}{\|\boldsymbol{\alpha}\|}\boldsymbol{\alpha}\right\| &= \sqrt{\left(\pm \frac{1}{\|\boldsymbol{\alpha}\|}\boldsymbol{\alpha}\right)\cdot\left(\pm \frac{1}{\|\boldsymbol{\alpha}\|}\boldsymbol{\alpha}\right)}\\ &= \frac{1}{\|\boldsymbol{\alpha}\|}\sqrt{\boldsymbol{\alpha}\cdot\boldsymbol{\alpha}} = 1.\end{aligned}$$

由非零实向量 $\boldsymbol{\alpha}$ 做出单位向量 $\dfrac{1}{\|\boldsymbol{\alpha}\|}\boldsymbol{\alpha}$,称为将 $\boldsymbol{\alpha}$ 单位化. 例如,将 $\boldsymbol{\alpha} = (-4,3)$ 单位化得 $\boldsymbol{\alpha}_0 = \dfrac{1}{\|\boldsymbol{\alpha}\|}\boldsymbol{\alpha} = \left(-\dfrac{4}{5},\dfrac{3}{5}\right)$. 确有 $\|\boldsymbol{\alpha}_0\| = 1$(图 5.4.1).

定义 5.4.3 如果两个 n 维实向量 $\boldsymbol{\alpha}$ 与 $\boldsymbol{\beta}$ 的内积 $\boldsymbol{\alpha}\cdot\boldsymbol{\beta} = 0$,则称 $\boldsymbol{\alpha}$ 与 $\boldsymbol{\beta}$ 正交(垂直),记作 $\boldsymbol{\alpha} \perp \boldsymbol{\beta}$.

例如,在 $\mathbf{R}^2$ 中 $\boldsymbol{\varepsilon}_1 \perp \boldsymbol{\varepsilon}_2$(图 5.4.3);在 $\mathbf{R}^3$ 中 $\boldsymbol{\varepsilon}_i \perp \boldsymbol{\varepsilon}_j\ (i \neq j)$(图 5.4.4).一般地,在 $\mathbf{R}^n$ 中基本向量组 $\boldsymbol{\varepsilon}_1, \boldsymbol{\varepsilon}_2, \cdots, \boldsymbol{\varepsilon}_n$ 两两正交.

例 5.4.6 证明向量 $\boldsymbol{\alpha} = \left(\frac{\sqrt{2}}{2}, \frac{\sqrt{2}}{2}\right)$ 与 $\beta = \left(-\frac{\sqrt{2}}{2}, \frac{\sqrt{2}}{2}\right)$ 正交.

证 因为 $\boldsymbol{\alpha} \cdot \boldsymbol{\beta} = 0$,所以 $\boldsymbol{\alpha} \perp \boldsymbol{\beta}$(图 5.4.5).

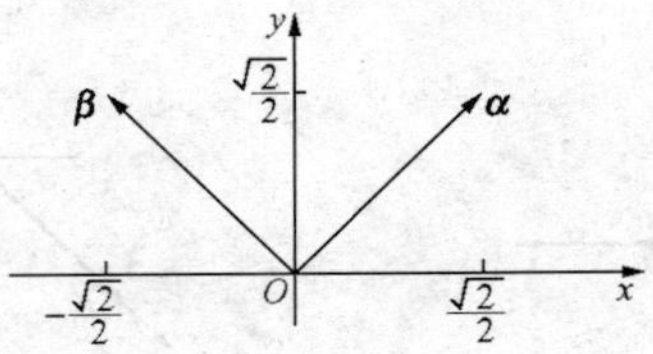

图 5.4.5

定义 5.4.4 非零实向量组 $\boldsymbol{\alpha}_1, \boldsymbol{\alpha}_2, \cdots, \boldsymbol{\alpha}_s$,如果其中任意两个向量都正交,则称 $\boldsymbol{\alpha}_1, \boldsymbol{\alpha}_2, \cdots, \boldsymbol{\alpha}_s$ 是**正交向量组**.

例如,n 维基本向量组 $\boldsymbol{\varepsilon}_1, \boldsymbol{\varepsilon}_2, \cdots, \boldsymbol{\varepsilon}_n$ 是正交向量组.

例 5.4.7 $\mathbf{R}^3$ 中向量组

$$\boldsymbol{\alpha}_1 = \left(\frac{2}{3}, \frac{2}{3}, \frac{1}{3}\right),$$

$$\boldsymbol{\alpha}_2 = \left(\frac{2}{3}, -\frac{1}{3}, -\frac{2}{3}\right),$$

$$\boldsymbol{\alpha}_3 = \left(\frac{1}{3}, -\frac{2}{3}, \frac{2}{3}\right)$$

是正交向量组.

定理 5.4.1 正交向量组线性无关.

证 已知 $\boldsymbol{\alpha}_1, \boldsymbol{\alpha}_2, \cdots, \boldsymbol{\alpha}_s$ 是正交向量组,设

$$x_1\boldsymbol{\alpha}_1 + x_2\boldsymbol{\alpha}_2 + \cdots + x_s\boldsymbol{\alpha}_s = \mathbf{0}.$$

(欲证 $x_1 = x_2 = \cdots = x_n = 0$) 等式两边与 $\boldsymbol{\alpha}_i\ (i = 1, 2, \cdots, s)$ 作内积

$$\boldsymbol{\alpha}_i \cdot (x_1\boldsymbol{\alpha}_1 + x_2\boldsymbol{\alpha}_2 + \cdots + x_{i-1}\boldsymbol{\alpha}_{i-1} + x_i\boldsymbol{\alpha}_i + x_{i+1}\boldsymbol{\alpha}_{i+1} + \cdots + x_s\boldsymbol{\alpha}_s)$$
$$= \boldsymbol{\alpha}_i \cdot \mathbf{0}.$$

因为当 $i \neq j$ 时,$\boldsymbol{\alpha}_i \cdot \boldsymbol{\alpha}_j = 0$,所以上式为

$$x_i(\boldsymbol{\alpha}_i \cdot \boldsymbol{\alpha}_i) = 0.$$

因为 $\boldsymbol{\alpha}_i \neq \mathbf{0}$,所以 $\boldsymbol{\alpha}_i \cdot \boldsymbol{\alpha}_i > 0$,推出 $x_i = 0(i = 1,2,\cdots,s)$. 故 $\boldsymbol{\alpha}_1,\boldsymbol{\alpha}_2,\cdots,\boldsymbol{\alpha}_s$ 线性无关.

习　题　5.4

1. 求向量 $\boldsymbol{\alpha}$ 与 $\boldsymbol{\beta}$ 的内积:

(1) $\boldsymbol{\alpha} = (1,-2,3,2),\boldsymbol{\beta} = (0,3,1,-1)$;

(2) $\boldsymbol{\alpha} = (1,-1,0,2,1),\boldsymbol{\beta} = (0,4,3,1,2)$.

2. 设 $\boldsymbol{\alpha} = (a_1,a_2,\cdots,a_n),\boldsymbol{\beta} = (b_1,b_2,\cdots,b_n),\boldsymbol{\gamma} = (c_1,c_2,\cdots,c_n) \in \mathbf{R}^n, k \in \mathbf{R}$. 证明:

(1) $\boldsymbol{\alpha} \cdot \boldsymbol{\beta} = \boldsymbol{\beta} \cdot \boldsymbol{\alpha}$;

(2) $(\boldsymbol{\alpha} + \boldsymbol{\beta}) \cdot \boldsymbol{\gamma} = \boldsymbol{\alpha} \cdot \boldsymbol{\gamma} + \boldsymbol{\beta} \cdot \boldsymbol{\gamma}$;

(3) $(k\boldsymbol{\alpha}) \cdot \boldsymbol{\beta} = k(\boldsymbol{\alpha} \cdot \boldsymbol{\beta})$;

(4) $\boldsymbol{\alpha} \cdot \boldsymbol{\alpha} \geqslant 0$;

(5) 若 $\boldsymbol{\alpha} = \mathbf{0}$,则 $\boldsymbol{\alpha} \cdot \boldsymbol{\alpha} = 0$;

(6) 若 $\boldsymbol{\alpha} \cdot \boldsymbol{\alpha} = 0$,则 $\boldsymbol{\alpha} = \mathbf{0}$.

3. 求下列向量的长度:

(1) $\boldsymbol{\alpha} = (1,1)$;

(2) $\boldsymbol{\beta} = \left(\frac{\sqrt{3}}{3},-\frac{\sqrt{3}}{3},\frac{\sqrt{3}}{3}\right)$;

(3) $\boldsymbol{\gamma} = (1,3,-1,0,\sqrt{5})$.

4. 下列向量是单位向量吗?若不是,试将其单位化:

(1) $\boldsymbol{\alpha} = (1,1)$;

(2) $\boldsymbol{\beta} = (1,-1,1)$;

(3) $\boldsymbol{\gamma} = (1,-2,-3,\sqrt{2})$.

5. 判断下列向量 $\boldsymbol{\alpha}$ 与 $\boldsymbol{\beta}$ 是否正交?

(1) $\boldsymbol{\alpha} = (1,0,-1,1),\boldsymbol{\beta} = (2,1,-1,-3)$;

(2) $\boldsymbol{\alpha} = (1,0,-1,1),\boldsymbol{\beta} = (1,-1,2,3)$;

(3) $\boldsymbol{\alpha} = (0,0,0,0),\boldsymbol{\beta} = (a_1,a_2,a_3,a_4)$.

6. 判断下列向量组是否为正交向量组？

(1) $\boldsymbol{\alpha}_1=(-1,0,0),\boldsymbol{\alpha}_2=(0,-1,0),\boldsymbol{\alpha}_3=(0,0,-1)$；

(2) $\boldsymbol{\alpha}=(2,2,1),\boldsymbol{\beta}=(2,-1,-2),\boldsymbol{\gamma}=(1,-2,2)$.

7. 在 $\mathbf{R}^4$ 中能否找到一个非零向量 $\boldsymbol{\beta}$，使 $\boldsymbol{\beta}$ 与 $\boldsymbol{\alpha}_1=(1,0,-1,1)$，$\boldsymbol{\alpha}_2=(2,1,3,-2)$，$\boldsymbol{\alpha}_3=(1,-1,2,3)$ 都正交？若能，试求之.

8. 判断下列向量组是否为正交单位向量组？

(1) $\boldsymbol{\alpha}=\left(\frac{\sqrt{2}}{2},\frac{\sqrt{2}}{2}\right),\boldsymbol{\beta}=\left(-\frac{\sqrt{2}}{2},\frac{\sqrt{2}}{2}\right)$；

(2) $\boldsymbol{\alpha}=\left(\frac{2}{3},\frac{2}{3},\frac{1}{3}\right),\boldsymbol{\beta}=\left(\frac{2}{3},-\frac{1}{3},-\frac{2}{3}\right),\boldsymbol{\gamma}=\left(\frac{1}{3},-\frac{2}{3},\frac{2}{3}\right)$.

9. 证明：对任意实数 k 与实向量 $\boldsymbol{\alpha}$，恒有等式 $\|k\boldsymbol{\alpha}\|=|k|\,\|\boldsymbol{\alpha}\|$，并在平面 2 维空间中给予几何解释.

10. 已知 $\boldsymbol{\alpha}$ 与 $\boldsymbol{\beta}_1,\boldsymbol{\beta}_2,\cdots,\boldsymbol{\beta}_s$ 中每一个向量都正交. 证明 $\boldsymbol{\alpha}$ 与 $\boldsymbol{\beta}_1,\boldsymbol{\beta}_2,\cdots,\boldsymbol{\beta}_s$ 的任一线性组合 $k_1\boldsymbol{\beta}_1+k_2\boldsymbol{\beta}_2+\cdots+k_s\boldsymbol{\beta}_s(k_1,k_2,\cdots,k_s\in\mathbf{R})$ 也正交.

11. 已知向量组 $\boldsymbol{\alpha}_1,\boldsymbol{\alpha}_2$ 线性无关，$\boldsymbol{\beta}=\boldsymbol{\alpha}_2-k\boldsymbol{\alpha}_1$ 与 $\boldsymbol{\alpha}_1$ 正交. 求系数 k（图 5.4.6）.

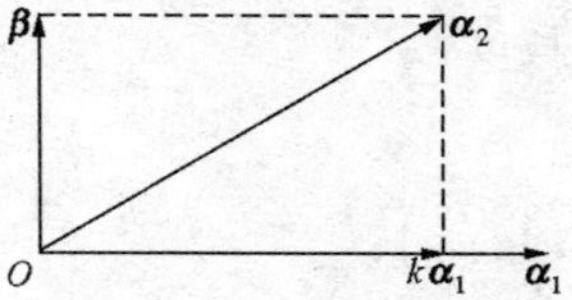

图 5.4.6

12. 已知实向量组 $\boldsymbol{\alpha}_1,\boldsymbol{\alpha}_2,\boldsymbol{\alpha}_3$ 线性无关

$$\boldsymbol{\beta}_1=\boldsymbol{\alpha}_1,$$

$$\boldsymbol{\beta}_2=\boldsymbol{\alpha}_2-\frac{\boldsymbol{\alpha}_2\cdot\boldsymbol{\beta}_1}{\boldsymbol{\beta}_1\cdot\boldsymbol{\beta}_1}\boldsymbol{\beta}_1,$$

$$\boldsymbol{\beta}_3=\boldsymbol{\alpha}_3-\frac{\boldsymbol{\alpha}_3\cdot\boldsymbol{\beta}_1}{\boldsymbol{\beta}_1\cdot\boldsymbol{\beta}_1}\boldsymbol{\beta}_1-\frac{\boldsymbol{\alpha}_3\cdot\boldsymbol{\beta}_2}{\boldsymbol{\beta}_2\cdot\boldsymbol{\beta}_2}\boldsymbol{\beta}_2.$$

证明：

(1) $\boldsymbol{\beta}_1, \boldsymbol{\beta}_2, \boldsymbol{\beta}_3$ 是正交向量组;

(2) $\{\boldsymbol{\beta}_1\} \cong \{\boldsymbol{\alpha}_1\}$; $\{\boldsymbol{\beta}_1, \boldsymbol{\beta}_2\} \cong \{\boldsymbol{\alpha}_1, \boldsymbol{\alpha}_2\}$; $\{\boldsymbol{\beta}_1, \boldsymbol{\beta}_2, \boldsymbol{\beta}_3\} \cong \{\boldsymbol{\alpha}_1, \boldsymbol{\alpha}_2, \boldsymbol{\alpha}_3\}$.

§5.5　正交矩阵

导学提纲

1. 何谓正交矩阵?
2. 正交矩阵有哪些性质?
3. 怎么将一组线性无关的实向量正交化、单位化?

定义 5.5.1　如果实 n 阶矩阵 $\boldsymbol{Q}$ 满足

$$\boldsymbol{Q}\boldsymbol{Q}^{\mathrm{T}} = \boldsymbol{Q}^{\mathrm{T}}\boldsymbol{Q} = \boldsymbol{I}.$$

则称 $\boldsymbol{Q}$ 是**正交矩阵**.

显然,单位矩阵是正交矩阵. 此外,例如

$$\begin{bmatrix} \frac{\sqrt{2}}{2} & -\frac{\sqrt{2}}{2} \\ \frac{\sqrt{2}}{2} & \frac{\sqrt{2}}{2} \end{bmatrix}, \quad \begin{bmatrix} \cos\theta & -\sin\theta \\ \sin\theta & \cos\theta \end{bmatrix}, \quad \begin{bmatrix} \frac{2}{3} & \frac{2}{3} & \frac{1}{3} \\ \frac{2}{3} & -\frac{1}{3} & -\frac{2}{3} \\ \frac{1}{3} & -\frac{2}{3} & \frac{2}{3} \end{bmatrix}$$

都是正交矩阵.

正交矩阵有以下**性质**:

1. 正交矩阵的行列式等于 1 或 -1.

证　设 $\boldsymbol{Q}$ 是正交矩阵,于是

$$\boldsymbol{Q}\boldsymbol{Q}^{\mathrm{T}} = \boldsymbol{Q}^{\mathrm{T}}\boldsymbol{Q} = \boldsymbol{I}.$$

取行列式

$$|\boldsymbol{Q}\boldsymbol{Q}^{\mathrm{T}}| = |\boldsymbol{Q}^{\mathrm{T}}\boldsymbol{Q}| = |\boldsymbol{I}|.$$

即

$$|Q||Q^{\mathrm{T}}|=|Q^{\mathrm{T}}||Q|=1.$$

因为 $|Q^{\mathrm{T}}|=|Q|$，所以 $|Q|^2=1$，推出 $|Q|=\pm 1$.

2. 正交矩阵是可逆的，其逆也是正交矩阵(证明留习题).

3. 两个同阶正交矩阵的乘积也是正交矩阵(证明留习题).

下面分析正交矩阵行(列)向量组特点. 设正交矩阵

$$Q=\begin{bmatrix} a_{11} & a_{12} & \cdots & a_{1n} \\ a_{21} & a_{22} & \cdots & a_{2n} \\ \vdots & \vdots & & \vdots \\ a_{n1} & a_{n2} & \cdots & a_{nn} \end{bmatrix}=\begin{bmatrix} \boldsymbol{\alpha}_1 \\ \boldsymbol{\alpha}_2 \\ \vdots \\ \boldsymbol{\alpha}_n \end{bmatrix},$$

其中 $\boldsymbol{\alpha}_i=(a_{i1},a_{i2},\cdots,a_{in})(i=1,2,\cdots,n)$. 由正交矩阵定义

$$QQ^{\mathrm{T}}=\begin{bmatrix} a_{11} & a_{12} & \cdots & a_{1n} \\ a_{21} & a_{22} & \cdots & a_{2n} \\ \vdots & \vdots & & \vdots \\ a_{n1} & a_{n2} & \cdots & a_{nn} \end{bmatrix}\begin{bmatrix} a_{11} & a_{21} & \cdots & a_{n1} \\ a_{12} & a_{22} & \cdots & a_{n2} \\ \vdots & \vdots & & \vdots \\ a_{1n} & a_{2n} & \cdots & a_{nn} \end{bmatrix}$$

$$=\begin{bmatrix} \boldsymbol{\alpha}_1 \\ \boldsymbol{\alpha}_2 \\ \vdots \\ \boldsymbol{\alpha}_n \end{bmatrix}(\boldsymbol{\alpha}_1^{\mathrm{T}} \quad \boldsymbol{\alpha}_2^{\mathrm{T}} \quad \cdots \quad \boldsymbol{\alpha}_n^{\mathrm{T}})$$

$$=\begin{bmatrix} \boldsymbol{\alpha}_1\cdot\boldsymbol{\alpha}_1 & \boldsymbol{\alpha}_1\cdot\boldsymbol{\alpha}_2 & \cdots & \boldsymbol{\alpha}_1\cdot\boldsymbol{\alpha}_n \\ \boldsymbol{\alpha}_2\cdot\boldsymbol{\alpha}_1 & \boldsymbol{\alpha}_2\cdot\boldsymbol{\alpha}_2 & \cdots & \boldsymbol{\alpha}_2\cdot\boldsymbol{\alpha}_n \\ \vdots & \vdots & & \vdots \\ \boldsymbol{\alpha}_n\cdot\boldsymbol{\alpha}_1 & \boldsymbol{\alpha}_n\cdot\boldsymbol{\alpha}_2 & \cdots & \boldsymbol{\alpha}_n\cdot\boldsymbol{\alpha}_n \end{bmatrix}$$

$$=\begin{bmatrix} 1 & 0 & \cdots & 0 \\ 0 & 1 & \cdots & 0 \\ \vdots & \vdots & \ddots & \vdots \\ 0 & 0 & \cdots & 1 \end{bmatrix}.$$

根据矩阵相等定义，$\boldsymbol{\alpha}_i\cdot\boldsymbol{\alpha}_i=1,\boldsymbol{\alpha}_i\cdot\boldsymbol{\alpha}_j=0(i,j=1,2,\cdots,n;i\neq j)$，

所以 $\|\boldsymbol{\alpha}_j\|=1,\boldsymbol{\alpha}_i\perp\boldsymbol{\alpha}_j(i\neq j)$. 正交矩阵的行向量组是正交单位向量组. 同理可证,正交矩阵的列向量组也是正交单位向量组. 反之,如果实 n 阶矩阵 Q 的行(列) 向量组是正交单位向量组,则 Q 是正交矩阵(证明留作习题). 由以上分析得

定理 5.5.1 实 n 阶矩阵 Q 是正交矩阵的充分必要条件是 Q 的行(列) 向量组是正交单位向量组.

下面介绍由一组线性无关的实向量作出一组正交单位向量的方法.

定理 5.5.2 设 $\boldsymbol{\alpha}_1,\boldsymbol{\alpha}_2,\cdots,\boldsymbol{\alpha}_s$ 是一组线性无关的实向量,那么由此作出的向量组

$$\boldsymbol{\beta}_1=\boldsymbol{\alpha}_1,$$

$$\boldsymbol{\beta}_2=\boldsymbol{\alpha}_2-\frac{\boldsymbol{\alpha}_2\cdot\boldsymbol{\beta}_1}{\boldsymbol{\beta}_1\cdot\boldsymbol{\beta}_1}\boldsymbol{\beta}_1,$$

$$\boldsymbol{\beta}_3=\boldsymbol{\alpha}_3-\frac{\boldsymbol{\alpha}_3\cdot\boldsymbol{\beta}_1}{\boldsymbol{\beta}_1\cdot\boldsymbol{\beta}_1}\boldsymbol{\beta}_1-\frac{\boldsymbol{\alpha}_3\cdot\boldsymbol{\beta}_2}{\boldsymbol{\beta}_2\cdot\boldsymbol{\beta}_2}\boldsymbol{\beta}_2,$$

$$\cdots\cdots\cdots\cdots\cdots\cdots$$

$$\boldsymbol{\beta}_s=\boldsymbol{\alpha}_s-\frac{\boldsymbol{\alpha}_s\cdot\boldsymbol{\beta}_1}{\boldsymbol{\beta}_1\cdot\boldsymbol{\beta}_1}\boldsymbol{\beta}_1-\frac{\boldsymbol{\alpha}_s\cdot\boldsymbol{\beta}_2}{\boldsymbol{\beta}_2\cdot\boldsymbol{\beta}_2}\boldsymbol{\beta}_2-\cdots-\frac{\boldsymbol{\alpha}_s\cdot\boldsymbol{\beta}_{s-1}}{\boldsymbol{\beta}_{s-1}\cdot\boldsymbol{\beta}_{s-1}}\boldsymbol{\beta}_{s-1}$$

也是正交向量组,且 $\boldsymbol{\alpha}_1,\boldsymbol{\alpha}_2,\cdots,\boldsymbol{\alpha}_i$ 与 $\boldsymbol{\beta}_1,\boldsymbol{\beta}_2,\cdots,\boldsymbol{\beta}_i(i=1,2,\cdots,s)$ 等价(证明略).

定理 5.5.2 给出了由一组线性无关的实向量 $\boldsymbol{\alpha}_1,\boldsymbol{\alpha}_2,\cdots,\boldsymbol{\alpha}_s$ 作出一个正交向量组 $\boldsymbol{\beta}_1,\boldsymbol{\beta}_2,\cdots,\boldsymbol{\beta}_s$ 的方法(Schmidt 正交化方法). 如果将 $\boldsymbol{\beta}_1,\boldsymbol{\beta}_2,\cdots,\boldsymbol{\beta}_s$ 单位化:

$$\boldsymbol{\gamma}_1=\frac{1}{\|\boldsymbol{\beta}_1\|}\boldsymbol{\beta}_1,\ \boldsymbol{\gamma}_2=\frac{1}{\|\boldsymbol{\beta}_2\|}\boldsymbol{\beta}_2,\ \cdots,\ \boldsymbol{\gamma}_s=\frac{1}{\|\boldsymbol{\beta}_s\|}\boldsymbol{\beta}_s.$$

$\boldsymbol{\gamma}_1,\boldsymbol{\gamma}_2,\cdots,\boldsymbol{\gamma}_s$ 就是一个与 $\boldsymbol{\alpha}_1,\boldsymbol{\alpha}_2,\cdots,\boldsymbol{\alpha}_s$ 等价的正交单位向量组.

例 5.5.1 设

$$\boldsymbol{\alpha}_1=\begin{bmatrix}1\\0\\-1\\2\end{bmatrix},\quad \boldsymbol{\alpha}_2=\begin{bmatrix}2\\-1\\0\\1\end{bmatrix},\quad \boldsymbol{\alpha}_3=\begin{bmatrix}1\\-1\\1\\1\end{bmatrix}.$$

问向量组 $\boldsymbol{\alpha}_1,\boldsymbol{\alpha}_2,\boldsymbol{\alpha}_3$ 是否线性无关?如是,由此求一个与 $\boldsymbol{\alpha}_1,\boldsymbol{\alpha}_2,\boldsymbol{\alpha}_3$ 等价的正交单位向量组.

解　因为矩阵

$$(\boldsymbol{\alpha}_1 \quad \boldsymbol{\alpha}_2 \quad \boldsymbol{\alpha}_3)=\begin{bmatrix}1 & 2 & 1\\ 0 & -1 & -1\\ -1 & 0 & 1\\ 2 & 1 & 1\end{bmatrix}$$

中有一个 3 阶子式

$$\begin{vmatrix}0 & -1 & -1\\ -1 & 0 & 1\\ 2 & 1 & 1\end{vmatrix}=-2\neq 0,$$

而没有 4 阶子式,所以秩$\{\boldsymbol{\alpha}_1,\boldsymbol{\alpha}_2,\boldsymbol{\alpha}_3\}=3$,$\boldsymbol{\alpha}_1,\boldsymbol{\alpha}_2,\boldsymbol{\alpha}_3$ 线性无关. 先将 $\boldsymbol{\alpha}_1,\boldsymbol{\alpha}_2,\boldsymbol{\alpha}_3$ 正交化:

$$\boldsymbol{\beta}_1=\boldsymbol{\alpha}_1,$$

$$\boldsymbol{\beta}_2=\boldsymbol{\alpha}_2-\frac{\boldsymbol{\alpha}_2\cdot\boldsymbol{\beta}_1}{\boldsymbol{\beta}_1\cdot\boldsymbol{\beta}_1}\boldsymbol{\beta}_1=\begin{bmatrix}2\\ -1\\ 0\\ 1\end{bmatrix}-\frac{4}{6}\begin{bmatrix}1\\ 0\\ -1\\ 2\end{bmatrix}=\begin{bmatrix}\frac{4}{3}\\ -1\\ \frac{2}{3}\\ -\frac{1}{3}\end{bmatrix},$$

$$\boldsymbol{\beta}_3=\boldsymbol{\alpha}_3-\frac{\boldsymbol{\alpha}_3\cdot\boldsymbol{\beta}_1}{\boldsymbol{\beta}_1\cdot\boldsymbol{\beta}_1}\boldsymbol{\beta}_1-\frac{\boldsymbol{\alpha}_3\cdot\boldsymbol{\beta}_2}{\boldsymbol{\beta}_2\cdot\boldsymbol{\beta}_2}\boldsymbol{\beta}_2$$

$$=\begin{bmatrix}1\\ -1\\ 1\\ 1\end{bmatrix}-\frac{2}{6}\begin{bmatrix}1\\ 0\\ -1\\ 2\end{bmatrix}-\frac{\frac{8}{3}}{\frac{10}{3}}\begin{bmatrix}\frac{4}{3}\\ -1\\ \frac{2}{3}\\ -\frac{1}{3}\end{bmatrix}=\begin{bmatrix}-\frac{2}{5}\\ -\frac{1}{5}\\ \frac{4}{5}\\ \frac{3}{5}\end{bmatrix}.$$

将正交向量组 $\boldsymbol{\beta}_1,\boldsymbol{\beta}_2,\boldsymbol{\beta}_3$ 单位化:

$$\boldsymbol{\gamma}_1=\frac{1}{\|\boldsymbol{\beta}_1\|}\boldsymbol{\beta}_1=\frac{1}{\sqrt{6}}\begin{bmatrix}1\\0\\-1\\2\end{bmatrix}=\begin{bmatrix}\frac{\sqrt{6}}{6}\\0\\-\frac{\sqrt{6}}{6}\\\frac{\sqrt{6}}{3}\end{bmatrix},$$

$$\boldsymbol{\gamma}_2=\frac{1}{\|\boldsymbol{\beta}_2\|}\boldsymbol{\beta}_2=\frac{1}{\sqrt{\frac{10}{3}}}\begin{bmatrix}\frac{4}{3}\\-1\\\frac{2}{3}\\-\frac{1}{3}\end{bmatrix}=\begin{bmatrix}\frac{2}{15}\sqrt{30}\\-\frac{\sqrt{30}}{10}\\\frac{\sqrt{30}}{15}\\-\frac{\sqrt{30}}{30}\end{bmatrix},$$

$$\boldsymbol{\gamma}_3=\frac{1}{\|\boldsymbol{\beta}_3\|}\boldsymbol{\beta}_3=\frac{1}{\frac{\sqrt{30}}{5}}\begin{bmatrix}-\frac{2}{5}\\-\frac{1}{5}\\\frac{4}{5}\\\frac{3}{5}\end{bmatrix}=\begin{bmatrix}-\frac{\sqrt{30}}{15}\\-\frac{\sqrt{30}}{30}\\\frac{2\sqrt{30}}{15}\\\frac{\sqrt{30}}{10}\end{bmatrix}.$$

正交单位向量组 $\boldsymbol{\gamma}_1,\boldsymbol{\gamma}_2,\boldsymbol{\gamma}_3$ 为所求.

习　题　5.5

1. 判断下列矩阵是否为正交矩阵:

$$A=\begin{bmatrix}\sqrt{2} & \mathrm{i}\\ \mathrm{i} & -\sqrt{2}\end{bmatrix},\quad B=\begin{bmatrix}\frac{\sqrt{3}}{3} & \frac{\sqrt{6}}{3} & 0\\ \frac{\sqrt{3}}{3} & -\frac{\sqrt{6}}{6} & \frac{\sqrt{2}}{2}\\ -\frac{\sqrt{3}}{3} & \frac{\sqrt{6}}{6} & \frac{\sqrt{2}}{2}\end{bmatrix}.$$

2. 设 $\boldsymbol{Q}$ 是正交矩阵. 证明：

(1) $\boldsymbol{Q}$ 可逆；

(2) $\boldsymbol{Q}^{-1}=\boldsymbol{Q}^{\mathrm{T}}$；

(3) $\boldsymbol{Q}^{-1}$ 也是正交矩阵.

3. 设 $\boldsymbol{A},\boldsymbol{B}$ 是同阶正交矩阵. 证明乘积 $\boldsymbol{AB}$ 也是正交矩阵.

4. 证明实 n 阶矩阵 $\boldsymbol{A}$ 是正交矩阵的必要充分条件是 $\boldsymbol{A}$ 的列向量组是正交单位向量组.

5. 判断实向量组

$$\boldsymbol{\alpha}_1=\begin{bmatrix}1\\1\\-1\end{bmatrix},\quad \boldsymbol{\alpha}_2=\begin{bmatrix}1\\-1\\1\end{bmatrix},\quad \boldsymbol{\alpha}_3=\begin{bmatrix}-1\\1\\1\end{bmatrix}$$

是否线性无关?若是,求与 $\boldsymbol{\alpha}_1,\boldsymbol{\alpha}_2,\boldsymbol{\alpha}_3$ 等价的正交单位向量组.

6. 求一个正交矩阵,以 $\left(\frac{2}{3},\frac{2}{3},\frac{1}{3}\right)^{\mathrm{T}},\left(\frac{2}{3},-\frac{1}{3},-\frac{2}{3}\right)^{\mathrm{T}}$ 为前两列.

§5.6　实对称矩阵的正交相似标准形

导学提纲

1. 知道实对称矩阵一定正交相似于对角形矩阵.

2. 对于给定的实对称矩阵 $\boldsymbol{A}$,怎么找正交矩阵 $\boldsymbol{Q}$,使 $\boldsymbol{Q}^{\mathrm{T}}\boldsymbol{AQ}=\boldsymbol{Q}^{-1}\boldsymbol{AQ}$ 为对角形?

3. 怎样理解实对称矩阵正交相似标准形的唯一性?

引理 5.6.1　实对称矩阵的特征值是实数(证明略).

引理 5.6.2　实对称矩阵的特征向量是实向量(证明略).

引理 5.6.3　实对称矩阵的不同特征值的特征向量必正交(证明略).

定理 5.6.1　如果 $\boldsymbol{A}$ 是 n 阶实对称矩阵,则一定存在正交矩阵 $\boldsymbol{Q}$,使

$$\boldsymbol{Q}^{\mathrm{T}}\boldsymbol{A}\boldsymbol{Q}=\boldsymbol{Q}^{-1}\boldsymbol{A}\boldsymbol{Q}=\begin{bmatrix}\lambda_1 & & & \\ & \lambda_2 & & \\ & & \ddots & \\ & & & \lambda_n\end{bmatrix},$$

其中 $\lambda_1,\lambda_2,\cdots,\lambda_n$ 是 $\boldsymbol{A}$ 的特征值(证明略).

给定 n 阶实对称矩阵 $\boldsymbol{A}$,怎么找正交矩阵 $\boldsymbol{Q}$,使 $\boldsymbol{Q}^{\mathrm{T}}\boldsymbol{A}\boldsymbol{Q}=\boldsymbol{Q}^{-1}\boldsymbol{A}\boldsymbol{Q}$ 为对角形.下面来分析:

给定 n 阶实对称矩阵 $\boldsymbol{A}$,假设有正交矩阵

$$\boldsymbol{Q}=(\boldsymbol{\gamma}_1\quad\boldsymbol{\gamma}_2\quad\cdots\quad\boldsymbol{\gamma}_n)$$

(其中 $\boldsymbol{\gamma}_1,\boldsymbol{\gamma}_2,\cdots,\boldsymbol{\gamma}_n$ 是 n 维正交单位列向量组)使

$$\boldsymbol{Q}^{T}\boldsymbol{A}\boldsymbol{Q}=\begin{bmatrix}\lambda_1 & & & \\ & \lambda_2 & & \\ & & \ddots & \\ & & & \lambda_n\end{bmatrix}.$$

因为 $\boldsymbol{Q}^{\mathrm{T}}=\boldsymbol{Q}^{-1}$,所以

$$\boldsymbol{A}\boldsymbol{Q}=\boldsymbol{Q}\begin{bmatrix}\lambda_1 & & & \\ & \lambda_2 & & \\ & & \ddots & \\ & & & \lambda_n\end{bmatrix},$$

即

$$A(\boldsymbol{\gamma}_1\boldsymbol{\gamma}_2\cdots\boldsymbol{\gamma}_n)=(\boldsymbol{\gamma}_1\boldsymbol{\gamma}_2\cdots\boldsymbol{\gamma}_n)\begin{bmatrix}\lambda_1 & & & \\ & \lambda_2 & & \\ & & \ddots & \\ & & & \lambda_n\end{bmatrix}.$$

由矩阵乘法规则有

$$(\boldsymbol{A}\boldsymbol{\gamma}_1,\boldsymbol{A}\boldsymbol{\gamma}_2,\cdots,\boldsymbol{A}\boldsymbol{\gamma}_n)=(\lambda_1\boldsymbol{\gamma}_1,\lambda_2\boldsymbol{\gamma}_2,\cdots,\lambda_n\boldsymbol{\gamma}_n).$$

按矩阵相等定义，有

$$\boldsymbol{A}\boldsymbol{\gamma}_j=\lambda_j\boldsymbol{\gamma}_j,\quad \boldsymbol{\gamma}_j\neq\boldsymbol{0}\quad(j=1,2,\cdots,n).$$

这表明 $\boldsymbol{\gamma}_1,\boldsymbol{\gamma}_2,\cdots,\boldsymbol{\gamma}_n$ 是 $\boldsymbol{A}$ 的分别属于特征值 $\lambda_1,\lambda_2,\cdots,\lambda_n$ 的正交单位特征向量组. $\boldsymbol{A}$ 的特征根可能有重根. $\boldsymbol{A}$ 的属于同一特征值的线性无关的特征向量，经过正交化、单位化仍保持等价(定理 5.5.2). 实对称矩阵 $\boldsymbol{A}$ 的属于不同特征值的特征向量必正交(引理 5.6.3). 据以上分析，针对给定的 n 阶实对称矩阵 $\boldsymbol{A}$，可按下列方法和步骤求正交矩阵 $\boldsymbol{Q}$:

第一步，解方程 $|\lambda\boldsymbol{I}-\boldsymbol{A}|=0$，求出 $\boldsymbol{A}$ 的全部不同的特征值 $\lambda_1,\lambda_2,\cdots,\lambda_t$ (λ_j 是 n_j 重根，$n_1+n_2+\cdots+n_t=n$)；

第二步，对每一个 $\lambda_j(j=1,2,\cdots,t)$ 解齐次线性方程组 $(\lambda_j\boldsymbol{I}-\boldsymbol{A})\boldsymbol{X}_{n1}=\boldsymbol{0}_{n1}$，得一基础解系

$$\boldsymbol{\alpha}_{j1},\boldsymbol{\alpha}_{j2},\cdots,\boldsymbol{\alpha}_{jn_j};$$

第三步，将

$$\boldsymbol{\alpha}_{j1},\boldsymbol{\alpha}_{j2},\cdots,\boldsymbol{\alpha}_{jn_j}$$

正交化、单位化，得正交单位列向量组

$$\boldsymbol{\gamma}_{j1},\boldsymbol{\gamma}_{j2},\cdots,\boldsymbol{\gamma}_{jn_j}\quad(j=1,2,\cdots,t);$$

第四步，写出矩阵

$$\boldsymbol{Q}=(\boldsymbol{\gamma}_{11}\boldsymbol{\gamma}_{12}\cdots\boldsymbol{\gamma}_{1n_1}\boldsymbol{\gamma}_{21}\boldsymbol{\gamma}_{22}\cdots\boldsymbol{\gamma}_{2n_2}\cdots\boldsymbol{\gamma}_{t1}\boldsymbol{\gamma}_{t2}\cdots\boldsymbol{\gamma}_{tn_t}),$$

因为 $\lambda_1,\lambda_2,\cdots,\lambda_t$ 是不同的特征值，所以 $\boldsymbol{Q}$ 是正交矩阵，且使

$$Q^{\mathrm{T}}AQ = Q^{-1}AQ = \begin{bmatrix} \overbrace{\lambda_1 \quad \lambda_1 \quad \cdots \quad \lambda_1}^{n_1\text{个}} & & & & \\ & \overbrace{\lambda_2 \quad \lambda_2 \quad \cdots \quad \lambda_2}^{n_2\text{个}} & & & \\ & & \ddots & & \\ & & & \overbrace{\lambda_t \quad \lambda_t \quad \cdots \quad \lambda_t}^{n_t\text{个}} \end{bmatrix}.$$

例 5.6.1 设实对称矩阵

$$A = \begin{bmatrix} 2 & 0 & 1 \\ 0 & 3 & 0 \\ 1 & 0 & 2 \end{bmatrix},$$

求一正交矩阵 Q,使 $Q^{\mathrm{T}}AQ = Q^{-1}AQ$ 为对角形.

解

$$|\lambda I - A| = \begin{vmatrix} \lambda - 2 & 0 & -1 \\ 0 & \boxed{\lambda - 3} & 0 \\ -1 & 0 & \lambda - 2 \end{vmatrix}$$

$$= (\lambda - 3)\begin{vmatrix} \lambda - 2 & -1 \\ -1 & \lambda - 2 \end{vmatrix} = (\lambda - 3)^2(\lambda - 1).$$

A 的全部特征根为 $\lambda_1 = 3$(2 重),$\lambda_2 = 1$.

将 $\lambda_1 = 3$ 代入齐次线性方程组 $(\lambda I - A)X = 0$,得增广矩阵

$$\left[\begin{array}{ccc|c} 1 & 0 & -1 & 0 \\ 0 & 0 & 0 & 0 \\ -1 & 0 & 1 & 0 \end{array}\right],$$

求出一个基础解系

$$\alpha_1 = \begin{bmatrix} 1 \\ 0 \\ 1 \end{bmatrix}, \quad \alpha_2 = \begin{bmatrix} 1 \\ 1 \\ 1 \end{bmatrix},$$

将 $\boldsymbol{\alpha}_1,\boldsymbol{\alpha}_2$ 正交化,得

$$\boldsymbol{\beta}_1=\boldsymbol{\alpha}_1=\begin{bmatrix}1\\0\\1\end{bmatrix},$$

$$\boldsymbol{\beta}_2=\boldsymbol{\alpha}_2-\frac{\boldsymbol{\alpha}_2\cdot\boldsymbol{\beta}_1}{\boldsymbol{\beta}_1\cdot\boldsymbol{\beta}_1}\boldsymbol{\beta}_1=\begin{bmatrix}1\\1\\1\end{bmatrix}-\frac{2}{2}\begin{bmatrix}1\\0\\1\end{bmatrix}=\begin{bmatrix}0\\1\\0\end{bmatrix}.$$

(读者可以验证 $\boldsymbol{\beta}_1\perp\boldsymbol{\beta}_2$). 将 $\boldsymbol{\beta}_1,\boldsymbol{\beta}_2$ 单位化,得

$$\boldsymbol{\gamma}_1=\frac{1}{\|\boldsymbol{\beta}_1\|}\boldsymbol{\beta}_1=\frac{1}{\sqrt{2}}\begin{bmatrix}1\\0\\1\end{bmatrix}=\begin{bmatrix}\frac{\sqrt{2}}{2}\\0\\\frac{\sqrt{2}}{2}\end{bmatrix},$$

$$\boldsymbol{\gamma}_2=\boldsymbol{\beta}_2=\begin{bmatrix}0\\1\\0\end{bmatrix}$$

(因为 $\boldsymbol{\beta}_2$ 已是单位向量).

将 $\lambda_2=1$ 代入齐次线性方程组 $(\lambda\boldsymbol{I}-\boldsymbol{A})\boldsymbol{X}=\boldsymbol{0}$,得增广矩阵

$$\left[\begin{array}{ccc:c}-1&0&-1&0\\0&-2&0&0\\-1&0&-1&0\end{array}\right].$$

求出一个基础解系

$$\boldsymbol{\alpha}=\begin{bmatrix}1\\0\\-1\end{bmatrix}.$$

将 $\boldsymbol{\alpha}$ 单位化,得

$$\boldsymbol{\gamma}=\frac{1}{\|\boldsymbol{\alpha}\|}\boldsymbol{\alpha}=\frac{1}{\sqrt{2}}\begin{bmatrix}1\\0\\-1\end{bmatrix}=\begin{bmatrix}\frac{\sqrt{2}}{2}\\0\\-\frac{\sqrt{2}}{2}\end{bmatrix}.$$

$$\boldsymbol{Q}=(\boldsymbol{\gamma}_1,\boldsymbol{\gamma}_2,\boldsymbol{\gamma}_3)=\begin{bmatrix}\frac{\sqrt{2}}{2}&0&\frac{\sqrt{2}}{2}\\0&1&0\\\frac{\sqrt{2}}{2}&0&-\frac{\sqrt{2}}{2}\end{bmatrix}.$$

为所求正交矩阵，且有

$$\boldsymbol{Q}^{\mathrm{T}}\boldsymbol{A}\boldsymbol{Q}=\boldsymbol{Q}^{-1}\boldsymbol{A}\boldsymbol{Q}=\begin{bmatrix}3&&\\&3&\\&&1\end{bmatrix}.$$

总之，关于 n 阶实对称矩阵 $\boldsymbol{A}$，我们有以下结论：

1. 矩阵阶数、特征多项式及特征值是实对称矩阵在相似关系下的不变量.

2. n 阶实对称矩阵 $\boldsymbol{A}$ 必（正交）相似于对角形矩阵

$$\begin{bmatrix}\lambda_1&&&\\&\lambda_2&&\\&&\ddots&\\&&&\lambda_n\end{bmatrix},$$

其中 $\lambda_1,\lambda_2,\cdots,\lambda_n$ 是 $\boldsymbol{A}$ 的全部特征值. 如果不计 $\lambda_1,\lambda_2,\cdots,\lambda_n$ 在主对角线上的次序，对角形矩阵是唯一的，称为实对称矩阵 $\boldsymbol{A}$ 的（正交）相似标准形.

习　题　5.6

1. 设实对称矩阵 $\boldsymbol{A}$ 如下. 求正交矩阵 $\boldsymbol{Q}$，使 $\boldsymbol{Q}^{\mathrm{T}}\boldsymbol{A}\boldsymbol{Q}$ 为对角形 $\boldsymbol{D}$：

(1) $\boldsymbol{A}=\begin{bmatrix}5&-3\\-3&5\end{bmatrix}$；

(2) $A = \begin{bmatrix} 0 & 0 & 2 \\ 0 & 2 & 0 \\ 2 & 0 & 0 \end{bmatrix}$；

(3) $A = \begin{bmatrix} 1 & 2 & -2 \\ 2 & 3 & 0 \\ -2 & 0 & 3 \end{bmatrix}$；

(4) $A = \begin{bmatrix} 0 & 1 & 1 \\ 1 & 0 & 1 \\ 1 & 1 & 0 \end{bmatrix}$；

(5) $A = \begin{bmatrix} 1 & 2 & -1 \\ 2 & 1 & 1 \\ -1 & 1 & -2 \end{bmatrix}$.

2. 求下列实对称矩阵的正交相似标准形：

(1) $A = \begin{bmatrix} 0 & 0 & 1 & -1 \\ 0 & 0 & -1 & 1 \\ 1 & -1 & 0 & 0 \\ -1 & 1 & 0 & 0 \end{bmatrix}$；

(2) $A = \begin{bmatrix} 1 & -1 & 0 & 0 \\ -1 & 1 & 0 & 0 \\ 0 & 0 & 1 & -1 \\ 0 & 0 & -1 & 1 \end{bmatrix}$.

本章复习提纲

1. 相似矩阵

(1) 对于 n 阶矩阵 A, B，如果存在可逆矩阵 P，使 $P^{-1}AP=B$，则称 A 相似于 B. 记作 $A \sim B$.

(2) 相似是矩阵间的一种等价关系. 它具有

① 反身性：$A \sim A$；

② 对称性：若 $A \sim B$，则 $B \sim A$；

③ 传递性：若 $A \sim B, B \sim C$，则 $A \sim C$.

(3) 相似矩阵共有的性质：

① 秩数相等.

② 行列式相等.

③ 都可逆或都不可逆.

④ 若 $\boldsymbol{B}_1=\boldsymbol{P}^{-1}\boldsymbol{A}_1\boldsymbol{P},\boldsymbol{B}_2=\boldsymbol{P}^{-1}\boldsymbol{A}_2\boldsymbol{P}$,则

$$\boldsymbol{B}_1+\boldsymbol{B}_2=\boldsymbol{P}^{-1}(\boldsymbol{A}_1+\boldsymbol{A}_2)\boldsymbol{P},$$
$$\boldsymbol{B}_1\boldsymbol{B}_2=\boldsymbol{P}^{-1}(\boldsymbol{A}_1\boldsymbol{A}_2)\boldsymbol{P},$$
$$k\boldsymbol{B}_1=\boldsymbol{P}^{-1}(k\boldsymbol{A}_1)\boldsymbol{P}.$$

⑤ 特征多项式相同(逆不真).

⑥ 特征根相同.

2. 特征值与特征向量

(1) 对于 n 阶矩阵 $\boldsymbol{A}$,称 $\lambda\boldsymbol{I}-\boldsymbol{A}$ 是 $\boldsymbol{A}$ 的特征矩阵;称 $|\lambda\boldsymbol{I}-\boldsymbol{A}|$ 是 $\boldsymbol{A}$ 的特征多项式;方程 $|\lambda\boldsymbol{I}-\boldsymbol{A}|=0$ 的根称为 $\boldsymbol{A}$ 的特征根(值). 如果 λ_0 是 $\boldsymbol{A}$ 的特征根,那么齐次线性方程组 $(\lambda_0\boldsymbol{I}-\boldsymbol{A})\boldsymbol{X}=\boldsymbol{0}$ 的非零解是 $\boldsymbol{A}$ 的属于特征值 λ_0 的特征向量.

(2) n 阶矩阵 $\boldsymbol{A}$ 的特征值、特征向量的求法:

① 求出 $\boldsymbol{A}$ 的特征多项式 $|\lambda\boldsymbol{I}-\boldsymbol{A}|$ 的全部不同的特征值 $\lambda_1,\lambda_2,\cdots,\lambda_t$.

② 对每一个特征值 λ_j,求出齐次线性方程组 $(\lambda_j\boldsymbol{I}-\boldsymbol{A})\boldsymbol{X}=\boldsymbol{0}$ 的一个基础解系 $(j=1,2,\cdots,t)$.

③ 基础解系的一切非零线性组合就是 $\boldsymbol{A}$ 的属于特征值 λ_j 的全部特征向量 $(j=1,2,\cdots,t)$.

注意 $\boldsymbol{A}$ 的属于不同特征值的特征向量线性无关. $\boldsymbol{A}$ 的属于不同特征值的特征向量之和不再是 $\boldsymbol{A}$ 的特征向量.

3. n 阶矩阵 $\boldsymbol{A}$ 可对角化的条件及对角化方法

(1) n 阶矩阵 $\boldsymbol{A}$ 相似于对角形的充分必要条件是 $\boldsymbol{A}$ 有 n 个线性无关的特征向量.

(2) n 阶矩阵 $\boldsymbol{A}$ 若有 n 个不同的特征值,则 $\boldsymbol{A}$ 可对角化.

(3) 如果 $\boldsymbol{A}$ 有 n 个线性无关的特征向量 $\boldsymbol{\alpha}_1,\boldsymbol{\alpha}_2,\cdots,\boldsymbol{\alpha}_n$,则以 $\boldsymbol{\alpha}_1,\boldsymbol{\alpha}_2,\cdots,\boldsymbol{\alpha}_n$ 为列组成可逆矩阵 $\boldsymbol{P}$,使

$$P^{-1}AP=\begin{bmatrix}\lambda_1 & & & \\ & \lambda_2 & & \\ & & \ddots & \\ & & & \lambda_n\end{bmatrix},$$

其中 $\lambda_1,\lambda_2,\cdots,\lambda_n$ 是 $\boldsymbol{\alpha}_1,\boldsymbol{\alpha}_2,\cdots,\boldsymbol{\alpha}_n$ 对应的特征值.

4. 正交矩阵

(1) 实 n 阶矩阵 Q,如果满足 $QQ^{\mathrm{T}}=Q^{\mathrm{T}}Q=I$,即 $Q^{\mathrm{T}}=Q^{-1}$,则称 Q 是正交矩阵.

(2) 正交矩阵的行(列)向量组是正交单位向量组.

5. 实对称矩阵

(1) 对于实对称矩阵 A,一定存在可逆矩阵 P,使

$$P^{-1}AP=\begin{bmatrix}\lambda_1 & & & \\ & \lambda_2 & & \\ & & \ddots & \\ & & & \lambda_n\end{bmatrix},$$

其中 $\lambda_1,\lambda_2,\cdots,\lambda_n$ 是 A 的全部特征值. 如果不计 $\lambda_1,\lambda_2,\cdots,\lambda_n$ 在主对角线上的次序,对角形是唯一的. 称为 A 的相似标准形.

(2) 对于实对称矩阵 A,一定存在正交矩阵 Q,使

$$Q^{-1}AQ=Q^{\mathrm{T}}AQ=\begin{bmatrix}\lambda_1 & & & \\ & \lambda_2 & & \\ & & \ddots & \\ & & & \lambda_n\end{bmatrix}=D.$$

称 D 是 A 的正交相似标准形.

(3) 实对称矩阵的特征值都是实数. n 阶实对称矩阵有 n 个特征值(重根按重数计),实对称矩阵属于不同特征值的特征向量必正交.

(4) 正交矩阵 Q 的求法.

① 求出 A 的 n 个线性无关的特征向量.

② 把属于同一个特征值的线性无关的特征向量正交化、单位

化，得到 n 个正交单位向量 $\boldsymbol{\gamma}_1,\boldsymbol{\gamma}_2,\cdots,\boldsymbol{\gamma}_n$.

③ 以 $\boldsymbol{\gamma}_1,\boldsymbol{\gamma}_2,\cdots,\boldsymbol{\gamma}_n$ 为列组成正交矩阵 $\boldsymbol{Q}$，则有

$$\boldsymbol{Q}^{\mathrm{T}}\boldsymbol{A}\boldsymbol{Q}=\boldsymbol{Q}^{-1}\boldsymbol{A}\boldsymbol{Q}=\begin{bmatrix}\lambda_1 & & & \\ & \lambda_2 & & \\ & & \ddots & \\ & & & \lambda_n\end{bmatrix}.$$

其中 $\lambda_1,\lambda_2,\cdots,\lambda_n$ 是 $\boldsymbol{\gamma}_1,\boldsymbol{\gamma}_2,\cdots,\boldsymbol{\gamma}_n$ 对应的 $\boldsymbol{A}$ 的特征值.

第六章

实 二 次 型

n 元二次齐次多项式称为二次型. 例如, $f(x,y)=5x^2-6xy+5y^2$ 是一个二元二次型. 研究二次型起源于解析几何用坐标变换化二次曲面方程或二次曲线方程为标准形. 例如,在平面直角坐标系中,二次曲线方程

$$5x^2-6xy+5y^2=1 \tag{1}$$

的图像是什么? 若将坐标系逆时针旋转 45°, 得新坐标系 $O\text{-}\bar{x}\,\bar{y}$ (图 6.0.1)

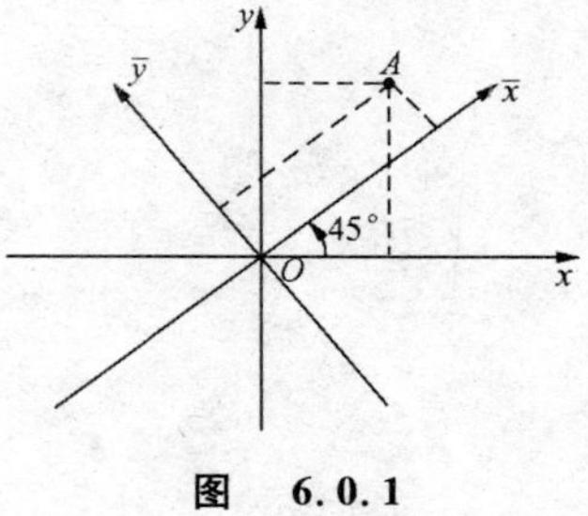

图 6.0.1

平面上任一点 A 的新旧坐标关系为

$$\begin{cases} x = \bar{x}\cos 45^\circ - \bar{y}\sin 45^\circ = \dfrac{\sqrt{2}}{2}\bar{x} - \dfrac{\sqrt{2}}{2}\bar{y}, \\ y = \bar{x}\sin 45^\circ + \bar{y}\cos 45^\circ = \dfrac{\sqrt{2}}{2}\bar{x} + \dfrac{\sqrt{2}}{2}\bar{y}. \end{cases} \tag{2}$$

(2) 代入(1),得

$$2\bar{x}^2 + 8\bar{y}^2 = 1,$$

即

$$\frac{\bar{x}^2}{\frac{1}{2}} + \frac{\bar{y}^2}{\frac{1}{8}} = 1.$$

易见曲线是椭圆(图 6.0.2).

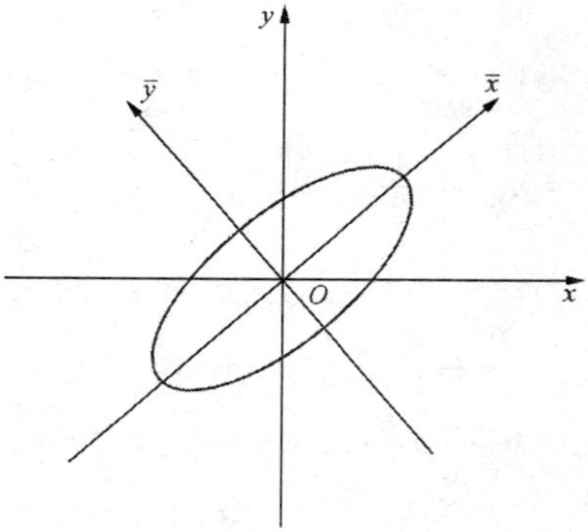

图 6.0.2

§6.1 二次型与对称矩阵

导学提纲

1. 何谓实 n 元二次型?它用矩阵乘积怎么表示?
2. 对于给定的 n 阶对称矩阵,怎样写出它所对应的 n 元二次型?

定义 6.1.1 实系数 n 元二次齐次多项式

$$
\begin{aligned}
&f(x_1,x_2,\cdots,x_n)= \\
&a_{11}x_1^2+b_{12}x_1x_2+b_{13}x_1x_3+\cdots+b_{1n-1}x_1x_{n-1}+b_{1n}x_1x_n \\
&\quad +a_{22}x^2+b_{23}x_2x_3+\cdots+b_{2n-1}x_2x_{n-1}+b_{2n}x_2x_n \\
&\quad +\cdots\cdots \\
&\quad +a_{n-1\,n-1}x_{n-1}^2+b_{n-1\,n}x_{n-1}x_n \\
&\quad +a_{nn}x_n^2.
\end{aligned}
$$

称为**实 n 元二次型**.

二次型还可以用矩阵乘积表示. 以 3 元二次型为例:

$$
\begin{aligned}
f(x_1,x_2,x_3)=\ &a_{11}x_1^2+b_{12}x_1x_2+b_{13}x_1x_3 \\
&+a_{22}x_2^2+b_{23}x_2x_3 \\
&+a_{33}x_3^2.
\end{aligned}
$$

当 $i\neq j$ 时,令 $a_{ij}=a_{ji}=\dfrac{1}{2}b_{ij}$,则

$$
\begin{aligned}
f(x_1,x_2,x_3)=\ &a_{11}x_1^2+a_{12}x_1x_2+a_{13}x_1x_3 \\
&+a_{21}x_2x_1+a_{22}x_2^2+a_{23}x_2x_3 \\
&+a_{31}x_3x_1+a_{32}x_3x_2+a_{33}x_3^2 \\
=\ &(x_1,x_2,x_3)\begin{bmatrix} a_{11}x_1+a_{12}x_2+a_{13}x_3 \\ a_{21}x_1+a_{22}x_2+a_{23}x_3 \\ a_{31}x_1+a_{32}x_2+a_{33}x_3 \end{bmatrix} \\
=\ &(x_1,x_2,x_3)\begin{bmatrix} a_{11} & a_{12} & a_{13} \\ a_{21} & a_{22} & a_{23} \\ a_{31} & a_{32} & a_{33} \end{bmatrix}\begin{bmatrix} x_1 \\ x_2 \\ x_3 \end{bmatrix} \\
=\ &\boldsymbol{X}^{\mathrm{T}}\boldsymbol{A}\boldsymbol{X},
\end{aligned}
$$

其中 $\boldsymbol{X}=(x_1,x_2,x_3)^{\mathrm{T}}$,$\boldsymbol{A}=(a_{ij})_{33}$,$a_{ij}=a_{ji}$.

一般地,n 元二次型可用矩阵乘积表示为

$$f = \boldsymbol{X}^{\mathrm{T}}\boldsymbol{A}\boldsymbol{X},$$

其中 $\boldsymbol{X} = (x_1, x_2, \cdots, x_n)^{\mathrm{T}}, \boldsymbol{A} = (a_{ij})_{nn}, a_{ij} = a_{ji}$(或 $\boldsymbol{A}^{\mathrm{T}} = \boldsymbol{A}$).

例 6.1.1

$$\begin{aligned} f &= 2x_1x_2 - 2x_1x_3 + 4x_2x_3 \\ &= (x_1, x_2, x_3)\begin{bmatrix} 0 & 1 & -1 \\ 1 & 0 & 2 \\ -1 & 2 & 0 \end{bmatrix}\begin{bmatrix} x_1 \\ x_2 \\ x_3 \end{bmatrix}. \end{aligned}$$

例 6.1.2

$$\begin{aligned} f &= 5x_1^2 - 6x_1x_2 + 5x_2^2 \\ &= (x_1, x_2)\begin{bmatrix} 5 & -3 \\ -3 & 5 \end{bmatrix}\begin{bmatrix} x_1 \\ x_2 \end{bmatrix}. \end{aligned}$$

例 6.1.3

$$\begin{aligned} f &= 2x_1^2 + 5x_2^2 - 6x_3^2 \\ &= (x_1, x_2, x_3)\begin{bmatrix} 2 & & \\ & 5 & \\ & & -6 \end{bmatrix}\begin{bmatrix} x_1 \\ x_2 \\ x_3 \end{bmatrix}. \end{aligned}$$

反之,每一个对称矩阵确定一个二次型.

例 6.1.4 对称矩阵

$$\begin{bmatrix} 0 & 1 & -1 \\ 1 & 0 & 2 \\ -1 & 2 & 0 \end{bmatrix}$$

确定二次型

$$f = 2x_1x_2 - 2x_1x_3 + 4x_2x_3.$$

例 6.1.5 对称矩阵

$$\begin{bmatrix} 5 & -3 \\ -3 & 5 \end{bmatrix}$$

确定二次型

$$f = 5x_1^2 - 6x_1x_2 + 5x_2^2.$$

例 6.1.6 对称矩阵

$$\begin{bmatrix} 2 & & \\ & 5 & \\ & & -6 \end{bmatrix}$$

确定二次型

$$f = 2x_1^2 + 5x_2^2 - 6x_3^2.$$

鉴于 n 元二次型 $f = \boldsymbol{X}^{\mathrm{T}}\boldsymbol{AX}$ 与对称矩阵 $\boldsymbol{A}$ 一一对应. 今后称 $\boldsymbol{A}$ 的秩就是二次型 $f = \boldsymbol{X}^{\mathrm{T}}\boldsymbol{AX}$ 的秩.

习 题 6.1

1. 将下列各二次型用矩阵乘积表示,并指出二次型的秩数:

(1) $f(x_1, x_2, x_3) = x_1^2 + 2x_2^2 + 3x_3^2 + x_1x_2 + 2x_1x_3 - x_2x_3$;

(2) $f(x_1, x_2, x_3) = x_1x_2 + x_1x_3 + x_2x_3$;

(3) $f(x_1, x_2, x_3, x_4) = x_1^2 - 2x_2^2 + 3x_3^2 - 4x_4^2$;

(4) $f(x_1, x_2, x_3, x_4) = x_1^2 + x_2^2 - x_1x_2 + x_3^2 + x_4^2 - x_3x_4$.

2. 写出下列各对称矩阵确定的二次型,并指出二次型的秩数:

(1) $\begin{bmatrix} 2 & & \\ & -1 & \\ & & 3 \end{bmatrix}$;

(2) $\begin{bmatrix} 0 & 1 & \frac{1}{2} \\ 1 & 0 & -1 \\ \frac{1}{2} & -1 & 0 \end{bmatrix}$;

(3) $\begin{bmatrix} 2 & -1 & 3 \\ -1 & 0 & 0 \\ 3 & 0 & 4 \end{bmatrix}$;

(4) $\begin{bmatrix} 3 & -1 & & \\ -1 & 2 & & \\ & & 3 & -1 \\ & & -1 & 2 \end{bmatrix}$.

§6.2 非退化线性替换·合同

导学提纲

1. 何谓由变量 $x_1,x_2,\cdots,x_n$ 到变量 $y_1,y_2,\cdots,y_n$ 的线性替换?如何用矩阵乘法表示?何谓非退化线性替换?

2. 为什么说“二次型经过非退化线性替换,得到的仍是二次型,且秩数不变”?

3. 何谓两个 n 阶矩阵 $\boldsymbol{A},\boldsymbol{B}$ 合同?证明 n 阶矩阵的合同关系具有反身性、对称性和传递性.

4. 矩阵的“等价”、“相似”、“正交相似”以及“合同”诸概念的区别和联系?

定义 6.2.1

$$\begin{cases} x_1 = c_{11}y_1 + c_{12}y_2 + \cdots + c_{1n}y_n, \\ x_2 = c_{21}y_1 + c_{22}y_2 + \cdots + c_{2n}y_n, \\ \cdots\cdots\cdots\cdots\cdots\cdots\cdots\cdots\cdots\cdots \\ x_n = c_{n1}y_1 + c_{n2}y_2 + \cdots + c_{nn}y_n, \end{cases}$$

或

$$\begin{bmatrix} x_1 \\ x_2 \\ \vdots \\ x_n \end{bmatrix} = \begin{bmatrix} c_{11} & c_{12} & \cdots & c_{1n} \\ c_{21} & c_{22} & \cdots & c_{2n} \\ \vdots & \vdots & \ddots & \vdots \\ c_{n1} & c_{n2} & \cdots & c_{nn} \end{bmatrix} \begin{bmatrix} y_1 \\ y_2 \\ \vdots \\ y_n \end{bmatrix}$$

或

$$\boldsymbol{X}_{n1} = \boldsymbol{C}_{nn}\boldsymbol{Y}_{n1}$$

（其中 $\boldsymbol{X}=(x_1,x_2,\cdots,x_n)^{\mathrm{T}}$，$\boldsymbol{C}=(c_{ij})_{nn}$，$\boldsymbol{Y}=(y_1,y_2,\cdots,y_n)^{\mathrm{T}}$）称为由变量 $x_1,x_2,\cdots,x_n$ 到变量 $y_1,y_2,\cdots,y_n$ 的**线性替换**. 如果矩阵 $\boldsymbol{C}=(c_{ij})_{nn}$ 可逆，就称线性替换是**非退化的**.

例如，

$$\begin{bmatrix} x_1 \\ x_2 \end{bmatrix}=\begin{bmatrix} \frac{\sqrt{2}}{2} & -\frac{\sqrt{2}}{2} \\ \frac{\sqrt{2}}{2} & \frac{\sqrt{2}}{2} \end{bmatrix}\begin{bmatrix} y_1 \\ y_2 \end{bmatrix}$$

是变量 x_1,x_2 到变量 y_1,y_2 的非退化线性替换，将它代入二次型

$$f(x_1,x_2)=(x_1,x_2)\begin{bmatrix} 5 & -3 \\ -3 & 5 \end{bmatrix}\begin{bmatrix} x_1 \\ x_2 \end{bmatrix},$$

得

$$\begin{aligned} f(x_1,x_2) &= (y_1,y_2)\begin{bmatrix} \frac{\sqrt{2}}{2} & \frac{\sqrt{2}}{2} \\ -\frac{\sqrt{2}}{2} & \frac{\sqrt{2}}{2} \end{bmatrix} \\ &\quad \cdot \begin{bmatrix} 5 & -3 \\ -3 & 5 \end{bmatrix}\begin{bmatrix} \frac{\sqrt{2}}{2} & -\frac{\sqrt{2}}{2} \\ \frac{\sqrt{2}}{2} & \frac{\sqrt{2}}{2} \end{bmatrix}\begin{bmatrix} y_1 \\ y_2 \end{bmatrix} \\ &= (y_1,y_2)\begin{bmatrix} 2 & \\ & 8 \end{bmatrix}\begin{bmatrix} y_1 \\ y_2 \end{bmatrix} \\ &= 2y_1^2+8y_2^2 \\ &= g(y_1,y_2). \end{aligned}$$

观察 $g(y_1,y_2)$ 仍是二次型，且秩 $f(x_1,x_2)=$ 秩 $g(y_1,y_2)$.

定理 6.2.1 二次型经过非退化线性替换后，得到的仍是二次型，且秩数不变.

证　设对二次型 $f = \boldsymbol{X}^{\mathrm{T}}\boldsymbol{A}_{nn}\boldsymbol{X}_{n1}(\boldsymbol{A}^{\mathrm{T}} = \boldsymbol{A})$，施以非退化线性替换 $\boldsymbol{X}_{n1} = \boldsymbol{C}_{nn}\boldsymbol{Y}_{n1}(|\boldsymbol{C}_{nn}| \neq 0)$，则

$$f = (\boldsymbol{CY})^{\mathrm{T}}\boldsymbol{A}(\boldsymbol{CY}) = \boldsymbol{Y}^{\mathrm{T}}\boldsymbol{C}^{\mathrm{T}}\boldsymbol{ACY} = \boldsymbol{Y}^{\mathrm{T}}\boldsymbol{BY} = g.$$

其中 $\boldsymbol{B} = \boldsymbol{C}^{\mathrm{T}}\boldsymbol{AC}$，因为

$$\boldsymbol{B}^{\mathrm{T}} = (\boldsymbol{C}^{\mathrm{T}}\boldsymbol{AC})^{\mathrm{T}} = \boldsymbol{C}^{\mathrm{T}}\boldsymbol{A}^{\mathrm{T}}\boldsymbol{C} = \boldsymbol{C}^{\mathrm{T}}\boldsymbol{AC} = \boldsymbol{B},$$

所以 $g = \boldsymbol{Y}^{\mathrm{T}}\boldsymbol{BY}$ 是二次型. 因为 $\boldsymbol{C}$ 可逆，所以 $\boldsymbol{A} \cong \boldsymbol{B}$，故秩 $(\boldsymbol{B})$ = 秩 $(\boldsymbol{A})$，即秩(g) = 秩(f).

定义 6.2.2　对于 n 阶矩阵 $\boldsymbol{A}, \boldsymbol{B}$，如果存在可逆矩阵 $\boldsymbol{C}$ 使 $\boldsymbol{C}^{\mathrm{T}}\boldsymbol{AC} = \boldsymbol{B}$，则称 $\boldsymbol{A}$ 合同于 $\boldsymbol{B}$，记作 $\boldsymbol{A} \simeq \boldsymbol{B}$.

例如，对于 2 阶矩阵

$$\boldsymbol{A} = \begin{bmatrix} 5 & -3 \\ -3 & 5 \end{bmatrix}, \quad \boldsymbol{B} = \begin{bmatrix} 2 & \\ & 8 \end{bmatrix},$$

存在可逆矩阵

$$\boldsymbol{C} = \begin{bmatrix} \dfrac{\sqrt{2}}{2} & -\dfrac{\sqrt{2}}{2} \\ \dfrac{\sqrt{2}}{2} & \dfrac{\sqrt{2}}{2} \end{bmatrix},$$

使 $\boldsymbol{C}^{\mathrm{T}}\boldsymbol{AC} = \boldsymbol{B}$，所以 $\boldsymbol{A} \simeq \boldsymbol{B}$. 又例如

$$\begin{bmatrix} 1 & -2 \\ 0 & 1 \end{bmatrix}\begin{bmatrix} 1 & 4 \\ 0 & 3 \end{bmatrix}\begin{bmatrix} 1 & 0 \\ -2 & 1 \end{bmatrix} = \begin{bmatrix} 5 & -2 \\ -6 & 3 \end{bmatrix},$$

所以

$$\begin{bmatrix} 1 & 4 \\ 0 & 3 \end{bmatrix} \simeq \begin{bmatrix} 5 & -2 \\ -6 & 3 \end{bmatrix}.$$

读者可以按定义 6.2.2 证明：n 阶矩阵的合同关系具有

(1) 反身性：$\boldsymbol{A} \simeq \boldsymbol{A}$；

(2) 对称性：若 $\boldsymbol{A} \simeq \boldsymbol{B}$，则 $\boldsymbol{B} \simeq \boldsymbol{A}$；

(3) 传递性：若 $\boldsymbol{A} \simeq \boldsymbol{B}, \boldsymbol{B} \simeq \boldsymbol{C}$，则 $\boldsymbol{A} \simeq \boldsymbol{C}$.

习　题　6.2

1. 对于 n 阶矩阵证明：

(1) $\boldsymbol{A} \simeq \boldsymbol{A}$;

(2) 若 $\boldsymbol{A} \simeq \boldsymbol{B}$，则 $\boldsymbol{B} \simeq \boldsymbol{A}$;

(3) 若 $\boldsymbol{A} \simeq \boldsymbol{B}, \boldsymbol{B} \simeq \boldsymbol{C}$，则 $\boldsymbol{A} \simeq \boldsymbol{C}$.

2. 证明

(1) $\begin{bmatrix} a & \\ & b \end{bmatrix} \simeq \begin{bmatrix} b & \\ & a \end{bmatrix}$;

(2) $\begin{bmatrix} a & & \\ & b & \\ & & c \end{bmatrix} \simeq \begin{bmatrix} c & & \\ & a & \\ & & b \end{bmatrix}$.

3. 下列命题是否正确？若正确，就证明；若不正确，试举出反例.

(1) n 阶矩阵 $\boldsymbol{A} \simeq \boldsymbol{B} \Rightarrow \boldsymbol{A} \cong \boldsymbol{B}$；$\boldsymbol{A} \cong \boldsymbol{B} \Rightarrow \boldsymbol{A} \simeq \boldsymbol{B}$;

(2) n 阶矩阵 $\boldsymbol{A} \sim \boldsymbol{B} \Rightarrow \boldsymbol{A} \cong \boldsymbol{B}$；$\boldsymbol{A} \cong \boldsymbol{B} \Rightarrow \boldsymbol{A} \sim \boldsymbol{B}$.

4. 已知对于实对称矩阵 $\boldsymbol{A}, \boldsymbol{B}$，有正交矩阵 $\boldsymbol{Q}$，使 $\boldsymbol{Q}^{\mathrm{T}}\boldsymbol{A}\boldsymbol{Q} = \boldsymbol{B}$. 问

(1) $\boldsymbol{A} \cong \boldsymbol{B}$ 吗？

(2) $\boldsymbol{A} \sim \boldsymbol{B}$ 吗？

(3) $\boldsymbol{A} \overset{\perp}{\sim} \boldsymbol{B}$ 吗？

(4) $\boldsymbol{A} \simeq \boldsymbol{B}$ 吗？

(5) $\boldsymbol{A} \overset{\perp}{\simeq} \boldsymbol{B}$ 吗？

§6.3　用非退化线性替换化二次型为平方和

导学提纲

1. 如何用成双(行、列)初等变换将下列三种类型的对称矩阵化成对角形？

(1) $\begin{bmatrix} 1 & 2 & -1 \\ 2 & 5 & -3 \\ -1 & -3 & 0 \end{bmatrix}$;

(2) $\begin{bmatrix} 0 & 2 & 3 \\ 2 & 1 & 4 \\ 3 & 4 & 10 \end{bmatrix}$;

(3) $\begin{bmatrix} 0 & 1 & 2 \\ 1 & 0 & 3 \\ 2 & 3 & 0 \end{bmatrix}$.

2. 对于给定的对称矩阵 $\boldsymbol{A}$,如何找可逆矩阵 $\boldsymbol{C}$,使 $\boldsymbol{C}^{\mathrm{T}}\boldsymbol{AC}$ 为对角形?

3. 对于给定的二次型 $f = \boldsymbol{X}^{\mathrm{T}}\boldsymbol{AX}$,如何找非退化线性替换 $\boldsymbol{X} = \boldsymbol{CY}(|\boldsymbol{C}| \neq 0)$,使 $g = \boldsymbol{Y}^{\mathrm{T}}(\boldsymbol{C}^{\mathrm{T}}\boldsymbol{AC})\boldsymbol{Y}$ 为平方和?

对于给定的 n 元二次型 $f = \boldsymbol{X}^{\mathrm{T}}\boldsymbol{A}_{nn}\boldsymbol{X}_{n1}(\boldsymbol{A}^{\mathrm{T}} = \boldsymbol{A})$,施行非退化线性替换 $\boldsymbol{X} = \boldsymbol{C}_{nn}\boldsymbol{Y}_{n1}(|\boldsymbol{C}| \neq 0)$,可化成二次型 $g = \boldsymbol{Y}^{\mathrm{T}}(\boldsymbol{C}^{\mathrm{T}}\boldsymbol{AC})\boldsymbol{Y} = \boldsymbol{Y}^{\mathrm{T}}\boldsymbol{BY}$,其中 $\boldsymbol{B} = \boldsymbol{C}^{\mathrm{T}}\boldsymbol{AC}$. 如果

$$\boldsymbol{B} = \begin{bmatrix} d_1 & & & \\ & d_2 & & \\ & & \ddots & \\ & & & d_n \end{bmatrix},$$

则

$$\begin{aligned} g = \boldsymbol{Y}^{\mathrm{T}}\boldsymbol{BY} &= (y_1, y_2, \cdots, y_n)\begin{bmatrix} d_1 & & & \\ & d_2 & & \\ & & \ddots & \\ & & & d_n \end{bmatrix}\begin{bmatrix} y_1 \\ y_2 \\ \vdots \\ y_n \end{bmatrix} \\ &= d_1 y_1^2 + d_2 y_2^2 + \cdots + d_n y_n^2. \end{aligned} \tag{1}$$

称(1)为平方和. 问题是对任意给定的二次型,是否存在这样的非退化线性替换,使之化成平方和?用矩阵的语言说就是:对任意给定的对称矩阵 $\boldsymbol{A}$,是否存在可逆矩阵 $\boldsymbol{C}$,使 $\boldsymbol{C}^{\mathrm{T}}\boldsymbol{AC}$ 为对角形?

定理 6.3.1　任意对称矩阵必合同于对角形矩阵.

该定理用数学归纳法证明. 由于证明的过程同时得出了针对给

定的对称矩阵 $\boldsymbol{A}$,找可逆矩阵 $\boldsymbol{C}$ 使 $\boldsymbol{C}^{\mathrm{T}}\boldsymbol{A}\boldsymbol{C}$ 为对角形矩阵的方法. 因此我们略去定理复杂的证明,举例说明求可逆矩阵 $\boldsymbol{C}$ 的方法.

例 6.3.1 已知对称矩阵

$$\boldsymbol{A}=\begin{bmatrix}1 & 2 & -1\\ 2 & 5 & -3\\ -1 & -3 & 0\end{bmatrix},$$

求可逆矩阵 $\boldsymbol{C}$,使 $\boldsymbol{C}^{\mathrm{T}}\boldsymbol{A}\boldsymbol{C}$ 为对角形矩阵.

解

$$\boldsymbol{A}=\begin{bmatrix}① & 2 & -1\\ 2 & 5 & -3\\ -1 & -3 & 0\end{bmatrix}\xrightarrow[③+①]{②-2①}\begin{bmatrix}① & 2 & -1\\ 0 & 1 & -1\\ 0 & -1 & -1\end{bmatrix}$$

$$\xrightarrow[③+①]{②-2①}\begin{bmatrix}1 & 0 & 0\\ 0 & ① & -1\\ 0 & -1 & -1\end{bmatrix}\xrightarrow{③+②}\begin{bmatrix}1 & 0 & 0\\ 0 & ① & -1\\ 0 & 0 & -2\end{bmatrix}$$

$$\xrightarrow[③+②]{}\begin{bmatrix}1 & 0 & 0\\ 0 & 1 & 0\\ 0 & 0 & -2\end{bmatrix}.$$

上面对 $\boldsymbol{A}$ 施行初等变换的过程可用对 $\boldsymbol{A}$ 乘初等矩阵来实现:

$$\begin{aligned}&\boldsymbol{P}[3,2(1)]\cdot\boldsymbol{P}[3,1(1)]\cdot\boldsymbol{P}[2,1(-2)]\cdot\boldsymbol{A}\cdot\boldsymbol{P}[1,2(-2)]\\ &\quad\cdot\boldsymbol{P}[1,3(1)]\cdot\boldsymbol{P}[2,3(1)]\\ &=\begin{bmatrix}1 & 0 & 0\\ 0 & 1 & 0\\ 0 & 1 & 1\end{bmatrix}\begin{bmatrix}1 & 0 & 0\\ 0 & 1 & 0\\ 1 & 0 & 1\end{bmatrix}\begin{bmatrix}1 & 0 & 0\\ -2 & 1 & 0\\ 0 & 0 & 1\end{bmatrix}\begin{bmatrix}1 & 2 & -1\\ 2 & 5 & -3\\ -1 & -3 & 0\end{bmatrix}\\ &\quad\cdot\begin{bmatrix}1 & -2 & 0\\ 0 & 1 & 0\\ 0 & 0 & 1\end{bmatrix}\begin{bmatrix}1 & 0 & 1\\ 0 & 1 & 0\\ 0 & 0 & 1\end{bmatrix}\begin{bmatrix}1 & 0 & 0\\ 0 & 1 & 1\\ 0 & 0 & 1\end{bmatrix}\\ &=\begin{bmatrix}1 & 0 & 0\\ 0 & 1 & 0\\ 0 & 1 & 1\end{bmatrix}\begin{bmatrix}1 & 0 & 0\\ 0 & 1 & 0\\ 1 & 0 & 1\end{bmatrix}\begin{bmatrix}1 & 0 & -1\\ 0 & 1 & -1\\ -1 & -1 & 0\end{bmatrix}\end{aligned}$$

$$\cdot\begin{bmatrix}1&0&1\\0&1&0\\0&0&1\end{bmatrix}\begin{bmatrix}1&0&0\\0&1&1\\0&0&1\end{bmatrix}$$

$$=\begin{bmatrix}1&0&0\\0&1&0\\0&1&1\end{bmatrix}\begin{bmatrix}1&0&0\\0&1&-1\\0&-1&-1\end{bmatrix}\begin{bmatrix}1&0&0\\0&1&1\\0&0&1\end{bmatrix}$$

$$=\begin{bmatrix}1&&\\&1&\\&&-2\end{bmatrix}.$$

令

$$\begin{aligned}\boldsymbol{C}&=\boldsymbol{P}[1,2(-2)]\cdot\boldsymbol{P}[1,3(1)]\cdot\boldsymbol{P}[2,3(1)]\\&=\begin{bmatrix}1&-2&0\\0&1&0\\0&0&1\end{bmatrix}\cdot\begin{bmatrix}1&0&1\\0&1&0\\0&0&1\end{bmatrix}\cdot\begin{bmatrix}1&0&0\\0&1&1\\0&0&1\end{bmatrix}\\&=\begin{bmatrix}1&-2&-1\\0&1&1\\0&0&1\end{bmatrix}.\end{aligned}$$

则有

$$\begin{aligned}\boldsymbol{C}^{\mathrm{T}}\boldsymbol{A}\boldsymbol{C}&=\begin{bmatrix}1&0&0\\-2&1&0\\-1&1&1\end{bmatrix}\begin{bmatrix}1&2&-1\\2&5&-3\\-1&-3&0\end{bmatrix}\begin{bmatrix}1&-2&-1\\0&1&1\\0&0&1\end{bmatrix}\\&=\begin{bmatrix}1&&\\&1&\\&&-2\end{bmatrix}.\end{aligned}$$

定理 6.3.1 用二次型的语言叙述，有

定理 6.3.1′（二次型基本定理）　对任意一个二次型

$$f=(x_1,x_2,\cdots,x_n)\boldsymbol{A}\begin{bmatrix}x_1\\x_2\\\vdots\\x_n\end{bmatrix}\quad(\boldsymbol{A}^{\mathrm{T}}=\boldsymbol{A}),$$

一定存在非退化线性替换

$$\begin{bmatrix}x_1\\x_2\\\vdots\\x_n\end{bmatrix}=\boldsymbol{C}_{nn}\begin{bmatrix}y_1\\y_2\\\vdots\\y_n\end{bmatrix}\quad(|\boldsymbol{C}_{nn}|\neq 0),$$

使

$$f=(y_1,y_2,\cdots,y_n)\boldsymbol{C}^{\mathrm{T}}\boldsymbol{A}\boldsymbol{C}\begin{bmatrix}y_1\\y_2\\\vdots\\y_n\end{bmatrix}$$

$$=(y_1,y_2,\cdots,y_n)\begin{bmatrix}d_1&&&&&\\&d_2&&&&\\&&\ddots&&&\\&&&d_r&&\\&&&&0&\\&&&&&\ddots&\\&&&&&&0\end{bmatrix}\begin{bmatrix}y_1\\y_2\\\vdots\\y_n\end{bmatrix}$$

$$=d_1y_1^2+d_2y_2^2+\cdots+d_ry_r^2,$$

其中 $r=$ 秩(f).

例 6.3.1 给出了用成双初等变换化对称矩阵为对角形的方法.

设对 n 阶对称矩阵 $\boldsymbol{A}$,有 n 阶可逆矩阵 $\boldsymbol{C}$ 使

$$\boldsymbol{C}^{\mathrm{T}}\boldsymbol{AC}=\begin{bmatrix} d_1 & & & \\ & d_2 & & \\ & & \ddots & \\ & & & d_n \end{bmatrix}.$$

而 $\boldsymbol{C}=\boldsymbol{P}_1\boldsymbol{P}_2\cdots\boldsymbol{P}_s$，其中 $\boldsymbol{P}_i(i=1,2,\cdots,s)$ 都是初等矩阵（推论 4.3.5）. 于是

$$\boldsymbol{C}^{\mathrm{T}}\boldsymbol{AC}=\boldsymbol{P}_s^{\mathrm{T}}\cdots\boldsymbol{P}_2^{\mathrm{T}}\boldsymbol{P}_1^{\mathrm{T}}\boldsymbol{AP}_1\boldsymbol{P}_2\cdots\boldsymbol{P}_s=\begin{bmatrix} d_1 & & & \\ & d_2 & & \\ & & \ddots & \\ & & & d_n \end{bmatrix},$$

同时有

$$\boldsymbol{IP}_1\boldsymbol{P}_2\cdots\boldsymbol{P}_s=\boldsymbol{C}.$$

得方法：

$$\begin{bmatrix}\boldsymbol{A}\\ \hdashline \boldsymbol{I}\end{bmatrix}\xrightarrow[\text{对}\begin{bmatrix}\boldsymbol{A}\\ \boldsymbol{I}\end{bmatrix}\text{作相应列的初等变换}]{\text{对}\boldsymbol{A}\text{作行的初等变换}}\begin{bmatrix} d_1 & & & \\ & d_2 & & \\ & & \ddots & \\ & & & d_n \\ \hdashline & & \boldsymbol{C} & \end{bmatrix}.$$

这种对对称矩阵 $\boldsymbol{A}$，找可逆矩阵 $\boldsymbol{C}$，使 $\boldsymbol{C}^{\mathrm{T}}\boldsymbol{AC}$ 为对角形的方法也称对 $\boldsymbol{A}$ 的**合同变换**.

例 6.3.2　设实对称矩阵

$$\boldsymbol{A}=\begin{bmatrix} 1 & 2 & -1 \\ 2 & 5 & -3 \\ -1 & -3 & 0 \end{bmatrix}.$$

求可逆矩阵 $\boldsymbol{C}$，使 $\boldsymbol{C}^{\mathrm{T}}\boldsymbol{AC}$ 为对角形.

解　用成双初等变换将 $\boldsymbol{A}$ 化成对角形.

$$\begin{bmatrix} \boldsymbol{A} \\ \boldsymbol{I} \end{bmatrix} = \begin{bmatrix} 1 & 2 & -1 \\ 2 & 5 & -3 \\ -1 & -3 & 0 \\ \hdashline 1 & 0 & 0 \\ 0 & 1 & 0 \\ 0 & 0 & 1 \end{bmatrix} \xrightarrow[③+①]{②-2①} \begin{bmatrix} 1 & 2 & -1 \\ 0 & 1 & -1 \\ 0 & -1 & -1 \\ \hdashline 1 & 0 & 0 \\ 0 & 1 & 0 \\ 0 & 0 & 1 \end{bmatrix}$$

$$\xrightarrow[③+①]{②-2①} \begin{bmatrix} 1 & 0 & 0 \\ 0 & 1 & -1 \\ 0 & -1 & -1 \\ \hdashline 1 & -2 & 1 \\ 0 & 1 & 0 \\ 0 & 0 & 1 \end{bmatrix} \xrightarrow{③+②} \begin{bmatrix} 1 & 0 & 0 \\ 0 & 1 & -1 \\ 0 & 0 & -2 \\ \hdashline 1 & -2 & 1 \\ 0 & 1 & 0 \\ 0 & 0 & 1 \end{bmatrix}$$

$$\xrightarrow{③+②} \begin{bmatrix} 1 & 0 & 0 \\ 0 & 1 & 0 \\ 0 & 0 & -2 \\ \hdashline 1 & -2 & -1 \\ 0 & 1 & 1 \\ 0 & 0 & 1 \end{bmatrix}$$

得可逆矩阵

$$\boldsymbol{C} = \begin{bmatrix} 1 & -2 & -1 \\ 0 & 1 & 1 \\ 0 & 0 & 1 \end{bmatrix},$$

使

$$\boldsymbol{C}^{\mathrm{T}}\boldsymbol{A}\boldsymbol{C} = \begin{bmatrix} 1 & & \\ & 1 & \\ & & -2 \end{bmatrix}.$$

例 6.3.3 用非退化线性替换化下列二次型为平方和，并写出所作的非退化线性替换.

$$f(x_1, x_2, x_3) = x_2^2 + 10x_3^2 + 4x_1x_2 + 6x_1x_3 + 8x_2x_3.$$

解 $f(x_1,x_2,x_3)$ 的矩阵

$$A=\begin{bmatrix}0&2&3\\2&1&4\\3&4&10\end{bmatrix}.$$

用成双初等变换化 A 为对角形：

$$\begin{bmatrix}A\\I\end{bmatrix}=\begin{bmatrix}0&2&3\\2&\textcircled{1}&4\\3&4&10\\\hdashline 1&0&0\\0&1&0\\0&0&1\end{bmatrix}\xrightarrow{①②}\begin{bmatrix}2&\textcircled{1}&4\\0&2&3\\3&4&10\\\hdashline 1&0&0\\0&1&0\\0&0&1\end{bmatrix}$$

$$\xrightarrow[①②]{}\begin{bmatrix}\textcircled{1}&2&4\\2&0&3\\4&3&10\\\hdashline 0&1&0\\1&0&0\\0&0&1\end{bmatrix}\xrightarrow{\substack{②-2①\\③-4①}}\begin{bmatrix}\textcircled{1}&2&4\\0&-4&-5\\0&-5&-6\\\hdashline 0&1&0\\1&0&0\\0&0&1\end{bmatrix}$$

$$\xrightarrow[\substack{②-2①\\③-4①}]{}\begin{bmatrix}1&0&0\\0&\textcircled{-4}&-5\\0&-5&-6\\\hdashline 0&1&0\\1&-2&-4\\0&0&1\end{bmatrix}\xrightarrow{③-\frac{5}{4}②}\begin{bmatrix}1&0&0\\0&\textcircled{-4}&-5\\0&0&\frac{1}{4}\\\hdashline 0&1&0\\1&-2&-4\\0&0&1\end{bmatrix}$$

$$\xrightarrow[③-\frac{5}{4}②]{}\begin{bmatrix}1&0&0\\0&-4&0\\0&0&\frac{1}{4}\\\hdashline 0&1&-\frac{5}{4}\\1&-2&-\frac{3}{2}\\0&0&1\end{bmatrix}$$

得非退化线性替换

$$\begin{bmatrix} x_1 \\ x_2 \\ x_3 \end{bmatrix} = \begin{bmatrix} 0 & 1 & -\frac{5}{4} \\ 1 & -2 & -\frac{3}{2} \\ 0 & 0 & 1 \end{bmatrix} \begin{bmatrix} y_1 \\ y_2 \\ y_3 \end{bmatrix}.$$

使 $f(x_1, x_2, x_3)$ 化成平方和 $g(y_1, y_2, y_3) = y_1^2 - 4y_2^2 + \frac{1}{4}y_3^2$.

例 6.3.4 设对称矩阵

$$A = \begin{bmatrix} 0 & 1 & 2 \\ 1 & 0 & 3 \\ 2 & 3 & 0 \end{bmatrix}.$$

求可逆矩阵 C,使 $C^{\mathrm{T}}AC$ 为对角形.

解

$$\begin{bmatrix} A \\ I \end{bmatrix} = \begin{bmatrix} 0 & 1 & 2 \\ \textcircled{1} & 0 & 3 \\ 2 & 3 & 0 \\ \hdashline 1 & 0 & 0 \\ 0 & 1 & 0 \\ 0 & 0 & 1 \end{bmatrix} \xrightarrow{① + ②} \begin{bmatrix} 1 & \textcircled{1} & 5 \\ 1 & 0 & 3 \\ 2 & 3 & 0 \\ \hdashline 1 & 0 & 0 \\ 0 & 1 & 0 \\ 0 & 0 & 1 \end{bmatrix}$$

$$\xrightarrow[① + ②]{} \begin{bmatrix} \textcircled{2} & 1 & 5 \\ 1 & 0 & 3 \\ 5 & 3 & 0 \\ \hdashline 1 & 0 & 0 \\ 1 & 1 & 0 \\ 0 & 0 & 1 \end{bmatrix} \xrightarrow{\substack{② - \frac{1}{2}① \\ ③ - \frac{5}{2}①}} \begin{bmatrix} \textcircled{2} & 1 & 5 \\ 0 & -\frac{1}{2} & \frac{1}{2} \\ 0 & \frac{1}{2} & -\frac{25}{2} \\ \hdashline 1 & 0 & 0 \\ 1 & 1 & 0 \\ 0 & 0 & 1 \end{bmatrix}$$

$$\xrightarrow[\substack{②-\frac{1}{2}①\\③-\frac{5}{2}①}]{}\begin{bmatrix}2 & 0 & 0\\0 & -\frac{1}{2} & \frac{1}{2}\\0 & \frac{1}{2} & -\frac{25}{2}\\\hdashline 1 & -\frac{1}{2} & -\frac{5}{2}\\1 & \frac{1}{2} & -\frac{5}{2}\\0 & 0 & 1\end{bmatrix}\xrightarrow{③+②}\begin{bmatrix}2 & 0 & 0\\0 & -\frac{1}{2} & \frac{1}{2}\\0 & 0 & -12\\\hdashline 1 & -\frac{1}{2} & -\frac{5}{2}\\1 & \frac{1}{2} & -\frac{5}{2}\\0 & 0 & 1\end{bmatrix}$$

$$\xrightarrow[③+②]{}\begin{bmatrix}2 & 0 & 0\\0 & -\frac{1}{2} & 0\\0 & 0 & -12\\\hdashline 1 & -\frac{1}{2} & -3\\1 & \frac{1}{2} & -2\\0 & 0 & 1\end{bmatrix}.$$

得可逆矩阵

$$\boldsymbol{C}=\begin{bmatrix}1 & -\frac{1}{2} & -3\\1 & \frac{1}{2} & -2\\0 & 0 & 1\end{bmatrix}.$$

使

$$\boldsymbol{C}^{\mathrm{T}}\boldsymbol{AC}=\begin{bmatrix}2 & & \\ & -\frac{1}{2} & \\ & & -12\end{bmatrix}.$$

例 6.3.5　设对称矩阵

$$A=\begin{bmatrix}4 & 2 & -2\\ 2 & -1 & 3\\ -2 & 3 & 1\end{bmatrix}.$$

求可逆矩阵 C,使 $C^{T}AC$ 为对角形.

解法 1

$$\begin{bmatrix}A\\ I\end{bmatrix}=\begin{bmatrix}4 & 2 & -2\\ 2 & -1 & 3\\ -2 & 3 & 1\\ \hdashline 1 & 0 & 0\\ 0 & 1 & 0\\ 0 & 0 & 1\end{bmatrix}\xrightarrow[③+\frac{1}{2}①]{②-\frac{1}{2}①}\begin{bmatrix}4 & 2 & -2\\ 0 & -2 & 4\\ 0 & 4 & 0\\ \hdashline 1 & 0 & 0\\ 0 & 1 & 0\\ 0 & 0 & 1\end{bmatrix}$$

$$\xrightarrow[③+\frac{1}{2}①]{②-\frac{1}{2}①}\begin{bmatrix}4 & 0 & 0\\ 0 & -2 & 4\\ 0 & 4 & 0\\ \hdashline 1 & -\frac{1}{2} & \frac{1}{2}\\ 0 & 1 & 0\\ 0 & 0 & 1\end{bmatrix}\xrightarrow{③+2②}\begin{bmatrix}4 & 0 & 0\\ 0 & -2 & 4\\ 0 & 0 & 8\\ \hdashline 1 & -\frac{1}{2} & \frac{1}{2}\\ 0 & 1 & 0\\ 0 & 0 & 1\end{bmatrix}$$

$$\xrightarrow{③+2②}\begin{bmatrix}4 & 0 & 0\\ 0 & -2 & 0\\ 0 & 0 & 8\\ \hdashline 1 & -\frac{1}{2} & -\frac{1}{2}\\ 0 & 1 & 2\\ 0 & 0 & 1\end{bmatrix}$$

得可逆矩阵

$$C_1=\begin{bmatrix}1 & -\frac{1}{2} & -\frac{1}{2}\\ 0 & 1 & 2\\ 0 & 0 & 1\end{bmatrix}$$

使

$$C_1^{\mathrm{T}}AC_1=\begin{bmatrix}4&&\\&-2&\\&&8\end{bmatrix}.$$

解法 2

$$\begin{bmatrix}A\\I\end{bmatrix}=\left[\begin{array}{ccc}4&2&-2\\2&-1&3\\-2&3&1\\\hline 1&0&0\\0&1&0\\0&0&7\end{array}\right]\xrightarrow{①③}\left[\begin{array}{ccc}-2&3&1\\2&-1&3\\4&2&-2\\\hline 1&0&0\\0&1&0\\0&0&1\end{array}\right]$$

$$\xrightarrow[①③]{}\left[\begin{array}{ccc}1&3&-2\\3&-1&2\\-2&2&4\\\hline 0&0&1\\0&1&0\\1&0&0\end{array}\right]\xrightarrow{\substack{②-3①\\③+2①}}\left[\begin{array}{ccc}1&3&-2\\0&-10&8\\0&8&0\\\hline 0&0&1\\0&1&0\\1&0&0\end{array}\right]$$

$$\xrightarrow[\substack{②-3①\\③+2①}]{}\left[\begin{array}{ccc}1&0&0\\0&-10&8\\0&8&0\\\hline 0&0&1\\0&1&0\\1&-3&2\end{array}\right]\xrightarrow{③+\frac{8}{10}②}\left[\begin{array}{ccc}1&0&0\\0&-10&8\\0&0&\frac{32}{5}\\\hline 0&0&1\\0&1&0\\1&-3&2\end{array}\right]$$

$$\xrightarrow{③+\frac{8}{10}②}\begin{bmatrix}1 & 0 & 0\\ 0 & -10 & 0\\ 0 & 0 & \frac{32}{5}\\ \hdashline 0 & 0 & 1\\ 0 & 1 & \frac{4}{5}\\ 1 & -3 & -\frac{2}{5}\end{bmatrix}.$$

得可逆矩阵

$$\boldsymbol{C}_2=\begin{bmatrix}0 & 0 & 1\\ 0 & 1 & \frac{4}{5}\\ 1 & -3 & -\frac{2}{5}\end{bmatrix},$$

使

$$\boldsymbol{C}_2^{\mathrm{T}}\boldsymbol{A}\boldsymbol{C}_2=\begin{bmatrix}1 & & \\ & -10 & \\ & & \frac{32}{5}\end{bmatrix}.$$

例 6.3.5 两种解法说明对同一个对称矩阵 $\boldsymbol{A}$,用不同的合同变换,可以得到不同的对角形.用二次型的话说：对同一个二次型用不同的非退化线性替换得到不同的平方和.

习　题　6.3

1. 求可逆矩阵 $\boldsymbol{C}$,使 $\boldsymbol{C}^{\mathrm{T}}\boldsymbol{A}\boldsymbol{C}$ 为对角形：

(1) $\boldsymbol{A}=\begin{bmatrix}2 & -2 & -2\\ -2 & 5 & -4\\ -2 & -4 & 5\end{bmatrix}$;

(2) $\boldsymbol{A}=\begin{bmatrix}2 & -1 & 0\\ -1 & 2 & 1\\ 0 & 1 & 1\end{bmatrix}$；

(3) $\boldsymbol{A}=\begin{bmatrix}0 & 1 & 1\\ 1 & 0 & 1\\ 1 & 1 & 0\end{bmatrix}$；

(4) $\boldsymbol{A}=\begin{bmatrix}1 & -1 & 2\\ -1 & -1 & -2\\ 2 & -2 & 4\end{bmatrix}$.

2. 设实对称矩阵(例 6.3.5).

$$\boldsymbol{A}=\begin{bmatrix}4 & 2 & -2\\ 2 & -1 & 3\\ -2 & 3 & 1\end{bmatrix}.$$

求可逆矩阵 $\boldsymbol{C}$,使

$$\boldsymbol{C}^{\mathrm{T}}\boldsymbol{A}\boldsymbol{C}=\begin{bmatrix}1 & & \\ & 1 & \\ & & -1\end{bmatrix}.$$

3. 用非退化线性替换化下列二次型为平方和,并写出所用的线性替换:

(1) $f=x_1^2+2x_2^2+3x_3^2-4x_1x_2-4x_2x_3$；

(2) $f=-2x_1^2-2x_2^2-x_3^2+2x_1x_2-2x_2x_3$；

(3) $f=2x_1x_2-2x_1x_3+4x_2x_3$；

(4) $f=3x_1^2+2x_2^2+5x_3^2+4x_1x_2-4x_1x_3-4x_2x_3$.

§6.4　实二次型规范形的唯一性

导学提纲

1. 何谓实二次型的规范形?对于给定的实二次型,如何找非退

化线性替换,将其化成规范形?

2. 何谓实对称矩阵的合同标准形?对于给定的实对称矩阵 $\boldsymbol{A}$,如何找可逆矩阵 $\boldsymbol{C}$,使 $\boldsymbol{C}^{\mathrm{T}}\boldsymbol{A}\boldsymbol{C}$ 为 $\boldsymbol{A}$ 的合同标准形?

3. 怎样理解实二次型规范形的唯一性?以及实对称矩阵合同标准形的唯一性?

4. 何谓实二次型(实对称矩阵)的正惯性指数?负惯性指数?符号差?

5. 何谓实对称矩阵在合同关系下的完备不变量系?

从例 6.3.5 的两种解法可以看出:对于一个实对称矩阵

$$\boldsymbol{A}=\begin{bmatrix}4 & 2 & -2\\ 2 & -1 & 3\\ -2 & 3 & 1\end{bmatrix}$$

可以用不同的可逆矩阵

$$\boldsymbol{C}_1=\begin{bmatrix}1 & -\frac{1}{2} & -\frac{1}{2}\\ 0 & 1 & 2\\ 0 & 0 & 1\end{bmatrix},\quad \boldsymbol{C}_2=\begin{bmatrix}0 & 0 & 1\\ 0 & 1 & \frac{4}{5}\\ 1 & -3 & -\frac{2}{5}\end{bmatrix}$$

使 $\boldsymbol{A}$ 合同于不同的对角形矩阵

$$\boldsymbol{C}_1^{\mathrm{T}}\boldsymbol{A}\boldsymbol{C}_1=\begin{bmatrix}4 & & \\ & -2 & \\ & & 8\end{bmatrix},\quad \boldsymbol{C}_2^{\mathrm{T}}\boldsymbol{A}\boldsymbol{C}_2=\begin{bmatrix}1 & & \\ & -10 & \\ & & \frac{32}{5}\end{bmatrix}.$$

而从习题 6.3 第 2 题又可以看出:对于一个实对称矩阵

$$\boldsymbol{A}=\begin{bmatrix}4 & 2 & -2\\ 2 & -1 & 3\\ -2 & 3 & 1\end{bmatrix},$$

如果限定在实数范围,又可用不同的可逆矩阵

$$C=C_1C_3=\begin{bmatrix}\frac{1}{2} & -\frac{\sqrt{2}}{8} & -\frac{\sqrt{2}}{4}\\ 0 & \frac{\sqrt{2}}{2} & \frac{\sqrt{2}}{2}\\ 0 & \frac{\sqrt{2}}{4} & 0\end{bmatrix}$$

或
$$\bar{C}=C_2C_4=\begin{bmatrix}0 & \sqrt{\frac{5}{32}} & 0\\ 0 & \frac{1}{\sqrt{10}} & \frac{1}{\sqrt{10}}\\ 1 & -\frac{1}{2\sqrt{10}} & -\frac{3}{\sqrt{10}}\end{bmatrix}$$

(C_3,C_4 见习题分析与参考答案习题 6.3 第 2 题) 使 A 合同于唯一一个最简单的对角形：

$$C^{\mathrm{T}}AC=\bar{C}^{\mathrm{T}}A\bar{C}=\begin{bmatrix}1 & & \\ & 1 & \\ & & -1\end{bmatrix}.$$

称为 A 的合同标准形.

如果把上述实对称矩阵

$$A=\begin{bmatrix}4 & 2 & -2\\ 2 & -1 & 3\\ -2 & 3 & 1\end{bmatrix}$$

看成一个实二次型 $f(x_1,x_2,x_3)=4x_1^2-x_2^2+x_3^2+4x_1x_2-4x_1x_3+6x_2x_3$ 的矩阵. 限定在实数范围,那么用不同的非退化线性替换

$$\begin{bmatrix}x_1\\ x_2\\ x_3\end{bmatrix}=C\begin{bmatrix}y_1\\ y_2\\ y_3\end{bmatrix}\quad 或 \quad \begin{bmatrix}x_1\\ x_2\\ x_3\end{bmatrix}=\bar{C}\begin{bmatrix}y_1\\ y_2\\ y_3\end{bmatrix}.$$

将 $f(x_1,x_2,x_3)$ 化成的最简单的平方和

$$g(y_1,y_2,y_3)=y_1^2+y_2^2-y_3^2$$

是唯一的，称为 $f(x_1,x_2,x_3)$ 的规范形.

定理 6.4.1（惯性定理、惰性律） 任一实二次型 $f(x_1,x_2,\cdots,x_n)$ 都可经非退化线性替换化成**规范形**

$$z_1^2+z_2^2+\cdots+z_p^2-z_{p+1}^2-\cdots-z_r^2,$$

其中 $r=$ 秩(f)，规范形是唯一的.

证 定理的前一个结论已经证明. 以下证明唯一性. 设 f 经非退化线性替换 $\boldsymbol{X}=\boldsymbol{C}_1\boldsymbol{Y}$（其中 $\boldsymbol{X}=(x_1,x_2,\cdots,x_n)^{\mathrm{T}}$，$\boldsymbol{Y}=(y_1,y_2,\cdots,y_n)^{\mathrm{T}}$）化成规范形

$$y_1^2+y_2^2+\cdots+y_p^2-y_{p+1}^2-\cdots-y_r^2.$$

而经非退化线性替换 $\boldsymbol{X}=\boldsymbol{C}_2\boldsymbol{Z}$（其中 $\boldsymbol{Z}=(z_1,z_2,\cdots,z_n)^{\mathrm{T}}$）化成规范形

$$z_1^2+z_2^2+\cdots+z_q^2-z_{q+1}^2-\cdots-z_r^2.$$

以下欲证明 $p=q$.

反证法 假设 $p>q$. f 的规范形

$$\begin{aligned}&y_1^2+y_2^2+\cdots+y_p^2-y_{p+1}^2-\cdots-y_r^2\\&=z_1^2+z_2^2+\cdots+z_q^2-z_{q+1}^2-\cdots-z_r^2,\end{aligned}\tag{1}$$

其中

$$\boldsymbol{Z}=\boldsymbol{C}_2^{-1}\boldsymbol{C}_1\boldsymbol{Y}.\tag{2}$$

令 $\boldsymbol{C}_2^{-1}\boldsymbol{C}_1=\boldsymbol{G}=(g_{ij})_{nn}$. 于是(2) 可具体表示为

$$\begin{cases}z_1=g_{11}y_1+g_{12}y_2+\cdots+g_{1n}y_n,\\z_2=g_{21}y_1+g_{22}y_2+\cdots+g_{2n}y_n,\\\cdots\cdots\cdots\cdots\cdots\cdots\cdots\cdots\\z_n=g_{n1}y_1+g_{n2}y_2+\cdots+g_{nn}y_n.\end{cases}\tag{3}$$

取齐次线性方程组

$$\begin{cases} g_{11}y_1 + g_{12}y_2 + \cdots + g_{1n}y_n = 0, \\ \cdots\cdots\cdots\cdots\cdots\cdots\cdots\cdots\cdots\cdots \\ g_{q1}y_1 + g_{q2}y_2 + \cdots + g_{qn}y_n = 0, \\ y_{p+1} \qquad\qquad\qquad\qquad\quad = 0, \\ \cdots\cdots\cdots\cdots\cdots\cdots\cdots\cdots\cdots\cdots \\ y_n \qquad\qquad\qquad\qquad\qquad = 0. \end{cases} \tag{4}$$

因为 $p > q$，所以(4) 的方程个数

$$q + (n - p) = n - (p - q)$$

小于未知量个数 n，于是(4) 有非零解：

$$(y_1, y_2, \cdots, y_p, y_{p+1}, \cdots, y_n)^{\mathrm{T}} = (k_1, k_2, \cdots, k_p, k_{p+1}, \cdots, k_n)^{\mathrm{T}},$$

显然 $k_{p+1} = \cdots = k_n = 0$. 将这个非零解代入(1)，左边得

$$k_1^2 + k_2^2 + \cdots + k_p^2 > 0.$$

这个非零解通过(3) 代入(1) 的右边，得

$$-z_{q+1}^2 - \cdots - z_r^2 \leqslant 0.$$

矛盾. 这就证明了 $p \leqslant q$.

同理可证 $q \leqslant p$，从而 $p = q$. 这就证明了实二次型的规范形是唯一的.

定义 6.4.1 在实二次型的规范形中，$r =$ 秩(f). 正平方项的个数 p 称为 $f(x_1, x_2, \cdots, x_n)$ 的**正惯性指数**，$r - p$ 称为 $f(x_1, x_2, \cdots, x_n)$ 的**负惯性指数**，$p - (r - p) = 2p - r$ 称为 $f(x_1, x_2, \cdots, x_n)$ 的**符号差**.

因为 n 元实二次型与 n 阶实对称矩阵一一对应. 定理 6.4.1 和定义 6.4.1 可用矩阵的语言叙述为：任一 n 阶实对称矩阵 $\boldsymbol{A}$ 合同于对角形矩阵

$$\begin{bmatrix} \underbrace{1 & & }_{p\text{个}} & & & & & \\ & \ddots & & & & & & \\ & & 1 & & & & & \\ & & & -1 & & & & \\ & & & & \ddots & & & \\ & & & & & -1 & & \\ & & & & & & 0 & \\ & & & & & & & \ddots \\ & & & & & & & & 0 \end{bmatrix} \quad (\text{共 } r \text{ 个非零元})$$

称为 $\boldsymbol{A}$ 的**合同标准形**. $r=$ 秩$(\boldsymbol{A})$. 称 p 是 $\boldsymbol{A}$ 的正惯性指数，$r-p$ 是 $\boldsymbol{A}$ 的负惯性指数，$p-(r-p)=2p-r$ 是 $\boldsymbol{A}$ 的符号差. 阶数 n，秩数 r 和正惯性指数 p 是实对称矩阵在合同关系下的完备不变量系.

习　题　6.4

1. 对习题 6.3 第 1 题诸实对称矩阵 $\boldsymbol{A}$，分别求可逆矩阵 $\boldsymbol{C}$，使 $\boldsymbol{C}^{\mathrm{T}}\boldsymbol{A}\boldsymbol{C}$ 为合同标准形，并指出其秩数，正、负惯性指数和符号差.

2. 对习题 6.3 第 3 题诸实二次型，分别用非退化线性替换将其化成规范形，并写出所用的非退化线性替换.

3. 两个实对称矩阵合同的充分必要条件是什么？全体 n 阶实对称矩阵按合同分类，共有多少类？

§6.5　正定二次型与正定矩阵

正定二次型是实二次型中常用的一种. 例如 $y=x^2$（图 6.5.1）是一元正定二次型；$z=x^2+y^2$（图 6.5.2）是二元正定二次型. 它们分别是抛物线和旋转抛物面的标准方程.

本节给出正定二次型和正定矩阵的定义和判别法.

导学提纲

1. 何谓正定二次型？有哪些判别法？

2. 何谓正定矩阵？有哪些判别法.

3. 正定二次型的规范形为何？正定矩阵的合同标准形为何？

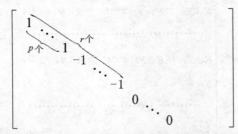

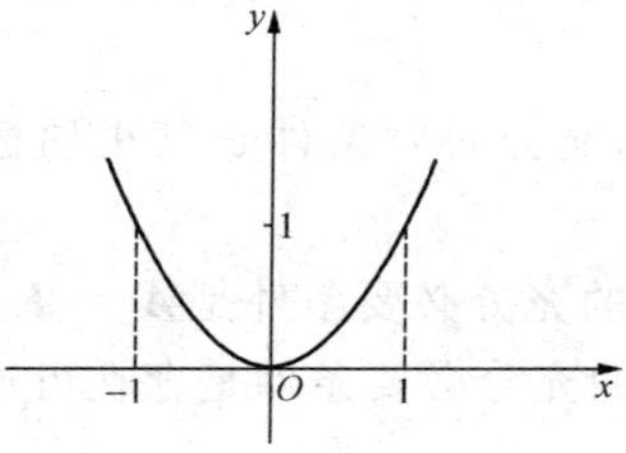

图 6.5.1

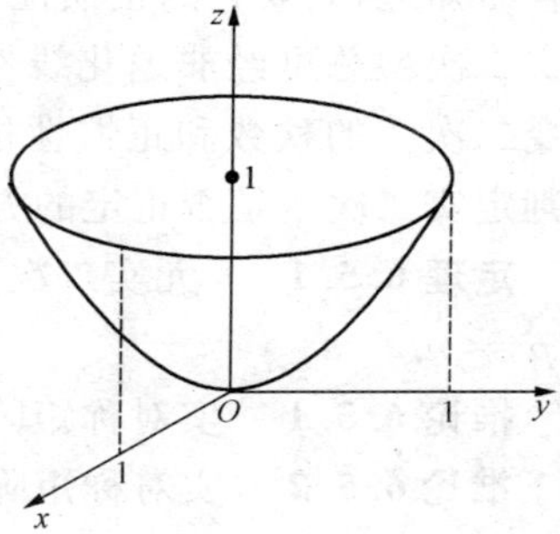

图 6.5.2

定义 6.5.1 实二次型

$$f(x_1,x_2,\cdots,x_n)=(x_1,x_2,\cdots,x_n)\mathbf{A}\begin{bmatrix}x_1\\x_2\\\vdots\\x_n\end{bmatrix}.$$

如果对于任意不全为零的实数 $c_1,c_2,\cdots,c_n$ 都有 $f(c_1,c_2,\cdots,c_n)>0$,则称 $f(x_1,x_2,\cdots,x_n)$ 是**正定二次型**. 称实对称矩阵 $\mathbf{A}$ 是**正定矩阵**.

例 6.5.1 $f(x_1,x_2,\cdots,x_n)=x_1^2+x_2^2+\cdots+x_n^2$ 是**正定二次型**.

例 6.5.2 证明实二次型

$$f(x_1,x_2,\cdots,x_n)=d_1x_1^2+d_2x_2^2+\cdots+d_nx_n^2$$

正定的充分必要条件是 $d_i>0,i=1,2,\cdots,n$.

证 充分性显然成立. 现在证必要性. 已知 $d_1x_1^2+d_2x_2^2+\cdots+d_nx_n^2$ 正定,根据定义 6.5.1,代入任意不全为零的实数 $c_1,c_2,\cdots,c_n$ 都有 $d_1c_1^2+d_2c_2^2+\cdots+d_nc_n^2>0$. 我们取 $c_i=1,c_j=0$, $j=1,2,\cdots,i-1,i+1,\cdots,n$ 代入 $f(x_1,x_2,\cdots,x_n)$ 得 $d_i>0$, $i=1,2,\cdots,n$.

由以上两个例题可见,如果 n 元实二次型是平方和或规范形,则很容易知道，只要它的正惯性指数 $p=n$，它就是正定二次型. 而一般实二次型总可经非退化线性替换化成规范形，非退化线性替换不改变二次型的秩数和正惯性指数. 这样我们得到了用平方和或规范形判定实二次型是否正定的方法.

定理 6.5.1　n 元实二次型正定的充分必要条件是其正惯性指数 $p=n$.

推论 6.5.1　实对称矩阵 $\boldsymbol{A}$ 正定的充分必要条件是 $\boldsymbol{A}\simeq \boldsymbol{I}$.

推论 6.5.2　实对称矩阵 $\boldsymbol{A}$ 正定的充分必要条件是存在可逆矩阵 $\boldsymbol{C}$，使 $\boldsymbol{A}=\boldsymbol{C}^{\mathrm{T}}\boldsymbol{C}$（读者自证）.

推论 6.5.3　实对称矩阵 $\boldsymbol{A}$ 正定，则 $|\boldsymbol{A}|>0$（读者自证）.

注意　推论 6.5.3 的逆不成立. 例如

$$\boldsymbol{A}=\begin{bmatrix}1 & 0 & 0\\ 0 & -1 & 0\\ 0 & 0 & -1\end{bmatrix}.$$

$|\boldsymbol{A}|=1>0$，但 $\boldsymbol{A}$ 不正定.

例 6.5.3　判定实二次型 $x_1^2+2x_2^2+4x_3^2+2x_1x_2+4x_2x_3$ 是否正定?

解　实二次型的矩阵

$$\boldsymbol{A}=\begin{bmatrix}1 & 1 & 0\\ 1 & 2 & 2\\ 0 & 2 & 4\end{bmatrix}.$$

对 $\boldsymbol{A}$ 的行、列施行成双的初等变换，化 $\boldsymbol{A}$ 为对角形：

$$\boldsymbol{A}\xrightarrow{②-①}\begin{bmatrix}1 & 1 & 0\\ 0 & 1 & 2\\ 0 & 2 & 4\end{bmatrix}\xrightarrow[②-①]{}\begin{bmatrix}1 & 0 & 0\\ 0 & 1 & 2\\ 0 & 2 & 4\end{bmatrix}$$

$$\xrightarrow{③-2②}\begin{bmatrix}1 & 0 & 0\\ 0 & 1 & 2\\ 0 & 0 & 0\end{bmatrix}\xrightarrow[③-2②]{}\begin{bmatrix}1 & 0 & 0\\ 0 & 1 & 0\\ 0 & 0 & 0\end{bmatrix}.$$

$\boldsymbol{A}$ 的正惯性指数 $p=2\neq \boldsymbol{A}$ 的阶数 3，所以二次型不是正定的.

例 6.5.4 判定矩阵

$$A=\begin{bmatrix}1&1&0\\1&2&2\\0&2&5\end{bmatrix}$$

是否正定.

解 用成双初等变换化 A 为对角形：

$$A\xrightarrow{②-①}\begin{bmatrix}1&1&0\\0&1&2\\0&2&5\end{bmatrix}\xrightarrow[②-①]{}\begin{bmatrix}1&0&0\\0&1&2\\0&2&5\end{bmatrix}$$

$$\xrightarrow{③-2②}\begin{bmatrix}1&0&0\\0&1&2\\0&0&1\end{bmatrix}\xrightarrow[③-2②]{}\begin{bmatrix}1&0&0\\0&1&0\\0&0&1\end{bmatrix},$$

因为 $A\simeq I$，所以 A 正定.

例 6.5.5 判定实对称矩阵

$$A=\begin{bmatrix}1&2&-1\\2&7&-2\\-1&-2&3\end{bmatrix}$$

是否正定.

解 用成双初等变换化 A 为对角形：

$$A\xrightarrow{\substack{②-2①\\③+①}}\begin{bmatrix}1&2&-1\\0&3&0\\0&0&2\end{bmatrix}\xrightarrow[\substack{②-2①\\③+①}]{}\begin{bmatrix}1&0&0\\0&3&0\\0&0&2\end{bmatrix}.$$

因为对角形主对角元均为正数，所以 A 正定.

下面我们给出从实二次型或实对称矩阵本身直接判定是否正定的方法.

定义 6.5.2 n 阶矩阵 $A=(a_{ij})$ 的 k 阶**顺序主子式**是指

$$|\boldsymbol{A}_k| = \begin{vmatrix} a_{11} & a_{12} & \cdots & a_{1k} \\ a_{21} & a_{22} & \cdots & a_{2k} \\ \vdots & \vdots & & \vdots \\ a_{k1} & a_{k2} & \cdots & a_{kk} \end{vmatrix}, \quad k = 1, 2, \cdots, n.$$

例如,矩阵

$$\boldsymbol{A} = \begin{bmatrix} 1 & 1 & -1 \\ 0 & -2 & 3 \\ 4 & 5 & 0 \end{bmatrix}$$

的各阶顺序主子式为

$$|\boldsymbol{A}_1| = 1, \quad |\boldsymbol{A}_2| = \begin{vmatrix} 1 & 1 \\ 0 & -2 \end{vmatrix} = -2, \quad |\boldsymbol{A}_3| = |\boldsymbol{A}| = -11.$$

定理 6.5.2　实二次型 $f = \boldsymbol{X}^{\mathrm{T}}\boldsymbol{A}\boldsymbol{X}$(或实对称矩阵 $\boldsymbol{A}$) 正定的充分必要条件是 $\boldsymbol{A}$ 的各阶顺序主子式全大于零.(证明略)

例 6.5.6　判定实二次型

$$f = x_1^2 + 3x_2^2 + 5x_3^2 + 2x_1x_2 + 4x_2x_3$$

是否正定.

解　实二次型 f 的矩阵为

$$\boldsymbol{A} = \begin{bmatrix} 1 & 1 & 0 \\ 1 & 3 & 2 \\ 0 & 2 & 5 \end{bmatrix}.$$

$\boldsymbol{A}$ 的各阶顺序主子式为

$$|\boldsymbol{A}_1| = 1 > 0, \quad |\boldsymbol{A}_2| = \begin{vmatrix} 1 & 1 \\ 1 & 3 \end{vmatrix} = 2 > 0,$$

$$|\boldsymbol{A}_3| = |\boldsymbol{A}| = 6 > 0.$$

所以 f 是正定二次型.

例 6.5.7　判定实对称矩阵

$$A = \begin{bmatrix} 1 & 1 & 0 \\ 1 & 2 & 2 \\ 0 & 2 & 4 \end{bmatrix}$$

是否正定.

解 $|A_1| = 1 > 0$, $|A_2| = \begin{vmatrix} 1 & 1 \\ 1 & 2 \end{vmatrix} = 1 > 0$,但 $|A_3| = |A| = 0$,所以 A 不是正定矩阵.

例 6.5.8 判定实对称矩阵

$$A = \begin{bmatrix} 2 & 2 & 1 \\ 2 & 3 & 0 \\ 1 & 0 & 1 \end{bmatrix}$$

是否正定.

解 $|A_1| = 2 > 0$, $|A_2| = \begin{vmatrix} 2 & 2 \\ 2 & 3 \end{vmatrix} = 2 > 0$,但 $|A_3| = |A| = -1 < 0$,所以 A 不是正定矩阵.

习 题 6.5

1. 判定习题 6.3 第 1 题诸实对称矩阵是否正定.

2. 判定习题 6.3 第 3 题诸实二次型是否正定.

3. t 取何值时,下列实二次型是正定的?

(1) $x_1^2 + x_2^2 + 5x_3^2 + 2tx_1x_2 - 2x_1x_3 - 4x_2x_3$;

(2) $x_1^2 + tx_2^2 + 2x_3^2 + 2x_1x_3 - 2x_2x_3$.

4. 证明实对称矩阵 A 正定的充分必要条件是存在可逆矩阵 C 使 $A = C^{\mathrm{T}}C$.

5. 证明实对称矩阵 A 正定,则 A 的行列式 $|A| > 0$.

6. 已知 n 元实二次型 $X^{\mathrm{T}}AX$ 和 $X^{\mathrm{T}}BX$ 都是正定二次型. 证明 $X^{\mathrm{T}}(A+B)X$ 也是正定二次型.

7. 用正交替换化下列实二次型为平方和,并写出所用的正交替换;又问实二次型是否正定.

(1) $f(x_1, x_2, x_3) = x_1^2 + x_2^2 + x_3^2 - 2x_1x_2 - 2x_1x_3 + 2x_2x_3$;

(2) $f(x_1,x_2,x_3)=2x_1^2+2x_2^2+x_3^2-2x_1x_2$.

本章复习提纲

1. 二次型及其矩阵

(1) n 元二次齐次多项式

$$\begin{aligned} f(x_1,x_2,\cdots,x_n) &= \sum_{i=1}^{n}\sum_{j=1}^{n}a_{ij}x_ix_j \\ &= (x_1,x_2,\cdots,x_n)(a_{ij})_{nn}\begin{bmatrix}x_1\\x_2\\\vdots\\x_n\end{bmatrix} \\ &= \boldsymbol{X}^{\mathrm{T}}\boldsymbol{A}\boldsymbol{X} \end{aligned}$$

(其中 $\boldsymbol{A}=(a_{ij})_{nn}$, $a_{ij}=a_{ji}$, $\boldsymbol{X}=(x_1,x_2,\cdots,x_n)^{\mathrm{T}}$) 称为二次型.

(2) n 元二次型 $\boldsymbol{X}^{\mathrm{T}}\boldsymbol{A}\boldsymbol{X}$ 与 n 阶对称矩阵 $\boldsymbol{A}$ 一一对应. $\boldsymbol{A}$ 的秩数称为二次型 $\boldsymbol{X}^{\mathrm{T}}\boldsymbol{A}\boldsymbol{X}$ 的秩数.

2. 线性替换・合同

(1)

$$\begin{cases} x_1=c_{11}y_1+c_{12}y_2+\cdots+c_{1n}y_n, \\ x_2=c_{21}y_1+c_{22}y_2+\cdots+c_{2n}y_n, \\ \cdots\cdots\cdots\cdots\cdots\cdots\cdots\cdots\cdots\cdots \\ x_n=c_{n1}y_1+c_{n2}y_2+\cdots+c_{nn}y_n, \end{cases}$$

即

$$\begin{bmatrix}x_1\\x_2\\\vdots\\x_n\end{bmatrix}=\begin{bmatrix}c_{11}&c_{12}&\cdots&c_{1n}\\c_{21}&c_{22}&\cdots&c_{2n}\\\vdots&\vdots&\ddots&\vdots\\c_{n1}&c_{n2}&\cdots&c_{nn}\end{bmatrix}\begin{bmatrix}y_1\\y_2\\\vdots\\y_n\end{bmatrix},$$

亦即

$$\boldsymbol{X}=\boldsymbol{C}\boldsymbol{Y},$$

其中

$$\begin{aligned}\boldsymbol{X}&=(x_1,x_2,\cdots,x_n)^{\mathrm{T}},\\ \boldsymbol{C}&=(c_{ij})_{nn},\\ \boldsymbol{Y}&=(y_1,y_2,\cdots,y_n)^{\mathrm{T}},\end{aligned}$$

称为**线性替换**. 如果 $\boldsymbol{C}$ 是可逆矩阵,称 $\boldsymbol{X}=\boldsymbol{C}\boldsymbol{Y}$ 是**非退化线性替换**.

(2) 对于 n 阶矩阵 $\boldsymbol{A},\boldsymbol{B}$ 如果存在可逆矩阵 $\boldsymbol{C}$ 使

$$\boldsymbol{C}^{\mathrm{T}}\boldsymbol{A}\boldsymbol{C}=\boldsymbol{B},$$

则称 $\boldsymbol{A}$ 合同于 $\boldsymbol{B}$,记作 $\boldsymbol{A}\simeq\boldsymbol{B}$.

矩阵的合同关系具有反身性、对称性和传递性.

3. 二次型基本定理

二次型总可经非退化线性替换化成平方和. 用矩阵的语言表述为:对称矩阵一定合同于对角形矩阵.

用成双初等变换化二次型为平方和的方法:设 $f=\boldsymbol{X}^{\mathrm{T}}\boldsymbol{A}\boldsymbol{X}$ ($\boldsymbol{A}^{\mathrm{T}}=\boldsymbol{A}$).

$$\begin{bmatrix}\boldsymbol{A}\\ \boldsymbol{I}\end{bmatrix}\xrightarrow[\text{对}\begin{bmatrix}\boldsymbol{A}\\ \boldsymbol{I}\end{bmatrix}\text{作相应的初等列变换}]{\text{对}\boldsymbol{A}\text{作行的初等变换}}\begin{bmatrix}d_1 & & & \\ & d_2 & & \\ & & \ddots & \\ & & & d_n\\ \hdashline & & \boldsymbol{C} & \end{bmatrix}.$$

$\boldsymbol{X}=\boldsymbol{C}\boldsymbol{Y}$(其中 $\boldsymbol{X}=(x_1,x_2,\cdots,x_n)^{\mathrm{T}}$,$\boldsymbol{Y}=(y_1,y_2,\cdots,y_n)^{\mathrm{T}}$)为非退化线性替换.

$f=d_1y_1^2+d_2y_2^2+\cdots+d_ny_n^2$ 为平方和,

$$\boldsymbol{C}^{\mathrm{T}}\boldsymbol{A}\boldsymbol{C}=\begin{bmatrix}d_1 & & & \\ & d_2 & & \\ & & \ddots & \\ & & & d_n\end{bmatrix}.$$

4. 实二次型规范形

n 元实二次型 $f=\boldsymbol{X}^{\mathrm{T}}\boldsymbol{A}\boldsymbol{X}$ 可经非退化线性替换化成规范形

$$f=z_1^2+z_2^2+\cdots+z_p^2-z_{p+1}^2-\cdots-z_r^2,$$

其中 $r=$ 秩(f). 规范形是唯一的(惯性定理). 称 p 是 f 的正惯性指数; $r-p$ 是 f 的负惯性指数; $p-(r-p)=2p-r$ 是 f 的符号差. 用矩阵的语言表述: n 阶实对称矩阵 $\boldsymbol{A}$ 合同于对角形矩阵

$$\begin{bmatrix} \overbrace{\underbrace{\begin{matrix}1&&\\&\ddots&\\&&1\end{matrix}}_{p\text{个}}\;\begin{matrix}-1&&\\&\ddots&\\&&-1\end{matrix}}^{r\text{个}} & \\ & \begin{matrix}0&&\\&\ddots&\\&&0\end{matrix}\end{bmatrix}$$

其中 $r=$ 秩$(\boldsymbol{A})$. 称 p 是 $\boldsymbol{A}$ 的正惯性指数; $r-p$ 是 $\boldsymbol{A}$ 的负惯性指数; $p-(r-p)=2p-r$ 是 $\boldsymbol{A}$ 的符号差.

5. 用正交替换化实二次型为平方和

(1) 实二次型与实对称矩阵一一对应.

(2) (§5.6) 对于实对称矩阵 $\boldsymbol{A}$, 一定存在正交矩阵 $\boldsymbol{Q}$, 使

$$\boldsymbol{Q}^{-1}\boldsymbol{A}\boldsymbol{Q}=\boldsymbol{Q}^{\mathrm{T}}\boldsymbol{A}\boldsymbol{Q}=\begin{bmatrix}\lambda_1&&&\\&\lambda_2&&\\&&\ddots&\\&&&\lambda_n\end{bmatrix}.$$

其中 $\lambda_1,\lambda_2,\cdots,\lambda_n$ 是 $\boldsymbol{A}$ 的全部特征值. 因为正交矩阵 $\boldsymbol{Q}$ 有性质 $\boldsymbol{Q}^{\mathrm{T}}=\boldsymbol{Q}^{-1}$, 所以也可以说: 实对称矩阵一定正交合同于对角形矩阵.

(3) 如果线性替换 $\boldsymbol{X}=\boldsymbol{Q}\boldsymbol{Y}$ 中 $\boldsymbol{Q}$ 是正交矩阵, 则称 $\boldsymbol{X}=\boldsymbol{Q}\boldsymbol{Y}$ 是正交替换.

(4) 对于实二次型 $f=\boldsymbol{X}^{\mathrm{T}}\boldsymbol{A}\boldsymbol{X}$ 一定存在正交替换 $\boldsymbol{X}=\boldsymbol{Q}\boldsymbol{Y}$ 使 f 化成平方和

$$f=\lambda_1y_1^2+\lambda_2y_2^2+\cdots+\lambda_ny_n^2,$$

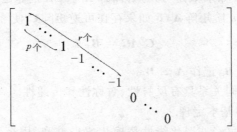

其中 $\lambda_1,\lambda_2,\cdots,\lambda_n$ 是 $\boldsymbol{A}$ 的全部特征值.

6. 正定二次型与正定矩阵

(1) 实二次型 $f(x_1,x_2,\cdots,x_n)$ 如果对于任意不全为零的实数 $c_1,c_2,\cdots,c_n$ 都有 $f(c_1,c_2,\cdots,c_n)>0$,则称 $f(x_1,x_2,\cdots,x_n)$ 是正定二次型. 如果 $f=\boldsymbol{X}^{\mathrm{T}}\boldsymbol{A}\boldsymbol{X}$ 是正定二次型,则称 $\boldsymbol{A}$ 是正定矩阵.

(2) 正定二次型(正定矩阵)判别法(充分必要条件).

① n 元实二次型 $f=\boldsymbol{X}^{\mathrm{T}}\boldsymbol{A}\boldsymbol{X}$ 的正惯性指数 $p=n$.

② $\boldsymbol{A}\simeq\boldsymbol{I}$.

③ $\boldsymbol{A}$ 的各阶顺序主子式全大于零.

④ $\boldsymbol{A}$ 的特征值全大于零.

第七章*

线性空间与线性变换

线性空间与线性变换是线性代数最基本的概念. 我们在第三章将几何空间推广到实数域 $\mathbf{R}$ 上 n 维向量空间 $\mathbf{R}^n$, $\mathbf{R}^n$ 就是一个具体的线性空间. 第六章中的非退化线性替换就是 $\mathbf{R}^n$ 的一个具体的线性变换. 但是数学研究的对象远不只是 n 元有序数组, 就我们已见过的矩阵、实函数、多项式等都是数学研究的对象, 它们在各自所属的集合中都定义有具体的加法和数量乘法. 为了对具有线性运算的集合进行统一的研究, 本章给出线性空间与线性变换定义, 介绍一些简单的性质, 这将有助于读者对前六章所学的线性代数知识有更深入的理解和更简捷的把握.

§7.1 线性空间定义与简单性质

加法定义 设 $\mathbf{V}$ 是一个非空集合, 如果在 $\mathbf{V}$ 的元素间存在一个法则: 对于 $\mathbf{V}$ 中任意两个元素 $\boldsymbol{\alpha}$, $\boldsymbol{\beta}$, 按照这个法则都有 $\mathbf{V}$ 中唯一确定

* 本章是线性代数理论核心, 是本教程前六章的抽象、概括, 可选学.

的元素 $\boldsymbol{\gamma}$ 与之对应，则称这个法则为**加法**，称 $\boldsymbol{\gamma}$ 是 $\boldsymbol{\alpha}$ 与 $\boldsymbol{\beta}$ 的**和**，记作 $\boldsymbol{\gamma}=\boldsymbol{\alpha}+\boldsymbol{\beta}$.

数量乘法定义　设 $\boldsymbol{V}$ 是一个非空集合，$\boldsymbol{P}$ 是一个**数域**[注]. 如果在 $\boldsymbol{P}$ 中的数与 $\boldsymbol{V}$ 中的元素间存在一个法则：对于 $\boldsymbol{P}$ 中任意数 k 与 $\boldsymbol{V}$ 中任意元素 $\boldsymbol{\alpha}$，按照这个法则有 $\boldsymbol{V}$ 中唯一确定的元素 $\boldsymbol{\beta}$ 与之对应，称这个法则为**数量乘法**，称 $\boldsymbol{\beta}$ 是 k 与 $\boldsymbol{\alpha}$ 的乘积，记作 $\boldsymbol{\beta}=k\boldsymbol{\alpha}$.

线性空间定义　设 $\boldsymbol{V}$ 是一个非空集合，其中的元素称为向量. 设 $\boldsymbol{P}$ 是一个数域. 如果在 $\boldsymbol{V}$ 中存在加法，在 $\boldsymbol{P}$ 与 $\boldsymbol{V}$ 间存在数量乘法，且这两种运算（统称线性运算）满足下面**八条公理**，则称 $\boldsymbol{V}$ 是数域 $\boldsymbol{P}$ 上的**线性空间**或向量空间：

1. $\boldsymbol{\alpha}+\boldsymbol{\beta}=\boldsymbol{\beta}+\boldsymbol{\alpha}$;
2. $(\boldsymbol{\alpha}+\boldsymbol{\beta})+\boldsymbol{\gamma}=\boldsymbol{\alpha}+(\boldsymbol{\beta}+\boldsymbol{\gamma})$;
3. $\boldsymbol{V}$ 中存在零向量 $\boldsymbol{0}$，即对任意 $\boldsymbol{\alpha}\in\boldsymbol{V}$，恒有 $\boldsymbol{\alpha}+\boldsymbol{0}=\boldsymbol{\alpha}$;
4. 对于 $\boldsymbol{V}$ 中每一个向量 $\boldsymbol{\alpha}$，都有 $\boldsymbol{V}$ 中一个向量 $\boldsymbol{\beta}$ 使 $\boldsymbol{\alpha}+\boldsymbol{\beta}=\boldsymbol{0}$. 称 $\boldsymbol{\beta}$ 是 $\boldsymbol{\alpha}$ 的负向量，记作 $\boldsymbol{\beta}=-\boldsymbol{\alpha}$;
5. $1\cdot\boldsymbol{\alpha}=\boldsymbol{\alpha}$;
6. $k(l\boldsymbol{\alpha})=(kl)\boldsymbol{\alpha}$;
7. $(k+l)\boldsymbol{\alpha}=k\boldsymbol{\alpha}+l\boldsymbol{\alpha}$;
8. $k(\boldsymbol{\alpha}+\boldsymbol{\beta})=k\boldsymbol{\alpha}+k\boldsymbol{\beta}$,

其中 $\boldsymbol{\alpha},\boldsymbol{\beta},\boldsymbol{\gamma}$ 表示 $\boldsymbol{V}$ 中任意向量，k,l 表示 $\boldsymbol{P}$ 中任意数.

根据以上定义，平面上所有向量关于向量的加法和数量乘法构成实数域上的线性空间；几何空间是实数域上的线性空间；数域 $\boldsymbol{P}$ 上全体 n 维向量 $\boldsymbol{P}^n$ 是数域 $\boldsymbol{P}$ 上的线性空间，下面再举几个例子.

例 7.1.1　以数域 $\boldsymbol{P}$ 中数为元素的 $s\times n$ 矩阵全体，关于矩阵的加法和数量乘法构成数域 $\boldsymbol{P}$ 上的线性空间.

例 7.1.2　全体实函数关于函数的加法和数与函数的乘法构成实数域上的线性空间.

例 7.1.3　数域 $\boldsymbol{P}$ 上一元多项式

[注]　包含数"0"和"1"，且对四则运算封闭的数集 $\boldsymbol{P}$ 称为数域. 例如有理数域 $\mathbf{Q}$，实数域 $\mathbf{R}$，复数域 $\mathbf{C}$.

$$f(\lambda) = a_n\lambda^n + a_{n-1}\lambda^{n-1} + \cdots + a_1\lambda + a_0$$

的全体 $\boldsymbol{P}[\lambda]$，关于多项式的加法和数与多项式的乘法，构成数域 $\boldsymbol{P}$ 上的线性空间.

例 7.1.4 实数域 $\mathbf{R}$ 上无穷序列 $\boldsymbol{\alpha} = (a_1, a_2, \cdots)$ 的全体记作 $\mathbf{V}$，任意 $\boldsymbol{\alpha} = (a_1, a_2, \cdots), \boldsymbol{\beta} = (b_1, b_2, \cdots) \in \mathbf{V}, k \in \mathbf{R}$，有线性运算 $\boldsymbol{\alpha} + \boldsymbol{\beta} = (a_1 + b_1, a_2 + b_2, \cdots), k\boldsymbol{\alpha} = (ka_1, ka_2, \cdots)$. $\mathbf{V}$ 是实数域 $\mathbf{R}$ 上的线性空间.

数学高度的抽象性决定了它广泛的应用性. 下面我们摆脱各种各样具体的线性空间，仅从抽象的线性空间定义出发，证明线性空间的一些简单性质，这种证明称为公理化证明.

设 $\boldsymbol{V}$ 是数域 $\boldsymbol{P}$ 上的一个线性空间.

性质 1 $\boldsymbol{V}$ 中只有一个零向量.

证 设 $\mathbf{0}_1, \mathbf{0}_2$ 都是 $\boldsymbol{V}$ 中的零向量. 根据公理 3

$$\mathbf{0}_1 + \mathbf{0}_2 = \mathbf{0}_1 \quad 与 \quad \mathbf{0}_2 + \mathbf{0}_1 = \mathbf{0}_2$$

同时成立. 又根据公理 1

$$\mathbf{0}_1 + \mathbf{0}_2 = \mathbf{0}_2 + \mathbf{0}_1,$$

所以 $\mathbf{0}_1 = \mathbf{0}_2$.

性质 2 $\boldsymbol{V}$ 中每一个向量只有一个负向量.

证 设 $\boldsymbol{V}$ 中向量 $\boldsymbol{\alpha}$ 有两个负向量 $\boldsymbol{\beta}_1$ 与 $\boldsymbol{\beta}_2$. 由公理 4

$$\boldsymbol{\alpha} + \boldsymbol{\beta}_1 = \mathbf{0} \quad 与 \quad \boldsymbol{\alpha} + \boldsymbol{\beta}_2 = \mathbf{0}$$

同时成立，那么

$$\begin{aligned} \boldsymbol{\beta}_1 &= \boldsymbol{\beta}_1 + \mathbf{0} = \boldsymbol{\beta}_1 + (\boldsymbol{\alpha} + \boldsymbol{\beta}_2) = (\boldsymbol{\beta}_1 + \boldsymbol{\alpha}) + \boldsymbol{\beta}_2 \\ &= (\boldsymbol{\alpha} + \boldsymbol{\beta}_1) + \boldsymbol{\beta}_2 = \mathbf{0} + \boldsymbol{\beta}_2 = \boldsymbol{\beta}_2 + \mathbf{0} = \boldsymbol{\beta}_2, \end{aligned}$$

所以 $\boldsymbol{\beta}_1 = \boldsymbol{\beta}_2$.

这说明 $\boldsymbol{\alpha}$ 的负向量是由 $\boldsymbol{\alpha}$ 唯一确定的. 这就是为什么在公理 4 中将 $\boldsymbol{\alpha}$ 的负向量记作 $-\boldsymbol{\alpha}$ 的缘故.

利用负向量可以定义向量的减法：

$$\boldsymbol{\alpha} - \boldsymbol{\beta} = \boldsymbol{\alpha} + (-\boldsymbol{\beta}).$$

性质 3　$0\boldsymbol{\alpha}=\mathbf{0}, k\mathbf{0}=\mathbf{0},(-1)\boldsymbol{\alpha}=-\boldsymbol{\alpha}$.

证　先证 $0\boldsymbol{\alpha}=\mathbf{0}$，因为

$$\boldsymbol{\alpha}+0\boldsymbol{\alpha}=1\boldsymbol{\alpha}+0\boldsymbol{\alpha}=(1+0)\boldsymbol{\alpha}=1\boldsymbol{\alpha}=\boldsymbol{\alpha},$$

上式两边加 $-\boldsymbol{\alpha}$，得 $0\boldsymbol{\alpha}=\mathbf{0}$.

然后证 $k\mathbf{0}=\mathbf{0}$，因为 $0\boldsymbol{\alpha}=\mathbf{0}$，所以 $0\mathbf{0}=\mathbf{0}$. 故有

$$k\mathbf{0}=k(0\mathbf{0})=(k\cdot 0)\mathbf{0}=0\mathbf{0}=\mathbf{0}.$$

最后证 $(-1)\boldsymbol{\alpha}=-\boldsymbol{\alpha}$，只需证明 $(-1)\boldsymbol{\alpha}$ 是 $\boldsymbol{\alpha}$ 的负向量即可. 因为

$$\begin{aligned}\boldsymbol{\alpha}+(-1)\boldsymbol{\alpha}&=1\boldsymbol{\alpha}+(-1)\boldsymbol{\alpha}\\&=(1-1)\boldsymbol{\alpha}=0\boldsymbol{\alpha}=\mathbf{0},\end{aligned}$$

所以 $(-1)\boldsymbol{\alpha}=-\boldsymbol{\alpha}$.

性质 4　如果 $k\boldsymbol{\alpha}=\mathbf{0}$，那么 $k=0$ 或 $\boldsymbol{\alpha}=\mathbf{0}$.

证　如果 $k=0$，则证完.

如果 $k\neq 0$，于是一方面

$$k^{-1}(k\boldsymbol{\alpha})=k^{-1}\mathbf{0}=\mathbf{0};$$

另一方面

$$k^{-1}(k\boldsymbol{\alpha})=(k^{-1}k)\boldsymbol{\alpha}=1\cdot\boldsymbol{\alpha}=\boldsymbol{\alpha}.$$

所以 $\boldsymbol{\alpha}=\mathbf{0}$.

习　题　7.1

1. 证明：n 元齐次线性方程组的全部解，关于 n 维向量的加法和数量乘法构成数域 $\boldsymbol{P}$ 上的线性空间.

2. 证明：全体 n 阶实对称矩阵，关于矩阵的加法和数量乘法构成实数域上的线性空间.

3. $\boldsymbol{P}$ 是数域，$\boldsymbol{V}$ 中只有一个零元素 $\mathbf{0}$，定义加法：$\mathbf{0}+\mathbf{0}=\mathbf{0}$，数量乘法：$k\mathbf{0}=\mathbf{0}(k\in\boldsymbol{P})$. 证明 $\boldsymbol{V}$ 是数域 $\boldsymbol{P}$ 上的一个线性空间.

4. 利用线性空间定义和性质证明：

(1) $(-k)\boldsymbol{\alpha}=k(-\boldsymbol{\alpha})=-(k\boldsymbol{\alpha})$;

(2) $k(\boldsymbol{\alpha}-\boldsymbol{\beta})=k\boldsymbol{\alpha}-k\boldsymbol{\beta}$;

(3) $(k-l)\boldsymbol{\alpha}=k\boldsymbol{\alpha}-l\boldsymbol{\alpha}$;

(4) 若 $k\neq 0,\boldsymbol{\alpha}\neq\mathbf{0}$ 则 $k\boldsymbol{\alpha}\neq\mathbf{0}$.

§7.2 维数·基与坐标

为了弄清楚线性空间的构造,首先要了解其中向量的线性关系,为此重新给出以下定义. 设 $\boldsymbol{V}$ 是数域 $\boldsymbol{P}$ 上的线性空间,则有

定义 7.2.1 设 $\boldsymbol{\alpha}_1,\boldsymbol{\alpha}_2,\cdots,\boldsymbol{\alpha}_s$ 是 $\boldsymbol{V}$ 中一组向量,$k_1,k_2,\cdots,k_s$ 是 $\boldsymbol{P}$ 中一组数,则称向量

$$k_1\boldsymbol{\alpha}_1+k_2\boldsymbol{\alpha}_2+\cdots+k_s\boldsymbol{\alpha}_s$$

是向量组 $\boldsymbol{\alpha}_1,\boldsymbol{\alpha}_2,\cdots,\boldsymbol{\alpha}_s$ 的一个**线性组合**. 如果有向量 $\boldsymbol{\beta}$ 使

$$\boldsymbol{\beta}=k_1\boldsymbol{\alpha}_1+k_2\boldsymbol{\alpha}_2+\cdots+k_s\boldsymbol{\alpha}_s.$$

则称 $\boldsymbol{\beta}$ 为 $\boldsymbol{\alpha}_1,\boldsymbol{\alpha}_2,\cdots,\boldsymbol{\alpha}_s$ 的线性组合,或称 $\boldsymbol{\beta}$ 可由 $\boldsymbol{\alpha}_1,\boldsymbol{\alpha}_2,\cdots,\boldsymbol{\alpha}_s$ **线性表出**.

定义 7.2.2 如果向量组 $\boldsymbol{\alpha}_1,\boldsymbol{\alpha}_2,\cdots,\boldsymbol{\alpha}_s$ 中每一个向量都可由向量组 $\boldsymbol{\beta}_1,\boldsymbol{\beta}_2,\cdots,\boldsymbol{\beta}_t$ 线性表出,则称 $\boldsymbol{\alpha}_1,\boldsymbol{\alpha}_2,\cdots,\boldsymbol{\alpha}_s$ 可由 $\boldsymbol{\beta}_1,\boldsymbol{\beta}_2,\cdots,\boldsymbol{\beta}_t$ 线性表出. 如果 $\boldsymbol{\alpha}_1,\boldsymbol{\alpha}_2,\cdots,\boldsymbol{\alpha}_s$ 与 $\boldsymbol{\beta}_1,\boldsymbol{\beta}_2,\cdots,\boldsymbol{\beta}_t$ 可以互相线性表出,则称这两个向量组**等价**,记作 $\{\boldsymbol{\alpha}_1,\boldsymbol{\alpha}_2,\cdots,\boldsymbol{\alpha}_s\}\cong\{\boldsymbol{\beta}_1,\boldsymbol{\beta}_2,\cdots,\boldsymbol{\beta}_t\}$.

定义 7.2.3 对于向量组 $\boldsymbol{\alpha}_1,\boldsymbol{\alpha}_2,\cdots,\boldsymbol{\alpha}_s(s\geqslant 1)$,如果有不全为零的数 $k_1,k_2,\cdots,k_s$ 使

$$k_1\boldsymbol{\alpha}_1+k_2\boldsymbol{\alpha}_2+\cdots+k_s\boldsymbol{\alpha}_s=\mathbf{0},$$

则称 $\boldsymbol{\alpha}_1,\boldsymbol{\alpha}_2,\cdots,\boldsymbol{\alpha}_s$ **线性相关**,否则称 $\boldsymbol{\alpha}_1,\boldsymbol{\alpha}_2,\cdots,\boldsymbol{\alpha}_s$ **线性无关**.

定义 7.2.4 设 $\boldsymbol{\alpha}_1,\boldsymbol{\alpha}_2,\cdots,\boldsymbol{\alpha}_r$ 是向量组 $\boldsymbol{S}$ 中的一个线性无关部分组. 如果 $\boldsymbol{S}$ 中其余任一个向量 $\boldsymbol{\alpha}_i$(如果还有的话)添进来,$\boldsymbol{\alpha}_1,\boldsymbol{\alpha}_2,\cdots,\boldsymbol{\alpha}_r,\boldsymbol{\alpha}_i$ 都线性相关,则称 $\boldsymbol{\alpha}_1,\boldsymbol{\alpha}_2,\cdots,\boldsymbol{\alpha}_r$ 是向量组 $\boldsymbol{S}$ 的一个极大线性无关组,简称**极大无关组**.

定义 7.2.5　向量组 $\boldsymbol{S}$ 的极大线性无关组所含向量个数称为向量组 $\boldsymbol{S}$ 的**秩数**或**秩**.

以上定义,我们在第三章数域 $\mathbf{R}$ 上 n 维向量空间 $\mathbf{R}^n$ 中已很熟悉. 如今把第三章 $\mathbf{R}^n$ 换成一般线性空间 $\boldsymbol{V}$;把 n 元有序数组换成 $\boldsymbol{V}$ 中的元素,那么第三章有关向量线性关系的定理可以一字不改地搬到 $\boldsymbol{V}$ 中来. 例如在数域 $\boldsymbol{P}$ 上线性空间 $\boldsymbol{V}$ 中也有

定理 7.2.1　设向量组 $\boldsymbol{\alpha}_1,\boldsymbol{\alpha}_2,\cdots,\boldsymbol{\alpha}_s$ 线性无关,$\boldsymbol{\alpha}_1,\boldsymbol{\alpha}_2,\cdots,\boldsymbol{\alpha}_s,\boldsymbol{\beta}$ 线性相关,则向量 $\boldsymbol{\beta}$ 可由 $\boldsymbol{\alpha}_1,\boldsymbol{\alpha}_2,\cdots,\boldsymbol{\alpha}_s$ 线性表出,且表示法唯一.

故在一般线性空间中有关向量线性关系的定理不再赘述,本章直接使用.

定义 7.2.6　如果数域 $\boldsymbol{P}$ 上线性空间 $\boldsymbol{V}$ 有极大线性无关组,则称这个极大线性无关组是 $\boldsymbol{V}$ 的一个**基底**,简称基. 基底所含向量个数称为 $\boldsymbol{V}$ 的**维数**,记作维($\boldsymbol{V}$). 如果 $\boldsymbol{V}$ 中没有非零向量,则称维($\boldsymbol{V}$)$=0$,若 $\boldsymbol{V}$ 的线性无关部分组中没有极大者,就称 $\boldsymbol{V}$ 是**无限维**的(例 7.1.4).

由这个定义可以看出:线性空间如果有基底,则基底不唯一.

例 7.2.1　在直角坐标平面中(如图 7.2.1),正交单位向量组 $\boldsymbol{i}$,$\boldsymbol{j}$ 就是实平面线性空间的一个基. 其实平面上任意两个不共线(不平行)的向量都是基底.

例 7.2.2　在空间直角坐标系中(如图 7.2.2)正交单位向量组 $\boldsymbol{i},\boldsymbol{j},\boldsymbol{k}$ 就是几何空间的一个基. 其实任意三个不共面的向量都是几何空间的基.

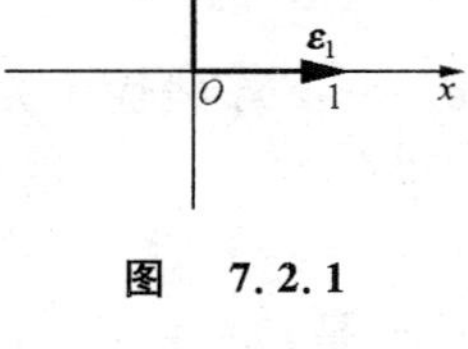

图　7.2.1

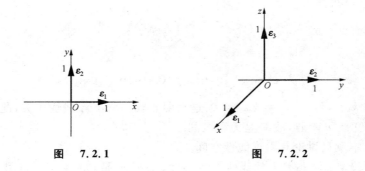

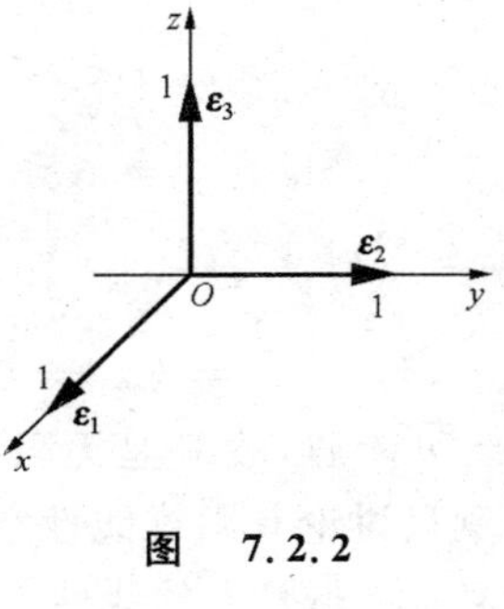

图　7.2.2

例 7.2.3 $\boldsymbol{P}^n$ 中 n 维基本向量组

$$\begin{aligned}\boldsymbol{\varepsilon}_1 &= (1,0,\cdots,0),\\ \boldsymbol{\varepsilon}_2 &= (0,1,\cdots,0),\\ &\cdots\cdots\cdots\cdots\\ \boldsymbol{\varepsilon}_n &= (0,0,\cdots,1)\end{aligned}$$

就是 $\boldsymbol{P}^n$ 的一个基. 其实 $\boldsymbol{P}^n$ 中任意 n 个线性无关的向量都是 $\boldsymbol{P}^n$ 的基.

例 7.2.4 齐次线性方程组如果有非零解,那么任一个基础解系都是解空间的基.

由定义 7.2.6 还可以看出:线性空间的维数就是线性空间的秩数,因此线性空间的维数是唯一确定的. 例如,直线上所有向量构成实数域上的 1 维线性空间;平面上所有向量构成实数域上的 2 维线性空间;几何空间是实 3 维线性空间;$\boldsymbol{P}^n$ 是 n 维线性空间. 设 n 元齐次线性方程组 $\boldsymbol{A}_{sn}\boldsymbol{X}_{n1} = \boldsymbol{0}_{s1}$ 系数矩阵秩为 $r(r\leqslant n)$,那么解空间是 $n-r$ 维的.

只含一个零向量的线性空间是零维的. 例如只有零解的齐次线性方程组,其解空间是零维的.

下面是一个无限维线性空间的例子.

例 7.2.5 $\boldsymbol{V}$ 是实数域上所有形如 $\boldsymbol{\alpha} = (a_1, a_2, \cdots)$ 的无穷实数列构成的实数域上的线性空间,下面证明 $\boldsymbol{V}$ 是无限维的. 用反证法,假设 $\boldsymbol{V}$ 是有限维的,设维$(\boldsymbol{V}) = n$,取 $\boldsymbol{V}$ 中 $n+1$ 个向量 $\boldsymbol{\varepsilon}_i = (0,\cdots,0,1,0,\cdots,0)$ 其中第 i 个分量为 1,其余分量为 $0(i=1,2,\cdots,n+1)$,如果

$$k_1\boldsymbol{\varepsilon}_1 + k_2\boldsymbol{\varepsilon}_2 + \cdots + k_{n+1}\boldsymbol{\varepsilon}_{n+1} = \boldsymbol{0},$$

即

$$(k_1, k_2, \cdots, k_{n+1}, 0, \cdots) = (0,0,\cdots,0,0,\cdots),$$

那么 $k_1 = k_2 = \cdots = k_{n+1} = 0$,这表明 $\boldsymbol{\varepsilon}_1, \boldsymbol{\varepsilon}_2, \cdots, \boldsymbol{\varepsilon}_{n+1}$ 线性无关,此与维$(\boldsymbol{V}) = n$ 矛盾,故 $\boldsymbol{V}$ 是无限维的.

本章只讨论有限维线性空间.

设 $\boldsymbol{V}$ 是数域 $\boldsymbol{P}$ 上的线性空间,$\boldsymbol{\alpha}_1, \boldsymbol{\alpha}_2, \cdots, \boldsymbol{\alpha}_n$ 是 $\boldsymbol{V}$ 的一个基,$\boldsymbol{V}$ 中任

一向量 $\boldsymbol{\alpha}$ 都可由这个基线性表示,即

$$\boldsymbol{\alpha} = a_1\boldsymbol{\alpha}_1 + a_2\boldsymbol{\alpha}_2 + \cdots + a_n\boldsymbol{\alpha}_n, \tag{1}$$

且表示法唯一. 我们有

定义 7.2.7　称(1) 中$(a_1, a_2, \cdots, a_n)$ 为向量 $\boldsymbol{\alpha}$ 在基 $\boldsymbol{\alpha}_1, \boldsymbol{\alpha}_2, \cdots, \boldsymbol{\alpha}_n$下的**坐标**.

例 7.2.6　在实平面线性空间(如图 7.2.3) 中,因为向量 $\boldsymbol{\alpha} = 2\boldsymbol{i} + \boldsymbol{j}$,所以向量 $\boldsymbol{\alpha}$ 在基 $\boldsymbol{i}, \boldsymbol{j}$ 下的坐标是(2,1).

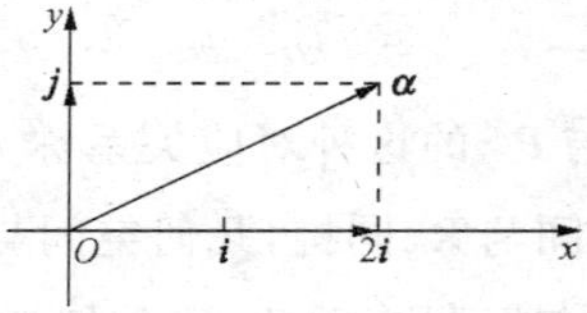

图　7.2.3

例 7.2.7　**R** 是实数域,**V** 是 2 阶实对称矩阵的全体. **V** 关于矩阵的加法和数量乘法构成实数域上的线性空间.

$$\boldsymbol{\alpha}_1 = \begin{bmatrix} 1 & 0 \\ 0 & 0 \end{bmatrix}, \quad \boldsymbol{\alpha}_2 = \begin{bmatrix} 0 & 0 \\ 0 & 1 \end{bmatrix}, \quad \boldsymbol{\alpha}_3 = \begin{bmatrix} 0 & 1 \\ 1 & 0 \end{bmatrix}.$$

这是 **V** 的一个基. 维(**V**) = 3,**V** 中任一向量

$$\boldsymbol{\beta} = \begin{bmatrix} a & c \\ c & b \end{bmatrix}$$

都可由基 $\boldsymbol{\alpha}_1, \boldsymbol{\alpha}_2, \boldsymbol{\alpha}_3$ 唯一线性表出:

$$\boldsymbol{\beta} = a\boldsymbol{\alpha}_1 + b\boldsymbol{\alpha}_2 + c\boldsymbol{\alpha}_3,$$

(a, b, c) 就是 $\boldsymbol{\beta}$ 在基 $\boldsymbol{\alpha}_1, \boldsymbol{\alpha}_2, \boldsymbol{\alpha}_3$ 下的坐标.

设 **V** 是数域 **P** 上的 n 维线性空间,$\boldsymbol{\alpha}_1, \boldsymbol{\alpha}_2, \cdots, \boldsymbol{\alpha}_n$ 是 **V** 的一个基,则 **V** 中向量

$$\boldsymbol{\alpha} = a_1\boldsymbol{\alpha}_1 + a_2\boldsymbol{\alpha}_2 + \cdots + a_n\boldsymbol{\alpha}_n$$

与 $\boldsymbol{P}^n$ 中向量$(a_1, a_2, \cdots, a_n)$ 一一对应,且这种对应保持线性运算,即如果 **V** 中向量

$$\boldsymbol{\beta} = b_1\boldsymbol{\alpha}_1 + b_2\boldsymbol{\alpha}_2 + \cdots + b_n\boldsymbol{\alpha}_n,$$

那么 $\boldsymbol{P}^n$ 中与之对应的向量就是$(b_1, b_2, \cdots, b_n)$,此时有

$$\boldsymbol{\alpha} + \boldsymbol{\beta} = (a_1 + b_1)\boldsymbol{\alpha}_1 + (a_2 + b_2)\boldsymbol{\alpha}_2 + \cdots + (a_n + b_n)\boldsymbol{\alpha}_n$$

与 $\boldsymbol{P}^n$ 中向量$(a_1 + b_1, a_2 + b_2, \cdots, a_n + b_n)$对应,任取数 $k \in \boldsymbol{P}$,那么

$$k\boldsymbol{\beta} = (ka_1)\boldsymbol{\alpha}_1 + (ka_2)\boldsymbol{\alpha}_2 + \cdots + (ka_n)\boldsymbol{\alpha}_n$$

与 $\boldsymbol{P}^n$ 中向量 $k(a_1, a_2, \cdots, a_n) = (ka_1, ka_2, \cdots, ka_n)$ 对应. 我们把数域 $\boldsymbol{P}$ 上 n 维线性空间 $\mathbf{V}$ 与 $\boldsymbol{P}^n$ 的这种对应关系称为**同构**.

例如,平面向量空间与 $\mathbf{R}^2$ 同构,几何空间与 $\mathbf{R}^3$ 同构,例 7.2.7 的 2 阶实对称矩阵空间与 $\mathbf{R}^3$ 同构. 因此,我们把 $\boldsymbol{P}^n$ 作为一切数域 $\boldsymbol{P}$ 上 n 维线性空间的代数模型. 研究 n 维线性空间的问题都可以转化为对 $\boldsymbol{P}^n$ 的研究. 这对于数字时代各个领域普遍用计算机处理问题具有十分重要的实践意义. 这也就是我们在第三章首先向读者介绍 $\mathbf{R}^n$ 这一具有代表性的线性空间的缘故.

n 维线性空间的基底不止一个,因此一个向量在不同基下的坐标是不同的. 这就引出了基变换与坐标变换问题.

定义 7.2.8 设 $\boldsymbol{\alpha}_1, \boldsymbol{\alpha}_2, \cdots, \boldsymbol{\alpha}_n$ 和 $\boldsymbol{\beta}_1, \boldsymbol{\beta}_2, \cdots, \boldsymbol{\beta}_n$ 是数域 $\boldsymbol{P}$ 上 n 维线性空间的两个基. $\boldsymbol{\beta}_j$ 在基 $\boldsymbol{\alpha}_1, \boldsymbol{\alpha}_2, \cdots, \boldsymbol{\alpha}_n$ 下的坐标是 $(a_{1j}, a_{2j}, \cdots, a_{nj})^{\mathrm{T}}, j = 1, 2, \cdots, n$,即

$$(\boldsymbol{\beta}_1, \boldsymbol{\beta}_2, \cdots, \boldsymbol{\beta}_n) = (\boldsymbol{\alpha}_1, \boldsymbol{\alpha}_2, \cdots, \boldsymbol{\alpha}_n)\begin{bmatrix} a_{11} & a_{12} & \cdots & a_{1n} \\ a_{21} & a_{22} & \cdots & a_{2n} \\ \vdots & \vdots & & \vdots \\ a_{n1} & a_{n2} & \cdots & a_{nn} \end{bmatrix}, \quad (2)$$

称 $\boldsymbol{A} = (a_{ij})_{nn}$ 是由基 $\boldsymbol{\alpha}_1, \boldsymbol{\alpha}_2, \cdots, \boldsymbol{\alpha}_n$ 到基 $\boldsymbol{\beta}_1, \boldsymbol{\beta}_2, \cdots, \boldsymbol{\beta}_n$ 的**过渡矩阵**.

定理 7.2.2 基的过渡矩阵是可逆的.

证 设 $\boldsymbol{A} = (a_{ij})_{nn}$ 是(2) 中基的过渡矩阵. 假设

$$\begin{bmatrix} a_{11} & a_{12} & \cdots & a_{1n} \\ a_{21} & a_{22} & \cdots & a_{2n} \\ \vdots & \vdots & & \vdots \\ a_{n1} & a_{n2} & \cdots & a_{nn} \end{bmatrix}\begin{bmatrix} x_1 \\ x_2 \\ \vdots \\ x_n \end{bmatrix} = \begin{bmatrix} 0 \\ 0 \\ \vdots \\ 0 \end{bmatrix}. \tag{3}$$

将(2) 两边右乘$(x_1, x_2, \cdots, x_n)^{\mathrm{T}}$：

$$\begin{aligned}(\boldsymbol{\beta}_1, \boldsymbol{\beta}_2, \cdots, \boldsymbol{\beta}_n)\begin{bmatrix} x_1 \\ x_2 \\ \vdots \\ x_n \end{bmatrix} \\ = (\boldsymbol{\alpha}_1, \boldsymbol{\alpha}_2, \cdots, \boldsymbol{\alpha}_n)\begin{bmatrix} a_{11} & a_{12} & \cdots & a_{1n} \\ a_{21} & a_{22} & \cdots & a_{2n} \\ \vdots & \vdots & & \vdots \\ a_{n1} & a_{n2} & \cdots & a_{nn} \end{bmatrix}\begin{bmatrix} x_1 \\ x_2 \\ \vdots \\ x_n \end{bmatrix}.\end{aligned}$$

得

$$(\boldsymbol{\beta}_1, \boldsymbol{\beta}_2, \cdots, \boldsymbol{\beta}_n)\begin{bmatrix} x_1 \\ x_2 \\ \vdots \\ x_n \end{bmatrix} = (\boldsymbol{\alpha}_1, \boldsymbol{\alpha}_2, \cdots, \boldsymbol{\alpha}_n)\begin{bmatrix} 0 \\ 0 \\ \vdots \\ 0 \end{bmatrix} = \mathbf{0}.$$

因为 $\boldsymbol{\beta}_1, \boldsymbol{\beta}_2, \cdots, \boldsymbol{\beta}_n$ 是 $\mathbf{V}$ 的一个基，线性无关，所以 $x_1 = x_2 = \cdots = x_n = 0$，这说明齐次线性方程组(3) 只有零解，故秩$(\mathbf{A}) = n$，即 $\mathbf{A}$ 可逆.

将(2) 的两边右乘 $\mathbf{A}^{-1}$，得

$$(\boldsymbol{\beta}_1, \boldsymbol{\beta}_2, \cdots, \boldsymbol{\beta}_n)\mathbf{A}^{-1} = (\boldsymbol{\alpha}_1, \boldsymbol{\alpha}_2, \cdots, \boldsymbol{\alpha}_n).$$

可见基 $\boldsymbol{\beta}_1, \boldsymbol{\beta}_2, \cdots, \boldsymbol{\beta}_n$ 到基 $\boldsymbol{\alpha}_1, \boldsymbol{\alpha}_2, \cdots, \boldsymbol{\alpha}_n$ 的过渡矩阵是 $\mathbf{A}^{-1}$.

定理 7.2.3　设基 $\boldsymbol{\alpha}_1, \boldsymbol{\alpha}_2, \cdots, \boldsymbol{\alpha}_n$ 到基 $\boldsymbol{\beta}_1, \boldsymbol{\beta}_2, \cdots, \boldsymbol{\beta}_n$ 的过渡矩阵是 $\mathbf{A}$，$\mathbf{V}$ 中任一向量 $\boldsymbol{\alpha}$ 在这两个基下的坐标分别为$(a_1, a_2, \cdots, a_n)^{\mathrm{T}}$ 和 $(b_1, b_2, \cdots, b_n)^{\mathrm{T}}$，则

$$\begin{bmatrix} a_1 \\ a_2 \\ \vdots \\ a_n \end{bmatrix} = \boldsymbol{A} \begin{bmatrix} b_1 \\ b_2 \\ \vdots \\ b_n \end{bmatrix} \quad 或 \quad \begin{bmatrix} b_1 \\ b_2 \\ \vdots \\ b_n \end{bmatrix} = \boldsymbol{A}^{-1} \begin{bmatrix} a_1 \\ a_2 \\ \vdots \\ a_n \end{bmatrix}.$$

证 已知

$$(\boldsymbol{\beta}_1, \boldsymbol{\beta}_2, \cdots, \boldsymbol{\beta}_n) = (\boldsymbol{\alpha}_1, \boldsymbol{\alpha}_2, \cdots, \boldsymbol{\alpha}_n)\boldsymbol{A}, \tag{4}$$

$$\boldsymbol{\alpha} = (\boldsymbol{\alpha}_1, \boldsymbol{\alpha}_2, \cdots, \boldsymbol{\alpha}_n) \begin{bmatrix} a_1 \\ a_2 \\ \vdots \\ a_n \end{bmatrix} = (\boldsymbol{\beta}_1, \boldsymbol{\beta}_2, \cdots, \boldsymbol{\beta}_n) \begin{bmatrix} b_1 \\ b_2 \\ \vdots \\ b_n \end{bmatrix}. \tag{5}$$

将(4) 代入(5) 右边：

$$\boldsymbol{\alpha} = (\boldsymbol{\alpha}_1, \boldsymbol{\alpha}_2, \cdots, \boldsymbol{\alpha}_n) \begin{bmatrix} a_1 \\ a_2 \\ \vdots \\ a_n \end{bmatrix} = (\boldsymbol{\alpha}_1, \boldsymbol{\alpha}_2, \cdots, \boldsymbol{\alpha}_n)\boldsymbol{A} \begin{bmatrix} b_1 \\ b_2 \\ \vdots \\ b_n \end{bmatrix}.$$

由坐标的唯一性得

$$\begin{bmatrix} a_1 \\ a_2 \\ \vdots \\ a_n \end{bmatrix} = \boldsymbol{A} \begin{bmatrix} b_1 \\ b_2 \\ \vdots \\ b_n \end{bmatrix}, \tag{6}$$

或

$$\begin{bmatrix} b_1 \\ b_2 \\ \vdots \\ b_n \end{bmatrix} = \boldsymbol{A}^{-1} \begin{bmatrix} a_1 \\ a_2 \\ \vdots \\ a_n \end{bmatrix}, \tag{7}$$

(6) 和(7) 称为**坐标变换公式**.

习　题　7.2

1. 设 $\boldsymbol{\alpha},\boldsymbol{\beta},\boldsymbol{\gamma}$ 是数域 $\boldsymbol{P}$ 上线性空间 $\boldsymbol{V}$ 中的一组线性无关的向量. 求证：向量组 $\boldsymbol{\alpha}+\boldsymbol{\beta},\boldsymbol{\beta}+\boldsymbol{\gamma},\boldsymbol{\gamma}+\boldsymbol{\alpha}$ 也线性无关.

2. 在线性空间 $\boldsymbol{V}$ 中证明：向量组 $\boldsymbol{\alpha}_1,\boldsymbol{\alpha}_2,\cdots,\boldsymbol{\alpha}_r(r\geqslant 2)$ 线性无关的充分必要条件是每一个 $\boldsymbol{\alpha}_i(i=2,3,\cdots,r)$ 都不能由 $\boldsymbol{\alpha}_1,\boldsymbol{\alpha}_2,\cdots,\boldsymbol{\alpha}_{i-1}$ 线性表出.

3. $\boldsymbol{V}$ 是数域 $\boldsymbol{P}$ 上全体 $s\times n$ 矩阵构成的线性空间，求 $\boldsymbol{V}$ 的维数和一个基.

4. $\boldsymbol{V}$ 是数域 $\boldsymbol{P}$ 上全体 n 阶上三角矩阵构成的线性空间，求 $\boldsymbol{V}$ 的维数和一个基.

5. $\boldsymbol{V}$ 是数域 $\boldsymbol{P}$ 上全体 n 阶反对称矩阵构成的线性空间，求 $\boldsymbol{V}$ 的维数和一个基.

6. 若 n 维线性空间 $\boldsymbol{V}$ 中每一个向量都可由向量组 $\boldsymbol{\alpha}_1,\boldsymbol{\alpha}_2,\cdots,\boldsymbol{\alpha}_n$ 线性表出. 证明：$\boldsymbol{\alpha}_1,\boldsymbol{\alpha}_2,\cdots,\boldsymbol{\alpha}_n$ 是 $\boldsymbol{V}$ 的一个基.

7. 设 $\boldsymbol{\alpha}_1,\boldsymbol{\alpha}_2,\cdots,\boldsymbol{\alpha}_n$ 是 n 维线性空间 $\boldsymbol{V}$ 的基；$\boldsymbol{\beta}_1,\boldsymbol{\beta}_2,\cdots,\boldsymbol{\beta}_r(r<n)$ 是 $\boldsymbol{V}$ 中一组线性无关的向量. 求证：从 $\boldsymbol{\alpha}_1,\boldsymbol{\alpha}_2,\cdots,\boldsymbol{\alpha}_n$ 中可以找到 $n-r$ 个向量补充到 $\boldsymbol{\beta}_1,\boldsymbol{\beta}_2,\cdots,\boldsymbol{\beta}_r$ 中，使其构成 $\boldsymbol{V}$ 的一个基.

8. 在 $\boldsymbol{P}^4$ 中求向量 $\boldsymbol{\alpha}$ 在基 $\boldsymbol{\alpha}_1,\boldsymbol{\alpha}_2,\boldsymbol{\alpha}_3,\boldsymbol{\alpha}_4$ 下的坐标：

(1) $\boldsymbol{\alpha}=(2,0,4,-2)$,
$\boldsymbol{\alpha}_1=(1,1,1,1)$,
$\boldsymbol{\alpha}_2=(1,1,-1,-1)$,
$\boldsymbol{\alpha}_3=(1,-1,1,-1)$,
$\boldsymbol{\alpha}_4=(1,-1,-1,1)$.

(2) $\boldsymbol{\alpha}=(4,2,4,10)$,
$\boldsymbol{\alpha}_1=(1,2,3,4)$,
$\boldsymbol{\alpha}_2=(2,3,4,1)$,
$\boldsymbol{\alpha}_3=(3,4,1,2)$,
$\boldsymbol{\alpha}_4=(4,1,2,3)$.

9. 在 $\boldsymbol{P}^3$ 中求基 $\boldsymbol{\varepsilon}_1,\boldsymbol{\varepsilon}_2,\boldsymbol{\varepsilon}_3$ 到基 $\boldsymbol{\alpha}_1,\boldsymbol{\alpha}_2,\boldsymbol{\alpha}_3$ 的过渡矩阵 $\boldsymbol{A}$；并求向量 $\boldsymbol{\alpha}=(5,15,15)^{\mathrm{T}}$ 在基 $\boldsymbol{\alpha}_1,\boldsymbol{\alpha}_2,\boldsymbol{\alpha}_3$ 下的坐标. 其中

$\boldsymbol{\varepsilon}_1=(1,0,0)^{\mathrm{T}}$,　　$\boldsymbol{\alpha}_1=(1,0,3)^{\mathrm{T}}$,
$\boldsymbol{\varepsilon}_2=(0,1,0)^{\mathrm{T}}$,　　$\boldsymbol{\alpha}_2=(2,1,2)^{\mathrm{T}}$,
$\boldsymbol{\varepsilon}_3=(0,0,1)^{\mathrm{T}}$;　　$\boldsymbol{\alpha}_3=(-3,2,-2)^{\mathrm{T}}$.

§7.3 线性子空间·陪集

线性空间中有的子集也可能是一个线性空间.例如,在3维几何空间中,过原点的一个平面上的所有向量,关于几何空间中向量的加法和数量乘法构成一个2维线性空间.过原点的一条直线上的所有向量关于几何空间中向量的加法和数量乘法构成一个1维线性空间.数域 $\boldsymbol{P}$ 上 n 元齐次线性方程组的解集合,关于 $\boldsymbol{P}^n$ 的线性运算,构成线性空间.现引入子空间概念.

定义7.3.1 设 $\boldsymbol{V}$ 是数域 $\boldsymbol{P}$ 上的线性空间,$\boldsymbol{W}$ 是 $\boldsymbol{V}$ 的一个非空子集,如果 $\boldsymbol{W}$ 关于 $\boldsymbol{V}$ 的线性运算也构成数域 $\boldsymbol{P}$ 上的线性空间,那么称 $\boldsymbol{W}$ 是 $\boldsymbol{V}$ 的一个线性子空间,简称**子空间**.

$\boldsymbol{W}$ 要构成 $\boldsymbol{V}$ 的子空间必须具备什么条件?因为线性空间都是非空的,所以 $\varnothing \neq \boldsymbol{W} \subseteq \boldsymbol{V}$;任意 $\boldsymbol{\alpha},\boldsymbol{\beta} \in \boldsymbol{W}$,必须有 $\boldsymbol{\alpha}+\boldsymbol{\beta} \in \boldsymbol{W}$;任意 $k \in \boldsymbol{P}$,必须有 $k\boldsymbol{\alpha} \in \boldsymbol{W}$.这些都是明显的必要条件,其实这些条件合起来也是充分的.

定理7.3.1 设 $\boldsymbol{V}$ 是数域 $\boldsymbol{P}$ 上的线性空间.$\boldsymbol{W}$ 是 $\boldsymbol{V}$ 的子空间之充分必要条件是:

(1) $\boldsymbol{W}$ 是 $\boldsymbol{V}$ 的非空子集;

(2) 任意 $\boldsymbol{\alpha},\boldsymbol{\beta} \in \boldsymbol{W}$,按照 $\boldsymbol{V}$ 的加法其和 $\boldsymbol{\alpha}+\boldsymbol{\beta} \in \boldsymbol{W}$;

(3) 任意 $k \in \boldsymbol{P},\boldsymbol{\alpha} \in \boldsymbol{W}$,按照 $\boldsymbol{P}$ 与 $\boldsymbol{V}$ 的数量乘法,$k\boldsymbol{\alpha} \in \boldsymbol{W}$.

证 *充分性* 已知 $\boldsymbol{W} \neq \varnothing$,且关于 $\boldsymbol{V}$ 的线性运算封闭,所以 $\boldsymbol{W}$ 满足线性空间定义中的公理(1)、(2)、(5)、(6)、(7)、(8).以下只需证明 $\boldsymbol{W}$ 满足公理(3)和(4),即证明 $\boldsymbol{W}$ 含有零向量;$\boldsymbol{W}$ 中每个向量都有负向量.因为 $\boldsymbol{W} \neq \varnothing$,取 $\boldsymbol{\alpha} \in \boldsymbol{W}$,又因为 $\boldsymbol{W}$ 关于 $\boldsymbol{V}$ 的线性运算封闭,所以 $0\boldsymbol{\alpha} = \boldsymbol{0} \in \boldsymbol{W},(-1)\boldsymbol{\alpha} = -\boldsymbol{\alpha} \in \boldsymbol{W}$.

显然任何线性空间 $\boldsymbol{V}$ 都至少有两个子空间:$\boldsymbol{V}$ 和 $\{\boldsymbol{0}\}$,后者称为零子空间,$\boldsymbol{V}$ 本身和零子空间统称为 $\boldsymbol{V}$ 的平凡子空间.

例7.3.1 设 $\boldsymbol{A}_{sn}\boldsymbol{X}_{n1} = \boldsymbol{0}_{s1}$ 是数域 $\boldsymbol{P}$ 上的齐次线性方程组.如果它只有零解,那么这个零解向量就构成 $\boldsymbol{P}^n$ 的一个平凡子空间,如果

它有非零解，不妨设秩$(\boldsymbol{A}_{sn})=r<n$，那么它的解空间就是$\boldsymbol{P}^n$的一个$n-r$维子空间.基础解系就是这个解空间的一个基.

例 7.3.2　由例 7.1.1 已知数域$\boldsymbol{P}$上n阶矩阵的全体$\boldsymbol{P}^{n\times n}$关于矩阵的加法和数量乘法构成数域$\boldsymbol{P}$上的$n^2$维线性空间.$\boldsymbol{P}$上$n$阶对称矩阵的全体$\boldsymbol{W}_1$；$\boldsymbol{P}$上$n$阶反对称矩阵的全体$\boldsymbol{W}_2$；$n$阶上（下）三角形矩阵的全体$\boldsymbol{W}_3(\boldsymbol{W}_4)$都是$\boldsymbol{P}^{n\times n}$的子空间.读者可以思考$\boldsymbol{W}_1,\boldsymbol{W}_2$和$\boldsymbol{W}_3(\boldsymbol{W}_4)$各是几维的?分别举出它们的一个基.

例 7.3.3　设$\boldsymbol{\alpha}_1,\boldsymbol{\alpha}_2,\cdots,\boldsymbol{\alpha}_s$是数域$\boldsymbol{P}$上线性空间$\boldsymbol{V}$中的一组向量，由它们做出的一切线性组合记作$\boldsymbol{W}=\boldsymbol{L}(\boldsymbol{\alpha}_1,\boldsymbol{\alpha}_2,\cdots,\boldsymbol{\alpha}_s)$.可以证明：$\boldsymbol{W}=\boldsymbol{L}(\boldsymbol{\alpha}_1,\boldsymbol{\alpha}_2,\cdots,\boldsymbol{\alpha}_s)$是$\boldsymbol{V}$的一个子空间.

证　因为$\boldsymbol{\alpha}_1,\boldsymbol{\alpha}_2,\cdots,\boldsymbol{\alpha}_s\in\boldsymbol{W}$，所以$\boldsymbol{W}\neq\varnothing$，任意$\boldsymbol{\beta},\boldsymbol{\gamma}\in\boldsymbol{W}$，即

$$\begin{aligned}\boldsymbol{\beta}&=k_1\boldsymbol{\alpha}_1+k_2\boldsymbol{\alpha}_2+\cdots+k_s\boldsymbol{\alpha}_s,\\ \boldsymbol{\gamma}&=l_1\boldsymbol{\alpha}_1+l_2\boldsymbol{\alpha}_2+\cdots+l_s\boldsymbol{\alpha}_s.\end{aligned}$$

那么

$$\boldsymbol{\beta}+\boldsymbol{\gamma}=(k_1+l_1)\boldsymbol{\alpha}_1+(k_2+l_2)\boldsymbol{\alpha}_2+\cdots+(k_s+l_s)\boldsymbol{\alpha}_s\in\boldsymbol{W}.$$

任意$k\in\boldsymbol{P}$，有

$$k\boldsymbol{\gamma}=(kl_1)\boldsymbol{\alpha}_1+(kl_2)\boldsymbol{\alpha}_2+\cdots+(kl_s)\boldsymbol{\alpha}_s\in\boldsymbol{W}.$$

根据定理 7.3.1，$\boldsymbol{W}=\boldsymbol{L}(\boldsymbol{\alpha}_1,\boldsymbol{\alpha}_2,\cdots,\boldsymbol{\alpha}_s)$是$\boldsymbol{V}$的一个子空间，称$\boldsymbol{L}(\boldsymbol{\alpha}_1,\boldsymbol{\alpha}_2,\cdots,\boldsymbol{\alpha}_s)$是由$\boldsymbol{\alpha}_1,\boldsymbol{\alpha}_2,\cdots,\boldsymbol{\alpha}_s$**生成的子空间**.

例 7.3.3 不仅给出了一个做子空间的方法，同时还可推出一些关于子空间的重要结论：

推论 7.3.1　设$\boldsymbol{\alpha}_1,\boldsymbol{\alpha}_2,\cdots,\boldsymbol{\alpha}_s$和$\boldsymbol{\beta}_1,\boldsymbol{\beta}_2,\cdots,\boldsymbol{\beta}_t$是线性空间$\boldsymbol{V}$中的两组向量，它们生成同一个子空间的充分必要条件是这两个向量组等价.

推论 7.3.2　$\boldsymbol{L}(\boldsymbol{\alpha}_1,\boldsymbol{\alpha}_2,\cdots,\boldsymbol{\alpha}_s)$的维数等于向量组$\boldsymbol{\alpha}_1,\boldsymbol{\alpha}_2,\cdots,\boldsymbol{\alpha}_s$的秩数.

推论 7.3.3　向量组$\boldsymbol{\alpha}_1,\boldsymbol{\alpha}_2,\cdots,\boldsymbol{\alpha}_s$的任一个极大线性无关组都是子空间$\boldsymbol{L}(\boldsymbol{\alpha}_1,\boldsymbol{\alpha}_2,\cdots,\boldsymbol{\alpha}_s)$的一个基.

推论 7.3.4　如果向量组$\boldsymbol{\alpha}_1,\boldsymbol{\alpha}_2,\cdots,\boldsymbol{\alpha}_s$可由向量组$\boldsymbol{\beta}_1,\boldsymbol{\beta}_2,\cdots,\boldsymbol{\beta}_t$

线性表出,则

$$L(\boldsymbol{\alpha}_1,\boldsymbol{\alpha}_2,\cdots,\boldsymbol{\alpha}_s)\subseteq L(\boldsymbol{\beta}_1,\boldsymbol{\beta}_2,\cdots,\boldsymbol{\beta}_t);$$
$$\text{维}\, L(\boldsymbol{\alpha}_1,\boldsymbol{\alpha}_2,\cdots,\boldsymbol{\alpha}_s)\leqslant \text{维}\, L(\boldsymbol{\beta}_1,\boldsymbol{\beta}_2,\cdots,\boldsymbol{\beta}_t).$$

推论 7.3.5 若 $\boldsymbol{\alpha}_1,\boldsymbol{\alpha}_2,\cdots,\boldsymbol{\alpha}_s$ 是有限维线性空间 $\boldsymbol{V}$ 中的一组向量,那么,维 $L(\boldsymbol{\alpha}_1,\boldsymbol{\alpha}_2,\cdots,\boldsymbol{\alpha}_s)\leqslant$ 维 $\boldsymbol{V}$.

定理 7.3.2 设 $\boldsymbol{W}$ 是数域 $\boldsymbol{P}$ 上 n 维线性空间 $\boldsymbol{V}$ 的一个 $r(<n)$ 维子空间,$\boldsymbol{\alpha}_1,\boldsymbol{\alpha}_2,\cdots,\boldsymbol{\alpha}_r$ 是 $\boldsymbol{W}$ 的一个基,则一定可以从 $\boldsymbol{V}$ 中找到 $n-r$ 个向量 $\boldsymbol{\alpha}_{r+1},\cdots,\boldsymbol{\alpha}_n$ 使 $\boldsymbol{\alpha}_1,\boldsymbol{\alpha}_2,\cdots,\boldsymbol{\alpha}_r,\boldsymbol{\alpha}_{r+1},\cdots,\boldsymbol{\alpha}_n$ 构成 $\boldsymbol{V}$ 的一个基.

证 因为 $\boldsymbol{\alpha}_1,\boldsymbol{\alpha}_2,\cdots,\boldsymbol{\alpha}_r$ 是子空间 $\boldsymbol{W}$ 的基,所以线性无关. 又因为 $\boldsymbol{W}\subseteq\boldsymbol{V}$,所以 $\boldsymbol{\alpha}_1,\boldsymbol{\alpha}_2,\cdots,\boldsymbol{\alpha}_r$ 是 $\boldsymbol{V}$ 中的一个线性无关组. 已知维$(\boldsymbol{V})=n$. 所以 $\boldsymbol{\alpha}_1,\boldsymbol{\alpha}_2,\cdots,\boldsymbol{\alpha}_r$ 可以扩充成 $\boldsymbol{V}$ 的一个极大线性无关组,即可以从 $\boldsymbol{V}$ 中找到 $n-r$ 个向量 $\boldsymbol{\alpha}_{r+1},\cdots,\boldsymbol{\alpha}_n$ 使 $\boldsymbol{\alpha}_1,\boldsymbol{\alpha}_2,\cdots,\boldsymbol{\alpha}_r,\boldsymbol{\alpha}_{r+1},\cdots,\boldsymbol{\alpha}_n$ 构成 $\boldsymbol{V}$ 的一个基.

最后再介绍一个重要的子空间.

例 7.3.4 设矩阵 $\boldsymbol{A}\in\boldsymbol{P}^{n\times n}$,$\lambda_0$ 是 $\boldsymbol{A}$ 的一个特征值,$\boldsymbol{\alpha}_1,\boldsymbol{\alpha}_2,\cdots,\boldsymbol{\alpha}_s$ 是 $\boldsymbol{A}$ 的属于特征值 λ_0 的极大线性无关特征向量组,则 $L(\boldsymbol{\alpha}_1,\boldsymbol{\alpha}_2,\cdots,\boldsymbol{\alpha}_s)$ 是 $\boldsymbol{P}^n$ 的一个子空间,称为 $\boldsymbol{A}$ 的属于特征值 λ_0 的**特征子空间**.

我们知道,求 $\boldsymbol{A}$ 的属于特征值 λ_0 的全部特征向量,就要先求齐次线性方程组 $(\lambda_0\boldsymbol{I}-\boldsymbol{A})\boldsymbol{X}=\boldsymbol{0}$ 的一个基础解系,用这个基础解系作一切非零线性组合,就得到 $\boldsymbol{A}$ 的属于特征值 λ_0 的全部特征向量,再添入一个零向量,就构成 $\boldsymbol{A}$ 的属于特征值 λ_0 的特征子空间.

定义 7.3.2 设 $\boldsymbol{W}$ 是线性空间 $\boldsymbol{V}$ 的一个子空间,$\boldsymbol{\gamma}_0$ 是 $\boldsymbol{V}$ 中一个向量,用 $\boldsymbol{\gamma}_0+\boldsymbol{W}$ 表示所有向量 $\boldsymbol{\gamma}_0+\boldsymbol{\eta}$ 作成的集合,其中 $\boldsymbol{\eta}$ 取遍 $\boldsymbol{W}$ 中的所有向量,称 $\boldsymbol{\gamma}_0+\boldsymbol{W}$ 是子空间 $\boldsymbol{W}$ 在线性空间 $\boldsymbol{V}$ 中的一个**陪集**.

例 7.3.5 设 $\boldsymbol{\gamma}_0$ 是数域 $\boldsymbol{P}$ 上 n 元线性方程组 $\boldsymbol{A}_{sn}\boldsymbol{X}_{n1}=\boldsymbol{b}_{s1}$ 的一个特解,$\boldsymbol{\eta}_1,\boldsymbol{\eta}_2,\cdots,\boldsymbol{\eta}_t$ 是导出组 $\boldsymbol{A}_{sn}\boldsymbol{X}_{n1}=\boldsymbol{0}_{s1}$ 的一个基础解系,那么导出组的解空间 $L(\boldsymbol{\eta}_1,\boldsymbol{\eta}_2,\cdots,\boldsymbol{\eta}_t)$ 就是 $\boldsymbol{P}^n$ 的一个子空间,而 $\boldsymbol{\gamma}_0+L(\boldsymbol{\eta}_1,\boldsymbol{\eta}_2,\cdots,\boldsymbol{\eta}_t)$ 就是子空间 $L(\boldsymbol{\eta}_1,\boldsymbol{\eta}_2,\cdots,\boldsymbol{\eta}_t)$ 在 $\boldsymbol{P}^n$ 中的一个陪集.

习　题　7.3

1. $\boldsymbol{P}^{n\times n}$ 表示数域$\boldsymbol{P}$上全体n阶矩阵关于矩阵线性运算构成的线性空间;$\boldsymbol{W}_1$ 表示 $\boldsymbol{P}$ 上 n 阶对称矩阵全体;$\boldsymbol{W}_2$ 表示 $\boldsymbol{P}$ 上反对称矩阵全体;$\boldsymbol{W}_3$ 表示 $\boldsymbol{P}$ 上上三角形矩阵全体. 证明:$\boldsymbol{W}_1,\boldsymbol{W}_2,\boldsymbol{W}_3$ 都是 $\boldsymbol{P}^{n\times n}$ 的子空间,并分别求出它们的维数和一个基.

2. 在 $\mathbf{R}^3$ 中求下列子空间的维数和一个基:

(1) $\boldsymbol{W}_1=\boldsymbol{L}(\boldsymbol{\alpha}_1,\boldsymbol{\alpha}_2,\boldsymbol{\alpha}_3)$,其中 $\boldsymbol{\alpha}_1=(1,-2,3)$,$\boldsymbol{\alpha}_2=(-1,2,-3)$,$\boldsymbol{\alpha}_3=(2,-4,6)$.

(2) $\boldsymbol{W}_2=\boldsymbol{L}(\boldsymbol{\beta}_1,\boldsymbol{\beta}_2,\boldsymbol{\beta}_3)$,其中 $\boldsymbol{\beta}_1=(1,2,-1)$,$\boldsymbol{\beta}_2=(2,0,3)$,$\boldsymbol{\beta}_3=(3,2,2)$.

(3) $\boldsymbol{W}_3=\boldsymbol{L}(\boldsymbol{\gamma}_1,\boldsymbol{\gamma}_2,\boldsymbol{\gamma}_3,\boldsymbol{\gamma}_4)$,其中 $\boldsymbol{\gamma}_1=(1,2,3)$,$\boldsymbol{\gamma}_2=(2,-1,1)$,$\boldsymbol{\gamma}_3=(1,0,1)$,$\boldsymbol{\gamma}_4=(3,1,2)$.

3. 在 $\boldsymbol{P}^5$ 中求下列齐次线性方程组解空间的维数和一个基:

$$\begin{cases} x_1+2x_2-x_4+x_5=0, \\ 2x_1+x_2+2x_3+x_4-x_5=0, \\ 2x_1-x_2+2x_3+2x_4-2x_5=0, \\ 4x_1+3x_2+2x_3=0. \end{cases}$$

4. 在实数域上,设矩阵

$$\mathbf{A}=\begin{bmatrix} 1 & -1 & 0 \\ 1 & 3 & 0 \\ 0 & 0 & -2 \end{bmatrix}.$$

(1) 求 $\mathbf{A}$ 的全部不同的特征值;

(2) 对 $\mathbf{A}$ 的每一个特征值求出 $\mathbf{A}$ 的属于该特征值的特征子空间;

(3) 求每一个特征子空间的维数和一个基.

§7.4　线性变换及其矩阵

变换是集合 **V** 到自身的映射,用花体字母 $\mathscr{A},\mathscr{B},\mathscr{C},\cdots$ 表示,先看几个平面变换的例子.

例 7.4.1　$\mathscr{A}$: 把平面绕原点转一个角度 θ. 这样,平面上任一点 $\boldsymbol{\alpha}=(x,y)^{\mathrm{T}}$ 便转到了新的位置 $\boldsymbol{\alpha}'=(x',y')^{\mathrm{T}}$. 如图 7.4.1:

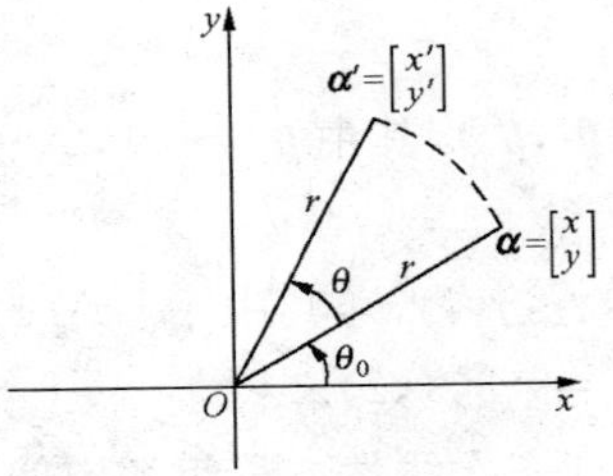

图　7.4.1

$\boldsymbol{\alpha}'$ 是 $\boldsymbol{\alpha}$ 的影像,记作 $\boldsymbol{\alpha}'=\mathscr{A}\boldsymbol{\alpha}$, $\boldsymbol{\alpha}$ 与 $\boldsymbol{\alpha}'$ 的关系为

$$\begin{aligned}x'&=r\cos(\theta_0+\theta)=r\cos\theta_0\cos\theta-r\sin\theta_0\sin\theta\\&=x\cos\theta-y\sin\theta,\\y'&=r\sin(\theta_0+\theta)=r\cos\theta_0\sin\theta+r\sin\theta_0\cos\theta\\&=x\sin\theta+y\cos\theta,\end{aligned}$$

即

$$\begin{bmatrix}x'\\y'\end{bmatrix}=\begin{bmatrix}\cos\theta&-\sin\theta\\\sin\theta&\cos\theta\end{bmatrix}\begin{bmatrix}x\\y\end{bmatrix}.$$

例 7.4.2　$\mathscr{F}$: 把平面按 y 轴进行反射,即平面上任一点 $(x,y)^{\mathrm{T}}$ 变成 $(-x,y)^{\mathrm{T}}$. 如图 7.4.2:

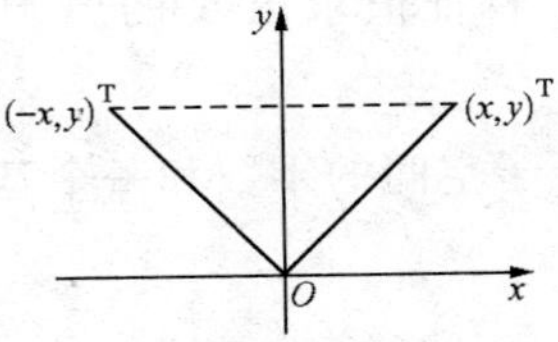

图　7.4.2

反射变换可具体表示为

$$\mathscr{F}\begin{bmatrix}x\\y\end{bmatrix}=\begin{bmatrix}-1&0\\0&1\end{bmatrix}\begin{bmatrix}x\\y\end{bmatrix}=\begin{bmatrix}-x\\y\end{bmatrix}.$$

例 7.4.3

$$\mathscr{C}\begin{bmatrix}x\\y\end{bmatrix}=\begin{bmatrix}c&0\\0&1\end{bmatrix}\begin{bmatrix}x\\y\end{bmatrix}=\begin{bmatrix}cx\\y\end{bmatrix}\quad(c\neq 0).$$

如图 7.4.3：

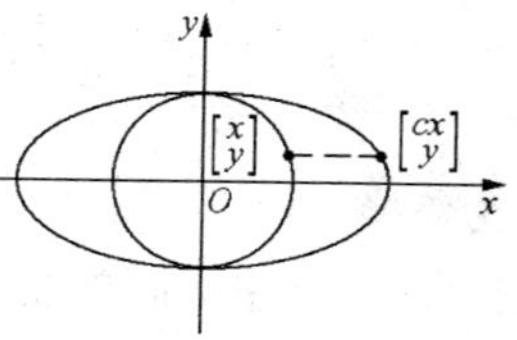

图　7.4.3

称变换 $\mathscr{C}$ 是顺 x 轴的放缩，$c>1$ 时是顺 x 轴放大；$0<c<1$ 时，顺 x 轴缩小；$c<0$ 时，除顺 x 轴放大或缩小，还有反射.

例 7.4.4

$$\mathscr{N}\begin{bmatrix}x\\y\end{bmatrix}=\begin{bmatrix}1&\lambda\\0&1\end{bmatrix}\begin{bmatrix}x\\y\end{bmatrix}=\begin{bmatrix}x+\lambda y\\y\end{bmatrix}.$$

如图 7.4.4：

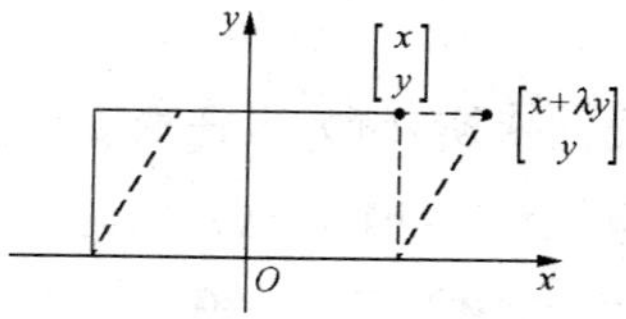

图　7.4.4

变换 $\mathscr{N}$ 称为扭错.

例 7.4.5

$$\mathscr{D}\begin{bmatrix}x\\y\end{bmatrix}=\begin{bmatrix}1&0\\0&0\end{bmatrix}\begin{bmatrix}x\\y\end{bmatrix}=\begin{bmatrix}x\\0\end{bmatrix}.$$

变换 $\mathscr{D}$ 称为投射,它把整个平面投射到 x 轴上.

例 7.4.6

$$\mathscr{O}\begin{bmatrix} x \\ y \end{bmatrix} = \begin{bmatrix} 0 & 0 \\ 0 & 0 \end{bmatrix}\begin{bmatrix} x \\ y \end{bmatrix} = \begin{bmatrix} 0 \\ 0 \end{bmatrix}.$$

变换 $\mathscr{O}$ 称为零变换,它把整个平面变成了原点.

一般地,设 $\mathbf{V}$ 是数域 $\boldsymbol{P}$ 上的线性空间.

定义 7.4.1 设 $\mathscr{A}$ 是 $\mathbf{V}$ 的一个变换,如果对于 $\mathbf{V}$ 的任意向量 $\boldsymbol{\alpha}$,$\boldsymbol{\beta}$ 和 $\boldsymbol{P}$ 中任意数 k 都有

$$\mathscr{A}(\boldsymbol{\alpha} + \boldsymbol{\beta}) = \mathscr{A}\boldsymbol{\alpha} + \mathscr{A}\boldsymbol{\beta};$$
$$\mathscr{A}(k\boldsymbol{\alpha}) = k \cdot \mathscr{A}\boldsymbol{\alpha}.$$

则称 $\mathscr{A}$ 是 $\mathbf{V}$ 的一个**线性变换**.

换句话说,线性变换是指线性空间的变换,它保持空间中向量的线性运算性质.

读者可以验证以上各例都是 $\mathbf{R}^2$ 的线性变换.

例 7.4.7 对于 $\mathbf{V}$ 中任意向量 $\boldsymbol{\alpha}$,

$$\mathscr{I}\boldsymbol{\alpha} = \boldsymbol{\alpha}; \quad \mathscr{O}\boldsymbol{\alpha} = \mathbf{0},$$

称 $\mathscr{I}$ 是 $\mathbf{V}$ 的恒等变换或单位变换;称 $\mathscr{O}$ 为零变换. 读者可以验证恒等变换和零变换都是线性变换.

例 7.4.8 线性空间 $\mathbf{V} = \boldsymbol{P}^n$,$\mathbf{A}$ 是数域 $\boldsymbol{P}$ 上的一个 n 阶矩阵. 对任意向量 $\boldsymbol{\alpha} \in \boldsymbol{P}^n$,变换 $\mathscr{A}$ 为:

$$\mathscr{A}\boldsymbol{\alpha} = \mathbf{A}\boldsymbol{\alpha}.$$

易证 $\mathscr{A}$ 是 $\mathbf{V}$ 的一个线性变换,因为再任取 $\boldsymbol{\beta} \in \boldsymbol{P}^n$,$k \in \boldsymbol{P}$,有

$$\mathscr{A}(\boldsymbol{\alpha} + \boldsymbol{\beta}) = \mathbf{A}(\boldsymbol{\alpha} + \boldsymbol{\beta}) = \mathbf{A}\boldsymbol{\alpha} + \mathbf{A}\boldsymbol{\beta} = \mathscr{A}\boldsymbol{\alpha} + \mathscr{A}\boldsymbol{\beta};$$
$$\mathscr{A}(k\boldsymbol{\alpha}) = \mathbf{A}(k\boldsymbol{\alpha}) = k \cdot \mathbf{A}\boldsymbol{\alpha} = k \cdot \mathscr{A}\boldsymbol{\alpha}.$$

例 7.4.9 设 $\mathbf{V}$ 是定义在闭区间$[a,b]$上的所有连续函数作成的实数域上的线性空间,对于任意 $f(x) \in \mathbf{V}$ 变换 $\mathscr{A}$:

$$\mathscr{A}f(x) = \int_a^x f(t)\,\mathrm{d}t,$$

$\mathscr{A}$ 是 $\mathbf{V}$ 的一个线性变换. 因为

$$\int_a^x f(t)\mathrm{d}t \in \mathbf{V},$$

所以 $\mathscr{A}$ 是 $\mathbf{V}$ 的一个变换. 再任取 $g(x) \in \mathbf{V}, k \in \mathbf{R}$.

$$\begin{aligned}\mathscr{A}[f(x)+g(x)] &= \int_a^x [f(t)+g(t)]\mathrm{d}t \\ &= \int_a^x f(t)\mathrm{d}t + \int_a^x g(t)\mathrm{d}t = \mathscr{A}f(x) + \mathscr{A}g(x);\end{aligned}$$

$$\mathscr{A}(kf(x)) = \int_a^x kf(t)\mathrm{d}t = k\int_a^x f(t)\mathrm{d}t = k\mathscr{A}f(x).$$

由定义可以推出线性变换的一些很有用的性质：设 $\mathscr{A}$ 是线性空间 $\mathbf{V}$ 的线性变换.

性质 1　$\mathscr{A}\mathbf{0} = \mathbf{0}$; $\mathscr{A}(-\boldsymbol{\alpha}) = -\mathscr{A}\boldsymbol{\alpha}$.

证　$\mathscr{A}\mathbf{0} = \mathscr{A}(0\boldsymbol{\alpha}) = 0\mathscr{A}\boldsymbol{\alpha} = \mathbf{0}$;

$$\mathscr{A}(-\boldsymbol{\alpha}) = \mathscr{A}[(-1)\boldsymbol{\alpha}] = (-1)\mathscr{A}\boldsymbol{\alpha} = -\mathscr{A}\boldsymbol{\alpha}.$$

性质 2　如果 $\boldsymbol{\beta} = k_1\boldsymbol{\alpha}_1 + k_2\boldsymbol{\alpha}_2 + \cdots + k_s\boldsymbol{\alpha}_s$，那么

$$\mathscr{A}\boldsymbol{\beta} = k_1\mathscr{A}\boldsymbol{\alpha}_1 + k_2\mathscr{A}\boldsymbol{\alpha}_2 + \cdots + k_s\mathscr{A}\boldsymbol{\alpha}_s.$$

（请读者自证）

性质 3　如果向量组 $\boldsymbol{\alpha}_1, \boldsymbol{\alpha}_2, \cdots, \boldsymbol{\alpha}_s$ 线性相关，则 $\mathscr{A}\boldsymbol{\alpha}_1, \mathscr{A}\boldsymbol{\alpha}_2, \cdots, \mathscr{A}\boldsymbol{\alpha}_s$ 也线性相关.

证　已知 $\boldsymbol{\alpha}_1, \boldsymbol{\alpha}_2, \cdots, \boldsymbol{\alpha}_s$ 线性相关，那么就有不全为零的数 $l_1, l_2, \cdots, l_s$ 使

$$\begin{gathered} l_1\boldsymbol{\alpha}_1 + l_2\boldsymbol{\alpha}_2 + \cdots + l_s\boldsymbol{\alpha}_s = \mathbf{0}, \\ \mathscr{A}(l_1\boldsymbol{\alpha}_1 + l_2\boldsymbol{\alpha}_2 + \cdots + l_s\boldsymbol{\alpha}_s) = \mathscr{A}\mathbf{0}, \\ l_1\mathscr{A}\boldsymbol{\alpha}_1 + l_2\mathscr{A}\boldsymbol{\alpha}_2 + \cdots + l_s\mathscr{A}\boldsymbol{\alpha}_s = \mathbf{0}. \end{gathered}$$

由于 $l_1, l_2, \cdots, l_s$ 不全为零，所以 $\mathscr{A}\boldsymbol{\alpha}_1, \mathscr{A}\boldsymbol{\alpha}_2, \cdots, \mathscr{A}\boldsymbol{\alpha}_s$ 线性相关.

注意　性质 3 的逆不成立，例如零变换可以把线性无关的向量组都变成零向量.

设 $\boldsymbol{\alpha}_1, \boldsymbol{\alpha}_2, \cdots, \boldsymbol{\alpha}_n$ 是 $\mathbf{V}$ 的一个基，那么 $\mathbf{V}$ 中任一向量 $\boldsymbol{\beta}$ 都可唯一表成 $\boldsymbol{\alpha}_1, \boldsymbol{\alpha}_2, \cdots, \boldsymbol{\alpha}_n$ 的线性组合

$$\boldsymbol{\beta} = k_1\boldsymbol{\alpha}_1 + k_2\boldsymbol{\alpha}_2 + \cdots + k_n\boldsymbol{\alpha}_n.$$

其中$(k_1,k_2,\cdots,k_n)$是$\boldsymbol{\beta}$在基$\boldsymbol{\alpha}_1,\boldsymbol{\alpha}_2,\cdots,\boldsymbol{\alpha}_n$下的坐标.$\boldsymbol{\beta}$经线性变换$\mathscr{A}$,有

$$\mathscr{A}\boldsymbol{\beta}=k_1\mathscr{A}\boldsymbol{\alpha}_1+k_2\mathscr{A}\boldsymbol{\alpha}_2+\cdots+k_n\mathscr{A}\boldsymbol{\alpha}_n.$$

即$\boldsymbol{\beta}$的影像$\mathscr{A}\boldsymbol{\beta}$是基的影像$\mathscr{A}\boldsymbol{\alpha}_1,\mathscr{A}\boldsymbol{\alpha}_2,\cdots,\mathscr{A}\boldsymbol{\alpha}_n$的线性组合,且组合系数(坐标)$k_1,k_2,\cdots,k_n$不变.这表明线性变换对任意向量的作用集中体现在对基的作用.

定义 7.4.2 设$\boldsymbol{\alpha}_1,\boldsymbol{\alpha}_2,\cdots,\boldsymbol{\alpha}_n$是数域$\boldsymbol{P}$上线性空间$\mathbf{V}$的一个基,$\mathscr{A}$是$\mathbf{V}$的线性变换,那么$\mathscr{A}\boldsymbol{\alpha}_1,\mathscr{A}\boldsymbol{\alpha}_2,\cdots,\mathscr{A}\boldsymbol{\alpha}_n\in\mathbf{V}$,且都可由这个基唯一线性表出:

$$\begin{cases}\mathscr{A}\boldsymbol{\alpha}_1=a_{11}\boldsymbol{\alpha}_1+a_{21}\boldsymbol{\alpha}_2+\cdots+a_{n1}\boldsymbol{\alpha}_n,\\ \mathscr{A}\boldsymbol{\alpha}_2=a_{12}\boldsymbol{\alpha}_1+a_{22}\boldsymbol{\alpha}_2+\cdots+a_{n2}\boldsymbol{\alpha}_n,\\ \cdots\cdots\cdots\cdots\cdots\cdots\cdots\cdots\cdots\cdots\\ \mathscr{A}\boldsymbol{\alpha}_n=a_{1n}\boldsymbol{\alpha}_1+a_{2n}\boldsymbol{\alpha}_2+\cdots+a_{nn}\boldsymbol{\alpha}_n.\end{cases}\tag{1}$$

称矩阵

$$\mathbf{A}=\begin{bmatrix}a_{11}&a_{12}&\cdots&a_{1n}\\a_{21}&a_{22}&\cdots&a_{2n}\\\vdots&\vdots&&\vdots\\a_{n1}&a_{n2}&\cdots&a_{nn}\end{bmatrix}$$

是线性变换$\mathscr{A}$在基$\boldsymbol{\alpha}_1,\boldsymbol{\alpha}_2,\cdots,\boldsymbol{\alpha}_n$下的矩阵.

(1) 可记为

$$(\mathscr{A}\boldsymbol{\alpha}_1,\mathscr{A}\boldsymbol{\alpha}_2,\cdots,\mathscr{A}\boldsymbol{\alpha}_n)=(\boldsymbol{\alpha}_1,\boldsymbol{\alpha}_2,\cdots,\boldsymbol{\alpha}_n)\begin{bmatrix}a_{11}&a_{12}&\cdots&a_{1n}\\a_{21}&a_{22}&\cdots&a_{2n}\\\vdots&\vdots&&\vdots\\a_{n1}&a_{n2}&\cdots&a_{nn}\end{bmatrix}$$

或简记为

$$\mathscr{A}(\boldsymbol{\alpha}_1,\boldsymbol{\alpha}_2,\cdots,\boldsymbol{\alpha}_n)=(\boldsymbol{\alpha}_1,\boldsymbol{\alpha}_2,\cdots,\boldsymbol{\alpha}_n)\mathbf{A}.$$

例如在$\mathbf{R}^2$中取基$\boldsymbol{\varepsilon}_1=(1,0)^{\mathrm{T}},\boldsymbol{\varepsilon}_2=(0,1)^{\mathrm{T}}$,那么例 7.4.1 至例

7.4.6 各线性变换在基 $\boldsymbol{\varepsilon}_1,\boldsymbol{\varepsilon}_2$ 下的矩阵可按定义 7.4.2 求出：

$$\mathscr{A}(\boldsymbol{\varepsilon}_1,\boldsymbol{\varepsilon}_2)=(\boldsymbol{\varepsilon}_1,\boldsymbol{\varepsilon}_2)\begin{bmatrix}\cos\theta & -\sin\theta\\ \sin\theta & \cos\theta\end{bmatrix};$$

$$\mathscr{F}(\boldsymbol{\varepsilon}_1,\boldsymbol{\varepsilon}_2)=(\boldsymbol{\varepsilon}_1,\boldsymbol{\varepsilon}_2)\begin{bmatrix}-1 & 0\\ 0 & 1\end{bmatrix};$$

$$\mathscr{C}(\boldsymbol{\varepsilon}_1,\boldsymbol{\varepsilon}_2)=(\boldsymbol{\varepsilon}_1,\boldsymbol{\varepsilon}_2)\begin{bmatrix}c & 0\\ 0 & 1\end{bmatrix}(c\neq 0);$$

$$\mathscr{N}(\boldsymbol{\varepsilon}_1,\boldsymbol{\varepsilon}_2)=(\boldsymbol{\varepsilon}_1,\boldsymbol{\varepsilon}_2)\begin{bmatrix}1 & \lambda\\ 0 & 1\end{bmatrix};$$

$$\mathscr{D}(\boldsymbol{\varepsilon}_1,\boldsymbol{\varepsilon}_2)=(\boldsymbol{\varepsilon}_1,\boldsymbol{\varepsilon}_2)\begin{bmatrix}1 & 0\\ 0 & 0\end{bmatrix};$$

$$\mathscr{O}(\boldsymbol{\varepsilon}_1,\boldsymbol{\varepsilon}_2)=(\boldsymbol{\varepsilon}_1,\boldsymbol{\varepsilon}_2)\begin{bmatrix}0 & 0\\ 0 & 0\end{bmatrix}.$$

设 $\mathscr{A}$ 是数域 $\boldsymbol{P}$ 上 n 维线性空间 $\mathbf{V}$ 的一个线性变换，$\mathscr{A}$ 在基 $\boldsymbol{\alpha}_1,\boldsymbol{\alpha}_2,\cdots,\boldsymbol{\alpha}_n$ 下的矩阵为 $\mathbf{A}=(a_{ij})_{nn}$，即

$$\mathscr{A}(\boldsymbol{\alpha}_1,\boldsymbol{\alpha}_2,\cdots,\boldsymbol{\alpha}_n)=(\boldsymbol{\alpha}_1,\boldsymbol{\alpha}_2,\cdots,\boldsymbol{\alpha}_n)\mathbf{A}.$$

$\mathbf{V}$ 中任意向量

$$\boldsymbol{\beta}=x_1\boldsymbol{\alpha}_1+x_2\boldsymbol{\alpha}_2+\cdots+x_n\boldsymbol{\alpha}_n=(\boldsymbol{\alpha}_1,\boldsymbol{\alpha}_2,\cdots,\boldsymbol{\alpha}_n)\begin{bmatrix}x_1\\ x_2\\ \vdots\\ x_n\end{bmatrix},$$

则

$$\begin{aligned}\mathscr{A}\boldsymbol{\beta}&=x_1\mathscr{A}\boldsymbol{\alpha}_1+x_2\mathscr{A}\boldsymbol{\alpha}_2+\cdots+x_n\mathscr{A}\boldsymbol{\alpha}_n\\ &=(\mathscr{A}\boldsymbol{\alpha}_1,\mathscr{A}\boldsymbol{\alpha}_2,\cdots,\mathscr{A}\boldsymbol{\alpha}_n)\begin{bmatrix}x_1\\ x_2\\ \vdots\\ x_n\end{bmatrix}\end{aligned}$$

$$= \mathscr{A}(\boldsymbol{\alpha}_1, \boldsymbol{\alpha}_2, \cdots, \boldsymbol{\alpha}_n)\begin{bmatrix} x_1 \\ x_2 \\ \vdots \\ x_n \end{bmatrix}$$

$$= (\boldsymbol{\alpha}_1, \boldsymbol{\alpha}_2, \cdots, \boldsymbol{\alpha}_n)\mathbf{A}\begin{bmatrix} x_1 \\ x_2 \\ \vdots \\ x_n \end{bmatrix}.$$

可见要求向量 $\boldsymbol{\beta}$ 在线性变换 $\mathscr{A}$ 下的象 $\mathscr{A}\boldsymbol{\beta}$,只需用矩阵 $\mathbf{A}$ 左乘向量 $\boldsymbol{\beta}$ 的坐标即可. 明白这一点很重要,无论什么元素组成的形形色色的有限维线性空间,也无论线性变换多么复杂,线性变换对向量的作用都可转化为矩阵乘坐标,这就实现了线性变换的可操作性.

仍以 $\mathbf{R}^2$ 为例. 当取 $\boldsymbol{\varepsilon}_1 = (1,0)^{\mathrm{T}}, \boldsymbol{\varepsilon}_2 = (0,1)^{\mathrm{T}}$ 为基时,任一向量

$$\boldsymbol{\alpha} = \begin{bmatrix} x \\ y \end{bmatrix} = x\boldsymbol{\varepsilon}_1 + y\boldsymbol{\varepsilon}_2 = (\boldsymbol{\varepsilon}_1, \boldsymbol{\varepsilon}_2)\begin{bmatrix} x \\ y \end{bmatrix},$$

$$\mathscr{A}\boldsymbol{\alpha} = (\boldsymbol{\varepsilon}_1, \boldsymbol{\varepsilon}_2)\begin{bmatrix} \cos\theta & -\sin\theta \\ \sin\theta & \cos\theta \end{bmatrix}\begin{bmatrix} x \\ y \end{bmatrix}$$

$$= (\boldsymbol{\varepsilon}_1, \boldsymbol{\varepsilon}_2)\begin{bmatrix} x\cos\theta - y\sin\theta \\ x\sin\theta + y\cos\theta \end{bmatrix},$$

$$\mathscr{F}\boldsymbol{\alpha} = (\boldsymbol{\varepsilon}_1, \boldsymbol{\varepsilon}_2)\begin{bmatrix} -1 & 0 \\ 0 & 1 \end{bmatrix}\begin{bmatrix} x \\ y \end{bmatrix} = (\boldsymbol{\varepsilon}_1, \boldsymbol{\varepsilon}_2)\begin{bmatrix} -x \\ y \end{bmatrix},$$

$$\mathscr{C}\boldsymbol{\alpha} = (\boldsymbol{\varepsilon}_1, \boldsymbol{\varepsilon}_2)\begin{bmatrix} c & 0 \\ 0 & 1 \end{bmatrix}\begin{bmatrix} x \\ y \end{bmatrix} = (\boldsymbol{\varepsilon}_1, \boldsymbol{\varepsilon}_2)\begin{bmatrix} cx \\ y \end{bmatrix} \ (c \neq 0),$$

$$\mathscr{N}\boldsymbol{\alpha} = (\boldsymbol{\varepsilon}_1, \boldsymbol{\varepsilon}_2)\begin{bmatrix} 1 & \lambda \\ 0 & 1 \end{bmatrix}\begin{bmatrix} x \\ y \end{bmatrix} = (\boldsymbol{\varepsilon}_1, \boldsymbol{\varepsilon}_2)\begin{bmatrix} x + \lambda y \\ y \end{bmatrix},$$

$$\mathscr{D}\boldsymbol{\alpha} = (\boldsymbol{\varepsilon}_1, \boldsymbol{\varepsilon}_2)\begin{bmatrix} 1 & 0 \\ 0 & 0 \end{bmatrix}\begin{bmatrix} x \\ y \end{bmatrix} = (\boldsymbol{\varepsilon}_1, \boldsymbol{\varepsilon}_2)\begin{bmatrix} x \\ 0 \end{bmatrix}.$$

n 维线性空间的基不唯一,因此一个线性变换在不同基下的矩阵不同. 设 $\boldsymbol{\alpha}_1, \boldsymbol{\alpha}_2, \cdots, \boldsymbol{\alpha}_n$ 和 $\boldsymbol{\beta}_1, \boldsymbol{\beta}_2, \cdots, \boldsymbol{\beta}_n$ 是 $\mathbf{V}$ 的两个基,$\mathscr{A}$ 是 $\mathbf{V}$ 的一个

线性变换，$\mathscr{A}$ 在这两个基下的矩阵分别为 $\boldsymbol{A}$ 和 $\boldsymbol{B}$，即

$$\mathscr{A}(\boldsymbol{\alpha}_1,\boldsymbol{\alpha}_2,\cdots,\boldsymbol{\alpha}_n)=(\boldsymbol{\alpha}_1,\boldsymbol{\alpha}_2,\cdots,\boldsymbol{\alpha}_n)\boldsymbol{A},$$
$$\mathscr{A}(\boldsymbol{\beta}_1,\boldsymbol{\beta}_2,\cdots,\boldsymbol{\beta}_n)=(\boldsymbol{\beta}_1,\boldsymbol{\beta}_2,\cdots,\boldsymbol{\beta}_n)\boldsymbol{B}.$$

如果 $\boldsymbol{\alpha}_1,\boldsymbol{\alpha}_2,\cdots,\boldsymbol{\alpha}_n$ 到 $\boldsymbol{\beta}_1,\boldsymbol{\beta}_2,\cdots,\boldsymbol{\beta}_n$ 的过渡矩阵是 $\boldsymbol{P}$：

$$(\boldsymbol{\beta}_1,\boldsymbol{\beta}_2,\cdots,\boldsymbol{\beta}_n)=(\boldsymbol{\alpha}_1,\boldsymbol{\alpha}_2,\cdots,\boldsymbol{\alpha}_n)\boldsymbol{P},$$

那么可以找到 $\boldsymbol{A}$ 与 $\boldsymbol{B}$ 的关系：

$$\begin{aligned}(\boldsymbol{\beta}_1,\boldsymbol{\beta}_2,\cdots,\boldsymbol{\beta}_n)\boldsymbol{B}&=\mathscr{A}(\boldsymbol{\beta}_1,\boldsymbol{\beta}_2,\cdots,\boldsymbol{\beta}_n)\\&=\mathscr{A}(\boldsymbol{\alpha}_1,\boldsymbol{\alpha}_2,\cdots,\boldsymbol{\alpha}_n)\boldsymbol{P}\\&=(\boldsymbol{\alpha}_1,\boldsymbol{\alpha}_2,\cdots,\boldsymbol{\alpha}_n)\boldsymbol{A}\boldsymbol{P}\\&=(\boldsymbol{\beta}_1,\boldsymbol{\beta}_2,\cdots,\boldsymbol{\beta}_n)\boldsymbol{P}^{-1}\boldsymbol{A}\boldsymbol{P},\end{aligned}$$

所以

$$\boldsymbol{B}=\boldsymbol{P}^{-1}\boldsymbol{A}\boldsymbol{P}.$$

定理 7.4.1　一个线性变换在不同基下的矩阵是彼此相似的.

第五章我们寻求矩阵可对角化条件，证明实对称矩阵一定可以对角化，目的是想在相似条件下找一个最简单的矩阵，使线性变换变得最容易操作.

习　题　7.4

1. 在线性空间 $\boldsymbol{V}$ 中，下面定义的变换 $\mathscr{A}$ 是不是线性变换？

(1) $\mathscr{A}\boldsymbol{\alpha}=-\boldsymbol{\alpha}$；

(2) $\mathscr{A}\boldsymbol{\alpha}=k_0\boldsymbol{\alpha}$（$k_0$ 是一个常数）；

(3) $\mathscr{A}\boldsymbol{\alpha}=\boldsymbol{\alpha}+\boldsymbol{\gamma}_0$（$\boldsymbol{\gamma}_0$ 是 $\boldsymbol{V}$ 中一个固定非零向量）；

(4) $\mathscr{A}\boldsymbol{\alpha}=\boldsymbol{0}$（$\boldsymbol{0}$ 是 $\boldsymbol{V}$ 中零向量）.

2. 在 $\mathbf{R}^3$ 中定义

$$\mathscr{A}\begin{bmatrix}a_1\\a_2\\a_3\end{bmatrix}=\begin{bmatrix}a_1\\a_2\\0\end{bmatrix}.$$

(1) 证明 $\mathscr{A}$ 是 $\mathbf{R}^3$ 的一个线性变换；

(2) 求 $\mathscr{A}$ 在基 $\boldsymbol{\varepsilon}_1=(1,0,0)^{\mathrm{T}}, \boldsymbol{\varepsilon}_2=(0,1,0)^{\mathrm{T}}, \boldsymbol{\varepsilon}_3=(0,0,1)^{\mathrm{T}}$ 下的矩阵 $\boldsymbol{A}$；

(3) 判断 $\boldsymbol{\alpha}_1=(1,0,0)^{\mathrm{T}}, \boldsymbol{\alpha}_2=(1,1,0)^{\mathrm{T}}, \boldsymbol{\alpha}_3=(1,1,1)^{\mathrm{T}}$ 是不是 $\boldsymbol{R}^3$ 的基?若是,求基 $\boldsymbol{\varepsilon}_1,\boldsymbol{\varepsilon}_2,\boldsymbol{\varepsilon}_3$ 到基 $\boldsymbol{\alpha}_1,\boldsymbol{\alpha}_2,\boldsymbol{\alpha}_3$ 的过渡矩阵 $\boldsymbol{P}$；

(4) 求 $\mathscr{A}$ 在基 $\boldsymbol{\alpha}_1,\boldsymbol{\alpha}_2,\boldsymbol{\alpha}_3$ 下的矩阵 $\boldsymbol{B}$；

(5) 验证 $\boldsymbol{A}\sim\boldsymbol{B}$；

(6) 设向量 $\boldsymbol{\beta}$ 在基 $\boldsymbol{\alpha}_1,\boldsymbol{\alpha}_2,\boldsymbol{\alpha}_3$ 下的坐标是$(2,-1,1)$,求 $\mathscr{A}\boldsymbol{\beta}$ 在基 $\boldsymbol{\alpha}_1,\boldsymbol{\alpha}_2,\boldsymbol{\alpha}_3$ 下的坐标.

3. 设 $\boldsymbol{W}$ 是线性空间 $\mathbf{V}$ 的一个子空间,$\mathscr{A}$ 是 $\mathbf{V}$ 的一个线性变换. 用 $\mathscr{A}\boldsymbol{W}$ 表示 $\mathscr{A}\boldsymbol{\alpha}(\boldsymbol{\alpha}\in\boldsymbol{W})$ 的全体. 证明 $\mathscr{A}\boldsymbol{W}$ 也是 $\mathbf{V}$ 的子空间.

§7.5 欧氏空间与正交变换

本节限定在实数域上讨论.

定义 7.5.1 设 $\mathbf{V}$ 是实数域上的线性空间;$\mathbf{V}$ 中任意两个向量 $\boldsymbol{\alpha},\boldsymbol{\beta}$ 对应一个实数,称为 $\boldsymbol{\alpha}$ 与 $\boldsymbol{\beta}$ 的**内积**,记作 $\boldsymbol{\alpha}\cdot\boldsymbol{\beta}$;如果内积运算满足以下运算法则:

(1) $\boldsymbol{\alpha}\cdot\boldsymbol{\beta}=\boldsymbol{\beta}\cdot\boldsymbol{\alpha}$;

(2) $(k\boldsymbol{\alpha})\cdot\boldsymbol{\beta}=k(\boldsymbol{\alpha}\cdot\boldsymbol{\beta})$;

(3) $\boldsymbol{\alpha}\cdot(\boldsymbol{\beta}+\boldsymbol{\gamma})=\boldsymbol{\alpha}\cdot\boldsymbol{\beta}+\boldsymbol{\alpha}\cdot\boldsymbol{\gamma}$;

(4) $\boldsymbol{\alpha}\neq\mathbf{0}$ 时,$\boldsymbol{\alpha}\cdot\boldsymbol{\alpha}>0$.

其中 $\boldsymbol{\alpha},\boldsymbol{\beta},\boldsymbol{\gamma}\in\mathbf{V}, k\in\mathbf{R}$,则称 $\mathbf{V}$ 是**欧氏空间**.

例 7.5.1 $\mathbf{V}=\mathbf{R}^n$,任意 $\boldsymbol{\alpha}=(a_1,a_2,\cdots,a_n)$, $\boldsymbol{\beta}=(b_1,b_2,\cdots,b_n)\in\mathbf{R}^n$,定义内积运算为

$$\boldsymbol{\alpha}\cdot\boldsymbol{\beta}=\boldsymbol{\alpha}\boldsymbol{\beta}^{\mathrm{T}}=(a_1,a_2,\cdots,a_n)\begin{bmatrix}b_1\\b_2\\\vdots\\b_n\end{bmatrix}=\sum_{i=1}^{n}a_ib_i.$$

则 $\mathbf{R}^n$ 就是一个欧氏空间.

例 7.5.2　设 $\mathbf{V}$ 是定义在闭区间 $[a,b]$ 上的连续实函数全体. 任意 $f(x), g(x) \in \mathbf{V}$，定义内积运算为

$$f(x) \cdot g(x) = \int_a^b f(x)g(x)\mathrm{d}x.$$

则 $\mathbf{V}$ 是一个欧氏空间(留给读者验证).

欧氏空间与一般线性空间比较，它的特点是：它定义在实数域上，故而除线性运算还定义了内积运算. 这就有可能定义向量的长度、两个向量的夹角等度量概念，因此也称欧氏空间是度量空间.

命题 7.5.1　如果 $\mathbf{W}$ 是欧氏空间 $\mathbf{V}$ 的线性子空间，那么按 $\mathbf{V}$ 的内积运算，$\mathbf{W}$ 也是欧氏空间.

证　首先 $\mathbf{W}$ 已是线性空间. 按 $\mathbf{V}$ 中的内积运算，$\mathbf{W}$ 中任意两个向量也有内积，且满足定义 7.5.1 中的 4 个条件，因而 $\mathbf{W}$ 是欧氏空间.

定义 7.5.1 中(4)规定：当 $\boldsymbol{\alpha} \neq \mathbf{0}$ 时，$\boldsymbol{\alpha} \cdot \boldsymbol{\alpha} > 0$，那么当 $\boldsymbol{\alpha} = \mathbf{0}$ 呢？可以证明 $\boldsymbol{\alpha} \cdot \boldsymbol{\alpha} = 0$. 事实上，由定义 7.5.1 中(3)有 $\boldsymbol{\alpha} \cdot \mathbf{0} = \boldsymbol{\alpha} \cdot (\mathbf{0} + \mathbf{0}) = \boldsymbol{\alpha} \cdot \mathbf{0} + \boldsymbol{\alpha} \cdot \mathbf{0}$，因此

$$\boldsymbol{\alpha} \cdot \mathbf{0} = 0.$$

这就是说，两个向量中只要有一个是零向量，它们的内积必为零.

定义 7.5.2　非负实数 $\boldsymbol{\alpha} \cdot \boldsymbol{\alpha}$ 的算术平方根 $\sqrt{\boldsymbol{\alpha} \cdot \boldsymbol{\alpha}}$ 称为向量 $\boldsymbol{\alpha}$ 的长度，记作 $\|\boldsymbol{\alpha}\|$，向量的**长度**也称向量的模或范数.

由定义，$\|\boldsymbol{\alpha}\| \geqslant 0$，$\|\boldsymbol{\alpha}\| = 0$ 当且仅当 $\boldsymbol{\alpha} = \mathbf{0}$.

命题 7.5.2

$$\|k\boldsymbol{\alpha}\| = |k| \cdot \|\boldsymbol{\alpha}\|.$$

证

$$\begin{aligned}\|k\boldsymbol{\alpha}\| &= \sqrt{(k\boldsymbol{\alpha}) \cdot (k\boldsymbol{\alpha})} = \sqrt{k^2(\boldsymbol{\alpha} \cdot \boldsymbol{\alpha})} \\ &= \sqrt{k^2} \cdot \sqrt{\boldsymbol{\alpha} \cdot \boldsymbol{\alpha}} = |k| \cdot \|\boldsymbol{\alpha}\|.\end{aligned}$$

若 $\|\boldsymbol{\alpha}\| = 1$，称 $\boldsymbol{\alpha}$ 是单位向量. 当 $\boldsymbol{\alpha} \neq \mathbf{0}$ 时，作单位向量 $\dfrac{1}{\|\boldsymbol{\alpha}\|}\boldsymbol{\alpha}$，称为将 $\boldsymbol{\alpha}$ 单位化.

在几何空间中，非零向量 $\boldsymbol{\alpha}$ 与 $\boldsymbol{\beta}$ 夹角 θ 的余弦可用内积表示为

$$\cos\theta = \frac{\boldsymbol{\alpha} \cdot \boldsymbol{\beta}}{\|\boldsymbol{\alpha}\| \cdot \|\boldsymbol{\beta}\|}.$$

为了在一般欧氏空间中引入向量夹角概念，先来证明下面的不等式.

定理 7.5.1（柯西-布涅雅柯夫斯基（Cauchy-Буняковский）不等式） 对于欧氏空间中任意两个向量 $\boldsymbol{\alpha},\boldsymbol{\beta}$ 都有不等式

$$|\boldsymbol{\alpha} \cdot \boldsymbol{\beta}| \leqslant \|\boldsymbol{\alpha}\| \cdot \|\boldsymbol{\beta}\|$$

成立；当且仅当 $\boldsymbol{\alpha},\boldsymbol{\beta}$ 线性相关时，等式成立.

证 $\boldsymbol{\alpha},\boldsymbol{\beta}$ 线性相关时，其中必有一个向量可由另一个向量线性表出，不妨设 $\boldsymbol{\alpha} = k\boldsymbol{\beta}$. 于是

$$|\boldsymbol{\alpha} \cdot \boldsymbol{\beta}| = |(k\boldsymbol{\beta}) \cdot \boldsymbol{\beta}| = |k(\boldsymbol{\beta} \cdot \boldsymbol{\beta})| = |k| \cdot \|\boldsymbol{\beta}\|^2;$$

$$\|\boldsymbol{\alpha}\| \cdot \|\boldsymbol{\beta}\| = \|k\boldsymbol{\beta}\|\,\|\boldsymbol{\beta}\| = |k|\,\|\boldsymbol{\beta}\|\,\|\boldsymbol{\beta}\| = |k|\,\|\boldsymbol{\beta}\|^2.$$

所以

$$|\boldsymbol{\alpha} \cdot \boldsymbol{\beta}| = \|\boldsymbol{\alpha}\| \cdot \|\boldsymbol{\beta}\|.$$

今设 $\boldsymbol{\alpha},\boldsymbol{\beta}$ 线性无关，于是对任意实数 k，恒有 $\boldsymbol{\alpha} - k\boldsymbol{\beta} \neq \mathbf{0}$，从而

$$(\boldsymbol{\alpha} - k\boldsymbol{\beta}) \cdot (\boldsymbol{\alpha} - k\boldsymbol{\beta}) = \boldsymbol{\alpha} \cdot \boldsymbol{\alpha} - 2k(\boldsymbol{\alpha} \cdot \boldsymbol{\beta}) + k^2(\boldsymbol{\beta} \cdot \boldsymbol{\beta}) > 0, \quad (1)$$

因 $\boldsymbol{\alpha},\boldsymbol{\beta}$ 线性无关，故 $\boldsymbol{\beta} \neq \mathbf{0}$，因而 $\boldsymbol{\beta} \cdot \boldsymbol{\beta} > 0$. 取 $k = \boldsymbol{\alpha} \cdot \boldsymbol{\beta}/\boldsymbol{\beta} \cdot \boldsymbol{\beta}$，代入(1)得

$$\boldsymbol{\alpha} \cdot \boldsymbol{\alpha} - 2\frac{\boldsymbol{\alpha} \cdot \boldsymbol{\beta}}{\boldsymbol{\beta} \cdot \boldsymbol{\beta}}(\boldsymbol{\alpha} \cdot \boldsymbol{\beta}) + \left(\frac{\boldsymbol{\alpha} \cdot \boldsymbol{\beta}}{\boldsymbol{\beta} \cdot \boldsymbol{\beta}}\right)^2(\boldsymbol{\beta} \cdot \boldsymbol{\beta}) > 0.$$

即

$$\boldsymbol{\alpha} \cdot \boldsymbol{\alpha} - \frac{(\boldsymbol{\alpha} \cdot \boldsymbol{\beta})^2}{\boldsymbol{\beta} \cdot \boldsymbol{\beta}} > 0,$$

亦即 $(\boldsymbol{\alpha} \cdot \boldsymbol{\beta})^2 < (\boldsymbol{\alpha} \cdot \boldsymbol{\alpha})(\boldsymbol{\beta} \cdot \boldsymbol{\beta})$，开平方取算术根即得 $|\boldsymbol{\alpha} \cdot \boldsymbol{\beta}| <$

$\|\boldsymbol{\alpha}\| \ \|\boldsymbol{\beta}\|$.

定义 7.5.3　欧氏空间中两个非零向量 $\boldsymbol{\alpha}$ 与 $\boldsymbol{\beta}$ 的**夹角**

$$\theta = \arccos \frac{\boldsymbol{\alpha} \cdot \boldsymbol{\beta}}{\|\boldsymbol{\alpha}\| \ \|\boldsymbol{\beta}\|}.$$

当 $\boldsymbol{\alpha} \cdot \boldsymbol{\beta} = 0$ 时,称 $\boldsymbol{\alpha}$ 与 $\boldsymbol{\beta}$ **正交**. 记作 $\boldsymbol{\alpha} \perp \boldsymbol{\beta}$.

按定义 7.5.3,零向量与任意向量正交.

设 $\boldsymbol{\alpha}_1, \boldsymbol{\alpha}_2, \cdots, \boldsymbol{\alpha}_n$ 是 n 维欧氏空间 $\boldsymbol{V}$ 的一个基,那么 $\boldsymbol{V}$ 中任意两个向量

$$\boldsymbol{\alpha} = a_1\boldsymbol{\alpha}_1 + a_2\boldsymbol{\alpha}_2 + \cdots + a_n\boldsymbol{\alpha}_n,$$
$$\boldsymbol{\beta} = b_1\boldsymbol{\alpha}_1 + b_2\boldsymbol{\alpha}_2 + \cdots + b_n\boldsymbol{\alpha}_n$$

的内积

$$\begin{aligned}\boldsymbol{\alpha} \cdot \boldsymbol{\beta} &= (a_1, a_2, \cdots, a_n) \begin{bmatrix} \boldsymbol{\alpha}_1 \\ \boldsymbol{\alpha}_2 \\ \vdots \\ \boldsymbol{\alpha}_n \end{bmatrix} (\boldsymbol{\alpha}_1, \boldsymbol{\alpha}_2, \cdots, \boldsymbol{\alpha}_n) \begin{bmatrix} b_1 \\ b_2 \\ \vdots \\ b_n \end{bmatrix} \\ &= (a_1, a_2, \cdots, a_n) \boldsymbol{A} \begin{bmatrix} b_1 \\ b_2 \\ \vdots \\ b_n \end{bmatrix}.\end{aligned}$$

其中

$$\begin{aligned}\boldsymbol{A} &= \begin{bmatrix} \boldsymbol{\alpha}_1 \\ \boldsymbol{\alpha}_2 \\ \vdots \\ \boldsymbol{\alpha}_n \end{bmatrix} (\boldsymbol{\alpha}_1, \boldsymbol{\alpha}_2, \cdots, \boldsymbol{\alpha}_n) \\ &= \begin{bmatrix} \boldsymbol{\alpha}_1 \cdot \boldsymbol{\alpha}_1 & \boldsymbol{\alpha}_1 \cdot \boldsymbol{\alpha}_2 & \cdots & \boldsymbol{\alpha}_1 \cdot \boldsymbol{\alpha}_n \\ \boldsymbol{\alpha}_2 \cdot \boldsymbol{\alpha}_1 & \boldsymbol{\alpha}_2 \cdot \boldsymbol{\alpha}_2 & \cdots & \boldsymbol{\alpha}_2 \cdot \boldsymbol{\alpha}_n \\ \vdots & \vdots & & \vdots \\ \boldsymbol{\alpha}_n \cdot \boldsymbol{\alpha}_1 & \boldsymbol{\alpha}_n \cdot \boldsymbol{\alpha}_2 & \cdots & \boldsymbol{\alpha}_n \cdot \boldsymbol{\alpha}_n \end{bmatrix}.\end{aligned}$$

可见取定一个基就等于取定一个矩阵 $\boldsymbol{A}$,这样,求任意两个向量的内积,只需用两个向量在这个基下的坐标夹乘 $\boldsymbol{A}$ 即可.

定义 7.5.4 设 $\boldsymbol{\alpha}_1,\boldsymbol{\alpha}_2,\cdots,\boldsymbol{\alpha}_n$ 是 n 维欧氏空间 $\boldsymbol{V}$ 的一个基,实对称矩阵

$$\boldsymbol{A}=\begin{bmatrix}\boldsymbol{\alpha}_1\\ \boldsymbol{\alpha}_2\\ \vdots\\ \boldsymbol{\alpha}_n\end{bmatrix}(\boldsymbol{\alpha}_1,\boldsymbol{\alpha}_2,\cdots,\boldsymbol{\alpha}_n)$$

$$=\begin{bmatrix}\boldsymbol{\alpha}_1\cdot\boldsymbol{\alpha}_1 & \boldsymbol{\alpha}_1\cdot\boldsymbol{\alpha}_2 & \cdots & \boldsymbol{\alpha}_1\cdot\boldsymbol{\alpha}_n\\ \boldsymbol{\alpha}_2\cdot\boldsymbol{\alpha}_1 & \boldsymbol{\alpha}_2\cdot\boldsymbol{\alpha}_2 & \cdots & \boldsymbol{\alpha}_2\cdot\boldsymbol{\alpha}_n\\ \vdots & \vdots & & \vdots\\ \boldsymbol{\alpha}_n\cdot\boldsymbol{\alpha}_1 & \boldsymbol{\alpha}_n\cdot\boldsymbol{\alpha}_2 & \cdots & \boldsymbol{\alpha}_n\cdot\boldsymbol{\alpha}_n\end{bmatrix}$$

称为基 $\boldsymbol{\alpha}_1,\boldsymbol{\alpha}_2,\cdots,\boldsymbol{\alpha}_n$ 的**内积矩阵**.

设 $\boldsymbol{\alpha}_1,\boldsymbol{\alpha}_2,\cdots,\boldsymbol{\alpha}_n$ 和 $\boldsymbol{\beta}_1,\boldsymbol{\beta}_2,\cdots,\boldsymbol{\beta}_n$ 是 n 维欧氏空间 $\boldsymbol{V}$ 的两个基,它们的内积矩阵分别为 $\boldsymbol{A}$ 和 $\boldsymbol{B}$,且 $\boldsymbol{\alpha}_1,\boldsymbol{\alpha}_2,\cdots,\boldsymbol{\alpha}_n$ 到 $\boldsymbol{\beta}_1,\boldsymbol{\beta}_2,\cdots,\boldsymbol{\beta}_n$ 的过渡矩阵为 $\boldsymbol{C}$,即

$$(\boldsymbol{\beta}_1,\boldsymbol{\beta}_2,\cdots,\boldsymbol{\beta}_n)=(\boldsymbol{\alpha}_1,\boldsymbol{\alpha}_2,\cdots,\boldsymbol{\alpha}_n)\boldsymbol{C}.$$

于是

$$\boldsymbol{B}=\begin{bmatrix}\boldsymbol{\beta}_1\\ \boldsymbol{\beta}_2\\ \vdots\\ \boldsymbol{\beta}_n\end{bmatrix}(\boldsymbol{\beta}_1,\boldsymbol{\beta}_2,\cdots,\boldsymbol{\beta}_n)$$

$$=\boldsymbol{C}^{\mathrm{T}}\begin{bmatrix}\boldsymbol{\alpha}_1\\ \boldsymbol{\alpha}_2\\ \vdots\\ \boldsymbol{\alpha}_n\end{bmatrix}(\boldsymbol{\alpha}_1,\boldsymbol{\alpha}_2,\cdots,\boldsymbol{\alpha}_n)\boldsymbol{C}=\boldsymbol{C}^{\mathrm{T}}\boldsymbol{A}\boldsymbol{C}.$$

得

命题 7.5.3　欧氏空间中任意两个基的内积矩阵是合同的.

第六章研究实对称矩阵的合同标准形，目的就是想找一个与内积矩阵 $\boldsymbol{A}$ 合同的更简单的矩阵 $\boldsymbol{B}$，使内积运算变得非常简单.

定义 7.5.5　非零实向量组 $\boldsymbol{\alpha}_1,\boldsymbol{\alpha}_2,\cdots,\boldsymbol{\alpha}_r$ 中，如果所有向量两两正交，称为**正交向量组**.

命题 7.5.4　正交向量组线性无关.

证　已知 $\boldsymbol{\alpha}_1,\boldsymbol{\alpha}_2,\cdots,\boldsymbol{\alpha}_r$ 是正交向量组. 设

$$x_1\boldsymbol{\alpha}_1+x_2\boldsymbol{\alpha}_2+\cdots+x_r\boldsymbol{\alpha}_r=\mathbf{0}.$$

等式两边都与 $\boldsymbol{\alpha}_i(i=1,2,\cdots,r)$ 作内积，由于 $\boldsymbol{\alpha}_i\cdot\boldsymbol{\alpha}_j=0(i\neq j)$，所以有

$$x_i(\boldsymbol{\alpha}_i\cdot\boldsymbol{\alpha}_i)=0.$$

因为 $\boldsymbol{\alpha}_i\neq\mathbf{0}$，有 $\boldsymbol{\alpha}_i\cdot\boldsymbol{\alpha}_i>0$，故 $x_i=0(i=1,2,\cdots,r)$，$\boldsymbol{\alpha}_1,\boldsymbol{\alpha}_2,\cdots,\boldsymbol{\alpha}_r$ 线性无关.

定义 7.5.6　如果 n 维欧氏空间的基是正交向量组，就称为**正交基**；如果正交基中每一个向量都是单位向量，就称为**标准正交基**.

由定义 7.5.6 和内积矩阵概念易见：$\boldsymbol{\alpha}_1,\boldsymbol{\alpha}_2,\cdots,\boldsymbol{\alpha}_n$ 是正交基，当且仅当它的内积矩阵是对角形矩阵；$\boldsymbol{\alpha}_1,\boldsymbol{\alpha}_2,\cdots,\boldsymbol{\alpha}_n$ 是标准正交基，当且仅当它的内积矩阵是单位矩阵.

定理 7.5.2　n 维欧氏空间 $\mathbf{V}$ 中必存在标准正交基.

证　任取 $\mathbf{V}$ 的一个基 $\boldsymbol{\alpha}_1,\boldsymbol{\alpha}_2,\cdots,\boldsymbol{\alpha}_n$，它有内积矩阵

$$\mathbf{A}=\begin{bmatrix}\boldsymbol{\alpha}_1\\\boldsymbol{\alpha}_2\\\vdots\\\boldsymbol{\alpha}_n\end{bmatrix}(\boldsymbol{\alpha}_1,\boldsymbol{\alpha}_2,\cdots,\boldsymbol{\alpha}_n)
=\begin{bmatrix}\boldsymbol{\alpha}_1\cdot\boldsymbol{\alpha}_1&\boldsymbol{\alpha}_1\cdot\boldsymbol{\alpha}_2&\cdots&\boldsymbol{\alpha}_1\cdot\boldsymbol{\alpha}_n\\\boldsymbol{\alpha}_2\cdot\boldsymbol{\alpha}_1&\boldsymbol{\alpha}_2\cdot\boldsymbol{\alpha}_2&\cdots&\boldsymbol{\alpha}_2\cdot\boldsymbol{\alpha}_n\\\vdots&\vdots&&\vdots\\\boldsymbol{\alpha}_n\cdot\boldsymbol{\alpha}_1&\boldsymbol{\alpha}_n\cdot\boldsymbol{\alpha}_2&\cdots&\boldsymbol{\alpha}_n\cdot\boldsymbol{\alpha}_n\end{bmatrix}.$$

因为 $\mathbf{A}$ 是实对称矩阵. 由第六章 §6.4 知：可以找到一个实可逆矩阵

$\boldsymbol{C}$ 使

$$\boldsymbol{C}^{\mathrm{T}}\boldsymbol{A}\boldsymbol{C}=\begin{bmatrix} d_1 & & & \\ & d_1 & & \\ & & \ddots & \\ & & & d_n \end{bmatrix}. \tag{2}$$

由此得 n 个向量 $\boldsymbol{\beta}_1,\boldsymbol{\beta}_2,\cdots,\boldsymbol{\beta}_n$：

$$(\boldsymbol{\beta}_1,\boldsymbol{\beta}_2,\cdots,\boldsymbol{\beta}_n)=(\boldsymbol{\alpha}_1,\boldsymbol{\alpha}_2,\cdots,\boldsymbol{\alpha}_n)\boldsymbol{C}.$$

$\boldsymbol{\beta}_1,\boldsymbol{\beta}_2,\cdots,\boldsymbol{\beta}_n$ 的内积矩阵是(2)，所以 $\boldsymbol{\beta}_1,\boldsymbol{\beta}_2,\cdots,\boldsymbol{\beta}_n$ 是 $\boldsymbol{V}$ 的正交基. 由于 $d_i=\boldsymbol{\beta}_i\cdot\boldsymbol{\beta}_i>0$，所以只需将 $\boldsymbol{\beta}_i$ 单位化：$\boldsymbol{\gamma}_i=\boldsymbol{\beta}_i/\|\boldsymbol{\beta}_i\|$ $(i=1,2,\cdots,n)$，$\boldsymbol{\gamma}_1,\boldsymbol{\gamma}_2,\cdots,\boldsymbol{\gamma}_n$ 就是 $\boldsymbol{V}$ 的一个标准正交基.

定理 7.5.3 设 $\boldsymbol{\alpha}_1,\boldsymbol{\alpha}_2,\cdots,\boldsymbol{\alpha}_n$ 是 n 维欧氏空间的一个标准正交基，$\boldsymbol{\beta}_1,\boldsymbol{\beta}_2,\cdots,\boldsymbol{\beta}_n$ 是 $\boldsymbol{V}$ 中 n 个向量，它们的关系是

$$(\boldsymbol{\beta}_1,\boldsymbol{\beta}_2,\cdots,\boldsymbol{\beta}_n)=(\boldsymbol{\alpha}_1,\boldsymbol{\alpha}_2,\cdots,\boldsymbol{\alpha}_n)\boldsymbol{T}.$$

则 $\boldsymbol{\beta}_1,\boldsymbol{\beta}_2,\cdots,\boldsymbol{\beta}_n$ 是标准正交基的充分必要条件是 $\boldsymbol{T}$ 为正交矩阵.

分析 已知 $\boldsymbol{\alpha}_1,\boldsymbol{\alpha}_2,\cdots,\boldsymbol{\alpha}_n$ 是标准正交基，所以它的内积矩阵

$$\begin{bmatrix}\boldsymbol{\alpha}_1\\ \boldsymbol{\alpha}_2\\ \vdots\\ \boldsymbol{\alpha}_n\end{bmatrix}(\boldsymbol{\alpha}_1,\boldsymbol{\alpha}_2,\cdots,\boldsymbol{\alpha}_n)=\boldsymbol{I}.$$

利用已知条件 $(\boldsymbol{\beta}_1,\boldsymbol{\beta}_2,\cdots,\boldsymbol{\beta}_n)=(\boldsymbol{\alpha}_1,\boldsymbol{\alpha}_2,\cdots,\boldsymbol{\alpha}_n)\boldsymbol{T}$ 写出

$$\begin{bmatrix}\boldsymbol{\beta}_1\\ \boldsymbol{\beta}_2\\ \vdots\\ \boldsymbol{\beta}_n\end{bmatrix}(\boldsymbol{\beta}_1,\boldsymbol{\beta}_2,\cdots,\boldsymbol{\beta}_n)=\boldsymbol{T}^{\mathrm{T}}\begin{bmatrix}\boldsymbol{\alpha}_1\\ \boldsymbol{\alpha}_2\\ \vdots\\ \boldsymbol{\alpha}_n\end{bmatrix}(\boldsymbol{\alpha}_1,\boldsymbol{\alpha}_2,\cdots,\boldsymbol{\alpha}_n)\boldsymbol{T}=\boldsymbol{T}^{\mathrm{T}}\boldsymbol{I}\boldsymbol{T}=\boldsymbol{T}^{\mathrm{T}}\boldsymbol{T}.$$

如果 $\boldsymbol{\beta}_1,\boldsymbol{\beta}_2,\cdots,\boldsymbol{\beta}_n$ 是标准正交基，由上面等式知它的内积矩阵 $\boldsymbol{T}^{\mathrm{T}}\boldsymbol{T}=\boldsymbol{I}$，所以 $\boldsymbol{T}$ 是正交矩阵. 反之，如果 $\boldsymbol{T}$ 是正交矩阵，由上面等式右边 $\boldsymbol{T}^{\mathrm{T}}\boldsymbol{T}=\boldsymbol{I}$ 知 $\boldsymbol{\beta}_1,\boldsymbol{\beta}_2,\cdots,\boldsymbol{\beta}_n$ 是标准正交基.

定理 7.5.4　设 $\boldsymbol{\alpha}_1,\boldsymbol{\alpha}_2,\cdots,\boldsymbol{\alpha}_n$ 是 n 维欧氏空间 $\boldsymbol{V}$ 的一个标准正交基. $\boldsymbol{V}$ 中任意两个向量

$$\boldsymbol{\alpha}=a_1\boldsymbol{\alpha}_1+a_2\boldsymbol{\alpha}_2+\cdots+a_n\boldsymbol{\alpha}_n,$$
$$\boldsymbol{\beta}=b_1\boldsymbol{\alpha}_1+b_2\boldsymbol{\alpha}_2+\cdots+b_n\boldsymbol{\alpha}_n$$

的内积

$$\boldsymbol{\alpha}\cdot\boldsymbol{\beta}=a_1b_1+a_2b_2+\cdots+a_nb_n.$$

证

$$\begin{aligned}\boldsymbol{\alpha}\cdot\boldsymbol{\beta}&=(a_1,a_2,\cdots,a_n)\begin{bmatrix}\boldsymbol{\alpha}_1\\\boldsymbol{\alpha}_2\\\vdots\\\boldsymbol{\alpha}_n\end{bmatrix}(\boldsymbol{\alpha}_1,\boldsymbol{\alpha}_2,\cdots,\boldsymbol{\alpha}_n)\begin{bmatrix}b_1\\b_2\\\vdots\\b_n\end{bmatrix}\\&=(a_1,a_2,\cdots,a_n)\boldsymbol{I}\begin{bmatrix}b_1\\b_2\\\vdots\\b_n\end{bmatrix}\\&=a_1b_1+a_2b_2+\cdots+a_nb_n.\end{aligned}$$

定理 7.5.4 告诉我们：无论 n 维欧氏空间由什么具体向量构成，也无论内积运算多么复杂，只要取一个标准正交基，在这个标准正交基下求任意两个向量的内积，只需用它们的坐标在 $\mathbf{R}^n$ 中计算就可以了.

定理 7.5.4 还告诉我们：取 n 维欧氏空间 $\boldsymbol{V}$ 的一个基 $\boldsymbol{\alpha}_1,\boldsymbol{\alpha}_2,\cdots,\boldsymbol{\alpha}_n$. $\boldsymbol{V}$ 中任意向量 $\boldsymbol{\alpha}=a_1\boldsymbol{\alpha}_1+a_2\boldsymbol{\alpha}_2+\cdots+a_n\boldsymbol{\alpha}_n$ 与 $\mathbf{R}^n$ 中向量 $(a_1,a_2,\cdots,a_n)$ 一一对应. 这个对应不仅保持线性运算，还保持内积运算. 因此有结论：任意 n 维欧氏空间与 $\mathbf{R}^n$ 同构. 换句话说：$\mathbf{R}^n$ 是一切 n 维欧氏空间的代数模型.

欧氏空间作为线性空间也有各种各样的线性变换. §7.4 已有介绍. 下面我们介绍欧氏空间特有的一种线性变换，称为正交变换.

定义 7.5.7　欧氏空间 $\boldsymbol{V}$ 的线性变换 $\mathscr{A}$，如果保持内积不变，即

对任意 $\boldsymbol{\alpha},\boldsymbol{\beta}\in\mathbf{V}$，总有

$$(\mathscr{A}\boldsymbol{\alpha})\cdot(\mathscr{A}\boldsymbol{\beta})=\boldsymbol{\alpha}\cdot\boldsymbol{\beta}.$$

则称 $\mathscr{A}$ 是 $\mathbf{V}$ 的一个**正交变换**.

关于正交变换，下面几个说法是等价的.

定理 7.5.5 设 $\mathscr{A}$ 是欧氏空间 $\mathbf{V}$ 的一个线性变换，则下列 4 个命题等价：

(1) $\mathscr{A}$ 是正交变换；

(2) $\mathscr{A}$ 保持向量长度不变，即 $\|\mathscr{A}\boldsymbol{\alpha}\|=\|\boldsymbol{\alpha}\|,\boldsymbol{\alpha}\in\mathbf{V}$；

(3) 如果 $\boldsymbol{\alpha}_1,\boldsymbol{\alpha}_2,\cdots,\boldsymbol{\alpha}_n$ 是标准正交基，那么 $\mathscr{A}\boldsymbol{\alpha}_1,\mathscr{A}\boldsymbol{\alpha}_2,\cdots,\mathscr{A}\boldsymbol{\alpha}_n$ 也是标准正交基；

(4) $\mathscr{A}$ 在任意标准正交基下的矩阵是正交矩阵.

证 先证(1) 与(2) 等价. 如果 $\mathscr{A}$ 是正交变换，由定义 7.5.7

$$(\mathscr{A}\boldsymbol{\alpha})\cdot(\mathscr{A}\boldsymbol{\alpha})=\boldsymbol{\alpha}\cdot\boldsymbol{\alpha}.$$

两边开平方取算术根，得 $\|\mathscr{A}\boldsymbol{\alpha}\|=\|\boldsymbol{\alpha}\|$，反之，如果 $\mathscr{A}$ 保持向量长度不变，即对任意 $\boldsymbol{\alpha},\boldsymbol{\beta}\in\mathbf{V}$，有

$$\|\mathscr{A}(\boldsymbol{\alpha}+\boldsymbol{\beta})\|=\|\boldsymbol{\alpha}+\boldsymbol{\beta}\|.$$

按向量长度定义有

$$[\mathscr{A}(\boldsymbol{\alpha}+\boldsymbol{\beta})]\cdot[\mathscr{A}(\boldsymbol{\alpha}+\boldsymbol{\beta})]=(\boldsymbol{\alpha}+\boldsymbol{\beta})\cdot(\boldsymbol{\alpha}+\boldsymbol{\beta}).$$

把上面等式展开：

$$\begin{aligned}&(\mathscr{A}\boldsymbol{\alpha})\cdot(\mathscr{A}\boldsymbol{\alpha})+2(\mathscr{A}\boldsymbol{\alpha})\cdot(\mathscr{A}\boldsymbol{\beta})+(\mathscr{A}\boldsymbol{\beta})\cdot(\mathscr{A}\boldsymbol{\beta})\\&=\boldsymbol{\alpha}\cdot\boldsymbol{\alpha}+2(\boldsymbol{\alpha}\cdot\boldsymbol{\beta})+\boldsymbol{\beta}\cdot\boldsymbol{\beta}.\end{aligned}$$

又因为 $\|\mathscr{A}\boldsymbol{\alpha}\|=\|\boldsymbol{\alpha}\|,\|\mathscr{A}\boldsymbol{\beta}\|=\|\boldsymbol{\beta}\|$. 由上式得

$$(\mathscr{A}\boldsymbol{\alpha})\cdot(\mathscr{A}\boldsymbol{\beta})=\boldsymbol{\alpha}\cdot\boldsymbol{\beta},$$

这就证明了 $\mathscr{A}$ 是正交变换.

然后证(1) 与(3) 等价. 设 $\boldsymbol{\alpha}_1,\boldsymbol{\alpha}_2,\cdots,\boldsymbol{\alpha}_n$ 是 $\mathbf{V}$ 的一个标准正交基，因为 $\mathscr{A}$ 是正交变换，所以当 $i\neq j$ 时($i,j=1,2,\cdots,n$)

$$(\mathscr{A}\boldsymbol{\alpha}_i)\cdot(\mathscr{A}\boldsymbol{\alpha}_j)=\boldsymbol{\alpha}_i\cdot\boldsymbol{\alpha}_j=0;$$

$$\| \mathscr{A}\boldsymbol{\alpha}_i \| = \sqrt{(\mathscr{A}\boldsymbol{\alpha}_i)\cdot(\mathscr{A}\boldsymbol{\alpha}_i)} = \sqrt{\boldsymbol{\alpha}_i \cdot \boldsymbol{\alpha}_i} = 1.$$

这就证明了 $\mathscr{A}\boldsymbol{\alpha}_1, \mathscr{A}\boldsymbol{\alpha}_2, \cdots, \mathscr{A}\boldsymbol{\alpha}_n$ 是标准正交基. 反之,如果 $\mathscr{A}$ 把标准正交基 $\boldsymbol{\alpha}_1, \boldsymbol{\alpha}_2, \cdots, \boldsymbol{\alpha}_n$ 变成标准正交基 $\mathscr{A}\boldsymbol{\alpha}_1, \mathscr{A}\boldsymbol{\alpha}_2, \cdots, \mathscr{A}\boldsymbol{\alpha}_n$,那么对于 $\mathbf{V}$ 中任意两个向量

$$\boldsymbol{\alpha} = a_1\boldsymbol{\alpha}_1 + a_2\boldsymbol{\alpha}_2 + \cdots + a_n\boldsymbol{\alpha}_n,$$
$$\boldsymbol{\beta} = b_1\boldsymbol{\alpha}_1 + b_2\boldsymbol{\alpha}_2 + \cdots + b_n\boldsymbol{\alpha}_n$$

和

$$\mathscr{A}\boldsymbol{\alpha} = a_1\mathscr{A}\boldsymbol{\alpha}_1 + a_2\mathscr{A}\boldsymbol{\alpha}_2 + \cdots + a_n\mathscr{A}\boldsymbol{\alpha}_n,$$
$$\mathscr{A}\boldsymbol{\beta} = b_1\mathscr{A}\boldsymbol{\alpha}_1 + b_2\mathscr{A}\boldsymbol{\alpha}_2 + \cdots + b_n\mathscr{A}\boldsymbol{\alpha}_n.$$

得

$$\mathscr{A}\boldsymbol{\alpha}\cdot\mathscr{A}\boldsymbol{\beta} = a_1b_1 + a_2b_2 + \cdots + a_nb_n = \boldsymbol{\alpha}\cdot\boldsymbol{\beta}.$$

最后证(3)与(4)等价. 设 $\mathscr{A}$ 在标准正交基 $\boldsymbol{\alpha}_1, \boldsymbol{\alpha}_2, \cdots, \boldsymbol{\alpha}_n$ 下的矩阵是 $\mathbf{A}$,即

$$(\mathscr{A}\boldsymbol{\alpha}_1, \mathscr{A}\boldsymbol{\alpha}_2, \cdots, \mathscr{A}\boldsymbol{\alpha}_n) = (\boldsymbol{\alpha}_1, \boldsymbol{\alpha}_2, \cdots, \boldsymbol{\alpha}_n)\mathbf{A}.$$

由定理 7.5.3 可知:$\mathscr{A}\boldsymbol{\alpha}_1, \mathscr{A}\boldsymbol{\alpha}_2, \cdots, \mathscr{A}\boldsymbol{\alpha}_n$ 是标准正交基的充分必要条件是 $\mathbf{A}$ 为正交矩阵.

习　题　7.5

1. 设 $\mathbf{V}$ 是定义在闭区间 $[a,b]$ 上的所有连续函数作成的线性空间,对于 $\mathbf{V}$ 中任意两个函数 $f(x)$ 和 $g(x)$,定义内积为

$$\int_a^b f(x)g(x)\mathrm{d}x.$$

说明 $\mathbf{V}$ 是一个欧氏空间,并写出 $\mathbf{V}$ 中的柯西-布涅雅柯夫斯基不等式.

2. 设 $\mathbf{A} = (a_{ij})_{nn}$ 是一个正定矩阵,对于任意 $\boldsymbol{\alpha} = (a_1, a_2, \cdots, a_n), \boldsymbol{\beta} = (b_1, b_2, \cdots, b_n) \in \mathbf{R}^n$,规定内积为

$$\boldsymbol{\alpha}\cdot\boldsymbol{\beta}=(a_1,a_2,\cdots,a_n)\mathbf{A}\begin{bmatrix}b_1\\b_2\\\vdots\\b_n\end{bmatrix}.$$

说明 $\mathbf{R}^n$ 在这样定义的内积下是欧氏空间.

3. 已知 $\boldsymbol{\alpha}_1,\boldsymbol{\alpha}_2,\boldsymbol{\alpha}_3$ 是 3 维欧氏空间 $\mathbf{V}$ 的一个标准正交基. 且

$$\boldsymbol{\beta}_1=\frac{1}{3}(2\boldsymbol{\alpha}_1+2\boldsymbol{\alpha}_2-\boldsymbol{\alpha}_3),$$

$$\boldsymbol{\beta}_2=\frac{1}{3}(2\boldsymbol{\alpha}_1-\boldsymbol{\alpha}_2+2\boldsymbol{\alpha}_3),$$

$$\boldsymbol{\beta}_3=\frac{1}{3}(\boldsymbol{\alpha}_1-2\boldsymbol{\alpha}_2-2\boldsymbol{\alpha}_3).$$

问 $\boldsymbol{\beta}_1,\boldsymbol{\beta}_2,\boldsymbol{\beta}_3$ 是 $\mathbf{V}$ 的标准正交基吗?为什么?

4. 设 $\boldsymbol{W}$ 是由 $\mathbf{R}^4$ 中的向量 $\boldsymbol{\alpha}_1=(1,0,1,1),\boldsymbol{\alpha}_2=(1,1,1,-1),\boldsymbol{\alpha}_3=(1,2,3,1)$ 生成的子空间,求 $\boldsymbol{W}$ 的一个标准正交基.

5. 求下列齐次线性方程组解空间的维数和一个标准正交基:

$$\begin{cases}x_1\qquad\ \ +x_3-x_4=0,\\2x_1+x_2+3x_3-x_4=0.\end{cases}$$

6. 设 $\boldsymbol{\alpha}_1,\boldsymbol{\alpha}_2,\cdots,\boldsymbol{\alpha}_n$ 是 n 维欧氏空间 $\mathbf{V}$ 的一个基. 证明:

(1) 与 $\boldsymbol{\alpha}_1,\boldsymbol{\alpha}_2,\cdots,\boldsymbol{\alpha}_n$ 都正交的向量必是零向量;

(2) 如果 $\boldsymbol{\alpha},\boldsymbol{\beta}$ 与 $\mathbf{V}$ 中任一向量 $\boldsymbol{\gamma}$ 都有 $\boldsymbol{\alpha}\cdot\boldsymbol{\gamma}=\boldsymbol{\beta}\cdot\boldsymbol{\gamma}$,则 $\boldsymbol{\alpha}=\boldsymbol{\beta}$.

7. 验证 $\boldsymbol{\alpha}_1=(1,-2,-3,2),\boldsymbol{\alpha}_2=(2,-3,4,2)$ 是 $\mathbf{R}^4$ 中的正交向量组,然后把它们扩充成 $\mathbf{R}^4$ 的一个正交基,并加以单位化.

8. 设 $a_1,a_2,\cdots,a_n;b_1,b_2,\cdots,b_n$ 是任意实数. 证明不等式

$$\left(\sum_{i=1}^n a_ib_i\right)^2\leqslant\left(\sum_{i=1}^n a_i^2\right)\left(\sum_{i=1}^n b_i^2\right).$$

9. 在 n 维欧氏空间 $\mathbf{V}$ 中任取一个基 $\boldsymbol{\alpha}_1,\boldsymbol{\alpha}_2,\cdots,\boldsymbol{\alpha}_n$,那么 $\mathbf{V}$ 中向量 $\boldsymbol{\alpha}$ 都可表为

$$\boldsymbol{\alpha}=x_1\boldsymbol{\alpha}_1+x_2\boldsymbol{\alpha}_2+\cdots+x_n\boldsymbol{\alpha}_n.$$

说明 $\boldsymbol{\alpha}\cdot\boldsymbol{\alpha}$ 是 $x_1,x_2,\cdots,x_n$ 的一个实二次型.

10. 设 $\boldsymbol{\alpha}_0$ 是 n 维欧氏空间 $\boldsymbol{V}$ 中的一个非零向量，所有与 $\boldsymbol{\alpha}_0$ 正交的向量全体记作 $\boldsymbol{W}$. 证明 $\boldsymbol{W}$ 是 $\boldsymbol{V}$ 的一个子空间且维$(\boldsymbol{W})=n-1$.

11. 设 $\boldsymbol{W}_0$ 是 n 维欧氏空间 $\boldsymbol{V}$ 的一个子空间，与 $\boldsymbol{W}_0$ 中所有向量都正交的向量全体记作 $\boldsymbol{W}$.

(1) 证明 $\boldsymbol{W}$ 是 $\boldsymbol{V}$ 的子空间；

(2) 证明：维$(\boldsymbol{W}_0)$ + 维$(\boldsymbol{W})=n$.

本章复习提纲

1. 数域 $\boldsymbol{P}$ 上线性空间定义、简单性质、线性空间示例.

实数域上的线性空间，定义了内积运算后称为欧氏空间，也称度量空间.

2. 线性空间 $\boldsymbol{V}$ 的维数、基

(1) 线性组合、线性表出、线性相关、线性无关、极大线性无关组、秩数定义.

(2) 如果 $\boldsymbol{V}$ 中有极大无关组，则称这个极大无关组是 $\boldsymbol{V}$ 的一个基. 基所含向量个数称为 $\boldsymbol{V}$ 的维数.

本章研究有限维线性空间.

3. 基变换与坐标变换

(1) 设 $\boldsymbol{\alpha}_1,\boldsymbol{\alpha}_2,\cdots,\boldsymbol{\alpha}_n$ 是 n 维线性空间 $\boldsymbol{V}$ 的基，则 $\boldsymbol{V}$ 中任一向量 $\boldsymbol{\alpha}$ 都可唯一表为基的线性组合

$$\boldsymbol{\alpha}=a_1\boldsymbol{\alpha}_1+a_2\boldsymbol{\alpha}_2+\cdots+a_n\boldsymbol{\alpha}_n.$$

称$(a_1,a_2,\cdots,a_n)$ 是向量 $\boldsymbol{\alpha}$ 在基 $\boldsymbol{\alpha}_1,\boldsymbol{\alpha}_2,\cdots,\boldsymbol{\alpha}_n$ 下的坐标.

(2) 设 $\boldsymbol{\alpha}_1,\boldsymbol{\alpha}_2,\cdots,\boldsymbol{\alpha}_n$ 和 $\boldsymbol{\beta}_1,\boldsymbol{\beta}_2,\cdots,\boldsymbol{\beta}_n$ 是 n 维线性空间 $\boldsymbol{V}$ 的两个基，它们的关系为

$$\begin{aligned}
\boldsymbol{\beta}_1&=a_{11}\boldsymbol{\alpha}_1+a_{21}\boldsymbol{\alpha}_2+\cdots+a_{n1}\boldsymbol{\alpha}_n,\\
\boldsymbol{\beta}_2&=a_{12}\boldsymbol{\alpha}_1+a_{22}\boldsymbol{\alpha}_2+\cdots+a_{n2}\boldsymbol{\alpha}_n,\\
&\cdots\cdots\\
\boldsymbol{\beta}_n&=a_{1n}\boldsymbol{\alpha}_1+a_{2n}\boldsymbol{\alpha}_2+\cdots+a_{nn}\boldsymbol{\alpha}_n.
\end{aligned}$$

即

$$(\boldsymbol{\beta}_1,\boldsymbol{\beta}_2,\cdots,\boldsymbol{\beta}_n)=(\boldsymbol{\alpha}_1,\boldsymbol{\alpha}_2,\cdots,\boldsymbol{\alpha}_n)\begin{bmatrix}a_{11} & a_{12} & \cdots & a_{1n}\\ a_{21} & a_{22} & \cdots & a_{2n}\\ \vdots & \vdots & & \vdots\\ a_{n1} & a_{n2} & \cdots & a_{nn}\end{bmatrix}.$$

其中矩阵 $\boldsymbol{A}=(a_{ij})_{nn}$ 称为基 $\boldsymbol{\alpha}_1,\boldsymbol{\alpha}_2,\cdots,\boldsymbol{\alpha}_n$ 到基 $\boldsymbol{\beta}_1,\boldsymbol{\beta}_2,\cdots,\boldsymbol{\beta}_n$ 的过渡矩阵.

(3) 设 $\boldsymbol{\alpha}$ 在基 $\boldsymbol{\alpha}_1,\boldsymbol{\alpha}_2,\cdots,\boldsymbol{\alpha}_n$ 和基 $\boldsymbol{\beta}_1,\boldsymbol{\beta}_2,\cdots,\boldsymbol{\beta}_n$ 下的坐标分别为 $(a_1,a_2,\cdots,a_n)$ 和 $(b_1,b_2,\cdots,b_n)$,那么有

$$\begin{bmatrix}a_1\\ a_2\\ \vdots\\ a_n\end{bmatrix}=\boldsymbol{A}\begin{bmatrix}b_1\\ b_2\\ \vdots\\ b_n\end{bmatrix}$$

或

$$\begin{bmatrix}b_1\\ b_2\\ \vdots\\ b_n\end{bmatrix}=\boldsymbol{A}^{-1}\begin{bmatrix}a_1\\ a_2\\ \vdots\\ a_n\end{bmatrix}.$$

称为坐标变换公式.

4. 数域 $\boldsymbol{P}$ 上的 n 维线性空间与 $\boldsymbol{P}^n$ 同构. $\boldsymbol{P}^n$ 是一切有限维线性空间的代数模型

5. 线性子空间

(1) 线性子空间定义及典型示例.

(2) 线性子空间判别定理.

(3) 由向量 $\boldsymbol{\alpha}_1,\boldsymbol{\alpha}_2,\cdots,\boldsymbol{\alpha}_s$ 生成的子空间 $\boldsymbol{L}(\boldsymbol{\alpha}_1,\boldsymbol{\alpha}_2,\cdots,\boldsymbol{\alpha}_s)$.

(4) 陪集.

6. 线性变换

(1) 线性变换定义及典型示例.

(2) 设 $\boldsymbol{\alpha}_1,\boldsymbol{\alpha}_2,\cdots,\boldsymbol{\alpha}_n$ 是 n 维线性空间 $\mathbf{V}$ 的一个基；$\mathscr{A}$ 是 $\mathbf{V}$ 的一个线性变换，那么

$$\mathscr{A}(\boldsymbol{\alpha}_1,\boldsymbol{\alpha}_2,\cdots,\boldsymbol{\alpha}_n)=(\boldsymbol{\alpha}_1,\boldsymbol{\alpha}_2,\cdots,\boldsymbol{\alpha}_n)\boldsymbol{A}.$$

称 $\boldsymbol{A}$ 是线性变换 $\mathscr{A}$ 在基 $\boldsymbol{\alpha}_1,\boldsymbol{\alpha}_2,\cdots,\boldsymbol{\alpha}_n$ 下的矩阵.

(3) 设 $\boldsymbol{\alpha}=a_1\boldsymbol{\alpha}_1+a_2\boldsymbol{\alpha}_2+\cdots+a_n\boldsymbol{\alpha}_n$ 是 $\mathbf{V}$ 中任一向量，那么

$$\mathscr{A}\boldsymbol{\alpha}=(\boldsymbol{\alpha}_1,\boldsymbol{\alpha}_2,\cdots,\boldsymbol{\alpha}_n)\boldsymbol{A}\begin{bmatrix}a_1\\a_2\\\vdots\\a_n\end{bmatrix}.$$

即取定基后，线性变换对向量的作用表现为矩阵乘坐标.

(4) 线性变换在不同基下的矩阵是彼此相似的.

(5) 欧氏空间的正交变换与正交矩阵.

本章复习题

1. $\mathbf{R}^+$ 是全体正实数的集合，任意 $\boldsymbol{\alpha},\boldsymbol{\beta}\in\mathbf{R}^+$，$k\in\mathbf{R}$，定义线性运算如下：

$$\boldsymbol{\alpha}\oplus\boldsymbol{\beta}=\boldsymbol{\alpha}\boldsymbol{\beta};$$
$$k\circ\boldsymbol{\alpha}=\boldsymbol{\alpha}^k.$$

证明：$\mathbf{R}^+$ 是实数域上的一个线性空间，并找出 $\mathbf{R}^+$ 中的零向量.

2. 数域 $\boldsymbol{P}$ 上全体 2 阶矩阵关于矩阵的加法和数乘运算构成线性空间 $\mathbf{V}$.

(1) 证明

$$\boldsymbol{\alpha}_1=\begin{bmatrix}1&0\\0&0\end{bmatrix},\quad \boldsymbol{\alpha}_2=\begin{bmatrix}0&1\\0&0\end{bmatrix},$$
$$\boldsymbol{\alpha}_3=\begin{bmatrix}0&0\\1&0\end{bmatrix},\quad \boldsymbol{\alpha}_4=\begin{bmatrix}0&0\\0&1\end{bmatrix}$$

和

$$\boldsymbol{\beta}_1=\begin{bmatrix}1&0\\0&0\end{bmatrix},\quad \boldsymbol{\beta}_2=\begin{bmatrix}1&1\\0&0\end{bmatrix},$$

$$\boldsymbol{\beta}_3=\begin{bmatrix}1&1\\1&0\end{bmatrix},\quad \boldsymbol{\beta}_4=\begin{bmatrix}1&1\\1&1\end{bmatrix}$$

是 $\mathbf{V}$ 的两个基；

(2) 求基 $\boldsymbol{\alpha}_1,\boldsymbol{\alpha}_2,\boldsymbol{\alpha}_3,\boldsymbol{\alpha}_4$ 到基 $\boldsymbol{\beta}_1,\boldsymbol{\beta}_2,\boldsymbol{\beta}_3,\boldsymbol{\beta}_4$ 的过渡矩阵；

(3) 求向量

$$\boldsymbol{\gamma}=\begin{bmatrix}1&2\\3&4\end{bmatrix}$$

分别在基 $\boldsymbol{\alpha}_1,\boldsymbol{\alpha}_2,\boldsymbol{\alpha}_3,\boldsymbol{\alpha}_4$ 和基 $\boldsymbol{\beta}_1,\boldsymbol{\beta}_2,\boldsymbol{\beta}_3,\boldsymbol{\beta}_4$ 下的坐标，并验证坐标变换公式.

3. 求下列齐次线性方程组解空间的维数和一个基：

(1) $x_1+x_2+\cdots+x_n=0$；

(2) $x_1=x_2=\cdots=x_n$.

4. 设实矩阵

$$\mathbf{A}=\begin{bmatrix}4&-2&0\\2&0&0\\0&0&3\end{bmatrix}.$$

(1) 求 $\mathbf{A}$ 的全部不同的特征值；

(2) 对 $\mathbf{A}$ 的每一个特征值 λ_i，求 $\mathbf{A}$ 的属于特征值 λ_i 的特征子空间；

(3) 求每一个特征子空间的维数和一个基.

5. 设 $\boldsymbol{\eta}_0$ 是欧氏空间 $\mathbf{V}$ 中的一个单位向量. 对任意向量 $\boldsymbol{\alpha}\in\mathbf{V}$，定义变换 $\mathscr{A}$ 如下：

$$\mathscr{A}\boldsymbol{\alpha}=\boldsymbol{\alpha}-2(\boldsymbol{\eta}_0\cdot\boldsymbol{\alpha})\boldsymbol{\eta}_0.$$

(1) 证明 $\mathscr{A}$ 是 $\mathbf{V}$ 的一个线性变换；

(2) 证明 $\mathscr{A}$ 是 $\mathbf{V}$ 的一个正交变换(称为镜面反射).

6. 已知 $\boldsymbol{\eta}_0=(1,0,0)$ 是欧氏空间 $\mathbf{R}^3$ 中的一个单位向量.

(1) 对任意 $\boldsymbol{\alpha}=(a_1,a_2,a_3)\in\mathbf{R}^3$,写出镜面反射 $\mathscr{A}$;

(2) 求 $\mathscr{A}$ 在基 $\boldsymbol{\varepsilon}_1=(1,0,0),\boldsymbol{\varepsilon}_2=(0,1,0),\boldsymbol{\varepsilon}_3=(0,0,1)$ 下的矩阵 $\mathbf{A}$;

(3) 证明 $\mathbf{A}$ 是正交矩阵;

(4) 在几何空间中说明镜面反射的几何意义.

总复习(选择)题

1. 若 2 阶行列式

$$\begin{vmatrix} a & b \\ c & d \end{vmatrix} = m.$$

则 ⬚⬚⬚⬚.

(A) $\begin{vmatrix} a & c \\ b & d \end{vmatrix} = m$　　(B) $\begin{vmatrix} c & d \\ a & b \end{vmatrix} = -m$

(C) $\begin{vmatrix} b & a \\ d & c \end{vmatrix} = -m$　　(D) $\begin{vmatrix} d & c \\ b & a \end{vmatrix} = -m$

2. 在 3 阶行列式

$$\begin{vmatrix} a_1 & a_2 & a_3 \\ b_1 & b_2 & b_3 \\ c_1 & c_2 & c_3 \end{vmatrix}$$

中应冠负号的乘积是 ⬚⬚⬚⬚.

(A) $a_1 b_3 c_2$　　(B) $a_2 b_1 c_3$

(C) $a_3 b_2 c_1$　　(D) $a_2 b_3 c_1$

3. 若行列式

$$\begin{vmatrix} a_{11} & a_{12} & a_{13} \\ a_{21} & a_{22} & a_{23} \\ a_{31} & a_{32} & a_{33} \end{vmatrix} = d,$$

则行列式

$$\begin{vmatrix} a_{13} & ka_{11} - a_{12} & a_{11} \\ a_{23} & ka_{21} - a_{22} & a_{21} \\ a_{33} & ka_{31} - a_{32} & a_{31} \end{vmatrix} = \square\square\square\square.$$

(A) kd　　(B) $-d$　　(C) d　　(D) 0

4. 若行列式

$$\begin{vmatrix} a_{11} & a_{12} & \cdots & a_{1n} \\ a_{21} & a_{22} & \cdots & a_{2n} \\ \vdots & \vdots & & \vdots \\ a_{n1} & a_{n2} & \cdots & a_{nn} \end{vmatrix} = k,$$

则行列式

$$\begin{vmatrix} a_{n1} & a_{n2} & \cdots & a_{n1} \\ \vdots & \vdots & & \vdots \\ a_{21} & a_{22} & \cdots & a_{2n} \\ a_{11} & a_{12} & \cdots & a_{1n} \end{vmatrix} = \square\square\square\square.$$

(A) k　　(B) $-k$

(C) $(-1)^{\frac{n(n-1)}{2}}k$　　(D) $(-1)^n k$

5. 设矩阵 $\boldsymbol{A} = (a_{ij})_{rr}$, $\boldsymbol{B} = (b_{ij})_{ss}$. 行列式

$$\begin{vmatrix} \boldsymbol{0} & \boldsymbol{A}_{rr} \\ \boldsymbol{B}_{ss} & \boldsymbol{0} \end{vmatrix} = (-1)^x \ |\boldsymbol{A}| \cdot |\boldsymbol{B}|.$$

则 $x = \square\square\square\square$.

(A) $r+s$　　(B) rs　　(C) $r(s-1)$　　(D) $s(r-1)$

6. 行列式

$$\begin{vmatrix} 0 & 0 & 0 & a \\ 0 & 0 & b & 0 \\ 0 & c & 0 & 0 \\ d & 0 & 0 & 0 \end{vmatrix} = \boxed{\quad\quad}.$$

(A) $-abcd$　　(B) $abcd$　　(C) 0　　(D) $ab-cd$

7. 行列式

$$\begin{vmatrix} 1 & 2 & 3 & 4 \\ 5 & 6 & 7 & 8 \\ 9 & 10 & 11 & 12 \\ 13 & 14 & 15 & 16 \end{vmatrix}$$

中元素 10 的代数余子式值等于 $\boxed{\quad\quad}$.

(A) 0　　(B) 96　　(C) -123　　(D) 1

8. 行列式

$$\begin{vmatrix} 0 & \cdots & 0 & 1 & 0 \\ 0 & \cdots & 2 & 0 & 0 \\ \vdots & ⋰ & \vdots & \vdots & \vdots \\ n-1 & \cdots & 0 & 0 & 0 \\ 0 & \cdots & 0 & 0 & n \end{vmatrix} = \boxed{\quad\quad}.$$

(A) $n!$　　(B) $(-1)^{n-1}n!$

(C) $(-1)^{\frac{n(n-1)}{2}}n!$　　(D) $(-1)^{\frac{(n-1)(n-2)}{2}}n!$

9. 行列式

$$\begin{vmatrix} 1 & -1 & a & 1 \\ 1 & 1 & b & -1 \\ 1 & 0 & c & 1 \\ 1 & 0 & d & -1 \end{vmatrix} = \boxed{\quad\quad}.$$

(A) $2(a+b+c+d)$　　(B) $2(a+b-c-d)$

(C) $2(-a-b+c+d)$　　(D) $2(-a-b-c-d)$

10. 行列式

$$\begin{vmatrix} \frac{1}{2} & 0 & -\frac{1}{3} & 1 \\ 2 & -1 & \frac{1}{2} & -1 \\ -3 & 2 & 1 & 0 \\ -2 & 3 & 2 & 1 \end{vmatrix} = \boxed{\quad\quad}.$$

(A) 96　　(B) 123　　(C) -123　　(D) 1

11. 矩阵方程 $\boldsymbol{A}_{sn}\boldsymbol{X}_{n1}=\boldsymbol{b}_{s1}$ 表示 s 个方程 n 个未知量的线性方程组,下列论断错误的有 $\boxed{\quad\quad}$.

(A) 当 $s=n$ 时,方程组必有唯一解

(B) 当 $s<n$ 时,方程组必有无穷多解

(C) 当 $s>n$ 时,方程组必无解

(D) 以上论断都正确

12. 设线性方程组 $\boldsymbol{A}_{sn}\boldsymbol{X}_{n1}=\boldsymbol{b}_{s1}$ 系数矩阵秩数为 r,则下列论断正确的是 $\boxed{\quad\quad}$.

(A) 若 $r<n$,则方程组有无穷多解

(B) 若 $r=n$,则方程组有唯一解

(C) 当秩$(\boldsymbol{A}_{sn})=$ 秩$(\boldsymbol{A}_{sn}\boldsymbol{b}_{s1})$ 时,方程组有解

(D) 当秩$(\boldsymbol{A}_{sn})\neq$ 秩$(\boldsymbol{A}_{sn}\boldsymbol{b}_{s1})$ 时,方程组无解

13. 下列齐次线性方程组中. $\boxed{\quad\quad}$ 有基础解系.

(A) $\begin{cases} x_2+x_3=0, \\ x_1+x_3=0, \\ x_1+x_2=0; \end{cases}$　　(B) $\begin{cases} x_1+x_2+x_3=0, \\ x_1-x_2+2x_3=0, \\ x_1+3x_2=0; \end{cases}$

(C) $\begin{cases} x_1+x_2+x_3+x_4=0, \\ x_1-x_2+x_3-x_4=0, \\ x_1-x_2-x_3+x_4=0; \end{cases}$　　(D) $\begin{cases} x_1+x_2+x_3=0, \\ x_1-x_2+x_3=0, \\ -x_1-x_2-x_3=0, \\ -x_1+x_2-x_3=0. \end{cases}$

14. 设 $\boldsymbol{\eta}_1,\boldsymbol{\eta}_2,\boldsymbol{\eta}_3$ 是某齐次线性方程组的一个基础解系. 则 $\boxed{\quad\quad}$ 也是基础解系.

(A) $\boldsymbol{\eta}_1+\boldsymbol{\eta}_2,\boldsymbol{\eta}_2+\boldsymbol{\eta}_3,\boldsymbol{\eta}_3+\boldsymbol{\eta}_1$

(B) $\boldsymbol{\eta}_1-\boldsymbol{\eta}_2,\boldsymbol{\eta}_2-\boldsymbol{\eta}_3,\boldsymbol{\eta}_3-\boldsymbol{\eta}_1$

(C) $\boldsymbol{\eta}_1,\boldsymbol{\eta}_1+\boldsymbol{\eta}_2,\boldsymbol{\eta}_1+\boldsymbol{\eta}_2+\boldsymbol{\eta}_3$

(D) $\boldsymbol{\eta}_1-\boldsymbol{\eta}_3,\boldsymbol{\eta}_2-\boldsymbol{\eta}_1,\boldsymbol{\eta}_2-\boldsymbol{\eta}_3$

15. 设 $\boldsymbol{\gamma}_1,\boldsymbol{\gamma}_2$ 是非齐次线性方程组 $\boldsymbol{A}_{sn}\boldsymbol{X}_{n1}=\boldsymbol{b}_{s1}$(Ⅰ)的两个解；$\boldsymbol{\eta}_1,\boldsymbol{\eta}_2$ 是导出组 $\boldsymbol{A}_{sn}\boldsymbol{X}_{n1}=\boldsymbol{0}_{s1}$(Ⅱ)的两个解. 则下列 ______ 正确.

(A) $k_1\boldsymbol{\gamma}_1+k_2\boldsymbol{\gamma}_2$($k_1,k_2$ 是任意数)是(Ⅰ)的解

(B) $l_1\boldsymbol{\eta}_1+l_2\boldsymbol{\eta}_2$($l_1,l_2$ 是任意数)是(Ⅱ)的解

(C) $\boldsymbol{\gamma}_1-(l_1\boldsymbol{\eta}_1+l_2\boldsymbol{\eta}_2)$($l_1,l_2$ 是任意数)是(Ⅰ)的解

(D) $\boldsymbol{\gamma}_1-(l_1\boldsymbol{\eta}_1+l_2\boldsymbol{\eta}_2)$($l_1,l_2$ 是任意数)是(Ⅱ)的解

16. 下列说法 ______ 正确.

(A) 一个零向量线性相关

(B) 一个非零向量线性无关

(C) 若 $\boldsymbol{\alpha}=k\boldsymbol{\beta}$,则向量组 $\boldsymbol{\alpha},\boldsymbol{\beta}$ 线性相关

(D) 若 $\boldsymbol{\alpha}=k\boldsymbol{\beta}$,则向量组 $\boldsymbol{\alpha},\boldsymbol{\beta}$ 线性无关

17. 设向量组

$$\boldsymbol{\alpha}_1=(a_1,a_2,a_3),\quad \boldsymbol{\alpha}_2=(b_1,b_2,b_3),$$
$$\boldsymbol{\alpha}_3=(c_1,c_2,c_3),\quad \boldsymbol{\alpha}_4=(d_1,d_2,d_3).$$

下列论断正确的有 ______.

(A) $\boldsymbol{\alpha}_1,\boldsymbol{\alpha}_2,\boldsymbol{\alpha}_3,\boldsymbol{\alpha}_4$ 中至少有一个向量可由其余向量线性表出

(B) $\boldsymbol{\alpha}_1,\boldsymbol{\alpha}_2,\boldsymbol{\alpha}_3,\boldsymbol{\alpha}_4$ 线性无关

(C) $\boldsymbol{\alpha}_1,\boldsymbol{\alpha}_2,\boldsymbol{\alpha}_3,\boldsymbol{\alpha}_4$ 中每一个向量都不能由其余向量线性表出

(D) 秩$\{\boldsymbol{\alpha}_1,\boldsymbol{\alpha}_2,\boldsymbol{\alpha}_3,\boldsymbol{\alpha}_4\}\leqslant 3$

18. 下列向量组等价关系成立的有 ______.

(A) $\{\boldsymbol{\alpha}_1,\boldsymbol{\alpha}_2,\cdots,\boldsymbol{\alpha}_i,\cdots,\boldsymbol{\alpha}_j,\cdots,\boldsymbol{\alpha}_s\}\cong\{\boldsymbol{\alpha}_1,\boldsymbol{\alpha}_2,\cdots,\boldsymbol{\alpha}_j,\cdots,\boldsymbol{\alpha}_i,\cdots,\boldsymbol{\alpha}_s\}$

(B) $\{\boldsymbol{\alpha}_1,\boldsymbol{\alpha}_2,\cdots,\boldsymbol{\alpha}_i,\cdots,\boldsymbol{\alpha}_s\}\cong\{\boldsymbol{\alpha}_1,\boldsymbol{\alpha}_2,\cdots,5\boldsymbol{\alpha}_i,\cdots,\boldsymbol{\alpha}_s\}$

(C) $\{\boldsymbol{\alpha}_1,\boldsymbol{\alpha}_2,\cdots,\boldsymbol{\alpha}_i,\cdots,\boldsymbol{\alpha}_j,\cdots,\boldsymbol{\alpha}_s\}\cong\{\boldsymbol{\alpha}_1,\boldsymbol{\alpha}_2,\cdots,\boldsymbol{\alpha}_i,\cdots,\boldsymbol{\alpha}_j+k\boldsymbol{\alpha}_i,\cdots,\boldsymbol{\alpha}_s\}$

(D) $\{\boldsymbol{\alpha}_1,\boldsymbol{\alpha}_2,\cdots,\boldsymbol{\alpha}_s\}\cong\{\boldsymbol{\alpha}_1,\boldsymbol{\alpha}_1+\boldsymbol{\alpha}_2,\cdots,\boldsymbol{\alpha}_1+\boldsymbol{\alpha}_2+\cdots+\boldsymbol{\alpha}_s\}$

19. 设 n 个 n 维向量

$$\begin{aligned}\boldsymbol{\alpha}_1 &= (a_{11}, a_{12}, \cdots, a_{1n}),\\ \boldsymbol{\alpha}_2 &= (a_{21}, a_{22}, \cdots, a_{2n}),\\ &\cdots\cdots\cdots\cdots\\ \boldsymbol{\alpha}_n &= (a_{n1}, a_{n2}, \cdots, a_{nn}).\end{aligned}$$

下列命题 ⬚ 正确.

(A) 若行列式 $|a_{ij}|_{nn} = 0$,则 $\boldsymbol{\alpha}_1, \boldsymbol{\alpha}_2, \cdots, \boldsymbol{\alpha}_n$ 线性相关

(B) 若行列式 $|a_{ij}|_{nn} \neq 0$,则 $\boldsymbol{\alpha}_1, \boldsymbol{\alpha}_2, \cdots, \boldsymbol{\alpha}_n$ 线性无关

(C) 若行列式 $|a_{ij}|_{nn} = 0$,则 $\boldsymbol{\alpha}_1, \boldsymbol{\alpha}_2, \cdots, \boldsymbol{\alpha}_n$ 线性无关

(D) 若行列式 $|a_{ij}|_{nn} \neq 0$,则 $\boldsymbol{\alpha}_1, \boldsymbol{\alpha}_2, \cdots, \boldsymbol{\alpha}_n$ 线性相关

20. 下列命题正确的是 ⬚.

(A) 若向量组 $\boldsymbol{\alpha}_1, \boldsymbol{\alpha}_2, \cdots, \boldsymbol{\alpha}_r$ 线性相关,则向量组 $\boldsymbol{\alpha}_1, \boldsymbol{\alpha}_2, \cdots, \boldsymbol{\alpha}_r, \boldsymbol{\alpha}_{r+1}, \cdots, \boldsymbol{\alpha}_s$ 也线性相关

(B) 若向量组 $\boldsymbol{\alpha}_1, \boldsymbol{\alpha}_2, \cdots, \boldsymbol{\alpha}_r$ 线性无关,则向量组 $\boldsymbol{\alpha}_1, \boldsymbol{\alpha}_2, \cdots, \boldsymbol{\alpha}_r, \boldsymbol{\alpha}_{r+1}, \cdots, \boldsymbol{\alpha}_s$ 也线性无关

(C) 若向量组 $\boldsymbol{\alpha}_1, \boldsymbol{\alpha}_2, \cdots, \boldsymbol{\alpha}_s$ 线性相关,则其中任意 r 个向量($r < s$)也线性相关

(D) 若向量组 $\boldsymbol{\alpha}_1, \boldsymbol{\alpha}_2, \cdots, \boldsymbol{\alpha}_s$ 线性无关,则其中任意 r 个向量($r < s$)也线性无关

21. 设两个向量组

$$(\text{I})\begin{cases}\boldsymbol{\alpha}_1 = (a_{11}, a_{12}, \cdots, a_{1r}),\\ \boldsymbol{\alpha}_2 = (a_{21}, a_{22}, \cdots, a_{2r}),\\ \cdots\cdots\cdots\cdots\\ \boldsymbol{\alpha}_s = (a_{s1}, a_{s2}, \cdots, a_{sr});\end{cases}$$

$$(\text{II})\begin{cases}\bar{\boldsymbol{\alpha}}_1 = (a_{11}, a_{12}, \cdots, a_{1r}, a_{1r+1}, \cdots, a_{1n}),\\ \bar{\boldsymbol{\alpha}}_2 = (a_{21}, a_{22}, \cdots, a_{2r}, a_{2r+1}, \cdots, a_{2n}),\\ \cdots\cdots\cdots\cdots\cdots\cdots\\ \bar{\boldsymbol{\alpha}}_s = (a_{s1}, a_{s2}, \cdots, a_{sr}, a_{sr+1}, \cdots, a_{sn}).\end{cases}$$

下列命题正确的是 $\boxed{\quad\quad}$.

(A) 若组(Ⅰ)线性相关,则组(Ⅱ)也线性相关

(B) 若组(Ⅰ)线性无关,则组(Ⅱ)也线性无关

(C) 若组(Ⅱ)线性相关,则组(Ⅰ)也线性相关

(D) 若组(Ⅱ)线性无关,则组(Ⅰ)也线性无关

22. 设 $\boldsymbol{A}$ 是 n 阶矩阵,k 是数,则下列等式必然成立的是 $\boxed{\quad\quad}$.

(A) $|k\boldsymbol{A}| = k|\boldsymbol{A}|$ (B) $|k\boldsymbol{A}| = |k||\boldsymbol{A}|$

(C) $|k\boldsymbol{A}| = k^n|\boldsymbol{A}|$ (D) $|k\boldsymbol{A}| = |k|^n|\boldsymbol{A}|$

23. 设 $\boldsymbol{A},\boldsymbol{B},\boldsymbol{C}$ 是同阶方阵,且 $|\boldsymbol{A}| \neq 0$,则下列 $\boxed{\quad\quad}$ 必然成立.

(A) 若 $\boldsymbol{AB} = \boldsymbol{AC}$,则 $\boldsymbol{B} = \boldsymbol{C}$

(B) $(\boldsymbol{ABC})^{-1} = \boldsymbol{C}^{-1}\boldsymbol{B}^{-1}\boldsymbol{A}^{-1}$

(C) $(\boldsymbol{A}+\boldsymbol{B})(\boldsymbol{A}-\boldsymbol{B}) = \boldsymbol{A}^2 - \boldsymbol{B}^2$

(D) $(\boldsymbol{CBA})^{\mathrm{T}} = \boldsymbol{A}^{\mathrm{T}}\boldsymbol{B}^{\mathrm{T}}\boldsymbol{C}^{\mathrm{T}}$

24. 设 $\boldsymbol{A},\boldsymbol{B}$ 是同阶对称矩阵,k 是数,则下列 $\boxed{\quad\quad}$ 正确.

(A) $\boldsymbol{A}+\boldsymbol{B}$ 必是对称矩阵

(B) $\boldsymbol{A}-\boldsymbol{B}$ 必是对称矩阵

(C) 乘积 $\boldsymbol{AB}$ 必是对称矩阵

(D) $k\boldsymbol{A}$ 必是对称矩阵

25. 设矩阵

$$\boldsymbol{A} = \begin{bmatrix} 1 & 2 \\ 3 & 4 \end{bmatrix}.$$

则下列 $\boxed{\quad\quad}$ 与 $\boldsymbol{A}$ 等价.

(A) $\begin{bmatrix} 1 & 3 \\ 2 & 4 \end{bmatrix}$ (B) $\begin{bmatrix} 1 & 2 \\ 2 & 4 \end{bmatrix}$

(C) $\begin{bmatrix} 1 & 2 \\ 2 & 1 \end{bmatrix}$ (D) $\begin{bmatrix} 1 & -2 \\ -1 & 2 \end{bmatrix}$

26. 矩阵

$$\begin{bmatrix} 0 & 2 & -1 \\ 3 & 0 & 4 \\ 6 & 2 & 7 \end{bmatrix}$$

的等价标准形是 ______ (空白处为"0").

(A) $\begin{bmatrix} 0 & & \\ & 0 & \\ & & 0 \end{bmatrix}$ (B) $\begin{bmatrix} 1 & & \\ & 0 & \\ & & 0 \end{bmatrix}$

(C) $\begin{bmatrix} 1 & & \\ & 1 & \\ & & 0 \end{bmatrix}$ (D) $\begin{bmatrix} 1 & & \\ & 1 & \\ & & 1 \end{bmatrix}$

27. 设矩阵

$$\boldsymbol{A} = \begin{bmatrix} 1 & 2 & -1 & 3 \\ 3 & 2 & 2 & 1 \\ 2 & 0 & 3 & -2 \end{bmatrix}.$$

下列论断正确的有 ______.

(A) $\boldsymbol{A}$ 的行向量组秩数为 3

(B) $\boldsymbol{A}$ 的列向量组秩数为 4

(C) $\boldsymbol{A}$ 中不等于零的子式最高阶数是 3

(D) 秩$(\boldsymbol{A}) = 2$

28. 若

$$\boldsymbol{A} = \begin{bmatrix} 1 & 1 & 1 \\ 0 & 1 & 1 \\ 0 & 0 & 1 \end{bmatrix}.$$

则 $\boldsymbol{A}^{-1} =$ ______.

(A) $\begin{bmatrix} 1 & -1 & 0 \\ 0 & 1 & -1 \\ 0 & 0 & 1 \end{bmatrix}$ (B) $\begin{bmatrix} 1 & 0 & 0 \\ 1 & 1 & 0 \\ 1 & 1 & 1 \end{bmatrix}$

(C) $\begin{bmatrix} 1 & 0 & 0 \\ -1 & 1 & 0 \\ 0 & -1 & 1 \end{bmatrix}$　　(D) $\begin{bmatrix} 1 & 1 & -1 \\ 1 & -1 & 1 \\ -1 & 1 & 1 \end{bmatrix}$

29. 设 $\boldsymbol{A},\boldsymbol{B}$ 都是 n 阶矩阵,则下列 ______ 成立.

(A) $\boldsymbol{AB}=\boldsymbol{BA}$　　(B) $|\boldsymbol{BA}|=|\boldsymbol{A}||\boldsymbol{B}|$

(C) $|\boldsymbol{AB}|=|\boldsymbol{BA}|$　　(D) 若 $\boldsymbol{AB}=\boldsymbol{I}$,则 $\boldsymbol{BA}=\boldsymbol{I}$

30. 已知 $\boldsymbol{AX}=\boldsymbol{B}$,其中

$$\boldsymbol{A}=\begin{bmatrix} 1 & 0 & 0 \\ 1 & 1 & 0 \\ 1 & 1 & 1 \end{bmatrix},\quad \boldsymbol{B}=\begin{bmatrix} 1 \\ 1 \\ 1 \end{bmatrix},$$

则 $\boldsymbol{X}=$ ______.

(A) $\begin{bmatrix} 1 \\ 0 \\ 0 \end{bmatrix}$　　(B) $\begin{bmatrix} 0 \\ 1 \\ 0 \end{bmatrix}$　　(C) $\begin{bmatrix} 0 \\ 0 \\ 1 \end{bmatrix}$　　(D) $\begin{bmatrix} 1 \\ -1 \\ 1 \end{bmatrix}$

31. 设 $\boldsymbol{A}$ 是 n 阶可逆矩阵,则下列 ______ 正确.

(A) 行列式 $|\boldsymbol{A}|\neq 0$

(B) 秩$(\boldsymbol{A})=n$

(C) $\boldsymbol{A}$ 的行(列)向量组线性无关

(D) $\boldsymbol{A}\cong\boldsymbol{I}$

32. 下列 ______ 是初等矩阵.

(A) $\begin{bmatrix} 0 & 0 & 1 \\ 0 & 1 & 0 \\ 1 & 0 & 0 \end{bmatrix}$　　(B) $\begin{bmatrix} 1 & 0 & 0 \\ 0 & -2 & 0 \\ 0 & 0 & 1 \end{bmatrix}$

(C) $\begin{bmatrix} 1 & 0 & 0 \\ 0 & 1 & 0 \\ -2 & 0 & 1 \end{bmatrix}$　　(D) $\begin{bmatrix} 0 & 0 & 1 \\ 0 & 2 & 0 \\ 1 & 0 & 0 \end{bmatrix}$

33. 设矩阵

$$\boldsymbol{A}=\begin{bmatrix} 1 & 2 & -2 \\ 2 & 3 & 0 \\ -2 & 0 & 3 \end{bmatrix}.$$

$\boldsymbol{A}$ 的特征值为 $\boxed{}$.

(A) 1　　(B) -1　　(C) 3　　(D) 5

34. 设矩阵

$$\boldsymbol{A}=\begin{bmatrix}0&0&2\\0&2&0\\2&0&0\end{bmatrix}.$$

下列 $\boxed{}$ 是 $\boldsymbol{A}$ 的属于特征值 $\lambda=2$ 的特征向量.

(A) $\begin{bmatrix}0\\1\\0\end{bmatrix}$　　(B) $\begin{bmatrix}1\\0\\1\end{bmatrix}$

(C) $\begin{bmatrix}1\\1\\1\end{bmatrix}$　　(D) $\begin{bmatrix}l\\k\\l\end{bmatrix}$ (l,k 不全为零)

35. 设矩阵

$$\boldsymbol{A}=\begin{bmatrix}2&0&0\\0&1&0\\0&0&1\end{bmatrix}.$$

下列矩阵中, $\boxed{}$ 与 $\boldsymbol{A}$ 相似.

(A) $\begin{bmatrix}1&0&0\\0&2&0\\0&0&1\end{bmatrix}$　　(B) $\begin{bmatrix}2&0&0\\0&1&1\\0&0&1\end{bmatrix}$

(C) $\begin{bmatrix}1&1&0\\0&2&0\\0&0&1\end{bmatrix}$　　(D) $\begin{bmatrix}1&0&0\\0&2&0\\1&0&1\end{bmatrix}$

36. 与实向量 $\boldsymbol{\alpha}_1=(1,1,1)$, $\boldsymbol{\alpha}_2=(1,-1,1)$ 都正交的向量为 $\boxed{}$.

(A) $\begin{bmatrix}0\\0\\0\end{bmatrix}$　　(B) $\begin{bmatrix}1\\0\\-1\end{bmatrix}$

(C) $\begin{bmatrix}-1\\0\\1\end{bmatrix}$ (D) $\begin{bmatrix}c\\0\\-c\end{bmatrix}$($c$ 为任意数)

37. 将实向量 $\boldsymbol{\alpha}=(1,2,-3,\sqrt{2})$ 单位化,得______.

(A) $(1,1,-1,1)$ (B) $(1,1,1,1)$

(C) $\left(\frac{1}{16},\frac{1}{8},-\frac{3}{16},\frac{\sqrt{2}}{16}\right)$ (D) $\left(\frac{1}{4},\frac{1}{2},-\frac{3}{4},\frac{\sqrt{2}}{4}\right)$

38. 设 $\boldsymbol{A}_1,\boldsymbol{A}_2,\boldsymbol{B}_1,\boldsymbol{B}_2$ 都是 n 阶矩阵,则下列命题中______正确.

(A) 若 $\boldsymbol{A}_1\sim\boldsymbol{B}_1$,则秩$(\boldsymbol{A}_1)=$ 秩$(\boldsymbol{B}_1)$

(B) 若 $\boldsymbol{A}_1\sim\boldsymbol{B}_1$,则 $\boldsymbol{A}_1$ 与 $\boldsymbol{B}_1$ 有相同的特征值

(C) 若 $\boldsymbol{A}_1$ 与 $\boldsymbol{B}_1$ 有相同的特征值,则 $\boldsymbol{A}_1\sim\boldsymbol{B}_1$

(D) 若 $\boldsymbol{A}_1\sim\boldsymbol{B}_1,\boldsymbol{A}_2\sim\boldsymbol{B}_2$,则 $\boldsymbol{A}_1\boldsymbol{A}_2\sim\boldsymbol{B}_1\boldsymbol{B}_2$

39. 设矩阵

$$\boldsymbol{A}=\begin{bmatrix}1&-1&0\\-1&1&0\\0&0&2\end{bmatrix}.$$

$\boldsymbol{A}$ 的属于特征值 $\lambda=2$ 的特征子空间的维数是______.

(A) 0 (B) 1 (C) 2 (D) 3

40. 设 $\boldsymbol{A}$ 是 n 阶实对称矩阵,n 维列向量 $\boldsymbol{\alpha}\neq\boldsymbol{0},\boldsymbol{\beta}\neq\boldsymbol{0}$,满足 $\boldsymbol{A\alpha}=\lambda_1\boldsymbol{\alpha},\boldsymbol{A\beta}=\lambda_2\boldsymbol{\beta}$,且 $\lambda_1\neq\lambda_2$,则下列______正确.

(A) $\boldsymbol{\alpha},\boldsymbol{\beta}$ 线性无关

(B) $\boldsymbol{\alpha}+\boldsymbol{\beta}$ 一定不是 $\boldsymbol{A}$ 的特征向量

(C) $\boldsymbol{\alpha},\boldsymbol{\beta}$ 是正交向量组

(D) 任意非零线性组合 $k\boldsymbol{\alpha}+l\boldsymbol{\beta}$($k,l\in\mathbf{R}$,且不全为零)都是 $\boldsymbol{A}$ 的特征向量

41. 设 $\boldsymbol{A}$ 是 n 阶正交矩阵,则______正确.

(A) $\boldsymbol{A}\cong\boldsymbol{I}$

(B) $(\boldsymbol{A}^{-1})^{\mathrm{T}}=\boldsymbol{A}$

(C) 行列式 $|\boldsymbol{A}|=\pm1$

(D) $\boldsymbol{A}$ 的行(列)向量组是正交单位向量组

42. 设实矩阵

$$\boldsymbol{A}=\begin{bmatrix} a & a_1 & a_2 \\ 0 & b & b_1 \\ 0 & 0 & c \end{bmatrix} \quad (a,b,c\text{ 互不相同}).$$

则下列论断正确的是 ______.

(A) $\boldsymbol{A}$ 一定能对角化

(B) $\boldsymbol{A}$ 一定不能对角化

(C) $\boldsymbol{A}$ 一定正交相似于对角形

(D) 不能确定 $\boldsymbol{A}$ 是否可对角化

43. 设矩阵

$$\boldsymbol{A}=\begin{bmatrix} 2 & 0 & 1 \\ 0 & 3 & 0 \\ 1 & 0 & -2 \end{bmatrix}.$$

$\boldsymbol{A}$ 的正交相似标准形是 ______(空白处为“0”).

(A) $\begin{bmatrix} \sqrt{5} & & \\ & 3 & \\ & & -\sqrt{5} \end{bmatrix}$　　(B) $\begin{bmatrix} -3 & & \\ & -\sqrt{5} & \\ & & \sqrt{5} \end{bmatrix}$

(C) $\begin{bmatrix} 3 & & \\ & -\sqrt{5} & \\ & & \sqrt{5} \end{bmatrix}$　　(D) $\begin{bmatrix} 3 & & \\ & 5 & \\ & & 5 \end{bmatrix}$

44. 设矩阵

$$\boldsymbol{A}=\begin{bmatrix} a_{11} & a_{12} & a_{13} \\ a_{12} & a_{22} & a_{23} \\ a_{13} & a_{23} & a_{33} \end{bmatrix} \quad (a_{ij}\in \mathbf{R}).$$

下列论断正确的是 ______.

(A) $\boldsymbol{A}$ 一定不能对角化

(B) $\boldsymbol{A}$ 一定能对角化

(C) $\boldsymbol{A}$ 一定正交相似于对角形

(D) 不能确定 $\boldsymbol{A}$ 能否对角化

45. 设正交矩阵 $\boldsymbol{Q}$ 使 $\boldsymbol{Q}^{\mathrm{T}}\boldsymbol{A}\boldsymbol{Q}=\boldsymbol{B}$，则矩阵 $\boldsymbol{A}$ 与 $\boldsymbol{B}$ 的关系为 ______.

(A) $\boldsymbol{A}\sim\boldsymbol{B}$　(B) $\boldsymbol{A}\overset{\perp}{\sim}\boldsymbol{B}$　(C) $\boldsymbol{A}\simeq\boldsymbol{B}$　(D) $\boldsymbol{A}\cong\boldsymbol{B}$

46. 实二次型 $f(x_1,x_2,x_3)=2x_1x_2+2x_1x_3+2x_2x_3$ 的规范形是 ______.

(A) $z_1^2+z_2^2+z_3^2$　(B) $z_1^2+z_2^2-z_3^2$

(C) $z_1^2-z_2^2-z_3^2$　(D) $-z_1^2-z_2^2-z_3^2$

47. 设矩阵

$$\boldsymbol{A}=\begin{bmatrix}4&2&-2\\2&-1&3\\-2&3&1\end{bmatrix}.$$

$\boldsymbol{A}$ 的合同标准形是 ______（空白处为“0”）.

(A) $\begin{bmatrix}1&&\\&1&\\&&1\end{bmatrix}$　(B) $\begin{bmatrix}1&&\\&1&\\&&-1\end{bmatrix}$

(C) $\begin{bmatrix}1&&\\&-1&\\&&-1\end{bmatrix}$　(D) $\begin{bmatrix}-1&&\\&-1&\\&&-1\end{bmatrix}$

48. 设矩阵

$$\boldsymbol{A}=\begin{bmatrix}1&1&0\\1&2&2\\0&2&4\end{bmatrix}.$$

$\boldsymbol{A}$ 的符号差等于 ______.

(A) 0　(B) 1　(C) 2　(D) 3

49. n 阶实对称矩阵 $\boldsymbol{A}$ 是正定矩阵的充分必要条件是 ______.

(A) $\boldsymbol{A}$ 的正惯性指数为 n

(B) $\boldsymbol{A}\simeq\boldsymbol{I}$

(C) $\boldsymbol{A}$ 的特征值全大于零

(D) $\boldsymbol{A}$ 的各阶顺序主子式全大于零

50. 下列 ______ 不是正定矩阵.

(A) $\begin{bmatrix} 1 & -1 & -1 \\ -1 & 1 & 1 \\ -1 & 1 & 1 \end{bmatrix}$ (B) $\begin{bmatrix} 2 & 2 & 1 \\ 2 & 3 & 0 \\ 1 & 0 & 1 \end{bmatrix}$

(C) $\begin{bmatrix} 1 & 1 & 0 \\ 1 & 3 & 2 \\ 0 & 2 & 5 \end{bmatrix}$ (D) $\begin{bmatrix} 2 & -1 & 0 \\ -1 & 2 & 1 \\ 0 & 1 & 1 \end{bmatrix}$

习题分析与参考答案

第　一　章

习　题　1.1

1. (1) 0;　(2) 0;　(3) 0.

2. (1) $\lambda_1 = 2, \lambda_2 = 8$;　(2) $\lambda_1 = 1, \lambda_2 = -2$;

(3) $\lambda_1 = 3, \lambda_2 = -1, \lambda_3 = 5$.

3. (1) $x = 2, y = -3$;　(2) $x = 2, y = -1, z = 3$;

(3) $x_1 = 0, x_2 = 0, x_3 = 0$.

4. (1) $abcd$;　(2) -1;　(3) 0;　(4) 0.

5. (1) $(-1)^{\frac{n(n-1)}{2}}n!$;　(2) $(-1)^{n-1}n!$;

(3) $(-1)^{\frac{(n-1)(n-2)}{2}}n!$. 等差数列 $a_1 = a, a_2 = a + d, a_3 = a + 2d, \cdots, a_n = a + (n-1)d, \cdots$, 求和公式为 $a_1 + a_2 + \cdots + a_n = \dfrac{(a_1 + a_n)n}{2}$.

6. 15.

习　题　1.2

1. (1) 0;　(2) 96;　(3) -109.

2. **分析**　数字证明等式有三种办法：① 从左边推出右边；② 从右边推出左边；③ 两边分别推导，结果相同. 本题拟从左边推导出右边，即按某一行(列) 展开,欲计算出行列式值等于零.

习 题 1.3

1. (1) 从等号左边推出右边; (2) 从等号左边推出右边.

2. $2a$. **3.** -96. **4.** $(-1)^{n-1}m$; $(-1)^{\frac{n(n-1)}{2}}m$. **5.** $(-1)^{rs}$.

6. (1) 30; (2) $\dfrac{5}{2}$; (3) $\dfrac{32}{9}$; (4) 160; (5) -4; (6) $-\dfrac{41}{12}$;

(7) $-2(a^3+b^3)$; (8) $a^3(a+4)$; (9) $b_1b_2b_3$;

(10) $a_0+a_1x+a_2x^2+a_3x^3+a_4x^4+x^5$;

(11) a^2b^2; (12) 15;

(13) $a_1a_2a_3\cdots a_n\cdot\prod\limits_{1\leqslant j<i\leqslant n}(a_i-a_j)$;

(14) $(a^2-b^2)^3$.

7. (1) $(-1)^{\frac{n(n-1)}{2}}\dfrac{n^n+n^{n-1}}{2}$; (2) $-2(n-2)!$; (3) $(a+n)a^{n-1}$;

(4) $b_1b_2\cdots b_n$; (5) $a_0+a_1x+a_2x^2+\cdots+a_{n-1}x^{n-1}+x^n$;

(6) $(a^2-b^2)^n$; (7) $n!$; (8) $\left[\left(\sum\limits_{i=1}^{n}a_i\right)-b\right](-b)^{n-1}$;

(9) $a_0a_1a_2\cdots a_n-a_2a_3\cdots a_n-a_1a_3\cdots a_n-\cdots-a_1a_2\cdots a_{n-2}a_n-a_1a_2\cdots a_{n-1}$.

8. (1) **解** 原式

$$\xlongequal[④-3①]{③+2①}\begin{vmatrix}1&3&0&0\\1&x^2-1&0&0\\2&5&x^2+1&2\\-1&7&1&1\end{vmatrix}$$

$$=\begin{vmatrix}1&3\\1&x^2-1\end{vmatrix}\cdot\begin{vmatrix}x^2+1&2\\1&1\end{vmatrix}=0,\quad x=\pm1,\pm2;$$

(2) $x=0,1,2,\cdots,n-2$;

(3) $x=a_1,a_2,\cdots,a_n$.

习 题 1.4

1. 唯一解 $x_1=\dfrac{13}{3},x_2=\dfrac{8}{3},x_3=-\dfrac{5}{3},x_4=-2$.

2. 因为系数行列式 $=-12\neq0$,所以只有零解.

3. $\lambda=0,-1,2,3$.

第　二　章

习　题　2.1

1. 唯一解　$\left(-\frac{5}{17},\frac{23}{17}\right)$.

2. 无解.

3. 有无穷多解,全部解为

$$\begin{cases} x_1=1+2c_1-c_2, \\ x_2=c_1, \\ x_3=c_2, \\ x_4=1. \end{cases}$$

其中 c_1,c_2 为任意数.

习　题　2.2

1. (1) 唯一解$\left(0,2,\frac{5}{3},-\frac{4}{3}\right)$；　(2) 唯一解$(1,1,1,1)$；　(3) 无解；

(4) 无穷多解 $\begin{cases} x_1=6-c_1-c_2-c_3, \\ x_2=c_1, \\ x_3=c_2, \\ x_4=-2-c_3, \\ x_5=c_3, \\ x_6=3, \end{cases}$　其中 c_1,c_2,c_3 为任意数；

(5) 无解；　(6) 唯一解$(1,-1,1,-1)$；

(7) 无穷多解 $\begin{cases} x_1=-1-2c_1-2c_2, \\ x_2=c_1, \\ x_3=-c_2, \\ x_4=1, \\ x_5=c_2, \end{cases}$　其中 c_1,c_2 为任意数.

2. 解

$$\left[\begin{array}{ccc|c} ① & -1 & 2 & -3 \\ 2 & a & 1 & b \\ 3 & 1 & -2 & 7 \end{array}\right] \xrightarrow[③-3①]{②-2①} \left[\begin{array}{ccc|c} 1 & -1 & 2 & -3 \\ 0 & a+2 & -3 & b+6 \\ 0 & 4 & -8 & 16 \end{array}\right]$$

$$\xrightarrow{\frac{1}{4}③}\left[\begin{array}{ccc:c}1 & -1 & 2 & -3\\0 & a+2 & -3 & b+6\\0 & 1 & -2 & 4\end{array}\right]$$

$$\xrightarrow{②③}\left[\begin{array}{ccc:c}1 & -1 & 2 & -3\\0 & \textcircled{1} & -2 & 4\\0 & a+2 & -3 & b+6\end{array}\right]$$

$$\xrightarrow[③-(a+2)②]{①+②}\left[\begin{array}{ccc:c}1 & 0 & 0 & 1\\0 & 1 & -2 & 4\\0 & 0 & 2a+1 & -4a+b-2\end{array}\right]$$

$$=\boldsymbol{A}.$$

$$\begin{cases}\text{当 } a=-\dfrac{1}{2}\text{ 时}, \boldsymbol{A}\to\left[\begin{array}{ccc:c}1 & 0 & 0 & 1\\0 & 1 & -2 & 4\\0 & 0 & 0 & b\end{array}\right]\begin{cases}b\neq 0\text{ 时,无解},\\ b=0\text{ 时,有无穷多解}.\end{cases}\\[2ex] \text{当 } a\neq-\dfrac{1}{2}\text{ 时}, \boldsymbol{A}\xrightarrow{\frac{1}{2a+1}③}\left[\begin{array}{ccc:c}1 & 0 & 0 & 1\\0 & 1 & -2 & 4\\0 & 0 & 1 & \dfrac{-4a+b-2}{2a+1}\end{array}\right]\\[2ex] \qquad\xrightarrow{②+2③}\left[\begin{array}{ccc:c}1 & 0 & 0 & 1\\0 & 1 & 0 & \dfrac{2b}{2a+1}\\0 & 0 & 1 & \dfrac{-4a+b-2}{2a+1}\end{array}\right]\text{,有唯一解}.\end{cases}$$

总之,当 $a\neq-\dfrac{1}{2}$ 时,有唯一解 $\left(1,\dfrac{2b}{2a+1},\dfrac{-4a+b-2}{2a+1}\right)$;当 $a=-\dfrac{1}{2}, b\neq 0$ 时,无解;

当 $a=-\dfrac{1}{2}, b=0$ 时,有无穷多解 $(1,4+2c,c)$, c 为任意数.

3. 线性方程组有没有解,有多少解,取决于系数矩阵秩数和增广矩阵秩数以及未知量个数,而与方程个数、未知量个数之比较没有必然的联系.

方程个数等于未知量个数的线性方程组未必有唯一解.例如

$$\begin{cases}x+y=1,\\x+y=2.\end{cases}\ \text{无解};\quad\begin{cases}x+y=1,\\2x+2y=2.\end{cases}\ \text{有无穷多解}.$$

方程个数少于未知量个数的线性方程组未必有无穷多解.例如

$$\begin{cases}x+y+z=3,\\2x+2y+2z=4.\end{cases}\ \text{无解}.$$

方程个数多于未知量个数的线性方程组未必无解.例如

$$\begin{cases} x+\ y=2, \\ x-\ y=0, \\ 2x+2y=4. \end{cases} \quad 有唯一解.$$

习　题　2.3

1. (1) 只有零解,因为齐次线性方程组有 4 个方程 4 个未知量,且系数行列式(范德蒙行列式)值为 $12\neq 0$.

(2) 有非零解,因为齐次线性方程组有 5 个方程 5 个未知量,且系数行列式为奇数阶反对称行列式,值为零.

(3) 有非零解,因为齐次线性方程组方程个数 4 小于未知量个数 5.

(4) 只有零解,因为齐次线性方程组系数矩阵中有一个 4 阶子式

$$\begin{vmatrix} 1 & 1 & 1 & -1 \\ 1 & 1 & -1 & 1 \\ 1 & -1 & 1 & 1 \\ -1 & 1 & 1 & 1 \end{vmatrix} = -16\neq 0,$$

没有 5 阶子式,所以系数矩阵秩数为 4,且等于未知量个数 4.

2. (1) 只有零解(0,0,0,0);

(2) 有无穷多解,全部解为

$$\begin{cases} x_1=-c_1, \\ x_2=c_1+c_2, \\ x_3=-c_1-c_2, \\ x_4=c_1, \\ x_5=c_2, \end{cases} \quad (c_1,c_2 \text{ 为任意数});$$

(3) 有无穷多解,全部解为

$$\begin{cases} x_1=-\dfrac{9}{5}c_1-\dfrac{1}{5}c_2, \\ x_2=-\dfrac{3}{5}c_1+\dfrac{3}{5}c_2, \\ x_3=c_1, \\ x_4=c_2, \end{cases} \quad (c_1,c_2 \text{ 为任意数}).$$

3. 当 $\lambda=\pm 1$ 时，有非零解；

当 $\lambda=1$ 时，全部解为 $(-c,c,0)$，c 为任意数；

当 $\lambda=-1$ 时，全部解为 $(0,0,c)$，c 为任意数.

第　三　章

习　题　3.1

1.

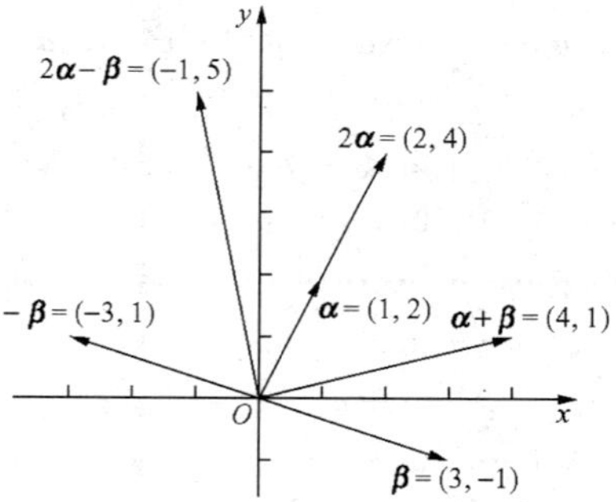

2. $\boldsymbol{\alpha}+\boldsymbol{\beta}+\boldsymbol{\gamma}=(9,6,-1,4)$；$2\boldsymbol{\alpha}+\boldsymbol{\beta}-\boldsymbol{\gamma}=(0,0,0,0)$.

3. (1) $x_1=x_2=x_3=0$；

(2) $x_1=2,x_2=-1,x_3=3$.

4. $(a_1,a_2,a_3,a_4)^{\mathrm{T}}$.

6. **证**　设 $\boldsymbol{\alpha}=(a_1,a_2,\cdots,a_n)$.

(1) $0\boldsymbol{\alpha}=0(a_1,a_2,\cdots,a_n)=(0\times a_1,0\times a_2,\cdots,0\times a_n)$

$=(0,0,\cdots,0)=\mathbf{0}$；

(2) $(-1)\boldsymbol{\alpha}=(-1)(a_1,a_2,\cdots,a_n)$

$=((-1)\times a_1,(-1)\times a_2,\cdots,(-1)\times a_n)$

$=(-a_1,-a_2,\cdots,-a_n)=-\boldsymbol{\alpha}$；

(3) $k\boldsymbol{\alpha}=k(a_1,a_2,\cdots,a_n)=(ka_1,ka_2,\cdots,ka_n)=(0,0,\cdots,0)=\mathbf{0}$.

则 $ka_i=0(i=1,2,\cdots,n)$ 所以 $k=0$ 或 $a_i=0(i=1,2,\cdots,n)$，即 $\boldsymbol{\alpha}=\mathbf{0}$.

习　题　3.2

1. (1) 表示法唯一. $\boldsymbol{\beta}=\boldsymbol{\alpha}_1+\boldsymbol{\alpha}_2+\boldsymbol{\alpha}_3+\boldsymbol{\alpha}_4$；

(2) 表示法唯一. $\boldsymbol{\beta}=-\boldsymbol{\alpha}_1-\boldsymbol{\alpha}_2-\boldsymbol{\alpha}_3+4\boldsymbol{\alpha}_4$；

(3) $\boldsymbol{\beta}$ 不能由 $\boldsymbol{\alpha}_1,\boldsymbol{\alpha}_2,\boldsymbol{\alpha}_3,\boldsymbol{\alpha}_4$ 线性表出.

(4) 表示法不唯一. $\boldsymbol{\beta}=0\boldsymbol{\alpha}_1+\boldsymbol{\alpha}_2-\boldsymbol{\alpha}_3+0\boldsymbol{\alpha}_4$；$\boldsymbol{\beta}=-\boldsymbol{\alpha}_1+0\boldsymbol{\alpha}_2-2\boldsymbol{\alpha}_3+\boldsymbol{\alpha}_4$.

2. 证 已知

$$\boldsymbol{\beta}=k_1\boldsymbol{\alpha}_1+k_2\boldsymbol{\alpha}_2+\cdots+k_r\boldsymbol{\alpha}_r.$$

则对任意向量组 $\boldsymbol{\alpha}_{r+1},\cdots,\boldsymbol{\alpha}_s$ 有

$$\boldsymbol{\beta}=k_1\boldsymbol{\alpha}_1+k_2\boldsymbol{\alpha}_2+\cdots+k_r\boldsymbol{\alpha}_r+0\boldsymbol{\alpha}_{r+1}+\cdots+0\boldsymbol{\alpha}_s.$$

3. 分析 因为 $\{\boldsymbol{\alpha}_1,\boldsymbol{\alpha}_2,\cdots,\boldsymbol{\alpha}_r\}\subset\{\boldsymbol{\alpha}_1,\boldsymbol{\alpha}_2,\cdots,\boldsymbol{\alpha}_r,\boldsymbol{\alpha}_{r+1},\cdots,\boldsymbol{\alpha}_s\}$. 利用例 3.2.2 结论.

4. 分析 设 $x_1\boldsymbol{\alpha}_1+x_2\boldsymbol{\alpha}_2+\cdots+x_s\boldsymbol{\alpha}_s=\boldsymbol{\beta}$ 和 $x_1\bar{\boldsymbol{\alpha}}_1+x_2\bar{\boldsymbol{\alpha}}_2+\cdots+x_s\bar{\boldsymbol{\alpha}}_s=\bar{\boldsymbol{\beta}}$. 即有线性方程组

$$(\text{I})\begin{cases}a_{11}x_1+a_{12}x_2+\cdots+a_{1s}x_s=b_1,\\ a_{21}x_1+a_{22}x_2+\cdots+a_{2s}x_s=b_2,\\ \cdots\cdots\cdots\cdots\cdots\cdots\cdots\cdots\\ a_{n1}x_1+a_{n2}x_2+\cdots+a_{ns}x_s=b_n,\\ a_{n+1,1}x_1+a_{n+1,2}x_2+\cdots+a_{n+1,s}x_s=b_{n+1};\end{cases}\qquad \text{和}$$

$$(\text{II})\begin{cases}a_{11}x_1+a_{12}x_2+\cdots+a_{1s}x_s=b_1,\\ a_{21}x_1+a_{22}x_2+\cdots+a_{2s}x_s=b_2,\\ \cdots\cdots\cdots\cdots\cdots\cdots\cdots\cdots\\ a_{n1}x_1+a_{n2}x_2+\cdots+a_{ns}x_s=b_n.\end{cases}$$

因为(Ⅱ)是(Ⅰ)的部分方程组,所以(Ⅰ)有解,(Ⅱ)必有解. 反之,(Ⅱ)无解,(Ⅰ)也就无解.

5. 证 (Ⅰ)与(Ⅱ)是同一个向量组. 根据反身性(Ⅰ)≅(Ⅱ).

(Ⅰ)可由(Ⅲ)线性表出：因为(Ⅰ)中 $\{\boldsymbol{\alpha}_1,\cdots,\boldsymbol{\alpha}_{i-1},\boldsymbol{\alpha}_{i+1},\cdots,\boldsymbol{\alpha}_s\}\subset$(Ⅱ),(Ⅰ)中

$$\boldsymbol{\alpha}_i=0\boldsymbol{\alpha}_1+\cdots+0\boldsymbol{\alpha}_{i-1}+\frac{1}{c}(c\boldsymbol{\alpha}_i)+0\boldsymbol{\alpha}_{i+1}+\cdots+0\boldsymbol{\alpha}_s\quad(c\neq 0).$$

反之,(Ⅲ)可由(Ⅰ)线性表出：因为(Ⅲ)中 $\{\boldsymbol{\alpha}_1,\cdots,\boldsymbol{\alpha}_{i-1},\cdots,\boldsymbol{\alpha}_{i+1},\cdots,\boldsymbol{\alpha}_s\}\subset$(Ⅰ),又(Ⅲ)中

$$c\boldsymbol{\alpha}_i=0\boldsymbol{\alpha}_1+\cdots+0\boldsymbol{\alpha}_{i-1}+c\boldsymbol{\alpha}_i+0\boldsymbol{\alpha}_{i+1}+\cdots+0\boldsymbol{\alpha}_s.$$

所以(Ⅰ)≅(Ⅲ).

（Ⅰ）可由（Ⅳ）线性表出：因为（Ⅰ）中$\{\boldsymbol{\alpha}_1,\cdots,\boldsymbol{\alpha}_{j-1},\boldsymbol{\alpha}_{j+1},\cdots,\boldsymbol{\alpha}_s\}\subset$（Ⅳ），又（Ⅰ）中

$$\boldsymbol{\alpha}_j=0\boldsymbol{\alpha}_1+\cdots+0\boldsymbol{\alpha}_{i-1}-k\boldsymbol{\alpha}_i+0\boldsymbol{\alpha}_{i+1}+\cdots+0\boldsymbol{\alpha}_{j-1}+(\boldsymbol{\alpha}_j+k\boldsymbol{\alpha}_i)+0\boldsymbol{\alpha}_{j+1}+\cdots+0\boldsymbol{\alpha}_s.$$

反之，（Ⅳ）可由（Ⅰ）线性表出：因为（Ⅳ）中$\{\boldsymbol{\alpha}_1,\cdots,\boldsymbol{\alpha}_{j-1},\boldsymbol{\alpha}_{j+1},\cdots,\boldsymbol{\alpha}_s\}\subset$（Ⅰ），又（Ⅳ）中

$$\boldsymbol{\alpha}_j+k\boldsymbol{\alpha}_i=0\boldsymbol{\alpha}_1+\cdots+0\boldsymbol{\alpha}_{i-1}+k\boldsymbol{\alpha}_i+0\boldsymbol{\alpha}_{i+1}+\cdots+0\boldsymbol{\alpha}_{j-1}+\boldsymbol{\alpha}_j+0\boldsymbol{\alpha}_{j+1}+\cdots+0\boldsymbol{\alpha}_s,$$

所以（Ⅰ）$\cong$（Ⅳ）.

习　题　3.3

1. (1) 线性相关. 因为其中含有零向量；

(2) 线性相关. 因为其中 $\boldsymbol{\alpha}_2=2\boldsymbol{\alpha}_1$. $\boldsymbol{\alpha}_1,\boldsymbol{\alpha}_2$ 线性相关，所以 $\boldsymbol{\alpha}_1,\boldsymbol{\alpha}_2,\boldsymbol{\alpha}_3$ 也线性相关；

(3) 线性相关. 因为这是 4 个 3 元向量，向量个数大于分量个数，所以线性相关；

(4) 线性无关. 因为这是 4 个 4 元向量，它们的分量组成的行列式不等于零；

(5) 线性无关. 因为向量方程 $x_1\boldsymbol{\alpha}_1+x_2\boldsymbol{\alpha}_2+x_3\boldsymbol{\alpha}_3=\boldsymbol{0}$ 只有零解；

(6) 线性相关. 因为向量方程 $x_1\boldsymbol{\alpha}_1^{\mathrm{T}}+x_2\boldsymbol{\alpha}_2^{\mathrm{T}}+x_3\boldsymbol{\alpha}_3^{\mathrm{T}}=\boldsymbol{0}^{\mathrm{T}}$ 有非零解；

(7) 线性无关. 因为向量方程 $x_1\boldsymbol{\alpha}_1+x_2\boldsymbol{\alpha}_2+x_3\boldsymbol{\alpha}_3+x_4\boldsymbol{\alpha}_4=\boldsymbol{0}$ 只有零解；

(8) 线性相关. 因为向量方程 $x_1\boldsymbol{\alpha}_1^{\mathrm{T}}+x_2\boldsymbol{\alpha}_2^{\mathrm{T}}+x_3\boldsymbol{\alpha}_3^{\mathrm{T}}+x_4\boldsymbol{\alpha}_4^{\mathrm{T}}=\boldsymbol{0}^{\mathrm{T}}$ 有非零解.

2. 分析　设

$$x_1\boldsymbol{\alpha}_1+x_2\boldsymbol{\alpha}_2+x_3\boldsymbol{\alpha}_3=\boldsymbol{0}\quad 和\quad x_1\bar{\boldsymbol{\alpha}}_1+x_2\bar{\boldsymbol{\alpha}}_2+x_3\bar{\boldsymbol{\alpha}}_3=\bar{\boldsymbol{0}},$$

即齐次线性方程组

$$(\mathrm{I})\begin{cases}a_{11}x_1+a_{12}x_2+a_{13}x_3=0,\\a_{21}x_1+a_{22}x_2+a_{23}x_3=0,\\a_{31}x_1+a_{32}x_2+a_{33}x_3=0,\end{cases}\quad 和\quad(\mathrm{II})\begin{cases}a_{11}x_1+a_{12}x_2+a_{13}x_3=0,\\a_{21}x_1+a_{22}x_2+a_{23}x_3=0,\\a_{31}x_1+a_{32}x_2+a_{33}x_3=0,\\a_{41}x_1+a_{42}x_2+a_{43}x_3=0.\end{cases}$$

因为（Ⅰ）是（Ⅱ）的部分组，所以若（Ⅰ）只有零解，则（Ⅱ）也只有零解. 反之，若（Ⅱ）有非零解，则（Ⅰ）也有非零解.

3. 分析

(1) 证明 $x_1\boldsymbol{\alpha}_1+x_2(\boldsymbol{\alpha}_1+\boldsymbol{\alpha}_2)+x_3(\boldsymbol{\alpha}_1+\boldsymbol{\alpha}_2+\boldsymbol{\alpha}_3)=\mathbf{0}$ 只有零解；

(2) 证明 $x_1\boldsymbol{\beta}_1+x_2\boldsymbol{\beta}_2+x_3\boldsymbol{\beta}_3=\mathbf{0}$ 有非零解.

4. 反证法.

习 题 3.4

1. (1) $\boldsymbol{\alpha}_2,\boldsymbol{\alpha}_3,\boldsymbol{\alpha}_4$；(2) $\boldsymbol{\alpha}_1,\boldsymbol{\alpha}_2$；(3) $\boldsymbol{\alpha}_1$；(4) $\boldsymbol{\alpha}_1,\boldsymbol{\alpha}_3$；(5) $\boldsymbol{\alpha}_1,\boldsymbol{\alpha}_2,\boldsymbol{\alpha}_3,\boldsymbol{\alpha}_4$.

2. (1) 3；(2) 2；(3) 1；(4) 2；(5) 4.

3. 分析 已知 $\boldsymbol{\alpha}_1,\boldsymbol{\alpha}_2$ 是4元向量. 因为它们的对应分量不成比例，所以 $\boldsymbol{\alpha}_1,\boldsymbol{\alpha}_2$ 线性无关. 要求给出 $\boldsymbol{\alpha}_3,\boldsymbol{\alpha}_4$ 使秩$\{\boldsymbol{\alpha}_1,\boldsymbol{\alpha}_2,\boldsymbol{\alpha}_3,\boldsymbol{\alpha}_4\}=4$，即要求 $\boldsymbol{\alpha}_1,\boldsymbol{\alpha}_2,\boldsymbol{\alpha}_3,\boldsymbol{\alpha}_4$ 线性无关. 因为 n 个 n 元向量线性无关的充分必要条件是其分量组成的行列式不等于零，所以取 $\boldsymbol{\alpha}_3=(0,0,1,0)^{\mathrm T}$，$\boldsymbol{\alpha}_4=(0,0,0,1)^{\mathrm T}$. 这样行列式

$$\begin{vmatrix}1&3&0&0\\2&-2&0&0\\-1&4&1&0\\0&1&0&1\end{vmatrix}=\begin{vmatrix}1&3\\2&-2\end{vmatrix}\cdot\begin{vmatrix}1&0\\0&1\end{vmatrix}=-8\neq0.$$

向量组 $\boldsymbol{\alpha}_1,\boldsymbol{\alpha}_2,\boldsymbol{\alpha}_3,\boldsymbol{\alpha}_4$ 线性无关，秩$\{\boldsymbol{\alpha}_1,\boldsymbol{\alpha}_2,\boldsymbol{\alpha}_3,\boldsymbol{\alpha}_4\}=4$.

4. 证 必要性：已知向量组 $\boldsymbol{\alpha}_1,\boldsymbol{\alpha}_2,\cdots,\boldsymbol{\alpha}_r$ 线性无关，则极大无关组就是 $\boldsymbol{\alpha}_1,\boldsymbol{\alpha}_2,\cdots,\boldsymbol{\alpha}_r$ 本身，所以秩$\{\boldsymbol{\alpha}_1,\boldsymbol{\alpha}_2,\cdots,\boldsymbol{\alpha}_r\}=r$. 充分性：已知秩$\{\boldsymbol{\alpha}_1,\boldsymbol{\alpha}_2,\cdots,\boldsymbol{\alpha}_r\}=r$，则极大无关组含有 r 个向量，而 $\boldsymbol{\alpha}_1,\boldsymbol{\alpha}_2,\cdots,\boldsymbol{\alpha}_r$ 只有 r 个向量. 所以 $\boldsymbol{\alpha}_1,\boldsymbol{\alpha}_2,\cdots,\boldsymbol{\alpha}_r$ 就是极大无关组，$\boldsymbol{\alpha}_1,\boldsymbol{\alpha}_2,\cdots,\boldsymbol{\alpha}_r$ 线性无关.

5. 分析 不妨设 $\boldsymbol{\alpha}_1,\boldsymbol{\alpha}_2,\cdots,\boldsymbol{\alpha}_{r_1}$ $(r_1\leqslant s)$ 是 $\boldsymbol{\alpha}_1,\boldsymbol{\alpha}_2,\cdots,\boldsymbol{\alpha}_s$ 的极大无关组；$\boldsymbol{\beta}_1,\boldsymbol{\beta}_2,\cdots,\boldsymbol{\beta}_{r_2}$ $(r_2\leqslant t)$ 是 $\boldsymbol{\beta}_1,\boldsymbol{\beta}_2,\cdots,\boldsymbol{\beta}_t$ 的极大无关组. 欲证 $r_1\leqslant r_2$，利用定理3.3.6逆否命题，$\boldsymbol{\alpha}_1,\boldsymbol{\alpha}_2,\cdots,\boldsymbol{\alpha}_{r_1}$ 可由 $\boldsymbol{\beta}_1,\boldsymbol{\beta}_2,\cdots,\boldsymbol{\beta}_{r_2}$ 线性表出，$\boldsymbol{\alpha}_1,\boldsymbol{\alpha}_2,\cdots,\boldsymbol{\alpha}_{r_1}$ 线性无关，则 $r_1\leqslant r_2$.

6. 利用第5题结论证.

7. 分析 已知 $\boldsymbol{\alpha}_1,\boldsymbol{\alpha}_2,\cdots,\boldsymbol{\alpha}_s$ 可由 $\boldsymbol{\beta}_1,\boldsymbol{\beta}_2,\cdots,\boldsymbol{\beta}_t$ 线性表出，只需证 $\boldsymbol{\beta}_1,\boldsymbol{\beta}_2,\cdots,\boldsymbol{\beta}_t$ 可由 $\boldsymbol{\alpha}_1,\boldsymbol{\alpha}_2,\cdots,\boldsymbol{\alpha}_s$ 线性表出.

设 $\boldsymbol{\alpha}_1,\boldsymbol{\alpha}_2,\cdots,\boldsymbol{\alpha}_r$ 是 $\boldsymbol{\alpha}_1,\boldsymbol{\alpha}_2,\cdots,\boldsymbol{\alpha}_s$ 的极大无关组，

$\boldsymbol{\beta}_1,\boldsymbol{\beta}_2,\cdots,\boldsymbol{\beta}_r$ 是 $\boldsymbol{\beta}_1,\boldsymbol{\beta}_2,\cdots,\boldsymbol{\beta}_t$ 的极大无关组.

由线性表出传递性知 $\boldsymbol{\alpha}_1,\boldsymbol{\alpha}_2,\cdots,\boldsymbol{\alpha}_s$ 可由 $\boldsymbol{\beta}_1,\boldsymbol{\beta}_2,\cdots,\boldsymbol{\beta}_r$ 线性表出. 所以 $\boldsymbol{\beta}_1,\boldsymbol{\beta}_2,\cdots,\boldsymbol{\beta}_r$ 是向量组

$$\{\boldsymbol{\alpha}_1,\boldsymbol{\alpha}_2,\cdots,\boldsymbol{\alpha}_s,\boldsymbol{\beta}_1,\boldsymbol{\beta}_2,\cdots,\boldsymbol{\beta}_t\}$$

的极大无关组，推出

$$秩\{\boldsymbol{\alpha}_1,\boldsymbol{\alpha}_2,\cdots,\boldsymbol{\alpha}_s,\boldsymbol{\beta}_1,\boldsymbol{\beta}_2,\cdots,\boldsymbol{\beta}_t\}=r.$$

所以 $\boldsymbol{\alpha}_1,\boldsymbol{\alpha}_2,\cdots,\boldsymbol{\alpha}_r$ 是$\{\boldsymbol{\alpha}_1,\boldsymbol{\alpha}_2,\cdots,\boldsymbol{\alpha}_s,\boldsymbol{\beta}_1,\boldsymbol{\beta}_2,\cdots,\boldsymbol{\beta}_t\}$的极大无关组. $\boldsymbol{\beta}_1,\boldsymbol{\beta}_2,\cdots,\boldsymbol{\beta}_t$ 可由 $\boldsymbol{\alpha}_1,\boldsymbol{\alpha}_2,\cdots,\boldsymbol{\alpha}_r$ 线性表出，也可由 $\boldsymbol{\alpha}_1,\boldsymbol{\alpha}_2,\cdots,\boldsymbol{\alpha}_s$ 线性表出.

8. 分析 设

$$\boldsymbol{\alpha}_1,\boldsymbol{\alpha}_2,\cdots,\boldsymbol{\alpha}_{r_1}\ 是\ \boldsymbol{\alpha}_1,\boldsymbol{\alpha}_2,\cdots,\boldsymbol{\alpha}_s\ 的极大无关组,$$

$$\boldsymbol{\beta}_1,\boldsymbol{\beta}_2,\cdots,\boldsymbol{\beta}_{r_2}\ 是\ \boldsymbol{\beta}_1,\boldsymbol{\beta}_2,\cdots,\boldsymbol{\beta}_t\ 的极大无关组.$$

设

$$秩\{\boldsymbol{\alpha}_1,\boldsymbol{\alpha}_2,\cdots,\boldsymbol{\alpha}_s,\boldsymbol{\beta}_1,\boldsymbol{\beta}_2,\cdots,\boldsymbol{\beta}_t\}=r.$$

欲证 $r\leqslant r_1+r_2$. 据定理3.3.6逆否命题，只需证$\{\boldsymbol{\alpha}_1,\boldsymbol{\alpha}_2,\cdots,\boldsymbol{\alpha}_s,\boldsymbol{\beta}_1,\boldsymbol{\beta}_2,\cdots,\boldsymbol{\beta}_t\}$的极大无关组可由 $\boldsymbol{\alpha}_1,\boldsymbol{\alpha}_2,\cdots,\boldsymbol{\alpha}_{r_1},\boldsymbol{\beta}_1,\boldsymbol{\beta}_2,\cdots,\boldsymbol{\beta}_{r_2}$ 线性表出.

9. 分析 必要性：根据第6题只需证明$\{\boldsymbol{\alpha}_1,\boldsymbol{\alpha}_2,\cdots,\boldsymbol{\alpha}_s\}\cong\{\boldsymbol{\alpha}_1,\boldsymbol{\alpha}_2,\cdots,\boldsymbol{\alpha}_s,\boldsymbol{\beta}\}$. 充分性：设秩$\{\boldsymbol{\alpha}_1,\boldsymbol{\alpha}_2,\cdots,\boldsymbol{\alpha}_s\}=$秩$\{\boldsymbol{\alpha}_1,\boldsymbol{\alpha}_2,\cdots,\boldsymbol{\alpha}_s,\boldsymbol{\beta}\}=r$，那么$\{\boldsymbol{\alpha}_1,\boldsymbol{\alpha}_2,\cdots,\boldsymbol{\alpha}_s\}$的极大无关组(不妨设为)$\boldsymbol{\alpha}_1,\boldsymbol{\alpha}_2,\cdots,\boldsymbol{\alpha}_r$ 也是$\{\boldsymbol{\alpha}_1,\boldsymbol{\alpha}_2,\cdots,\boldsymbol{\alpha}_s,\boldsymbol{\beta}\}$的极大无关组. $\boldsymbol{\beta}$ 可由 $\boldsymbol{\alpha}_1,\boldsymbol{\alpha}_2,\cdots,\boldsymbol{\alpha}_r$ 线性表出，也就可由 $\boldsymbol{\alpha}_1,\boldsymbol{\alpha}_2,\cdots,\boldsymbol{\alpha}_s$ 线性表出.

10. 解

(1) 因为 $\boldsymbol{\alpha}_1,\boldsymbol{\alpha}_2,\boldsymbol{\alpha}_3,\boldsymbol{\alpha}_4,\boldsymbol{\alpha}_5$ 中有非零向量，所以有极大无关组.

$$(\boldsymbol{\alpha}_1\ \boldsymbol{\alpha}_2\ \boldsymbol{\alpha}_3\ \boldsymbol{\alpha}_4\ \boldsymbol{\alpha}_5)=\begin{bmatrix} ① & 2 & -4 & -1 & -2 \\ 2 & -1 & 3 & 4 & 2 \\ 4 & 0 & 2 & 6 & 2 \\ 3 & -2 & 1 & 2 & -1 \\ 1 & -1 & 2 & 2 & 1 \end{bmatrix}$$

$$\xrightarrow[⑤-①]{\substack{②-2①\\ ③-4①\\ ④-3①}}\begin{bmatrix} 1 & 2 & -4 & -1 & -2 \\ 0 & -5 & 11 & 6 & 6 \\ 0 & -8 & 18 & 10 & 10 \\ 0 & -8 & 13 & 5 & 5 \\ 0 & -3 & 6 & 3 & 3 \end{bmatrix}$$

$$\xrightarrow{\substack{\frac{1}{2}③\\ -\frac{1}{3}⑤}}\begin{bmatrix} 1 & 2 & -4 & -1 & -2 \\ 0 & -5 & 11 & 6 & 6 \\ 0 & -4 & 9 & 5 & 5 \\ 0 & -8 & 13 & 5 & 5 \\ 0 & 1 & -2 & -1 & -1 \end{bmatrix}$$

$$\xrightarrow{②⑤}\begin{bmatrix}1 & 2 & -4 & -1 & -2\\ 0 & \text{①} & -2 & -1 & -1\\ 0 & -4 & 9 & 5 & 5\\ 0 & -8 & 13 & 5 & 5\\ 0 & -5 & 11 & 6 & 6\end{bmatrix}$$

$$\xrightarrow[⑤+5②]{③+4② \\ ④+8②}\begin{bmatrix}1 & 2 & -4 & -1 & -2\\ 0 & 1 & -2 & -1 & -1\\ 0 & 0 & \text{①} & 1 & 1\\ 0 & 0 & -3 & -3 & -3\\ 0 & 0 & 1 & 1 & 1\end{bmatrix}$$

$$\xrightarrow[⑤-③]{④+3③}\begin{bmatrix}1 & 2 & -4 & -1 & -2\\ 0 & 1 & -2 & -1 & -1\\ 0 & 0 & 1 & 1 & 1\\ 0 & 0 & 0 & 0 & 0\\ 0 & 0 & 0 & 0 & 0\end{bmatrix}=\boldsymbol{A},$$

$\boldsymbol{\alpha}_1,\boldsymbol{\alpha}_2,\boldsymbol{\alpha}_3$ 是 $\boldsymbol{\alpha}_1,\boldsymbol{\alpha}_2,\boldsymbol{\alpha}_3,\boldsymbol{\alpha}_4,\boldsymbol{\alpha}_5$ 的极大无关组.

(2) 因为秩$\{\boldsymbol{\alpha}_1,\boldsymbol{\alpha}_2,\boldsymbol{\alpha}_3,\boldsymbol{\alpha}_4,\boldsymbol{\alpha}_5\}=3<$ 向量组所含向量个数 5,所以 $\boldsymbol{\alpha}_1,\boldsymbol{\alpha}_2,\boldsymbol{\alpha}_3,\boldsymbol{\alpha}_4,\boldsymbol{\alpha}_5$ 线性相关.

(3) 设 $x_1\boldsymbol{\alpha}_1+x_2\boldsymbol{\alpha}_2+x_3\boldsymbol{\alpha}_3=\boldsymbol{\alpha}_4,\boldsymbol{\alpha}_5$. 同时解两个线性方程组,继续对 $\boldsymbol{A}$ 作初等行变换(分离系数消元法)

$$\left[\begin{array}{ccc:cc}1 & 2 & -4 & -1 & -2\\ 0 & 1 & -2 & -1 & -1\\ 0 & 0 & 1 & 1 & 1\end{array}\right]\xrightarrow{①-2②}\left[\begin{array}{ccc:cc}1 & 0 & 0 & 1 & 0\\ 0 & 1 & -2 & -1 & -1\\ 0 & 0 & 1 & 1 & 1\end{array}\right]$$

$$\xrightarrow{②+2③}\left[\begin{array}{ccc:cc}1 & 0 & 0 & 1 & 0\\ 0 & 1 & 0 & 1 & 1\\ 0 & 0 & 1 & 1 & 1\end{array}\right],$$

$\boldsymbol{\alpha}_4=\boldsymbol{\alpha}_1+\boldsymbol{\alpha}_2+\boldsymbol{\alpha}_3$;$\boldsymbol{\alpha}_5=0\boldsymbol{\alpha}_1+\boldsymbol{\alpha}_2+\boldsymbol{\alpha}_3$.

习 题 3.5

1. (1) $\boldsymbol{W}$ 是 $\mathbf{R}^3$ 的零子空间,表示几何空间的原点. 没有基底. 维$(\boldsymbol{W})=0$;

(2) $\boldsymbol{W}=\mathbf{R}^3$ 就是几何空间. $\boldsymbol{\varepsilon}_1=(1,0,0),\boldsymbol{\varepsilon}_2=(0,1,0),\boldsymbol{\varepsilon}_3=(0,0,1)$ 就是 $\boldsymbol{W}$ 的一个基底. 维$(\boldsymbol{W})=3$;

(3) $\boldsymbol{W}$ 是 $\mathbf{R}^3$ 的一个 1 维子空间. 表示几何空间中 y 轴上所有向量的集合. $\boldsymbol{\varepsilon}=$

(0,1,0) 就是一个基底；

(4) W 是 $\mathbf{R}^3$ 的一个 1 维子空间. 表示几何空间中 z 轴上所有向量的集合. $\boldsymbol{\eta}=(0,0,1)$ 就是一个基底；

(5) W 是 $\mathbf{R}^3$ 的一个 2 维子空间. 表示几何空间中 yOz 平面上所有向量的集合. $\boldsymbol{\eta}_1=(0,1,0)$, $\boldsymbol{\eta}_2=(0,0,1)$ 就是 W 的一个基底；

(6) W 是 $\mathbf{R}^3$ 的一个 2 维子空间. 表示几何空间中 xOz 平面上所有向量的集合. $\boldsymbol{\gamma}_1=(1,0,0)$, $\boldsymbol{\gamma}_2=(0,0,1)$ 就是 W 的一个基底.

2. (1) $W=L(\boldsymbol{\alpha}_1,\boldsymbol{\alpha}_2,\boldsymbol{\alpha}_3,\boldsymbol{\alpha}_4)$, 维$(W)=4$, 基底：$\boldsymbol{\alpha}_1,\boldsymbol{\alpha}_2,\boldsymbol{\alpha}_3,\boldsymbol{\alpha}_4$；

(2) $W=L(\boldsymbol{\beta}_1,\boldsymbol{\beta}_2,\boldsymbol{\beta}_3,\boldsymbol{\beta}_4)$, 维$(W)=3$, 基底：$\boldsymbol{\beta}_1,\boldsymbol{\beta}_2,\boldsymbol{\beta}_3$；

(3) $W=L(\boldsymbol{\gamma}_1,\boldsymbol{\gamma}_2,\boldsymbol{\gamma}_3)$, 维$(W)=2$, 基底：$\boldsymbol{\gamma}_1,\boldsymbol{\gamma}_2$；

(4) $W=L(\boldsymbol{\eta}_1,\boldsymbol{\eta}_2,\boldsymbol{\eta}_3)$, 维$(W)=1$, 基底：$\boldsymbol{\eta}_1$.

3. (1) $\boldsymbol{\alpha}_1,\boldsymbol{\alpha}_2,\boldsymbol{\alpha}_3,\boldsymbol{\alpha}_4$ 是 $\mathbf{R}^4$ 的一个基底. 因为 $\mathbf{R}^4$ 是 4 维向量空间，由 $\boldsymbol{\alpha}_1,\boldsymbol{\alpha}_2,\boldsymbol{\alpha}_3,\boldsymbol{\alpha}_4$ 的分量组成的行列式

$$\begin{vmatrix} -1 & 1 & 1 & 1 \\ 1 & -1 & 1 & 1 \\ 1 & 1 & -1 & 1 \\ 1 & 1 & 1 & -1 \end{vmatrix} = -16 \neq 0,$$

$\boldsymbol{\alpha}_1,\boldsymbol{\alpha}_2,\boldsymbol{\alpha}_3,\boldsymbol{\alpha}_4$ 线性无关，所以 $\boldsymbol{\alpha}_1,\boldsymbol{\alpha}_2,\boldsymbol{\alpha}_3,\boldsymbol{\alpha}_4$ 是 $\mathbf{R}^4$ 的一个基底. 解向量方程

$$x_1\boldsymbol{\alpha}_1+x_2\boldsymbol{\alpha}_2+x_3\boldsymbol{\alpha}_3+x_4\boldsymbol{\alpha}_4=\boldsymbol{\beta},$$

即解线性方程组

$$\begin{cases} -x_1+x_2+x_3+x_4=4, \\ x_1-x_2+x_3+x_4=10, \\ x_1+x_2-x_3+x_4=2, \\ x_1+x_2+x_3-x_4=0. \end{cases}$$

得 $\boldsymbol{\beta}$ 在基底 $\boldsymbol{\alpha}_1,\boldsymbol{\alpha}_2,\boldsymbol{\alpha}_3,\boldsymbol{\alpha}_4$ 下的坐标为 $x_1=2, x_2=-1, x_3=3, x_4=4$.

(2) $\mathbf{R}^4$ 是 4 维向量空间. $\boldsymbol{\eta}_1,\boldsymbol{\eta}_2,\boldsymbol{\eta}_3,\boldsymbol{\eta}_4$ 是 $\mathbf{R}^4$ 中 4 个线性无关的向量，所以是 $\mathbf{R}^4$ 的一个基底，$\boldsymbol{\beta}$ 在基底 $\boldsymbol{\eta}_1,\boldsymbol{\eta}_2,\boldsymbol{\eta}_3,\boldsymbol{\eta}_4$ 下的坐标为 $x_1=-\dfrac{8}{3}, x_2=-\dfrac{2}{3}, x_3=\dfrac{4}{3}, x_4=4$.

4. 证 已知 W 是向量空间 V 的子空间，则 $W\subseteq V$，且 $W\neq\varnothing$. 不妨设 $\boldsymbol{\alpha}\in W$，因为 W 对 V 的线性运算封闭. 所以 $0\boldsymbol{\alpha}=\mathbf{0}\in W$.

5. 若 $\gamma_0 \overline{\in} W$, 则陪集 $\gamma_0 + W$ 不是向量空间, 因为 $\gamma_0 + W$ 中不包含零向量.

习 题 3.6

1. (1) 基础解系 $\boldsymbol{\eta} = (0,1,2,1)^T$. 解空间 $W = L(\boldsymbol{\eta})$ 是 1 维的. 基底 $\boldsymbol{\eta}$;

(2) 基础解系 $\begin{cases} \boldsymbol{\eta}_1 = (-2,1,1,0,0)^T, \\ \boldsymbol{\eta}_2 = (2,-3,0,1,0)^T, \\ \boldsymbol{\eta}_3 = (-1,0,0,0,1)^T. \end{cases}$

解空间 $W = L(\boldsymbol{\eta}_1, \boldsymbol{\eta}_2, \boldsymbol{\eta}_3)$ 是 3 维的. 基底 $\boldsymbol{\eta}_1, \boldsymbol{\eta}_2, \boldsymbol{\eta}_3$;

(3) 基础解系 $\begin{cases} \boldsymbol{\eta}_1 = (-1,1,0,0,0)^T, \\ \boldsymbol{\eta}_2 = (1,0,0,1,0)^T. \end{cases}$

解空间 $W = L(\boldsymbol{\eta}_1, \boldsymbol{\eta}_2)$ 是 2 维的. 基底 $\boldsymbol{\eta}_1, \boldsymbol{\eta}_2$;

(4) 基础解系 $\begin{cases} \boldsymbol{\eta}_1 = (-1,1,0,0,0)^T, \\ \boldsymbol{\eta}_2 = (-1,0,2,1,0)^T, \\ \boldsymbol{\eta}_3 = (1,0,-7,0,2)^T. \end{cases}$

解空间 $W = L(\boldsymbol{\eta}_1, \boldsymbol{\eta}_2, \boldsymbol{\eta}_3)$ 是 3 维的. 基底 $\boldsymbol{\eta}_1, \boldsymbol{\eta}_2, \boldsymbol{\eta}_3$;

(5) 基础解系 $\begin{cases} \boldsymbol{\eta}_1 = (-1,1,0,0,\cdots,0)^T, \\ \boldsymbol{\eta}_2 = (-1,0,1,0,\cdots,0)^T, \\ \boldsymbol{\eta}_3 = (-1,0,0,1,\cdots,0)^T, \\ \cdots\cdots\cdots\cdots\cdots\cdots\cdots\cdots \\ \boldsymbol{\eta}_{n-1} = (-1,0,0,0,\cdots,1)^T. \end{cases}$

解空间 $W = L(\boldsymbol{\eta}_1, \boldsymbol{\eta}_2, \cdots, \boldsymbol{\eta}_{n-1})$ 是 $n-1$ 维的. 基底 $\boldsymbol{\eta}_1, \boldsymbol{\eta}_2, \cdots, \boldsymbol{\eta}_{n-1}$.

2. (1) **解** $\boldsymbol{\alpha}_1 = \boldsymbol{\eta}_1 + \boldsymbol{\eta}_2, \boldsymbol{\alpha}_2 = \boldsymbol{\eta}_3 - \boldsymbol{\eta}_2, \boldsymbol{\alpha}_3 = \boldsymbol{\eta}_1 + \boldsymbol{\eta}_2 + \boldsymbol{\eta}_3$ 都是基础解系 $\boldsymbol{\eta}_1, \boldsymbol{\eta}_2, \boldsymbol{\eta}_3$ 的线性组合, 所以 $\boldsymbol{\alpha}_1, \boldsymbol{\alpha}_2, \boldsymbol{\alpha}_3$ 是解. 已知 $\boldsymbol{\eta}_1, \boldsymbol{\eta}_2, \boldsymbol{\eta}_3$ 是基础解系, 所以解空间是 3 维的. 设

$$x_1 \boldsymbol{\alpha}_1 + x_2 \boldsymbol{\alpha}_2 + x_3 \boldsymbol{\alpha}_3 = \boldsymbol{0},$$

即

$$x_1(\boldsymbol{\eta}_1 + \boldsymbol{\eta}_2) + x_2(\boldsymbol{\eta}_3 - \boldsymbol{\eta}_2) + x_3(\boldsymbol{\eta}_1 + \boldsymbol{\eta}_2 + \boldsymbol{\eta}_3) = \boldsymbol{0}.$$

亦即

$$(x_1 + x_3)\boldsymbol{\eta}_1 + (x_1 - x_2 + x_3)\boldsymbol{\eta}_2 + (x_2 + x_3)\boldsymbol{\eta}_3 = \boldsymbol{0}.$$

因为 $\boldsymbol{\eta}_1, \boldsymbol{\eta}_2, \boldsymbol{\eta}_3$ 线性无关, 所以

$$\begin{cases} x_1 + x_2 = 0, \\ x_1 - x_2 + x_3 = 0, \\ x_2 + x_3 = 0. \end{cases}$$

该齐次线性方程组系数行列式

$$\begin{vmatrix} 1 & 1 & 0 \\ 1 & -1 & 1 \\ 0 & 1 & 1 \end{vmatrix} = -3 \neq 0,$$

只有零解：$x_1 = x_2 = x_3 = 0$，故 $\boldsymbol{\alpha}_1, \boldsymbol{\alpha}_2, \boldsymbol{\alpha}_3$ 是基础解系.

(2) 因为 $\boldsymbol{\eta}_1 + 2\boldsymbol{\eta}_2 + 3\boldsymbol{\eta}_3, 2\boldsymbol{\eta}_1 - \boldsymbol{\eta}_2 + \boldsymbol{\eta}_3, \boldsymbol{\eta}_1 + \boldsymbol{\eta}_2 + 2\boldsymbol{\eta}_3$ 线性相关，所以不是基础解系.

习　题　3.7

1. (1) 特解 $\boldsymbol{\gamma}_0 = (6, -4, -2, 0)$，

导出组基础解系 $\boldsymbol{\eta} = (-5, 3, 1, 1)$，

全部解为 $\boldsymbol{\gamma}_0 + \boldsymbol{L}(\boldsymbol{\eta})$；

(2) 特解 $\boldsymbol{\gamma}_0 = (-3, 3, 0, -2, 0)$，

导出组基础解系 $\boldsymbol{\eta}_1 = (3, -1, 1, 2, 0), \boldsymbol{\eta}_2 = (1, -1, 0, 1, 1)$，

全部解为 $\boldsymbol{\gamma}_0 + \boldsymbol{L}(\boldsymbol{\eta}_1, \boldsymbol{\eta}_2)$；

(3) 特解 $\boldsymbol{\gamma}_0 = (1, 1, 1, 0, 0)$，

导出组基础解系 $\begin{cases} \boldsymbol{\eta}_1 = (5, -6, 3, 0, 0), \\ \boldsymbol{\eta}_2 = (5, -9, 0, 3, 0), \\ \boldsymbol{\eta}_3 = (-8, 6, 0, 0, 3), \end{cases}$

全部解为 $\boldsymbol{\gamma}_0 + \boldsymbol{L}(\boldsymbol{\eta}_1, \boldsymbol{\eta}_2, \boldsymbol{\eta}_3)$；

(4) 特解 $\boldsymbol{\gamma}_0 = (2, 0, -1, 0, 1)$，

导出组基础解系 $\begin{cases} \boldsymbol{\eta}_1 = (-1, 1, 0, 0, 0), \\ \boldsymbol{\eta}_2 = (-1, 0, 2, 1, 0), \\ \boldsymbol{\eta}_3 = (1, 0, -7, 0, 2), \end{cases}$

全部解为 $\boldsymbol{\gamma}_0 + \boldsymbol{L}(\boldsymbol{\eta}_1, \boldsymbol{\eta}_2, \boldsymbol{\eta}_3)$.

2. 证　由已知，存在线性方程组的一个特解 $\boldsymbol{\gamma}_0$ 和导出组的解 $\boldsymbol{\eta}_1, \boldsymbol{\eta}_2, \cdots, \boldsymbol{\eta}_s$，使 $\boldsymbol{\gamma}_i = \boldsymbol{\gamma}_0 + \boldsymbol{\eta}_i (i = 1, 2, \cdots, s)$. 于是

$$\begin{aligned} l_1\boldsymbol{\gamma}_1 + l_2\boldsymbol{\gamma}_2 + \cdots + l_s\boldsymbol{\gamma}_s &= (l_1 + l_2 + \cdots + l_s)\boldsymbol{\gamma}_0 + l_1\boldsymbol{\eta}_1 + l_2\boldsymbol{\eta}_2 + \cdots + l_s\boldsymbol{\eta}_s \\ &= \boldsymbol{\gamma}_0 + (l_1\boldsymbol{\eta}_1 + l_2\boldsymbol{\eta}_2 + \cdots + l_s\boldsymbol{\eta}_s). \end{aligned}$$

第 四 章

习 题 4.1

1. $\boldsymbol{X}=\begin{bmatrix}-3 & 0\\ 5 & -3\\ 6 & -6\end{bmatrix}$.

3. (1) $\begin{bmatrix}0 & 0\\ 0 & 0\end{bmatrix}$; (2) $\begin{bmatrix}2 & -2\\ 2 & -2\end{bmatrix}$; (3) $\begin{bmatrix}1 & 0 & 0\\ 0 & 1 & 0\\ 0 & 0 & 1\end{bmatrix}$;

(4) $\begin{bmatrix}1 & 0 & 0\\ 0 & 1 & 0\\ 0 & 0 & 1\end{bmatrix}$; (5) $\begin{bmatrix}aa_1 & & \\ & bb_1 & \\ & & cc_1\end{bmatrix}$;

(6) $\begin{bmatrix}1 & 0 & 0\\ 0 & 1 & 0\\ 0 & 0 & 1\end{bmatrix}$; (7) $\begin{bmatrix}1 & 0 & 0\\ 0 & 1 & 0\\ 0 & 0 & 1\end{bmatrix}$; (8) $\begin{bmatrix}1 & 0 & 0\\ 0 & 1 & 0\\ 0 & 0 & 1\end{bmatrix}$;

(9) $\begin{bmatrix}1 & 0 & 0\\ 0 & 1 & 0\\ 0 & 0 & 1\end{bmatrix}$; (10) $\begin{bmatrix}a_1 & a_2 & a_3\\ 2b_1 & 2b_2 & 2b_3\\ c_1 & c_2 & c_3\end{bmatrix}$;

(11) $\begin{bmatrix}a_1 & 2a_2 & a_3\\ b_1 & 2b_2 & b_3\\ c_1 & 2c_2 & c_3\end{bmatrix}$; (12) $\begin{bmatrix}b_1 & b_2 & b_3\\ a_1 & a_2 & a_3\\ c_1 & c_2 & c_3\end{bmatrix}$;

(13) $\begin{bmatrix}a_2 & a_1 & a_3\\ b_2 & b_1 & b_3\\ c_2 & c_1 & c_3\end{bmatrix}$; (14) $\begin{bmatrix}a_1+kc_1 & a_2+kc_2 & a_3+kc_3\\ b_1 & b_2 & b_3\\ c_1 & c_2 & c_3\end{bmatrix}$;

(15) $\begin{bmatrix}a_1 & a_2 & a_3+ka_1\\ b_1 & b_2 & b_3+kb_1\\ c_1 & c_2 & c_3+kc_1\end{bmatrix}$; (16) $\begin{bmatrix}2a_1 & 2a_2 & 2a_3\\ 3b_1 & 3b_2 & 3b_3\\ 4c_1 & 4c_2 & 4c_3\end{bmatrix}$;

(17) $\begin{bmatrix}2a_1 & 3a_2 & 4a_3\\ 2b_1 & 3b_2 & 4b_3\\ 2c_1 & 3c_2 & 4c_3\end{bmatrix}$; (18) $\begin{bmatrix}1 & 3 & 6\\ 0 & 1 & 3\\ 0 & 0 & 1\end{bmatrix}$;

(19) $\begin{bmatrix}1&0&0\\3&1&0\\6&3&1\end{bmatrix}$；　(20)(6)；　(21) $\begin{bmatrix}1&2&3\\1&2&3\\1&2&3\end{bmatrix}$；

(22) $(ax_1^2+bx_2^2+cx_3^2)$；　(23) $(2x_1x_2+2x_1x_3+2x_2x_3)$.

4. $(\boldsymbol{AB})^2=\begin{bmatrix}4&4\\0&0\end{bmatrix}$，$\boldsymbol{A}^2\boldsymbol{B}^2=\begin{bmatrix}4&4\\4&4\end{bmatrix}$.

5. $\boldsymbol{A}^{\mathrm{T}}\boldsymbol{A}=\boldsymbol{A}\boldsymbol{A}^{\mathrm{T}}=\boldsymbol{I}_{22}$；　$\boldsymbol{B}^{\mathrm{T}}\boldsymbol{B}=\boldsymbol{B}\boldsymbol{B}^{\mathrm{T}}=\boldsymbol{I}_{22}$；　$\boldsymbol{C}^{\mathrm{T}}\boldsymbol{C}=\boldsymbol{C}\boldsymbol{C}^{\mathrm{T}}=\boldsymbol{I}_{33}$.

6. (1) $\lambda\boldsymbol{I}-\boldsymbol{A}=\begin{bmatrix}\lambda-5&3\\3&\lambda-5\end{bmatrix}$；

(2) $|\lambda\boldsymbol{I}-\boldsymbol{A}|=\lambda^2-10\lambda+16$；

(3) $\lambda_1=2,\lambda_2=8$.

7. (1) $\lambda\boldsymbol{I}-\boldsymbol{A}=\begin{bmatrix}\lambda-1&-2&2\\-2&\lambda-3&0\\2&0&\lambda-3\end{bmatrix}$；

(2) $|\lambda\boldsymbol{I}-\boldsymbol{A}|=(\lambda-3)(\lambda+1)(\lambda-5)$.

(3) $\lambda_1=3,\lambda_2=-1,\lambda_3=5$.

习　题　4.2

分析　据定义 4.2.1 只需验证 $\boldsymbol{AB}=\boldsymbol{BA}=\boldsymbol{I}$ 即可.

习　题　4.3

1. 5 类，$\boldsymbol{0}_{44}$，$\begin{bmatrix}1&0&0&0\\0&0&0&0\\0&0&0&0\\0&0&0&0\end{bmatrix}$，$\begin{bmatrix}1&0&0&0\\0&1&0&0\\0&0&0&0\\0&0&0&0\end{bmatrix}$，$\begin{bmatrix}1&0&0&0\\0&1&0&0\\0&0&1&0\\0&0&0&0\end{bmatrix}$，$\boldsymbol{I}_{44}$.

2. §4.3 小结.

3. (1) $\boldsymbol{A}\cong\boldsymbol{I}_{33}$，秩$(\boldsymbol{A})=3$；

(2) $\boldsymbol{B}\cong\begin{bmatrix}1&0&0\\0&1&0\\0&0&1\\0&0&0\\0&0&0\end{bmatrix}$，秩$(\boldsymbol{B})=3$；

(3) $\boldsymbol{C}\cong\begin{bmatrix}1&0&0&0&0\\0&1&0&0&0\\0&0&1&0&0\end{bmatrix}$，秩$(\boldsymbol{C})=3$；

(4) $\boldsymbol{D} \cong \begin{bmatrix} 1 & 0 & 0 & 0 & 0 \\ 0 & 1 & 0 & 0 & 0 \\ 0 & 0 & 0 & 0 & 0 \\ 0 & 0 & 0 & 0 & 0 \\ 0 & 0 & 0 & 0 & 0 \end{bmatrix}$，秩$(\boldsymbol{D}) = 2$.

4. (1) $|\boldsymbol{A}| = 1 \neq 0$，$\boldsymbol{A}$ 可逆，$\boldsymbol{A}^{-1} = \begin{bmatrix} 1 & 2 & -1 \\ -1 & -1 & 1 \\ -1 & -3 & 2 \end{bmatrix}$；

(2) $|\boldsymbol{B}| = -16 \neq 0$，$\boldsymbol{B}$ 可逆，$\boldsymbol{B}^{-1} = \dfrac{1}{4}\boldsymbol{B}$；

(3) $|\boldsymbol{C}| = 1 \neq 0$，$\boldsymbol{C}$ 可逆，$\boldsymbol{C}^{-1} = \boldsymbol{C}^{\mathrm{T}}$；

(4) $|\boldsymbol{D}| = \begin{vmatrix} 1 & 2 \\ -1 & 3 \end{vmatrix} \begin{vmatrix} 4 & 2 \\ 0 & 1 \end{vmatrix} = 20 \neq 0$，$\boldsymbol{D}$ 可逆，

$$\boldsymbol{D}^{-1} = \begin{bmatrix} \begin{bmatrix} 1 & 2 \\ -1 & 3 \end{bmatrix}^{-1} & \begin{matrix} 0 & 0 \\ 0 & 0 \end{matrix} \\ \begin{matrix} 0 & 0 \\ 0 & 0 \end{matrix} & \begin{bmatrix} 4 & 2 \\ 0 & 1 \end{bmatrix}^{-1} \end{bmatrix} = \begin{bmatrix} \frac{3}{5} & -\frac{2}{5} & 0 & 0 \\ \frac{1}{5} & \frac{1}{5} & 0 & 0 \\ 0 & 0 & \frac{1}{4} & -\frac{1}{2} \\ 0 & 0 & 0 & 1 \end{bmatrix}.$$

5. (1) $\boldsymbol{X} = \begin{bmatrix} 2 \\ -1 \\ 3 \end{bmatrix}$；　(2) $\boldsymbol{X} = (1 \quad 1 \quad 1 \quad 1)$；　(3) $\boldsymbol{X} = \begin{bmatrix} -2 & 1 \\ -6 & 0 \\ 5 & 1 \end{bmatrix}$.

第　五　章

习　题　5.1

1. 分析　(1) 设 $\boldsymbol{P}^{-1}\boldsymbol{A}\boldsymbol{P} = \boldsymbol{0}$，推出 $\boldsymbol{A} = \boldsymbol{0}$；

(2) 设 $\boldsymbol{P}^{-1}\boldsymbol{A}\boldsymbol{P} = \boldsymbol{I}$，推出 $\boldsymbol{A} = \boldsymbol{I}$；

(3) 设 $\boldsymbol{P}^{-1}\boldsymbol{A}\boldsymbol{P} = k\boldsymbol{I}$，推出 $\boldsymbol{A} = k\boldsymbol{I}$.

2. 证

$$\boldsymbol{B}_1 + \boldsymbol{B}_2 = (\boldsymbol{P}^{-1}\boldsymbol{A}_1\boldsymbol{P}) + (\boldsymbol{P}^{-1}\boldsymbol{A}_2\boldsymbol{P}) = \boldsymbol{P}^{-1}(\boldsymbol{A}_1 + \boldsymbol{A}_2)\boldsymbol{P};$$

$$k\boldsymbol{B}_1 = k(\boldsymbol{P}^{-1}\boldsymbol{A}_1\boldsymbol{P}) = \boldsymbol{P}^{-1}(k\boldsymbol{A}_1)\boldsymbol{P};$$

$$B_1B_2 = (P^{-1}A_1P)(P^{-1}A_2P) = (P^{-1}A_1)(PP^{-1})(A_2P)$$
$$= (P^{-1}A_1)I(A_2P) = P^{-1}(A_1A_2)P.$$

答：否.$A_1 \sim B_1 \Rightarrow P^{-1}A_1P = B_1$；$A_2 \sim B_2 \Rightarrow Q^{-1}A_2Q = B_2$，但未必有 $P = Q$.

3. **证** 已知 $A \sim B$，则存在可逆矩阵 P，使

$$P^{-1}AP = B,$$

等式两边取转置

$$P^{T}A^{T}(P^{-1})^{T} = B^{T},$$

因为$(P^{-1})^{T} = (P^{T})^{-1}$，所以

$$P^{T}A^{T}(P^{T})^{-1} = B^{T}.$$

令$(P^{T})^{-1} = Q$，于是有

$$Q^{-1}A^{T}Q = B^{T}.$$

故 $A^{T} \sim B^{T}$.

4. **证** 因为 A 可逆，所以存在 A^{-1} 使

$$A^{-1}(AB)A = (A^{-1}A)(BA) = I(BA) = BA.$$

故 $AB \sim BA$.

5. (1) $\lambda I - A = \begin{bmatrix} \lambda-1 & 1 & 0 \\ 1 & \lambda-1 & 0 \\ 0 & 0 & \lambda-2 \end{bmatrix}$；

(2) $|\lambda I - A| = \begin{vmatrix} \lambda-1 & 1 & 0 \\ 1 & \lambda-1 & 0 \\ 0 & 0 & \lambda-2 \end{vmatrix}$

$$= (\lambda-2)\times(-1)^{3+3}\begin{vmatrix} \lambda-1 & 1 \\ 1 & \lambda-1 \end{vmatrix} = \lambda(\lambda-2)^2;$$

(3) $|\lambda I - A| = \lambda(\lambda-2)^2 = 0$，根 $\lambda_1 = 0$，$\lambda_2 = 2$（2 重）；

(4) 齐次线性方程组$(0I - A)\begin{bmatrix} x_1 \\ x_2 \\ x_3 \end{bmatrix} = \begin{bmatrix} 0 \\ 0 \\ 0 \end{bmatrix}$的增广矩阵为

$$\left[\begin{array}{ccc:c} -1 & 1 & 0 & 0 \\ 1 & -1 & 0 & 0 \\ 0 & 0 & -2 & 0 \end{array}\right].$$

基础解系 $\boldsymbol{\eta} = (1,1,0)^{\mathrm{T}}$.

(5) 齐次线性方程组$(2\boldsymbol{I}-\boldsymbol{A})\begin{bmatrix}x_1\\x_2\\x_3\end{bmatrix}=\begin{bmatrix}0\\0\\0\end{bmatrix}$的增广矩阵

$$\left[\begin{array}{ccc:c}1&1&0&0\\1&1&0&0\\0&0&0&0\end{array}\right].$$

基础解系 $\boldsymbol{\eta}_1 = (0,0,1)^{\mathrm{T}}, \boldsymbol{\eta}_2 = (1,-1,0)^{\mathrm{T}}$.

习 题 5.2

1. 反证法.

2. 反证法. 假设 $\boldsymbol{\alpha}_1+\boldsymbol{\alpha}_2$ 是 $\boldsymbol{A}$ 的属于特征值 λ_0 的特征向量. 则

$$\begin{aligned}&\boldsymbol{A}(\boldsymbol{\alpha}_1+\boldsymbol{\alpha}_2)=\lambda_0(\boldsymbol{\alpha}_1+\boldsymbol{\alpha}_2),\\&\boldsymbol{A}\boldsymbol{\alpha}_1+\boldsymbol{A}\boldsymbol{\alpha}_2=\lambda_0\boldsymbol{\alpha}_1+\lambda_0\boldsymbol{\alpha}_2,\\&\lambda_1\boldsymbol{\alpha}_1+\lambda_2\boldsymbol{\alpha}_2=\lambda_0\boldsymbol{\alpha}_1+\lambda_0\boldsymbol{\alpha}_2,\\&(\lambda_1-\lambda_0)\boldsymbol{\alpha}_1+(\lambda_2-\lambda_0)\boldsymbol{\alpha}_2=0.\end{aligned}$$

因为 $\boldsymbol{\alpha}_1,\boldsymbol{\alpha}_2$ 线性无关,所以

$$\lambda_1-\lambda_0=0,\quad \lambda_2-\lambda_0=0,$$

推出 $\lambda_1=\lambda_2$,此与已知矛盾.

3. (1) $\lambda=1$(2 重),$k\begin{bmatrix}1\\1\end{bmatrix}, k\neq 0$;

(2) $\lambda_1=3$(2 重),$k_1\begin{bmatrix}1\\0\\1\end{bmatrix}+k_2\begin{bmatrix}0\\1\\0\end{bmatrix}$,$k_1,k_2$ 不全为零;

$\lambda_2=1, l\begin{bmatrix}1\\0\\-1\end{bmatrix}, l\neq 0$;

(3) $\lambda_1=-1, k_1\begin{bmatrix}2\\-1\\4\end{bmatrix}, k_1\neq 0$;

$$\lambda_2 = 2.\ k_2\begin{bmatrix}4\\4\\-1\end{bmatrix}, k_2 \neq 0;$$

$$\lambda_3 = -2.\ k_3\begin{bmatrix}0\\0\\1\end{bmatrix}, k_3 \neq 0;$$

(4) $\lambda = 2$(3 重). $k\begin{bmatrix}1\\0\\0\end{bmatrix}, k \neq 0.$

4. 分析 欲证 $\boldsymbol{A}^{-1}\boldsymbol{\alpha} = \frac{1}{\lambda_0}\boldsymbol{\alpha}$. 利用已知条件 $\boldsymbol{A\alpha} = \lambda_0\boldsymbol{\alpha}, \boldsymbol{\alpha} \neq \boldsymbol{0}, \boldsymbol{A}$ 可逆.

证 已知

$$\boldsymbol{A\alpha} = \lambda_0\boldsymbol{\alpha} \quad (\boldsymbol{\alpha} \neq \boldsymbol{0}), \tag{1}$$

(1) 两边左乘 $\boldsymbol{A}^{-1}$,得

$$\boldsymbol{\alpha} = \lambda_0(\boldsymbol{A}^{-1}\boldsymbol{\alpha}) \neq \boldsymbol{0}. \tag{2}$$

因为 $\boldsymbol{A}^{-1}\boldsymbol{\alpha} \neq \boldsymbol{0}$,所以 $\lambda_0 \neq 0$.

(2) 两边乘以$\frac{1}{\lambda_0}$,得

$$\boldsymbol{A}^{-1}\boldsymbol{\alpha} = \frac{1}{\lambda_0}\boldsymbol{\alpha}.$$

所以 $\boldsymbol{\alpha} \neq 0$ 也是 $\boldsymbol{A}^{-1}$ 的属于特征值$\frac{1}{\lambda_0}$ 的特征向量.

5. 证 设 $\boldsymbol{\alpha}_1, \boldsymbol{\alpha}_2, \cdots, \boldsymbol{\alpha}_t$ 是齐次线性方程组$(\lambda_0\boldsymbol{I} - \boldsymbol{A})\boldsymbol{X} = \boldsymbol{0}$ 的一个基础解系,那么基础解系的一切非零线性组合

$$k_1\boldsymbol{\alpha}_1 + k_2\boldsymbol{\alpha}_2 + \cdots + k_t\boldsymbol{\alpha}_t \quad (k_1, k_2, \cdots, k_t \text{ 不全为零})$$

就是 $\boldsymbol{A}$ 的属于 λ_0 的全部特征向量. 添上零向量,就是由特征向量 $\boldsymbol{\alpha}_1, \boldsymbol{\alpha}_2, \cdots, \boldsymbol{\alpha}_t$ 生成的子空间 $\boldsymbol{V}_{\lambda_0} = L(\boldsymbol{\alpha}_1, \boldsymbol{\alpha}_2, \cdots, \boldsymbol{\alpha}_t)$,维$(\boldsymbol{V}_{\lambda_0}) = t$. $\boldsymbol{\alpha}_1, \boldsymbol{\alpha}_2, \cdots, \boldsymbol{\alpha}_t$ 是 $\boldsymbol{V}_{\lambda_0}$ 的一个基底.

习 题 5.3

1. (1) 2 阶矩阵 $\boldsymbol{A}$ 只有 1 个特征向量,所以 $\boldsymbol{A}$ 不能对角化.

(2) $\boldsymbol{A}$ 是实对称矩阵,所以一定能对角化. 求得一可逆矩阵

$$P=\begin{bmatrix}1&0&1\\0&1&0\\1&0&-1\end{bmatrix},$$

使

$$P^{-1}AP=\begin{bmatrix}3&&\\&3&\\&&1\end{bmatrix}.$$

(3) A有3个不同的特征值$\lambda_1=-1,\lambda_2=2,\lambda_3=-2$,所以$A$一定能对角化.求得一可逆矩阵

$$P=\begin{bmatrix}2&4&0\\-1&4&0\\4&-1&1\end{bmatrix},$$

使

$$P^{-1}AP=\begin{bmatrix}-1&&\\&2&\\&&-2\end{bmatrix}.$$

(4) A是上三角矩阵,A的全部特征值为$\lambda_0=2$(3重).A的属于$\lambda_0=2$的线性无关的特征向量只有1个$\alpha=(1,0,0)^{\mathrm{T}}$,所以$A$不能对角化.

2. (1) $P=\begin{bmatrix}1&1\\1&-1\end{bmatrix},D=\begin{bmatrix}2&\\&8\end{bmatrix}$;

(2) $P=\begin{bmatrix}1&1&1\\0&1&1\\1&1&-1\end{bmatrix},D=\begin{bmatrix}2&&\\&2&\\&&-2\end{bmatrix}$;

(3) $P=\begin{bmatrix}0&1&2\\1&1&-1\\1&-1&1\end{bmatrix},D=\begin{bmatrix}3&&\\&5&\\&&-1\end{bmatrix}$.

3. 分析 因为A,B,C都是实对称矩阵,所以只需求出其全部特征值,即可写出相似标准形.

(1) $A\sim\begin{bmatrix}2&&&\\&2&&\\&&2&\\&&&-2\end{bmatrix}$;

(2) $\boldsymbol{B} \sim \begin{bmatrix} 1 & & & \\ & 2 & & \\ & & 2 & \\ & & & -2 \end{bmatrix}$;

(3) $\boldsymbol{C} \sim \begin{bmatrix} -1 & & & \\ & 3 & & \\ & & -1 & \\ & & & 3 \end{bmatrix}$.

4. 证 设

$$\boldsymbol{A} = \begin{bmatrix} a_{11} & a_{12} & \cdots & a_{1n} \\ 0 & a_{22} & \cdots & a_{2n} \\ \vdots & \vdots & \ddots & \vdots \\ 0 & 0 & \cdots & a_{nn} \end{bmatrix}.$$

其中 $a_{11}, a_{22}, \cdots, a_{nn}$ 互不相同.

$$|\lambda \boldsymbol{I} - \boldsymbol{A}| = \begin{vmatrix} \lambda - a_{11} & -a_{12} & \cdots & -a_{1n} \\ & \lambda - a_{22} & \cdots & -a_{2n} \\ & & \ddots & \vdots \\ & & & \lambda - a_{nn} \end{vmatrix}$$
$$= (\lambda - a_{11})(\lambda - a_{22})\cdots(\lambda - a_{nn}).$$

因为 n 阶矩阵 $\boldsymbol{A}$ 有 n 个不同的特征值 $\lambda_1 = a_{11}, \lambda_2 = a_{22}, \cdots, \lambda_n = a_{nn}$,所以 $\boldsymbol{A}$ 可对角化.

5. (1) $\boldsymbol{A}$ 是 3 阶实对角形矩阵与 $\boldsymbol{D}$ 有相同的特征值 $\lambda_1 = 1$(2 重),$\lambda_2 = 2$,所以 $\boldsymbol{A} \sim \boldsymbol{D}$.

(2) $\boldsymbol{A}$ 是上三角矩阵,易知 $\boldsymbol{A}$ 的特征值 $\lambda_1 = 2, \lambda_2 = 1$(2 重). 求得 $\boldsymbol{A}$ 的属于 $\lambda_1 = 2$ 的特征向量为 $\boldsymbol{\alpha}_1 = (1,0,0)^{\mathrm{T}}$; $\boldsymbol{A}$ 的属于 $\lambda_2 = 1$ 的特征向量 $\boldsymbol{\alpha}_2 = (0,1,0)^{\mathrm{T}}$. 3 阶矩阵 $\boldsymbol{A}$ 只有两个线性无关的特征向量,所以 $\boldsymbol{A}$ 不能对角化,$\boldsymbol{A}$ 不相似于 $\boldsymbol{D}$.

(3) $\boldsymbol{A}$ 是上三角矩阵. 易知 $\boldsymbol{A}$ 的特征值 $\lambda_1 = 2, \lambda_2 = 1$(2 重). 求得 $\boldsymbol{A}$ 的属于 $\lambda_1 = 2$ 的特征向量 $\boldsymbol{\alpha}_1 = (1,1,0)^{\mathrm{T}}$;$\boldsymbol{A}$ 的属于 $\lambda_2 = 1$ 的线性无关的特征向量 $\boldsymbol{\beta}_1 = (1,0,0)^{\mathrm{T}}, \boldsymbol{\beta}_2 = (0,1,1)^{\mathrm{T}}$. 3 阶矩阵 $\boldsymbol{A}$ 有 3 个线性无关的特征向量 $\boldsymbol{\alpha}_1, \boldsymbol{\beta}_1, \boldsymbol{\beta}_2$,所以 $\boldsymbol{A} \sim \boldsymbol{D}$.

(4) $\boldsymbol{A}$ 是下三角矩阵,易知 $\boldsymbol{A}$ 的特征值 $\lambda_1 = 2, \lambda_2 = 1$(2 重). 求得 $\boldsymbol{A}$ 的属于 λ_1

$=2$ 的特征向量 $\boldsymbol{\alpha}_1=(0,1,0)^{\mathrm{T}}$；$\boldsymbol{A}$ 的属于 $\lambda_2=1$ 的特征向量 $\boldsymbol{\alpha}_2=(0,0,1)^{\mathrm{T}}$. 3 阶矩阵 $\boldsymbol{A}$ 只有两个线性无关的特征向量，所以 $\boldsymbol{A}$ 不相似于 $\boldsymbol{D}$.

6. 分析 已知有可逆矩阵 $\boldsymbol{P}=(\boldsymbol{\alpha}_1,\boldsymbol{\alpha}_2,\boldsymbol{\beta})$ 使

$$\boldsymbol{P}^{-1}\boldsymbol{A}\boldsymbol{P}=\begin{bmatrix}1&&\\&1&\\&&2\end{bmatrix},$$

所以

$$\boldsymbol{A}=\boldsymbol{P}\begin{bmatrix}1&&\\&1&\\&&2\end{bmatrix}\boldsymbol{P}^{-1},$$

求得

$$\boldsymbol{P}^{-1}=\begin{bmatrix}1&-1&0\\0&0&1\\0&1&0\end{bmatrix},$$

所以

$$\boldsymbol{A}=\begin{bmatrix}1&0&1\\0&0&1\\0&1&0\end{bmatrix}\begin{bmatrix}1&0&0\\0&1&0\\0&0&2\end{bmatrix}\begin{bmatrix}1&-1&0\\0&0&1\\0&1&0\end{bmatrix}=\begin{bmatrix}1&1&0\\0&2&0\\0&0&1\end{bmatrix}.$$

7. 分析

$$\boldsymbol{A}=\begin{bmatrix}1&1\\0&2\end{bmatrix}$$

是上三角矩阵，主对角元各不相同，所以 $\boldsymbol{A}$ 一定能对角化. 求得 $\boldsymbol{A}$ 的特征值 $\lambda_1=1,\lambda_2=2$. 求得 $\boldsymbol{A}$ 的属于 $\lambda_1=1$ 的特征向量 $\boldsymbol{\alpha}_1=(1,0)^{\mathrm{T}}$，属于 $\lambda_2=2$ 的特征向量 $\boldsymbol{\alpha}_2=(1,1)^{\mathrm{T}}$，组成可逆矩阵

$$\boldsymbol{P}=\begin{bmatrix}1&1\\0&1\end{bmatrix},$$

使

$$\boldsymbol{P}^{-1}\boldsymbol{A}\boldsymbol{P}=\begin{bmatrix}1&\\&2\end{bmatrix},$$

于是

$$A = P = \begin{bmatrix} 1 & \\ & 2 \end{bmatrix} P^{-1}$$

$$A^{10} = P\begin{bmatrix} 1 & \\ & 2 \end{bmatrix}^{10} P^{-1} = \begin{bmatrix} 1 & 1 \\ 0 & 1 \end{bmatrix}\begin{bmatrix} 1 & \\ & 2^{10} \end{bmatrix}\begin{bmatrix} 1 & -1 \\ 0 & 1 \end{bmatrix}$$

$$= \begin{bmatrix} 1 & 2^{10}-1 \\ 0 & 2^{10} \end{bmatrix}.$$

习 题 5.4

1. (1) -5; (2) 0.

2. (1) 因为 $\boldsymbol{\alpha}\cdot\boldsymbol{\beta} = a_1b_1 + a_2b_2 + \cdots + a_nb_n$, $\boldsymbol{\beta}\cdot\boldsymbol{\alpha} = b_1a_1 + b_2a_2 + \cdots + b_na_n$. 所以 $\boldsymbol{\alpha}\cdot\boldsymbol{\beta} = \boldsymbol{\beta}\cdot\boldsymbol{\alpha}$.

(2) $$(\boldsymbol{\alpha}+\boldsymbol{\beta})\cdot\boldsymbol{\gamma} = [(a_1a_2\cdots a_n)+(b_1b_2\cdots b_n)]\begin{bmatrix} c_1 \\ c_2 \\ \vdots \\ c_n \end{bmatrix}$$

$$= (a_1a_2\cdots a_n)\begin{bmatrix} c_1 \\ c_2 \\ \vdots \\ c_n \end{bmatrix} + (b_1b_2\cdots b_n)\begin{bmatrix} c_1 \\ c_2 \\ \vdots \\ c_n \end{bmatrix}$$

$$= \boldsymbol{\alpha}\cdot\boldsymbol{\gamma} + \boldsymbol{\beta}\cdot\boldsymbol{\gamma}.$$

(3) $$(k\boldsymbol{\alpha})\cdot\boldsymbol{\beta} = [k(a_1a_2\cdots a_n)]\cdot\begin{bmatrix} b_1 \\ b_2 \\ \vdots \\ b_n \end{bmatrix} = k\left[(a_1a_2\cdots a_n)\begin{bmatrix} b_1 \\ b_2 \\ \vdots \\ b_n \end{bmatrix}\right]$$

$$= k(\boldsymbol{\alpha}\cdot\boldsymbol{\beta}).$$

(4) $\boldsymbol{\alpha}\cdot\boldsymbol{\alpha} = a_1^2 + a_2^2 + \cdots + a_n^2 \geqslant 0$.

(5) 若 $\boldsymbol{\alpha} = (0,0,\cdots,0)$,则 $\boldsymbol{\alpha}\cdot\boldsymbol{\alpha} = 0^2 + 0^2 + \cdots + 0^2 = 0$.

(6) 若 $\boldsymbol{\alpha}\cdot\boldsymbol{\alpha} = a_1^2 + a_2^2 + \cdots + a_n^2 = 0$,则 $a_i = 0(i = 1,2,\cdots,n)$,故 $\boldsymbol{\alpha} = \mathbf{0}$.

3. (1) $\|\boldsymbol{\alpha}\| = \sqrt{2}$; (2) $\|\boldsymbol{\beta}\| = 1$; (3) $\|\boldsymbol{\gamma}\| = 4$.

4. (1) 不是. $\dfrac{1}{\|\boldsymbol{\alpha}\|}\boldsymbol{\alpha} = \left(\dfrac{\sqrt{2}}{2},\dfrac{\sqrt{2}}{2}\right)$; (2) 不是. $\dfrac{1}{\|\boldsymbol{\beta}\|}\boldsymbol{\beta} = \left(\dfrac{\sqrt{3}}{3},-\dfrac{\sqrt{3}}{3},\dfrac{\sqrt{3}}{3}\right)$;

(3) 不是. $\frac{1}{\|\boldsymbol{\gamma}\|}\boldsymbol{\gamma}=\left(\frac{1}{4},-\frac{1}{2},-\frac{3}{4},\frac{\sqrt{2}}{4}\right)$.

5. (1) 正交； (2) 不正交； (3) 正交.

6. (1) 是正交向量组； (2) 是正交向量组.

7. 分析 设 $\boldsymbol{\eta}=(x_1,x_2,x_3,x_4)$ 为所求,考察

$$\begin{cases}\boldsymbol{\alpha}_1\cdot\boldsymbol{\eta}=x_1-x_3+x_4=0,\\ \boldsymbol{\alpha}_2\cdot\boldsymbol{\eta}=2x_1+x_2+3x_3-2x_4=0,\\ \boldsymbol{\alpha}_3\cdot\boldsymbol{\eta}=x_1-x_2+2x_3+3x_4=0\end{cases}$$

是否有非零解?因为这是方程个数 3 小于未知量个数 4 的齐次线性方程组,一定有非零解.因此任一非零解均为所求.例如 $\boldsymbol{\eta}=(-3,11,1,4)$.

8. (1) 是； (2) 是.

9. 证 $\|k\boldsymbol{\alpha}\|=\sqrt{(k\boldsymbol{\alpha})\cdot(k\boldsymbol{\alpha})}=\sqrt{k^2(\boldsymbol{\alpha}\cdot\boldsymbol{\alpha})}=\sqrt{k^2}\sqrt{\boldsymbol{\alpha}\cdot\boldsymbol{\alpha}}$

$=|k|\ \|\boldsymbol{\alpha}\|$.

10. 证

$$\begin{aligned}&\boldsymbol{\alpha}\cdot(k_1\boldsymbol{\beta}_1+k_2\boldsymbol{\beta}_2+\cdots+k_s\boldsymbol{\beta}_s)\\&=k_1(\boldsymbol{\alpha}\cdot\boldsymbol{\beta}_1)+k_2(\boldsymbol{\alpha}\cdot\boldsymbol{\beta}_2)+\cdots+k_s(\boldsymbol{\alpha}\cdot\boldsymbol{\beta}_s)\\&=k_1\times0+k_2\times0+\cdots+k_s\times0\quad(\text{因为 }\boldsymbol{\alpha}\perp\boldsymbol{\beta}_j,j=1,2,\cdots,s)\\&=0.\end{aligned}$$

11. 解

$$\boldsymbol{\beta}\cdot\boldsymbol{\alpha}_1=(\boldsymbol{\alpha}_2-k\boldsymbol{\alpha}_1)\cdot\boldsymbol{\alpha}_1=\boldsymbol{\alpha}_2\cdot\boldsymbol{\alpha}_1-k(\boldsymbol{\alpha}_1\cdot\boldsymbol{\alpha}_1)=0,$$

$$k=\frac{\boldsymbol{\alpha}_2\cdot\boldsymbol{\alpha}_1}{\boldsymbol{\alpha}_1\cdot\boldsymbol{\alpha}_1}.$$

12. 证 (1)

$$\begin{aligned}\boldsymbol{\beta}_1\cdot\boldsymbol{\beta}_2&=\boldsymbol{\beta}_1\cdot\left(\boldsymbol{\alpha}_2-\frac{\boldsymbol{\alpha}_2\cdot\boldsymbol{\beta}_1}{\boldsymbol{\beta}_1\cdot\boldsymbol{\beta}_1}\boldsymbol{\beta}_1\right)\\&=\boldsymbol{\alpha}_1\cdot\left(\boldsymbol{\alpha}_2-\frac{\boldsymbol{\alpha}_2\cdot\boldsymbol{\alpha}_1}{\boldsymbol{\alpha}_1\cdot\boldsymbol{\alpha}_1}\boldsymbol{\alpha}_1\right)\quad(\text{因为 }\boldsymbol{\beta}_1=\boldsymbol{\alpha}_1)\\&=\boldsymbol{\alpha}_1\cdot\boldsymbol{\alpha}_2-\frac{\boldsymbol{\alpha}_2\cdot\boldsymbol{\alpha}_1}{\boldsymbol{\alpha}_1\cdot\boldsymbol{\alpha}_1}(\boldsymbol{\alpha}_1\cdot\boldsymbol{\alpha}_1)\\&=0;\end{aligned}$$

$$\boldsymbol{\beta}_1\cdot\boldsymbol{\beta}_3=\boldsymbol{\beta}_1\cdot\left(\boldsymbol{\alpha}_3-\frac{\boldsymbol{\alpha}_3\cdot\boldsymbol{\beta}_1}{\boldsymbol{\beta}_1\cdot\boldsymbol{\beta}_1}\boldsymbol{\beta}_1-\frac{\boldsymbol{\alpha}_3\cdot\boldsymbol{\beta}_2}{\boldsymbol{\beta}_2\cdot\boldsymbol{\beta}_2}\boldsymbol{\beta}_2\right)=\cdots=0;$$

$$\boldsymbol{\beta}_2 \cdot \boldsymbol{\beta}_3 = \left(\boldsymbol{\alpha}_2 - \frac{\boldsymbol{\alpha}_2 \cdot \boldsymbol{\beta}_1}{\boldsymbol{\beta}_1 \cdot \boldsymbol{\beta}_1}\boldsymbol{\beta}_1\right) \cdot \left(\boldsymbol{\alpha}_3 - \frac{\boldsymbol{\alpha}_3 \cdot \boldsymbol{\beta}_1}{\boldsymbol{\beta}_1 \cdot \boldsymbol{\beta}_1}\boldsymbol{\beta}_1 - \frac{\boldsymbol{\alpha}_3 \cdot \boldsymbol{\beta}_2}{\boldsymbol{\beta}_2 \cdot \boldsymbol{\beta}_2}\boldsymbol{\beta}_2\right)$$
$$= \cdots = 0.$$

(2) 因为 $\boldsymbol{\beta}_1 = \boldsymbol{\alpha}_1$，由反身性$\{\boldsymbol{\beta}_1\} \cong \{\boldsymbol{\alpha}_1\}$. 已知

$$\begin{cases} \boldsymbol{\beta}_1 = \boldsymbol{\alpha}_1, \\ \boldsymbol{\beta}_2 = \boldsymbol{\alpha}_2 - \dfrac{\boldsymbol{\alpha}_2 \cdot \boldsymbol{\beta}_1}{\boldsymbol{\beta}_1 \cdot \boldsymbol{\beta}_1}\boldsymbol{\beta}_1 = \boldsymbol{\alpha}_2 - \dfrac{\boldsymbol{\alpha}_2 \cdot \boldsymbol{\alpha}_1}{\boldsymbol{\alpha}_1 \cdot \boldsymbol{\alpha}_1}\boldsymbol{\alpha}_1, \end{cases}$$

$\boldsymbol{\beta}_1,\boldsymbol{\beta}_2$ 可由 $\boldsymbol{\alpha}_1,\boldsymbol{\alpha}_2$ 线性表出. 反之,

$$\begin{cases} \boldsymbol{\alpha}_1 = \boldsymbol{\beta}_1, \\ \boldsymbol{\alpha}_2 = \boldsymbol{\beta}_2 + \dfrac{\boldsymbol{\alpha}_2 \cdot \boldsymbol{\beta}_1}{\boldsymbol{\beta}_1 \cdot \boldsymbol{\beta}_1}\boldsymbol{\beta}_1, \end{cases}$$

$\boldsymbol{\alpha}_1,\boldsymbol{\alpha}_2$ 可由 $\boldsymbol{\beta}_1,\boldsymbol{\beta}_2$ 线性表出，所以$\{\boldsymbol{\beta}_1,\boldsymbol{\beta}_2\} \cong \{\boldsymbol{\alpha}_1,\boldsymbol{\alpha}_2\}$. 仿上同理可证

$$\{\boldsymbol{\beta}_1,\boldsymbol{\beta}_2,\boldsymbol{\beta}_3\} \cong \{\boldsymbol{\alpha}_1,\boldsymbol{\alpha}_2,\boldsymbol{\alpha}_3\}.$$

习　题　5.5

1. $\boldsymbol{A}$ 不是正交矩阵，因为 $\boldsymbol{A}$ 不是实矩阵；$\boldsymbol{B}$ 是正交矩阵，因为 $\boldsymbol{B}\boldsymbol{B}^{\mathrm{T}} = \boldsymbol{B}^{\mathrm{T}}\boldsymbol{B} = \boldsymbol{I}_{33}$.

2. (1) 已知 $\boldsymbol{Q}$ 是正交矩阵，所以 $|\boldsymbol{Q}| = \pm 1 \neq 0$，$\boldsymbol{Q}$ 可逆.

(2) 已知 $\boldsymbol{Q}$ 是正交矩阵，所以 $\boldsymbol{Q}\boldsymbol{Q}^{\mathrm{T}} = \boldsymbol{Q}^{\mathrm{T}}\boldsymbol{Q} = \boldsymbol{I}$，由可逆矩阵定义，$\boldsymbol{Q}^{-1} = \boldsymbol{Q}^{\mathrm{T}}$.

(3) 已知 $\boldsymbol{Q}$ 是正交矩阵，所以 $\boldsymbol{Q}\boldsymbol{Q}^{\mathrm{T}} = \boldsymbol{Q}^{\mathrm{T}}\boldsymbol{Q} = \boldsymbol{I}$. 取逆 $(\boldsymbol{Q}^{\mathrm{T}})^{-1}\boldsymbol{Q}^{-1} = \boldsymbol{Q}^{-1}(\boldsymbol{Q}^{\mathrm{T}})^{-1} = \boldsymbol{I} \Rightarrow (\boldsymbol{Q}^{-1})^{\mathrm{T}}\boldsymbol{Q}^{-1} = \boldsymbol{Q}^{-1}(\boldsymbol{Q}^{-1})^{\mathrm{T}} = \boldsymbol{I}$. 根据正交矩阵定义，$\boldsymbol{Q}^{-1}$ 也是正交矩阵.

3. 分析　只需证明 $(\boldsymbol{AB})(\boldsymbol{AB})^{\mathrm{T}} = (\boldsymbol{AB})^{\mathrm{T}}(\boldsymbol{AB}) = \boldsymbol{I}$.

4. 分析　必要性. 已知正交矩阵

$$\boldsymbol{A} = \begin{bmatrix} a_{11} & a_{12} & \cdots & a_{1n} \\ a_{21} & a_{22} & \cdots & a_{2n} \\ \vdots & \vdots & & \vdots \\ a_{n1} & a_{n2} & \cdots & a_{nn} \end{bmatrix} = (\boldsymbol{\beta}_1 \quad \boldsymbol{\beta}_2 \quad \cdots \quad \boldsymbol{\beta}_n),$$

其中 $\boldsymbol{\beta}_j = (a_{1j}, a_{2j}, \cdots, a_{nj})^{\mathrm{T}} (j = 1, 2, \cdots, n)$. 由

$$\mathbf{A}^{\mathrm{T}}\mathbf{A}=\begin{bmatrix}\boldsymbol{\beta}_1^{\mathrm{T}}\\\boldsymbol{\beta}_2^{\mathrm{T}}\\\vdots\\\boldsymbol{\beta}_n^{\mathrm{T}}\end{bmatrix}(\boldsymbol{\beta}_1\quad\boldsymbol{\beta}_2\quad\cdots\quad\boldsymbol{\beta}_n)=\begin{bmatrix}\boldsymbol{\beta}_1\cdot\boldsymbol{\beta}_1 & \boldsymbol{\beta}_1\cdot\boldsymbol{\beta}_2 & \cdots & \boldsymbol{\beta}_1\cdot\boldsymbol{\beta}_n\\\boldsymbol{\beta}_2\cdot\boldsymbol{\beta}_1 & \boldsymbol{\beta}_2\cdot\boldsymbol{\beta}_2 & \cdots & \boldsymbol{\beta}_2\cdot\boldsymbol{\beta}_n\\\vdots & \vdots & \ddots & \vdots\\\boldsymbol{\beta}_n\cdot\boldsymbol{\beta}_1 & \boldsymbol{\beta}_n\cdot\boldsymbol{\beta}_2 & \cdots & \boldsymbol{\beta}_n\cdot\boldsymbol{\beta}_n\end{bmatrix}$$

$$=\begin{bmatrix}1 & 0 & \cdots & 0\\0 & 1 & \cdots & 0\\\vdots & \vdots & \ddots & \vdots\\0 & 0 & \cdots & 1\end{bmatrix}.$$

根据矩阵相等定义，得 $\boldsymbol{\beta}_j\cdot\boldsymbol{\beta}_j=1$，推出 $\|\boldsymbol{\beta}_j\|=\sqrt{\boldsymbol{\beta}_j\cdot\boldsymbol{\beta}_j}=1$；当 $i\neq j$ 时，$\boldsymbol{\beta}_i\cdot\boldsymbol{\beta}_j=0$ 推出 $\boldsymbol{\beta}_i\perp\boldsymbol{\beta}_j(i,j=1,2,\cdots,n;i\neq j)$.

充分性. 设

$$\mathbf{A}=\begin{bmatrix}a_{11} & a_{12} & \cdots & a_{1n}\\a_{21} & a_{22} & \cdots & a_{2n}\\\vdots & \vdots & & \vdots\\a_{n1} & a_{n2} & \cdots & a_{nn}\end{bmatrix}=(\boldsymbol{\beta}_1\ \boldsymbol{\beta}_2\ \cdots\ \boldsymbol{\beta}_n).$$

其中 $\boldsymbol{\beta}_j=(a_{1j},a_{2j},\cdots,a_{nj})^{\mathrm{T}}(j=1,2,\cdots,n)$. 已知 $\|\boldsymbol{\beta}_j\|=1$，$\boldsymbol{\beta}_i\perp\boldsymbol{\beta}_j(i,j=1,2,\cdots,n;i\neq j)$. 欲证 $\mathbf{A}^{\mathrm{T}}\mathbf{A}=\boldsymbol{I}$.

5. 因为行列式

$$|\boldsymbol{\alpha}_1\boldsymbol{\alpha}_2\boldsymbol{\alpha}_3|=\begin{vmatrix}1 & 1 & -1\\1 & -1 & 1\\-1 & 1 & 1\end{vmatrix}=-4\neq 0,$$

所以 $\boldsymbol{\alpha}_1,\boldsymbol{\alpha}_2,\boldsymbol{\alpha}_3$ 线性无关. 将 $\boldsymbol{\alpha}_1,\boldsymbol{\alpha}_2,\boldsymbol{\alpha}_3$ 正交化、单位化. 得

$$\boldsymbol{\gamma}_1=\begin{bmatrix}\frac{\sqrt{3}}{3}\\\frac{\sqrt{3}}{3}\\-\frac{\sqrt{3}}{3}\end{bmatrix},\quad\boldsymbol{\gamma}_2=\begin{bmatrix}\frac{\sqrt{6}}{3}\\-\frac{\sqrt{6}}{6}\\\frac{\sqrt{6}}{6}\end{bmatrix},\quad\boldsymbol{\gamma}_3=\begin{bmatrix}0\\\frac{\sqrt{2}}{2}\\\frac{\sqrt{2}}{2}\end{bmatrix}.$$

6. 分析 已知

$$\boldsymbol{\gamma}_1 = \begin{bmatrix} \frac{2}{3} \\ \frac{2}{3} \\ \frac{1}{3} \end{bmatrix}, \quad \boldsymbol{\gamma}_2 = \begin{bmatrix} \frac{2}{3} \\ -\frac{1}{3} \\ -\frac{2}{3} \end{bmatrix}$$

是正交单位向量组. 设 $\boldsymbol{\alpha} = \begin{bmatrix} x_1 \\ x_2 \\ x_3 \end{bmatrix}$. 由 $\begin{cases} \boldsymbol{\gamma}_1 \cdot \boldsymbol{\alpha} = 0 \\ \boldsymbol{\gamma}_2 \cdot \boldsymbol{\alpha} = 0 \end{cases}$ 求一非零向量 $\boldsymbol{\alpha}$. 将 $\boldsymbol{\alpha}$ 单位化,得 $\boldsymbol{\alpha}_0$. $\boldsymbol{Q} = (\boldsymbol{\gamma}_1\,\boldsymbol{\gamma}_2\,\boldsymbol{\alpha}_0)$ 即是所求正交矩阵.

习　题　5.6

1. (1) $\boldsymbol{Q} = \begin{bmatrix} \frac{\sqrt{2}}{2} & \frac{\sqrt{2}}{2} \\ \frac{\sqrt{2}}{2} & -\frac{\sqrt{2}}{2} \end{bmatrix}$, $\boldsymbol{D} = \begin{bmatrix} 2 & \\ & 8 \end{bmatrix}$;

(2) $\boldsymbol{Q} = \begin{bmatrix} \frac{\sqrt{2}}{2} & 0 & \frac{\sqrt{2}}{2} \\ 0 & 1 & 0 \\ \frac{\sqrt{2}}{2} & 0 & -\frac{\sqrt{2}}{2} \end{bmatrix}$, $\boldsymbol{D} = \begin{bmatrix} 2 & & \\ & 2 & \\ & & -2 \end{bmatrix}$;

(3) $\boldsymbol{Q} = \begin{bmatrix} 0 & \frac{\sqrt{3}}{3} & \frac{\sqrt{6}}{3} \\ \frac{\sqrt{2}}{2} & \frac{\sqrt{3}}{3} & -\frac{\sqrt{6}}{6} \\ \frac{\sqrt{2}}{2} & -\frac{\sqrt{3}}{3} & \frac{\sqrt{6}}{6} \end{bmatrix}$, $\boldsymbol{D} = \begin{bmatrix} 3 & & \\ & 3 & \\ & & -1 \end{bmatrix}$;

(4) $\boldsymbol{Q} = \begin{bmatrix} -\frac{\sqrt{2}}{2} & -\frac{\sqrt{6}}{6} & \frac{\sqrt{3}}{3} \\ \frac{\sqrt{2}}{2} & -\frac{\sqrt{6}}{6} & \frac{\sqrt{3}}{3} \\ 0 & \frac{\sqrt{6}}{3} & \frac{\sqrt{3}}{3} \end{bmatrix}$, $\boldsymbol{D} = \begin{bmatrix} -1 & & \\ & -1 & \\ & & 2 \end{bmatrix}$;

(5) $\boldsymbol{Q}=\begin{bmatrix}-\frac{\sqrt{3}}{3} & \frac{\sqrt{2}}{2} & -\frac{\sqrt{6}}{6}\\ \frac{\sqrt{3}}{3} & \frac{\sqrt{2}}{2} & \frac{\sqrt{6}}{6}\\ \frac{\sqrt{3}}{3} & 0 & -\frac{\sqrt{6}}{3}\end{bmatrix}$, $\boldsymbol{D}=\begin{bmatrix}0 & & \\ & 3 & \\ & & -3\end{bmatrix}$.

2. (1) $\boldsymbol{A}\overset{\perp}{\sim}\begin{bmatrix}0 & & & \\ & 0 & & \\ & & 2 & \\ & & & -2\end{bmatrix}$; (2) $\boldsymbol{A}\overset{\perp}{\sim}\begin{bmatrix}0 & & & \\ & 2 & & \\ & & 0 & \\ & & & 2\end{bmatrix}$.

第 六 章

习 题 6.1

1. (1) $f(x_1,x_2,x_3)=(x_1x_2x_3)\begin{bmatrix}1 & \frac{1}{2} & 1\\ \frac{1}{2} & 2 & -\frac{1}{2}\\ 1 & -\frac{1}{2} & 3\end{bmatrix}\begin{bmatrix}x_1\\ x_2\\ x_3\end{bmatrix}$,秩$(f)=3$;

(2) $f(x_1,x_2,x_3)=(x_1x_2x_3)\begin{bmatrix}0 & \frac{1}{2} & \frac{1}{2}\\ \frac{1}{2} & 0 & \frac{1}{2}\\ \frac{1}{2} & \frac{1}{2} & 0\end{bmatrix}\begin{bmatrix}x_1\\ x_2\\ x_3\end{bmatrix}$,秩$(f)=3$;

(3) $f(x_1,x_2,x_3,x_4)=(x_1x_2x_3x_4)\begin{bmatrix}1 & & & \\ & -2 & & \\ & & 3 & \\ & & & -4\end{bmatrix}\begin{bmatrix}x_1\\ x_2\\ x_3\\ x_4\end{bmatrix}$,秩$(f)=4$;

(4) $f(x_1x_2x_3x_4)=(x_1x_2x_3x_4)\begin{bmatrix}1 & -\frac{1}{2} & & \\ -\frac{1}{2} & 1 & & \\ & & 1 & -\frac{1}{2} \\ & & -\frac{1}{2} & 1\end{bmatrix}\begin{bmatrix}x_1\\x_2\\x_3\\x_4\end{bmatrix}$,

秩$(f)=4$.

2. (1) $f(x_1,x_2,x_3)=2x_1^2-x_2^2+3x_3^2$,秩$(f)=3$;

(2) $f(x_1,x_2,x_3)=2x_1x_2+x_1x_3-2x_2x_3$,秩$(f)=3$;

(3) $f(x_1,x_2,x_3)=2x_1^2+4x_3^2-2x_1x_2+6x_1x_3$,秩$(f)=3$;

(4) $f(x_1,x_2,x_3,x_4)=3x_1^2+2x_2^2-2x_1x_2+3x_3^2+2x_4^2-2x_3x_4$,秩$(f)=4$.

习　题　6.2

1. (1) 因为 $\boldsymbol{I}^{\mathrm{T}}\boldsymbol{A}\boldsymbol{I}=\boldsymbol{A}$;

(2) $\boldsymbol{C}^{\mathrm{T}}\boldsymbol{A}\boldsymbol{C}=\boldsymbol{B}\Rightarrow\boldsymbol{A}=(\boldsymbol{C}^{\mathrm{T}})^{-1}\boldsymbol{B}\boldsymbol{C}^{-1}=(\boldsymbol{C}^{-1})^{\mathrm{T}}\boldsymbol{B}\boldsymbol{C}^{-1}\Rightarrow\boldsymbol{B}\simeq\boldsymbol{A}$;

(3) $\boldsymbol{C}_1^{\mathrm{T}}\boldsymbol{A}\boldsymbol{C}_1=\boldsymbol{B},\boldsymbol{C}_2^{\mathrm{T}}\boldsymbol{B}\boldsymbol{C}_2=\boldsymbol{C}\Rightarrow\boldsymbol{C}_2^{\mathrm{T}}(\boldsymbol{C}_1^{\mathrm{T}}\boldsymbol{A}\boldsymbol{C}_1)\boldsymbol{C}_2=(\boldsymbol{C}_1\boldsymbol{C}_2)^{\mathrm{T}}\boldsymbol{A}(\boldsymbol{C}_1\boldsymbol{C}_2)=\boldsymbol{C}\Rightarrow\boldsymbol{A}\simeq\boldsymbol{C}$.

2. (1) **证**　因为有可逆矩阵(换法矩阵)$\boldsymbol{P}(1,2)$使

$$\begin{bmatrix}0&1\\1&0\end{bmatrix}^{\mathrm{T}}\begin{bmatrix}a&\\&b\end{bmatrix}\begin{bmatrix}0&1\\1&0\end{bmatrix}=\begin{bmatrix}b&\\&a\end{bmatrix},$$

所以

$$\begin{bmatrix}a&\\&b\end{bmatrix}\simeq\begin{bmatrix}b&\\&a\end{bmatrix}.$$

(2) **证**

$$\begin{aligned}&\begin{bmatrix}1&&\\&0&1\\&1&0\end{bmatrix}\left(\begin{bmatrix}0&&1\\&1&\\1&&0\end{bmatrix}\begin{bmatrix}a&&\\&b&\\&&c\end{bmatrix}\begin{bmatrix}0&&1\\&1&\\1&&0\end{bmatrix}\right)\begin{bmatrix}1&&\\&0&1\\&1&0\end{bmatrix}\\&=\begin{bmatrix}1&&\\&0&1\\&1&0\end{bmatrix}\begin{bmatrix}c&&\\&b&\\&&a\end{bmatrix}\begin{bmatrix}1&&\\&0&1\\&1&0\end{bmatrix}\\&=\begin{bmatrix}c&&\\&a&\\&&b\end{bmatrix}.\end{aligned}$$

其中

$$C=\begin{bmatrix}0&&1\\&1&\\1&&0\end{bmatrix}\begin{bmatrix}1&&\\&0&1\\&1&0\end{bmatrix}=\begin{bmatrix}0&1&0\\0&0&1\\1&0&0\end{bmatrix}$$

为可逆矩阵. 所以

$$\begin{bmatrix}a&&\\&b&\\&&c\end{bmatrix}\simeq\begin{bmatrix}c&&\\&a&\\&&b\end{bmatrix}.$$

3. (1) $\boldsymbol{A}\simeq\boldsymbol{B}\Rightarrow\boldsymbol{A}\cong\boldsymbol{B}$. 因为 $\boldsymbol{C}^{\mathrm{T}}\boldsymbol{A}\boldsymbol{C}=\boldsymbol{B}$ 中 $\boldsymbol{C}$ 可逆, 所以 $\boldsymbol{A}\cong\boldsymbol{B}$.

$\boldsymbol{A}\cong\boldsymbol{B}\not\Rightarrow\boldsymbol{A}\simeq\boldsymbol{B}$. 例如 $\boldsymbol{A}=\begin{bmatrix}1&\\&1\end{bmatrix}$, $\boldsymbol{B}=\begin{bmatrix}-1&\\&-1\end{bmatrix}$, 秩$(\boldsymbol{A})$ = 秩$(\boldsymbol{B})$ = 2. $\boldsymbol{A}\cong\boldsymbol{B}$, 但 $\boldsymbol{A}$ 与 $\boldsymbol{B}$ 不合同. (参看 §6.4).

(2) $\boldsymbol{A}\sim\boldsymbol{B}\Rightarrow\boldsymbol{A}\cong\boldsymbol{B}$. 因为 $\boldsymbol{P}^{-1}\boldsymbol{A}\boldsymbol{P}=\boldsymbol{B}$ 中 $\boldsymbol{P}$ 可逆, 所以 $\boldsymbol{A}\cong\boldsymbol{B}$.

$\boldsymbol{A}\cong\boldsymbol{B}\not\Rightarrow\boldsymbol{A}\sim\boldsymbol{B}$. 例如, $\boldsymbol{A}=\begin{bmatrix}1&0\\0&1\end{bmatrix}$, $\boldsymbol{B}=\begin{bmatrix}1&0\\1&1\end{bmatrix}$, 秩$(\boldsymbol{A})$ = 秩$(\boldsymbol{B})$ = 2, $\boldsymbol{A}\cong\boldsymbol{B}$, 但 $\boldsymbol{A}$ 与 $\boldsymbol{B}$ 不相似(见 §5.2).

4. (1), (2), (3), (4), (5) 都成立.

习 题 6.3

1. (1) $\boldsymbol{C}=\begin{bmatrix}1&1&3\\0&1&2\\0&0&1\end{bmatrix}$, $\boldsymbol{C}^{\mathrm{T}}\boldsymbol{A}\boldsymbol{C}=\begin{bmatrix}2&&\\&3&\\&&-9\end{bmatrix}$;

(2) $\boldsymbol{C}=\begin{bmatrix}1&\frac{1}{2}&-\frac{1}{3}\\0&1&-\frac{2}{3}\\0&0&1\end{bmatrix}$, $\boldsymbol{C}^{\mathrm{T}}\boldsymbol{A}\boldsymbol{C}=\begin{bmatrix}2&&\\&\frac{3}{2}&\\&&\frac{1}{3}\end{bmatrix}$;

(3) $\boldsymbol{C}=\begin{bmatrix}1&-\frac{1}{2}&-1\\0&\frac{1}{2}&-1\\0&0&1\end{bmatrix}$, $\boldsymbol{C}^{\mathrm{T}}\boldsymbol{A}\boldsymbol{C}=\begin{bmatrix}2&&\\&-\frac{1}{2}&\\&&-2\end{bmatrix}$;

(4) $\boldsymbol{C}=\begin{bmatrix}1&1&-2\\0&1&0\\0&0&1\end{bmatrix}$, $\boldsymbol{C}^{\mathrm{T}}\boldsymbol{A}\boldsymbol{C}=\begin{bmatrix}1&&\\&-2&\\&&0\end{bmatrix}$.

2. 继例 6.3.5 解法 1

$$
\begin{bmatrix} C_1^{\mathrm{T}} A C_1 \\ \hline I \end{bmatrix} =
\left[\begin{array}{ccc} 4 & 0 & 0 \\ 0 & -2 & 0 \\ 0 & 0 & 8 \\ \hline 1 & 0 & 0 \\ 0 & 1 & 0 \\ 0 & 0 & 1 \end{array}\right]
\xrightarrow{②③}
\left[\begin{array}{ccc} 4 & 0 & 0 \\ 0 & 0 & 8 \\ 0 & -2 & 0 \\ \hline 1 & 0 & 0 \\ 0 & 1 & 0 \\ 0 & 0 & 1 \end{array}\right]
\xrightarrow[②③]{}
\left[\begin{array}{ccc} 4 & 0 & 0 \\ 0 & 8 & 0 \\ 0 & 0 & -2 \\ \hline 1 & 0 & 0 \\ 0 & 0 & 1 \\ 0 & 1 & 0 \end{array}\right]
$$

$$
\xrightarrow{\frac{1}{2}①,\ \frac{1}{2\sqrt{2}}②,\ \frac{1}{\sqrt{2}}③}
\left[\begin{array}{ccc} 2 & 0 & 0 \\ 0 & 2\sqrt{2} & 0 \\ 0 & 0 & -\sqrt{2} \\ \hline 1 & 0 & 0 \\ 0 & 0 & 1 \\ 0 & 1 & 0 \end{array}\right]
\xrightarrow[\frac{1}{2}①,\ \frac{1}{2\sqrt{2}}②,\ \frac{1}{\sqrt{2}}③]{}
\left[\begin{array}{ccc} 1 & & \\ & 1 & \\ & & -1 \\ \hline \frac{1}{2} & & \\ & & \frac{\sqrt{2}}{2} \\ & \frac{\sqrt{2}}{4} & 0 \end{array}\right]
$$

得 $C_3 = \begin{bmatrix} \frac{1}{2} & & \\ & & \frac{\sqrt{2}}{2} \\ & \frac{\sqrt{2}}{4} & 0 \end{bmatrix}$，使 $C_3^{\mathrm{T}}(C_1^{\mathrm{T}} A C_1) C_3 = \begin{bmatrix} 1 & & \\ & 1 & \\ & & -1 \end{bmatrix}$. 即有可逆矩阵

$$
C = C_1 C_3 = \begin{bmatrix} \frac{1}{2} & -\frac{\sqrt{2}}{8} & -\frac{\sqrt{2}}{4} \\ 0 & \frac{\sqrt{2}}{2} & \frac{\sqrt{2}}{2} \\ 0 & \frac{\sqrt{2}}{4} & 0 \end{bmatrix},
$$

使 $C^{\mathrm{T}} A C = \begin{bmatrix} 1 & & \\ & 1 & \\ & & -1 \end{bmatrix}$.

或继例 6.3.5 解法 2：

$$\begin{bmatrix} C_2^{\mathrm{T}}AC_2 \\ \hdashline I \end{bmatrix} = \begin{bmatrix} 1 & 0 & 0 \\ 0 & -10 & 0 \\ 0 & 0 & \frac{32}{5} \\ \hdashline 1 & 0 & 0 \\ 0 & 1 & 0 \\ 0 & 0 & 1 \end{bmatrix} \xrightarrow{②③} \begin{bmatrix} 1 & 0 & 0 \\ 0 & 0 & \frac{32}{5} \\ 0 & -10 & 0 \\ \hdashline 1 & 0 & 0 \\ 0 & 1 & 0 \\ 0 & 0 & 1 \end{bmatrix} \xrightarrow[②③]{} \begin{bmatrix} 1 & 0 & 0 \\ 0 & \frac{32}{5} & 0 \\ 0 & 0 & -10 \\ \hdashline 1 & 0 & 0 \\ 0 & 0 & 1 \\ 0 & 1 & 0 \end{bmatrix}$$

$$\xrightarrow{\sqrt{\frac{5}{32}}② \atop \frac{1}{\sqrt{10}}③} \begin{bmatrix} 1 & 0 & 0 \\ 0 & \sqrt{\frac{32}{5}} & 0 \\ 0 & 0 & -\sqrt{10} \\ \hdashline 1 & 0 & 0 \\ 0 & 0 & 1 \\ 0 & 1 & 0 \end{bmatrix} \xrightarrow[\sqrt{\frac{5}{32}}② \atop \frac{1}{\sqrt{10}}③]{} \begin{bmatrix} 1 & 0 & 0 \\ 0 & 1 & 0 \\ 0 & 0 & -1 \\ \hdashline 1 & 0 & 0 \\ 0 & 0 & \frac{1}{\sqrt{10}} \\ 0 & \sqrt{\frac{5}{32}} & 0 \end{bmatrix}$$

得 $C_4 = \begin{bmatrix} 1 & 0 & 0 \\ 0 & 0 & \frac{1}{\sqrt{10}} \\ 0 & \sqrt{\frac{5}{32}} & 0 \end{bmatrix}$，使 $C_4^{\mathrm{T}}(C_2^{\mathrm{T}}AC_2)C_4 = \begin{bmatrix} 1 & & \\ & 1 & \\ & & -1 \end{bmatrix}$. 即有可逆矩阵

$$\bar{C} = C_2C_4 = \begin{bmatrix} 0 & \sqrt{\frac{5}{32}} & 0 \\ 0 & \frac{1}{\sqrt{10}} & \frac{1}{\sqrt{10}} \\ 1 & -\frac{1}{2\sqrt{10}} & -\frac{3}{\sqrt{10}} \end{bmatrix},$$

使 $\bar{C}^{\mathrm{T}}A\bar{C} = \begin{bmatrix} 1 & & \\ & 1 & \\ & & -1 \end{bmatrix}$.

3. (1) 平方和 $g(y_1,y_2,y_3) = y_1^2 - 2y_2^2 + 5y_3^2$，线性替换

$$\begin{bmatrix} x_1 \\ x_2 \\ x_3 \end{bmatrix} = \begin{bmatrix} 1 & 2 & -2 \\ 0 & 1 & -1 \\ 0 & 0 & 1 \end{bmatrix} \begin{bmatrix} y_1 \\ y_2 \\ y_3 \end{bmatrix};$$

(2) 平方和 $g(y_1,y_2,y_3) = -2y_1^2 - \frac{3}{2}y_2^2 - \frac{1}{3}y_3^2$，线性替换

$$\begin{bmatrix} x_1 \\ x_2 \\ x_3 \end{bmatrix} = \begin{bmatrix} 1 & \frac{1}{2} & -\frac{1}{3} \\ 0 & 1 & -\frac{2}{3} \\ 0 & 0 & 1 \end{bmatrix} \begin{bmatrix} y_1 \\ y_2 \\ y_3 \end{bmatrix};$$

(3) 平方和 $g(y_1,y_2,y_3) = 2y_1^2 - \frac{1}{2}y_2^2 + 4y_3^2$,线性替换

$$\begin{bmatrix} x_1 \\ x_2 \\ x_3 \end{bmatrix} = \begin{bmatrix} 1 & -\frac{1}{2} & -2 \\ 1 & \frac{1}{2} & 1 \\ 0 & 0 & 1 \end{bmatrix} \begin{bmatrix} y_1 \\ y_2 \\ y_3 \end{bmatrix};$$

(4) 平方和 $g(y_1,y_2,y_3) = 3y_1^2 + \frac{2}{3}y_2^2 + 3y_3^2$,线性替换

$$\begin{bmatrix} x_1 \\ x_2 \\ x_3 \end{bmatrix} = \begin{bmatrix} 1 & -\frac{2}{3} & 0 \\ 0 & 1 & 1 \\ 0 & 0 & 1 \end{bmatrix} \begin{bmatrix} y_1 \\ y_2 \\ y_3 \end{bmatrix}.$$

习　题　6.4

1. (1) 解

$$\begin{bmatrix} \boldsymbol{A} \\ \boldsymbol{I} \end{bmatrix} = \begin{bmatrix} 2 & -2 & -2 \\ -2 & 5 & -4 \\ -2 & -4 & 5 \\ \hdashline 1 & 0 & 0 \\ 0 & 1 & 0 \\ 0 & 0 & 1 \end{bmatrix} \xrightarrow[③+①]{②+①} \begin{bmatrix} 2 & -2 & -2 \\ 0 & 3 & -6 \\ 0 & -6 & 3 \\ \hdashline 1 & 0 & 0 \\ 0 & 1 & 0 \\ 0 & 0 & 1 \end{bmatrix}$$

$$\xrightarrow[③+①]{②+①} \begin{bmatrix} 2 & 0 & 0 \\ 0 & 3 & -6 \\ 0 & -6 & 3 \\ \hdashline 1 & 1 & 1 \\ 0 & 1 & 0 \\ 0 & 0 & 1 \end{bmatrix} \xrightarrow{③+2②} \begin{bmatrix} 2 & 0 & 0 \\ 0 & 3 & -6 \\ 0 & 0 & -9 \\ \hdashline 1 & 1 & 1 \\ 0 & 1 & 0 \\ 0 & 0 & 1 \end{bmatrix}$$

$$\xrightarrow{③+2②}\left[\begin{array}{ccc}2&0&0\\0&3&0\\0&0&-9\\\hdashline 1&1&3\\0&1&2\\0&0&1\end{array}\right]\xrightarrow{\frac{1}{\sqrt{2}}①\ \frac{1}{\sqrt{3}}②\ \frac{1}{3}③}\left[\begin{array}{ccc}\sqrt{2}&&\\&\sqrt{3}&\\&&-3\\\hdashline 1&1&3\\0&1&2\\0&0&1\end{array}\right]$$

$$\xrightarrow[\frac{1}{\sqrt{2}}①\ \frac{1}{\sqrt{3}}②\ \frac{1}{3}③]{}\left[\begin{array}{ccc}1&&\\&1&\\&&-1\\\hdashline \frac{1}{\sqrt{2}}&\frac{1}{\sqrt{3}}&1\\0&\frac{1}{\sqrt{3}}&\frac{2}{3}\\0&0&\frac{1}{3}\end{array}\right],$$

可逆矩阵

$$C=\begin{bmatrix}\frac{\sqrt{2}}{2}&\frac{\sqrt{3}}{3}&1\\0&\frac{\sqrt{3}}{3}&\frac{2}{3}\\0&0&\frac{1}{3}\end{bmatrix},$$

使 $C^{\mathrm{T}}AC=\begin{bmatrix}1&&\\&1&\\&&-1\end{bmatrix}$.

A 的秩数 $r=3$,正惯性指数 $p=2$,负惯性指数 $=r-p=1$.

符号差 = 正惯性指数 − 负惯性指数 $=2-1=1$.

(2) $C=\begin{bmatrix}\frac{\sqrt{2}}{2}&\frac{\sqrt{6}}{6}&-\frac{\sqrt{3}}{3}\\0&\frac{\sqrt{6}}{3}&-\frac{2}{3}\sqrt{3}\\0&0&\sqrt{3}\end{bmatrix}$, $C^{\mathrm{T}}AC=\begin{bmatrix}1&&\\&1&\\&&1\end{bmatrix}$,

$r=3,p=3,r-p=0,2p-r=3$;

(3) $\boldsymbol{C}=\begin{bmatrix}\frac{\sqrt{2}}{2} & -\frac{\sqrt{2}}{2} & -\frac{\sqrt{2}}{2}\\ \frac{\sqrt{2}}{2} & \frac{\sqrt{2}}{2} & -\frac{\sqrt{2}}{2}\\ 0 & 0 & \frac{\sqrt{2}}{2}\end{bmatrix}$，$\boldsymbol{C}^{\mathrm{T}}\boldsymbol{AC}=\begin{bmatrix}1 & & \\ & -1 & \\ & & -1\end{bmatrix}$，

$r=3, p=1, r-p=2, 2p-r=-1$；

(4) $\boldsymbol{C}=\begin{bmatrix}1 & \frac{\sqrt{2}}{2} & -2\\ 0 & \frac{\sqrt{2}}{2} & 0\\ 0 & 0 & 1\end{bmatrix}$，$\boldsymbol{C}^{\mathrm{T}}\boldsymbol{AC}=\begin{bmatrix}1 & & \\ & -1 & \\ & & 0\end{bmatrix}$，

$r=2, p=1, r-p=1, 2p-r=0$.

2. (1) **解**　f 的矩阵为

$$\boldsymbol{A}=\begin{bmatrix}1 & -2 & 0\\ -2 & 2 & -2\\ 0 & -2 & 3\end{bmatrix}.$$

$$\begin{bmatrix}\boldsymbol{A}\\ \boldsymbol{I}\end{bmatrix}=\left[\begin{array}{ccc}1 & -2 & 0\\ -2 & 2 & -2\\ 0 & -2 & 3\\ \hline 1 & 0 & 0\\ 0 & 1 & 0\\ 0 & 0 & 1\end{array}\right]\xrightarrow{②+2①}\left[\begin{array}{ccc}1 & -2 & 0\\ 0 & -2 & -2\\ 0 & -2 & 3\\ \hline 1 & 0 & 0\\ 0 & 1 & 0\\ 0 & 0 & 1\end{array}\right]$$

$$\xrightarrow[②+2①]{}\left[\begin{array}{ccc}1 & 0 & 0\\ 0 & -2 & -2\\ 0 & -2 & 3\\ \hline 1 & 2 & 0\\ 0 & 1 & 0\\ 0 & 0 & 1\end{array}\right]\xrightarrow{③-②}\left[\begin{array}{ccc}1 & 0 & 0\\ 0 & -2 & -2\\ 0 & 0 & 5\\ \hline 1 & 2 & 0\\ 0 & 1 & 0\\ 0 & 0 & 1\end{array}\right]$$

$$\xrightarrow[③-②]{}\left[\begin{array}{ccc}1 & 0 & 0\\ 0 & -2 & 0\\ 0 & 0 & 5\\ \hline 1 & 2 & -2\\ 0 & 1 & -1\\ 0 & 0 & 1\end{array}\right]\xrightarrow{②③}\left[\begin{array}{ccc}1 & 0 & 0\\ 0 & 0 & 5\\ 0 & -2 & 0\\ \hline 1 & 2 & -2\\ 0 & 1 & -1\\ 0 & 0 & 1\end{array}\right]$$

$$\xrightarrow{②③}\begin{bmatrix}1&0&0\\0&5&0\\0&0&-2\\\hdashline 1&-2&2\\0&-1&1\\0&1&0\end{bmatrix}\xrightarrow[\frac{1}{\sqrt{2}}③]{\frac{1}{\sqrt{5}}②}\begin{bmatrix}1&&\\&\sqrt{5}&\\&&-\sqrt{2}\\\hdashline 1&-2&2\\0&-1&1\\0&1&0\end{bmatrix}$$

$$\xrightarrow[\frac{1}{\sqrt{5}}② \ \frac{1}{\sqrt{2}}③]{}\begin{bmatrix}1&&\\&1&\\&&-1\\\hdashline 1&-\frac{2}{\sqrt{5}}&\frac{2}{\sqrt{2}}\\0&-\frac{1}{\sqrt{5}}&\frac{1}{\sqrt{2}}\\0&\frac{1}{\sqrt{5}}&0\end{bmatrix},$$

规范形 $g(y_1,y_2,y_3)=y_1^2+y_2^2-y_3^2$,线性替换

$$\begin{bmatrix}x_1\\x_2\\x_3\end{bmatrix}=\begin{bmatrix}1&-\frac{2}{5}\sqrt{5}&\sqrt{2}\\0&-\frac{\sqrt{5}}{5}&\frac{\sqrt{2}}{2}\\0&\frac{\sqrt{5}}{5}&0\end{bmatrix}\begin{bmatrix}y_1\\y_2\\y_3\end{bmatrix};$$

(2) 规范形 $g(y_1,y_2,y_3)=-y_1^2-y_2^2-y_3^2$,线性替换

$$\begin{bmatrix}x_1\\x_2\\x_3\end{bmatrix}=\begin{bmatrix}\frac{\sqrt{2}}{2}&\frac{\sqrt{6}}{6}&-\frac{\sqrt{3}}{3}\\0&\frac{\sqrt{6}}{3}&-\frac{2}{3}\sqrt{3}\\0&0&\sqrt{3}\end{bmatrix}\begin{bmatrix}y_1\\y_2\\y_3\end{bmatrix};$$

(3) 规范形 $g(y_1,y_2,y_3)=y_1^2+y_2^2-y_3^2$,线性替换

$$\begin{bmatrix} x_1 \\ x_2 \\ x_3 \end{bmatrix} = \begin{bmatrix} \frac{\sqrt{2}}{2} & -1 & -\frac{\sqrt{2}}{2} \\ \frac{\sqrt{2}}{2} & \frac{1}{2} & \frac{\sqrt{2}}{2} \\ 0 & \frac{1}{2} & 0 \end{bmatrix} \begin{bmatrix} y_1 \\ y_2 \\ y_3 \end{bmatrix};$$

(4) 规范形 $g(y_1, y_2, y_3) = y_1^2 + y_2^2 + y_3^2$,线性替换

$$\begin{bmatrix} x_1 \\ x_2 \\ x_3 \end{bmatrix} = \begin{bmatrix} \frac{\sqrt{3}}{3} & -\frac{\sqrt{6}}{3} & 0 \\ 0 & \frac{\sqrt{6}}{2} & \frac{\sqrt{3}}{3} \\ 0 & 0 & \frac{\sqrt{3}}{3} \end{bmatrix} \begin{bmatrix} y_1 \\ y_2 \\ y_3 \end{bmatrix}.$$

3. 两个实对称矩阵合同的充分必要条件是两个矩阵的阶数相同、秩数相同,正惯性指数相同.

先分析 3 阶实对称矩阵按合同分类共有多少类.按矩阵秩数 $r = 0,1,2,3$ 共 4 大类.每大类按正惯性指数 p 分类.

$r = 1$ 时,有 $p = 0,1$,共两类,

$r = 2$ 时,有 $p = 0,1,2$,共 3 类,

$r = 3$ 时,有 $p = 0,1,2,3$ 共 4 类.

所以 3 阶实对称矩阵按合同分类共有 $1+2+3+4 = 10$ 类.用同样方法分析统计 n 阶实对称矩阵按合同分类共有 $1+2+3+\cdots+n+(n+1) = \frac{1}{2}(n+1)(n+2)$ 类.

习　题　6.5

1. 参看习题 6.4 第 1 题答案:(1) 不正定; (2) 正定; (3) 不正定; (4) 不正定.

2. 参看习题 6.4 第 2 题答案:(1) 不正定; (2) 不正定; (3) 不正定; (4) 正定.

3. (1) $0 < t < \frac{4}{5}$; (2) $t > 1$.

4. 分析:必要性.已知实对称矩阵 $\boldsymbol{A}$ 正定,则存在可逆矩阵 $\boldsymbol{B}$,使

$$\boldsymbol{B}^{\mathrm{T}}\boldsymbol{A}\boldsymbol{B} = \boldsymbol{I}.$$

因为 $\boldsymbol{B}$ 可逆，所以 $\boldsymbol{B}^{-1}$ 也可逆，且有

$$\boldsymbol{A}=(\boldsymbol{B}^{\mathrm{T}})^{-1}\boldsymbol{I}\boldsymbol{B}^{-1}=(\boldsymbol{B}^{-1})^{\mathrm{T}}\boldsymbol{B}^{-1},$$

记 $\boldsymbol{B}^{-1}=\boldsymbol{C}$，则 $\boldsymbol{A}=\boldsymbol{C}^{\mathrm{T}}\boldsymbol{C}$.

充分性. 已知实对称矩阵 $\boldsymbol{A}=\boldsymbol{C}^{\mathrm{T}}\boldsymbol{C}$，其中 $\boldsymbol{C}$ 可逆，则 $\boldsymbol{C}^{\mathrm{T}}$ 也可逆，且 $(\boldsymbol{C}^{\mathrm{T}})^{-1}=(\boldsymbol{C}^{-1})^{\mathrm{T}}$. $\boldsymbol{A}=\boldsymbol{C}^{\mathrm{T}}\boldsymbol{C}$ 两边左乘 $(\boldsymbol{C}^{\mathrm{T}})^{-1}$，右乘 $\boldsymbol{C}^{-1}$，得

$$(\boldsymbol{C}^{\mathrm{T}})^{-1}\boldsymbol{A}\boldsymbol{C}^{-1}=(\boldsymbol{C}^{-1})^{\mathrm{T}}\boldsymbol{A}\boldsymbol{C}^{-1}=\boldsymbol{I}.$$

即 $\boldsymbol{A}\simeq\boldsymbol{I}$，所以 $\boldsymbol{A}$ 是正定矩阵.

5. 分析：利用第 4 题必要性. 已知实对称矩阵 $\boldsymbol{A}$ 正定，则有可逆矩阵 $\boldsymbol{C}$ 使

$$\boldsymbol{A}=\boldsymbol{C}^{\mathrm{T}}\boldsymbol{C}.$$

两边取行列式

$$|\boldsymbol{A}|=|\boldsymbol{C}^{\mathrm{T}}\boldsymbol{C}|=|\boldsymbol{C}^{\mathrm{T}}|\cdot|\boldsymbol{C}|=|\boldsymbol{C}|^{\mathrm{T}}|\boldsymbol{C}|=|\boldsymbol{C}|^2.$$

因为 $\boldsymbol{C}$ 可逆，所以 $|\boldsymbol{C}|\neq 0$，故 $|\boldsymbol{A}|=|\boldsymbol{C}|^2>0$.

6. 分析：从求证入手. 先证明 $\boldsymbol{X}^{\mathrm{T}}(\boldsymbol{A}+\boldsymbol{B})\boldsymbol{X}$ 是实二次型，然后证明 $\boldsymbol{X}^{\mathrm{T}}(\boldsymbol{A}+\boldsymbol{B})\boldsymbol{X}$ 是正定二次型.

证 已知 $\boldsymbol{X}^{\mathrm{T}}\boldsymbol{A}\boldsymbol{X}$ 和 $\boldsymbol{X}^{\mathrm{T}}\boldsymbol{B}\boldsymbol{X}$ 都是 n 元正定二次型，因此 $\boldsymbol{A},\boldsymbol{B}$ 都是 n 阶对称矩阵. 由

$$(\boldsymbol{A}+\boldsymbol{B})^{\mathrm{T}}=\boldsymbol{A}^{\mathrm{T}}+\boldsymbol{B}^{\mathrm{T}}=\boldsymbol{A}+\boldsymbol{B}$$

知 $\boldsymbol{X}^{\mathrm{T}}(\boldsymbol{A}+\boldsymbol{B})\boldsymbol{X}$ 是实二次型. 对任意 n 维实列向量 $\boldsymbol{X}_0\neq\boldsymbol{0}$，按矩阵乘法有

$$\begin{aligned}\boldsymbol{X}_0^{\mathrm{T}}(\boldsymbol{A}+\boldsymbol{B})\boldsymbol{X}_0&=(\boldsymbol{X}_0^{\mathrm{T}}\boldsymbol{A}+\boldsymbol{X}_0^{\mathrm{T}}\boldsymbol{B})\boldsymbol{X}_0\\&=\boldsymbol{X}_0^{\mathrm{T}}\boldsymbol{A}\boldsymbol{X}_0+\boldsymbol{X}_0^{\mathrm{T}}\boldsymbol{B}\boldsymbol{X}_0,\end{aligned}$$

已知 $\boldsymbol{X}^{\mathrm{T}}\boldsymbol{A}\boldsymbol{X}$ 和 $\boldsymbol{X}^{\mathrm{T}}\boldsymbol{B}\boldsymbol{X}$ 都是正定二次型，所以上式 $\boldsymbol{X}_0^{\mathrm{T}}\boldsymbol{A}\boldsymbol{X}_0>0$，$\boldsymbol{X}_0^{\mathrm{T}}\boldsymbol{B}\boldsymbol{X}_0>0$. 故有

$$\boldsymbol{X}_0^{\mathrm{T}}(\boldsymbol{A}+\boldsymbol{B})\boldsymbol{X}_0>0.$$

据定义 6.5.1，$\boldsymbol{X}^{\mathrm{T}}(\boldsymbol{A}+\boldsymbol{B})\boldsymbol{X}$ 是正定二次型.

7. 分析：先写出实二次型 f 的实对称矩阵 $\boldsymbol{A}$，然后按 §5.6 的方法找一正交矩阵 $\boldsymbol{Q}$，使 $\boldsymbol{Q}^{\mathrm{T}}\boldsymbol{A}\boldsymbol{Q}=\boldsymbol{D}$ 为对角形. 于是有正交替换 $\boldsymbol{X}=\boldsymbol{Q}\boldsymbol{Y}$，使 $f=\boldsymbol{X}^{\mathrm{T}}\boldsymbol{A}\boldsymbol{X}=(\boldsymbol{Q}\boldsymbol{Y})^{\mathrm{T}}\boldsymbol{A}(\boldsymbol{Q}\boldsymbol{Y})=\boldsymbol{Y}^{\mathrm{T}}(\boldsymbol{Q}^{\mathrm{T}}\boldsymbol{A}\boldsymbol{Q})\boldsymbol{Y}=\boldsymbol{Y}^{\mathrm{T}}\boldsymbol{D}\boldsymbol{Y}$ 为平方和.

(1) **解** f 的实对称矩阵

$$A = \begin{bmatrix} 1 & -1 & -1 \\ -1 & 1 & 1 \\ -1 & 1 & 1 \end{bmatrix},$$

$$|\lambda I - A| = \lambda^2(\lambda - 3) = 0.$$

A 的全部特征值为 $\lambda_1 = 0$(2 重),$\lambda_2 = 3$.

解齐次线性方程组 $(\lambda_1 I - A)X = 0$ 得 A 的属于 $\lambda_1 = 0$ 的线性无关的特征向量 $\alpha_1 = (1,1,0)^T$,$\alpha_2 = (1,0,1)^T$,将 α_1,α_2 正交化单位化,得正交单位向量组 $\gamma_1 = \left(\frac{\sqrt{2}}{2},\frac{\sqrt{2}}{2},0\right)^T$,$\gamma_2 = \left(\frac{\sqrt{6}}{6},-\frac{\sqrt{6}}{6},\frac{\sqrt{6}}{3}\right)^T$;

解齐次线性方程组 $(\lambda_2 I - A)X = 0$,得 A 的属于 $\lambda_2 = 3$ 的特征向量 $\alpha_3 = (-1,1,1)^T$. 将 α_3 单位化,得

$$\gamma_3 = \left(-\frac{\sqrt{3}}{3},\frac{\sqrt{3}}{3},\frac{\sqrt{3}}{3}\right)^T.$$

得正交矩阵 $Q = (\gamma_1,\gamma_2,\gamma_3)$,使 $Q^T A Q = \begin{bmatrix} 0 & & \\ & 0 & \\ & & 3 \end{bmatrix}$.

于是有正交替换

$$\begin{bmatrix} x_1 \\ x_2 \\ x_3 \end{bmatrix} = Q \begin{bmatrix} y_1 \\ y_2 \\ y_3 \end{bmatrix},$$

将 f 化为平方和 $3y_3^2$,f 不正定.

(2) 正交替换

$$\begin{bmatrix} x_1 \\ x_2 \\ x_3 \end{bmatrix} = \begin{bmatrix} \frac{\sqrt{2}}{2} & 0 & \frac{\sqrt{2}}{2} \\ \frac{\sqrt{2}}{2} & 0 & -\frac{\sqrt{2}}{2} \\ 0 & 1 & 0 \end{bmatrix} \begin{bmatrix} y_1 \\ y_2 \\ y_3 \end{bmatrix},$$

将 f 化为平方和 $y_1^2 + y_2^2 + 3y_3^2$,f 正定.

第 七 章

习 题 7.1

4. (1) $(-k)\boldsymbol{\alpha}=[(-1)k]\boldsymbol{\alpha}=(-1)(k\boldsymbol{\alpha})=-(k\boldsymbol{\alpha})$,

$(-k)\boldsymbol{\alpha}=[k(-1)]\boldsymbol{\alpha}=k[(-1)\boldsymbol{\alpha}]=k(-\boldsymbol{\alpha})$;

(2) $k(\boldsymbol{\alpha}-\boldsymbol{\beta})=k[\boldsymbol{\alpha}+(-\boldsymbol{\beta})]=k\boldsymbol{\alpha}+k(-\boldsymbol{\beta})$

$=k\boldsymbol{\alpha}+(-k\boldsymbol{\beta})=k\boldsymbol{\alpha}-k\boldsymbol{\beta}$;

(3) $(k-l)\boldsymbol{\alpha}=[k+(-l)]\boldsymbol{\alpha}=k\boldsymbol{\alpha}+(-l)\boldsymbol{\alpha}$

$=k\boldsymbol{\alpha}+[-(l\boldsymbol{\alpha})]=k\boldsymbol{\alpha}-l\boldsymbol{\alpha}$;

(4) 反证法.

习 题 7.2

1. 提示:设 $x_1(\boldsymbol{\alpha}+\boldsymbol{\beta})+x_2(\boldsymbol{\beta}+\boldsymbol{\gamma})+x_3(\boldsymbol{\gamma}+\boldsymbol{\alpha})=\mathbf{0}$,证明 $x_1=x_2=x_3=0$.

2. 提示:用反证法.

3. 维$(\mathbf{V})=s\times n$,

$$\text{基 } \boldsymbol{E}_{ij}=\begin{bmatrix}0&\cdots&0&\cdots&0\\ \vdots&&\vdots&&\vdots\\ 0&\cdots&1&\cdots&0\\ \vdots&&\vdots&&\vdots\\ 0&\cdots&0&\cdots&0\end{bmatrix}\text{第 } i \text{ 行}\quad \begin{array}{l}i=1,2,\cdots,s;\\ j=1,2,\cdots,n.\end{array}$$

第 j 列

4. 维$(\mathbf{V})=\dfrac{n(n+1)}{2}$,基底 $\boldsymbol{E}_{ij}$, $i\leqslant j$, $i,j=1,2,\cdots,n$.

5. 维$(\mathbf{V})=\dfrac{n(n-1)}{2}$,基底 $\boldsymbol{E}_{ij}-\boldsymbol{E}_{ji}$, $i=1,2,\cdots,n-1$, $j=2,3,\cdots,n$, $i<j$.

6. 提示:证明向量组 $\boldsymbol{\alpha}_1,\boldsymbol{\alpha}_2,\cdots,\boldsymbol{\alpha}_n$ 与基底等价.

7. 提示:秩$\{\boldsymbol{\beta}_1,\boldsymbol{\beta}_2,\cdots,\boldsymbol{\beta}_r,\boldsymbol{\alpha}_1,\boldsymbol{\alpha}_2,\cdots,\boldsymbol{\alpha}_n\}=n$. $\boldsymbol{\beta}_1,\boldsymbol{\beta}_2,\cdots,\boldsymbol{\beta}_r$ 可以扩充成$\{\boldsymbol{\beta}_1,\boldsymbol{\beta}_2,\cdots,\boldsymbol{\beta}_r,\boldsymbol{\alpha}_1,\boldsymbol{\alpha}_2,\cdots,\boldsymbol{\alpha}_n\}$的极大无关组.

8. (1) $(1,0,2,-1)^{\mathrm{T}}$; (2) $(2,-1,0,1)^{\mathrm{T}}$.

9. $\boldsymbol{A}=\begin{bmatrix}1&2&-3\\0&1&2\\3&2&-2\end{bmatrix}$, $(3,7,4)^{\mathrm{T}}$.

习 题 7.3

1. 参照练习 7.2 第 4、5 题.

2. (1) 维($\boldsymbol{W}_1$) $= 1$,基 $\boldsymbol{\alpha}_1$;

(2) 维($\boldsymbol{W}_2$) $= 2$,基 $\boldsymbol{\beta}_1,\boldsymbol{\beta}_2$;

(3) 维($\boldsymbol{W}_3$) $= 3$,基 $\boldsymbol{\gamma}_1,\boldsymbol{\gamma}_2,\boldsymbol{\gamma}_4$.

3. 解空间 2 维. 基 $\boldsymbol{\eta}_1 = (0,2,-3,4,0)^{\mathrm{T}}$,$\boldsymbol{\eta}_2 = (0,-2,3,0,4)^{\mathrm{T}}$.

4. (1) $\lambda_1 = 2$(2 重),$\lambda_2 = -2$;

(2) $\boldsymbol{\alpha}_1 = (-1,1,0)^{\mathrm{T}}$,$\boldsymbol{W}_{\lambda=2} = \boldsymbol{L}(\boldsymbol{\alpha}_1)$,

$\boldsymbol{\alpha}_2 = (0,0,1)^{\mathrm{T}}$,$\boldsymbol{W}_{\lambda=-2} = \boldsymbol{L}(\boldsymbol{\alpha}_2)$;

(3) 维($\boldsymbol{W}_{\lambda=2}$) $= 1$,基 $\boldsymbol{\alpha}_1$;维($\boldsymbol{W}_{\lambda=-2}$) $= 1$,基 $\boldsymbol{\alpha}_2$.

习 题 7.4

1. (1) 是; (2) 是; (3) 不是; (4) 是.

2. (1) 提示:任取 $\boldsymbol{\alpha},\boldsymbol{\beta} \in \mathbf{R}^3$,$k \in \mathbf{R}$. 证明 $\mathscr{A}(\boldsymbol{\alpha}+\boldsymbol{\beta}) = \mathscr{A}\boldsymbol{\alpha}+\mathscr{A}\boldsymbol{\beta}$;$\mathscr{A}(k\boldsymbol{\alpha}) = k\mathscr{A}\boldsymbol{\alpha}$;

(2) 提示:先求 $\mathscr{A}\boldsymbol{\varepsilon}_1,\mathscr{A}\boldsymbol{\varepsilon}_2,\mathscr{A}\boldsymbol{\varepsilon}_3$,然后求 $\mathscr{A}\boldsymbol{\varepsilon}_1,\mathscr{A}\boldsymbol{\varepsilon}_2,\mathscr{A}\boldsymbol{\varepsilon}_3$ 在基 $\boldsymbol{\varepsilon}_1,\boldsymbol{\varepsilon}_2,\boldsymbol{\varepsilon}_3$ 下的坐标.

$$\boldsymbol{A} = \begin{bmatrix} 1 & 0 & 0 \\ 0 & 1 & 0 \\ 0 & 0 & 0 \end{bmatrix};$$

(3) 提示:判断 $\boldsymbol{\alpha}_1,\boldsymbol{\alpha}_2,\boldsymbol{\alpha}_3$ 是否线性无关. $\boldsymbol{\alpha}_1,\boldsymbol{\alpha}_2,\boldsymbol{\alpha}_3$ 在基 $\boldsymbol{\varepsilon}_1,\boldsymbol{\varepsilon}_2,\boldsymbol{\varepsilon}_3$ 下的坐标构成过渡矩阵 $\boldsymbol{P}$. $\boldsymbol{P} = \begin{bmatrix} 1 & 1 & 1 \\ 0 & 1 & 1 \\ 0 & 0 & 0 \end{bmatrix}$;

(4) $\mathscr{A}(\boldsymbol{\alpha}_1,\boldsymbol{\alpha}_2,\boldsymbol{\alpha}_3) = (\boldsymbol{\alpha}_1,\boldsymbol{\alpha}_2,\boldsymbol{\alpha}_3)\boldsymbol{B}$. $\boldsymbol{B} = \begin{bmatrix} 1 & 0 & 0 \\ 0 & 1 & 1 \\ 0 & 0 & 0 \end{bmatrix}$;

(5) $\boldsymbol{P}^{-1}\boldsymbol{A}\boldsymbol{P} = \boldsymbol{B}$;

(6) $\boldsymbol{B}\begin{bmatrix} 2 \\ -1 \\ 1 \end{bmatrix} = \begin{bmatrix} 2 \\ 0 \\ 0 \end{bmatrix}$.

3. 提示:先证 $\mathbf{0} \in \mathscr{A}\boldsymbol{W}$,则 $\mathscr{A}\boldsymbol{W} \neq \varnothing$,任取 $\boldsymbol{\alpha},\boldsymbol{\beta} \in \mathscr{A}\boldsymbol{W}$,$k \in \boldsymbol{P}$. 证明:$\boldsymbol{\alpha}+\boldsymbol{\beta} \in \mathscr{A}\boldsymbol{W}$,$k\boldsymbol{\alpha} \in \mathscr{A}\boldsymbol{W}$.

习 题 7.5

1. $\int_a^b f(x)g(x)\mathrm{d}x = \int_a^b g(x)f(x)\mathrm{d}x$,

$\int_a^b kf(x)\cdot g(x)\mathrm{d}x = k\int_a^b f(x)g(x)\mathrm{d}x$,

$\int_a^b f(x)[g(x)+h(x)]\mathrm{d}x$

$\quad = \int_a^b f(x)g(x)\mathrm{d}x + \int_a^b f(x)h(x)\mathrm{d}x$,

$f(x)\neq 0$ 时,$f(x)f(x)>0$,则$\int_a^b f(x)f(x)\mathrm{d}x>0$.

柯西 - 布涅雅柯夫斯基不等式:

$$\left|\int_a^b f(x)g(x)\mathrm{d}x\right| \leqslant \sqrt{\int_a^b f^2(x)\mathrm{d}x}\sqrt{\int_a^b g^2(x)\mathrm{d}x}.$$

2. 提示:根据定义 7.5.1 判断.

3. 提示:利用定理 7.5.3.

4. 提示:求 $\boldsymbol{\alpha}_1,\boldsymbol{\alpha}_2,\boldsymbol{\alpha}_3$ 的极大线性无关组,并加以正交化、单位化.

5. 提示:维数 = 基础解系所含向量个数.将基础解系正交化、单位化为所求标准正交基.

6. 提示:(1) 设 $\boldsymbol{\alpha}=a_1\boldsymbol{\alpha}_1+a_2\boldsymbol{\alpha}_2+\cdots+a_n\boldsymbol{\alpha}_n$,由 $\boldsymbol{\alpha}\cdot\boldsymbol{\alpha}_i=0$,得 $a_i=0,i=1,2,\cdots,n$;

(2) 设 $\boldsymbol{\gamma}=\boldsymbol{\alpha}-\boldsymbol{\beta}$,利用(1) 结论证明 $\boldsymbol{\gamma}=\mathbf{0}$.

8. 提示:设 $\boldsymbol{\alpha}=(a_1,a_2,\cdots,a_n)$,$\boldsymbol{\beta}=(b_1,b_2,\cdots,b_n)\in\mathbf{R}^n$,定义 $\boldsymbol{\alpha}\cdot\boldsymbol{\beta}=\sum_{i=1}^n a_ib_i$. 利用柯西 - 布涅雅柯夫斯基不等式.

9. 提示:利用内积矩阵.

10. 提示:将 $\boldsymbol{\alpha}_0$ 扩充成欧氏空间的一个正交基 $\boldsymbol{\alpha}_0,\boldsymbol{\alpha}_1,\cdots,\boldsymbol{\alpha}_{n-1}$,考虑 $\boldsymbol{W}=\boldsymbol{L}(\boldsymbol{\alpha}_1,\boldsymbol{\alpha}_2,\cdots,\boldsymbol{\alpha}_{n-1})$.

11. 提示:设 $\boldsymbol{\alpha}_1,\boldsymbol{\alpha}_2,\cdots,\boldsymbol{\alpha}_r$ 是 $\boldsymbol{W}_0$ 的一个正交基,将其扩充成 $\mathbf{V}$ 的一个正交基 $\boldsymbol{\alpha}_1,\boldsymbol{\alpha}_2,\cdots,\boldsymbol{\alpha}_r,\boldsymbol{\alpha}_{r+1},\cdots,\boldsymbol{\alpha}_n$,考虑 $\boldsymbol{W}=\boldsymbol{L}(\boldsymbol{\alpha}_{r+1},\cdots,\boldsymbol{\alpha}_n)$.

本章复习题

1. 证 $1>0,1\in\mathbf{R}^+$,所以 $\mathbf{R}^+\neq\varnothing$. 任意 $\boldsymbol{\alpha},\boldsymbol{\beta}\in\mathbf{R}^+,k\in\mathbf{R}$,总有 $\boldsymbol{\alpha}\oplus\boldsymbol{\beta}=\boldsymbol{\alpha\beta}\in\mathbf{R}^+$,$k\circ\boldsymbol{\alpha}=\boldsymbol{\alpha}^k\in\mathbf{R}^+$,所以加法“$\oplus$”和数乘“$\circ$”是 $\mathbf{R}^+$ 的线性运算. 任意 $\boldsymbol{\alpha},\boldsymbol{\beta},\boldsymbol{\gamma}\in\mathbf{R}^+,k,l\in\mathbf{R}$,有